Venezia 3/9/2004

A Ken

con stima e

amicizia

[signature]

SEMINARI DI STORIA
DELLE SCIENZE E DELLE TECNICHE

V

ISTITUTO VENETO DI SCIENZE, LETTERE ED ARTI
· VENEZIA ·

ISTITUTO VENETO DI SCIENZE, LETTERE ED ARTI

LE SCIENZE DELLA TERRA NEL VENETO DELL'OTTOCENTO

ATTI DEL QUINTO SEMINARIO DI STORIA DELLE SCIENZE
E DELLE TECNICHE NELL'OTTOCENTO VENETO
Venezia, 20 e 21 ottobre 1995

a cura di

EZIO VACCARI

VENEZIA 1998

ISBN 88-86166-55-9

Palazzo Loredan, S. Marco 2945 - 30124 Venezia
Tel. 041-5210177 - Telefax 041-5210598
e-mail: ivsla@unive.it - http://www.ivsla.unive.it
Finito di stampare nel mese di marzo 1998 con i tipi
della Tipografia "La Garangola" di Padova

INDICE

Presentazione . . . . Pag. 9

NICOLETTA MORELLO – *Problemi paleontologici nella geologia veneta dei primi decenni dell'Ottocento* . . . . » 11

LUCA CIANCIO – *Giambattista Brocchi e la teoria dei vulcani sottomarini: conversione o ristrutturazione teorica?* . . . . . » 23

PAOLO PRETO – *I geologi vicentini dell'800: dall'amore della terra all'amore della patria* . . . . » 51

GINO TOMASI – *Le collezioni geologiche nel Trentino* . . . . » 81

LORENZO SORBINI – *Le collezioni naturalistiche veronesi nell'800* . . . . » 95

EZIO VACCARI – *Geologia e collezionismo nel primo Ottocento veneto: il rapporto tra Luigi Castellini e Pietro Maraschini* » 109

AGNESE VISCONTI – *Geologia, istituzioni naturalistiche e descrizione del territorio nella Milano asburgica della restaurazione* . . . . » 135

HUGH TORRENS – *The British «Mineral Engineer» John Williams (1732-1795), his work in Britain from 1749 to 1793 and as a mineral surveyor in the Veneto and North Italy between 1793 and 1795* . . . . » 151

LORIS SANTOMASO – *L'istituto minerario di Agordo e i suoi allievi* » 201

RAFFAELLO VERGANI – *L'industria mineraria e metallurgica: tecniche, economie, società* . . . . » 231

GIORGIO ZANON – *Sulla scoperta e l'individuazione dei ghiacciai delle Dolomiti attraverso le fonti cartografiche e bibliografiche ottocentesche* . . . . » 303

Indice dei nomi . . . . » 347

Indice dei manoscritti e dei documenti d'archivio . . . . » 365

PRESENTAZIONE

A pochi giorni uno dall'altro escono due nuovi volumi della collana "Seminari di storia delle scienze e delle tecniche", uno dedicato alle tecniche in Architettura e questo, sulle scienze della Terra nel Veneto dell'Ottocento.

Il Seminario, svoltosi nel 1995, presenta una serie di relazioni su argomenti di carattere specialistico in parte nuovi, o che non è facile veder trattati con tale approfondimento, nell'insieme essi consentono uno sguardo che abbraccia l'arco di un secolo fecondo di studi e di scoperte quale è stato l'Ottocento.

Sono grato agli autori di aver per questa occasione sondato gli archivi dispersi in vari uffici periferici, di aver studiato una documentazione cartografica non sempre facilmente reperibile e di aver messo a fuoco temi talvolta privi di bibliografia scientifica.

Auspico che il volume si riveli un utile strumento per la conoscenza della storia della ricerca geologica nelle regioni venete, regioni che grazie sia all'Istituto Veneto, sia all'Università di Padova, sia ad una ricca rete di Accademie, Istituti, Scuole di specializzazione, Uffici e Laboratori che in queste pagine si è cercato di presentare, hanno saputo dare anche in questo campo un contributo importante agli studi che nell'Ottocento venivano compiendosi nel nostro paese.

Venezia, 2 febbraio 1998

Il Presidente
Bruno Zanettin

Nicoletta Morello

PROBLEMI PALEONTOLOGICI NELLA GEOLOGIA VENETA DEI PRIMI DECENNI DELL'OTTOCENTO

«[...] sventuratamente addiviene nella geologia tutto al contrario di quanto si verifica nelle altre scienze, che quanto più si aumenta la serie delle osservazioni e dei fatti, sembra che altrettanto più si moltiplichino i dubbij e le incertezze. Verrà forse un giorno che a forza di accumulare tanto di questi fatti e di queste osservazioni, sopraffatta, dirò così, la Natura dal numero delle nostre cognizioni e dei segreti che le abbiamo rapiti, vorrà manifestarsi senza altre ambagi»[1].

Con questa considerazione, che fa eco alle riflessioni della maggior parte dei paleontologi sistematici di tutta Europa dalla fine del Settecento ai primi decenni dell'Ottocento, Brocchi esprime una delle motivazioni più forti che guidano la paleontologia descrittiva e cioè la fiducia nel valore euristico dell'accumulo a lungo termine di osservazioni e di fatti.

Nello stesso tempo egli suggerisce anche quale sia lo stato dell'arte nei decenni che precedono e accompagnano (e seguiranno) la stesura della *Conchiologia fossile*. Le nuove e continue conoscenze emerse nell'ambito dell'orittologia (paleontologia) e della geognosia (litologia e geologia in senso lato), per usare il linguaggio del tempo, non offrono le risposte sicure tanto attese ma suscitano invece nuove perplessità e nuovi dubbi, riproponendo in una diversa prospettiva quasi le stesse domande di prima.

Le parole di Brocchi possono essere allora interpretate anche come una giustificazione della proliferazione di studi specialistici, di ambito rigorosamente locale, che caratterizza la ricerca geologica ita-

1) G.B. Brocchi, *Conchiologia fossile subappennina*, Milano, 1814, p. 103.

liana (ma non solo) di questo torno di tempo e che vede privilegiare, tanto nella geologia quanto nella paleontologia, gli interessi descrittivi e sistematici rispetto alla speculazione sull'origine e sullo sviluppo «storico» delle forme viventi e della crosta terrestre. Anche se ciò non significa che non ci sia attenzione ed adesione a questo tipo di problematiche.

Una nuova ragione per l'accumulo di dati d'osservazione e un disvelarsi dei segreti della natura sembrano trovarsi, nei primi decenni dell'ottocento, nell'adozione del metodo paleontologico per la datazione delle rocce e, quindi, per la costruzione di una cronologia geologica. Questa novità produce una faglia nella quasi compatta adesione dei geologi alla geognosia werneriana fondata, com'è noto, sulla preminenza del carattere litologico come criterio diagnostico per il riconoscimento e la datazione relativa di una roccia e per la fondazione di una cronologia assoluta che contempli una successione ben definita di eventi geologici.

Sebbene siano anche altre le motivazioni che conducono in breve tempo a una decisa revisione della cronologia werneriana e in qualche caso anche al rigetto della tesi nettunista di Werner in materia di litogenesi, tuttavia giocano un ruolo fondamentale le «anomalie» – cioè le discrepanze di datazione – che emergono dalla comparazione della periodizzazione werneriana, dai limiti troppo rigidamente fissati, con le varie situazioni locali.

In ambiente italiano, si assiste inizialmente all'adozione di cronologie, e poi colonne stratigrafiche, elaborate soprattutto dai geologi francesi e la cui fortuna si deve probabilmente alla ricchezza di informazioni di carattere litologico e paleontologico emerse dallo studio dei terreni terziari (bacino di Parigi) e alla grande diffusione in Italia dei terreni terziari stessi ricchi di faune fossili (prevalentemente malacofaune). Non restano quindi senza eco – nei decenni che precedono Lyell – né le ricerche di paleontologia degli invertebrati di Bruguière, Lamarck, Schlotheim né le geologie di Brongniart, di Omalius d'Halloy, di von Buch per non citare che alcuni dei personaggi le cui opere costituiscono un punto di riferimento e uno spunto di confronto per geologi e paleontologi italiani.

Da un punto di vista generale, in Italia, il problema centrale della ricerca paleontologica in questo arco di tempo è l'identificazione dei fossili attraverso la morfologia zoologica e la denominazione e collocazione di essi in una classificazione parallela a quella delle forme viventi. Questo problema si accentua con l'introduzione del metodo paleontologico di datazione e si acutizza soprattutto nel caso di fossili di forme estinte. I paleontologi divengono consapevoli in pochi decenni della funzione che i fossili in generale ma soprattutto le forme estinte, possono assolvere come discrimine per la datazione degli strati. In questa prospettiva è ancora più importante l'esatta individuazione delle specie fossili e dei raggruppamenti ad esse superiori e sempre più dannoso il moltiplicarsi delle denominazioni per una stessa specie o per le sue varietà.

Per quanto riguarda la geologia, o meglio la geognosia, la ricerca verte soprattutto (ma non solo, ovviamente) sulla natura delle rocce messe in discussione dalla litologia werneriana – e cioè i basalti e in generale le rocce magnatiche – e, come già detto, sulla revisione delle formazioni e dei periodi proposti da Werner soprattutto riguardo ai limiti dei terreni secondari e terziari e alla scansione delle suddivisioni del mesozoico.

Ciò comporta un enorme lavoro di geologia di campagna per individuare la posizione relativa di tali rocce in seno alle varie serie stratigrafiche e la «vera natura» di esse in funzione delle testimonianze litologiche e paleontologiche che possono eventualmente ricondurle all'evento che le ha prodotte.

Indubbiamente anche a causa dell'articolata storia geologica del Veneto, che ha conservato testimonianze delle attività vulcaniche che si sono avvicendate alla sedimentazione anche nei depositi più recenti, i geologi e i paleontologi veneti della prima metà dell'Ottocento sono coinvolti in ricerche che toccano i principali temi intorno ai quali discute la geologia europea.

Da queste ricerche rigorosamente locali affiorano nuove osservazioni e nuove conoscenze che sollevano immediatamente incertezze sui problemi che avrebbero dovuto risolvere.

Verso la fine del Settecento la paleontologia aveva messo in evidenza che, nel corso del tempo, talune forme fossili erano definitivamente scomparse dalla fauna planetaria (Walch, Giraud-Soulavie e altri). La litologia d'altro canto aveva iniziato a costruire serie stratigrafiche e cioè successioni di rocce per archi di tempo, dalle età più antiche alle più recenti alluvioni, ciascuna delle quali era considerata il prodotto di eventi geologici preminenti (vulcanismo, metamorfismo, sedimentazione e così via), caratteristici di un'era o di un periodo.

Già Friedrich Blumenbach (1752-1840) aveva suggerito che i fossili potessero essere un elemento a conforto della datazione delle rocce sedimentarie ma il metodo paleontologico vero e proprio si sviluppa nello studio del bacino terziario di Parigi, con Alexandre Brongniart (1770-1847) e Georges Cuvier (1769-1832) e in Inghilterra con William Smith (1769-1839), William Daniel Conybeare (1787-

1857) e William Buckland (1784-1856) (che studiano il terziario ma anche il paleozoico).

Il principio della correlazione cronologica tra rocce e fossili che sta alla base della geologia stratigrafica del primo Ottocento, avvia un metodo di datazione – e quindi di riconoscimento – delle rocce per così dire incrociato, nel quale le caratteristiche sia paleontologiche sia litologiche del terreno sembrano avere parità di valore diagnostico.

La ripartizione della storia geologica in grandi ere, periodi e sottoperiodi che si sviluppa allora in tutta Europa – e che rende in gran parte obsoleta o discutibile la cronologia werneriana – suscita non pochi entusiasmi. In molti casi, i geologi italiani sono stimolati a verificare se esiste una rispondenza tra le sequenze stratigrafiche delle località da essi studiate e le colonne stratigrafiche elaborate in altri paesi per gli stessi intervalli di tempo geologico.

Una qualche conferma si può avere nel caso delle ere – e quindi delle rocce e dei fossili che le identificano molto in generale –, ma non è affatto implicito riscontrare piene concordanze dalla comparazione di situazioni locali di altri paesi con quelle delle diverse località dell'Italia, quando si tratta di periodi di tempo geologico più brevi.

Ciò è dovuto alla imprecisione e alla disomogeneità delle prime colonne stratigrafiche ma anche all'impossibilità di sovrapporre le storie geologiche locali che sono resti di *facies*, con una ricostruzione generale, in rigorosa sincronia e in scala molto ampia, dell'andamento di fenomeni geologici e biologici. Nella complicata e frazionata realtà geologica il rapporto tra fossili, rocce ed età relativa è tutt'altro che univoco e lineare.

Nel 1821, Brongniart, proponendo una partizione del periodo secondario più ampia di quella werneriana, afferma che in molti casi le stesse specie fossili si trovano anche in terreni di natura litologica diversa. Inoltre, la paleontologia coeva evidenzia che anche molte delle specie scomparse mostrano di essere vissute per archi di tempo che non corrispondono necessariamente alle suddivisioni litologiche dei terreni. I fossili, quindi, solo in pochi casi possono costituire un indiscutibile strumento di datazione. Tali considerazioni fanno sì che, in sintesi, il dato litologico non perda la sua validità neppure rispetto al criterio paleontologico, ritenuto ormai da molti come la miglior traccia per una datazione sicura.

Così proprio nei decenni in cui nasce la stratigrafia – o meglio la biostratigrafia – sembra divaricarsi ancora l'atteggiamento dei geologi da quello dei paleontologi e con essi delle due discipline. D'altronde, mentre i paleontologi e i geologi del sedimentario hanno trovato un nuovo significato per i fossili che ha riorientato le loro ricerche, altri geologi, con interessi diversi, – molti dei quali lavorano in regioni povere di terreni fossiliferi o nei distretti vulcanici italiani – affrontano, spesso in aperta rottura con i werneriani, lo studio delle rocce magmatiche. Si sviluppa pertanto una geologia del magmatismo e del vulcanismo attivo ed estinto che cerca nella geochimica, nella petrografia, nella tettonica, quelle risposte ai problemi litologici e di datazione che essa non può ovviamente trovare nei fossili, come invece sta succedendo nella geologia del sedimentario.

Questa divaricazione di oggetti e metodi di ricerca che induce a privilegiare le risposte ottenute nei rispettivi settori d'indagine, risulta affatto evidente quando i geologi italiani, di un Italia ancora da farsi, si riuniscono a congresso e presentano ciascuno i propri lavori. Tali ricerche appaiono impostate non solo secondo le linee di tendenza di studi e soluzioni pratiche in risposta alle esigenze dei vari governi locali o alle aree di influenza politica e culturale nelle quali i geologi si trovano ad operare, ma anche dal forte legame con la terra natale, con la sua morfologia e i suoi segreti – per usare il termine di Brocchi – ancora da scoprire.

In questo contesto generale – e schematico, data la dimensione dell'argomento – si colloca Tommaso Antonio Catullo (1782-1869), bellunese, prima professore di storia naturale e chimica al liceo di Belluno poi, dal 1829, docente di mineralogia, geologia e zoologia all'Università di Padova.

I suoi interessi naturalistici sono piuttosto ampi (origine dei ciottoli nelle alluvioni, origine delle sorgenti, formazione dei laghi alpini, presenza di massi erratici e così via) ma fino dalle prime pubblicazioni di argomento geologico, dedicate alle arenarie grigie e verdi (glauconie) del Bellunese (che Maraschini aveva attribuito al Cretaceo e Catullo riconosce per sedimentarie e terziarie), appare ben definito l'orientamento principale delle sue ricerche: stabilire l'età relativa delle rocce attraverso i resti fossili[2].

Catullo è tra i primi, se non il primo, ad applicare allo studio delle rocce del Veneto – e del mesozoico in Italia – il metodo paleontologico, individuando i fossili caratteristici dei vari terreni e rivedendo attraverso questo metodo la collocazione cronologica (età relativa) di essi in relazione alle varie colonne stratigrafiche esistenti in quel momento. Egli pertanto mette a confronto le sue conclusioni sia con le

2) T.A. Catullo, *Memoria seconda sull'arenaria verde e grigia del bellunese, colla indicazione dei fossili che in essa si trovano*, Venezia, 1816.

successioni proposte dalla scuola werneriana e dai francesi sia con quelle elaborate con metodo esclusivamente litologico dai geologi veneti, tra i quali ad esempio Maraschini che, nel 1824, aveva pubblicato una «cronologia stratigrafica» dei terreni del Vicentino.

Nella *Zoologia fossile delle province venete*, pubblicata a Padova nel 1827[3], lo scritto oggi più famoso della produzione di Catullo e quello che anche allora gli diede la notorità, egli adotta il metodo paleontologico per stabilire l'età relativa dei terreni mesozoici.

Scopo principale dello scritto è verificare se sia davvero possibile valersi dei soli resti fossili per definire archi di tempi geologici (di formazioni e di piani corrispondenti alle locali variazioni litologiche). Catullo, che aveva trattato in precedenza il Terziario e che è consapevole della completezza del lavoro di molti paleontologi, ma soprattutto di Brocchi, sulle malacofaune terziarie venete, dedica la *Zoologia fossile* ai terreni secondari (mesozoici), meno ricchi di macrofossili e mal individuati o mal definiti nella cronologia di Werner.

A questo scopo, Catullo fa anche riferimento alla cronologia del secondario proposta da Brongniart, utilizzandola come termine intermedio di confronto tra quella werneriana e i fatti naturali. La scelta cade su Brongniart in quanto egli, a differenza di Werner, impostava i suoi lavori sul metodo paleontologico. Non solo, ma considerava i caratteri zoologici «di primario valore in geognosia» quando i dati «geognostici» (morfologia, natura delle rocce, potenza dei terreni, direzione e posizione degli strati e così via) erano discordanti con la cronologia suggerita dalle faune fossili. Brongniart riteneva infatti, che in tali casi, l'insieme dei caratteri gegnostici potesse essere conseguenza di una «*formazione istantanea*» – intendendo una deformazione tettonica –, inattendibile perciò per determinare un arco di tempo geologico; le specie, invece, in quanto subiscono nei tempi brevi (migliaia di anni) pochi o nulli mutamenti, sono più stabili delle strutture geologiche che hanno subito deformazioni tettoniche e pertanto più attendibili ai fini di una datazione.

Catullo concorda in generale con le idee di Brongniart e puntualizza che il metodo paleontologico deve la sua validità ad altri due eventi che caratterizzano le specie:

1) la non perpetuità: una lenta e graduale «distruzione» delle specie nel tempo differenzia le varie popolazioni fossili cosicché quelle dei terreni più antichi si distinguono da quelle di terreni recenti;

3) T.A. Catullo, *Saggio di Zoologia fossile ovvero Osservazioni sopra li petrefatti delle Provincie Austro-Venete con la descrizione dei monti entro ai quali si trovano*, Padova, Tipografia del Seminario, 1827.

2) la presenza in epoche determinate «*di corpi organizzati di oscurissima stirpe*», sepolti in strati che si sono depositati prima che il mare regredisse e lasciasse all'aria libera quei sedimenti che contengono fossili del tutto differenti da quelli più antichi e che hanno pochi analoghi nella fauna attuale.

I fossili rivelano dunque che differenti faune marine si sono succedute nel corso del tempo e che altre stanno popolando i mari attuali.

> «in correlazione di ciò gli strati zoolitici delle montagne sono la più autentica storia degli animali che popolavano l'antico mondo e ci rivelano ad un tempo l'ordine tenuto dalla natura nella costruzione della corteccia terrestre. In essi noi ravvisiamo una moltitudine di generazioni la cui somiglianza con le specie viventi si perde a misura che gli strati nei quali sono sepolte si mostrano, come altrove si è detto, più antichi o più vicini al centro della terra»[4].

L'applicazione del metodo paleontologico alla datazione dei terreni mostra in prima istanza che soprattutto i terreni secondari, o ritenuti tali, sono stati generalmente mal definiti. Essi, per principio, dovrebbero contenere solo quei fossili che sono esclusivi dell'epoca in cui i terreni si sono depositati. Ciò consentirebbe di fissare l'età relativa delle rocce – e cioè stabilire le suddivisioni della cronologia del mesozoico – in funzione della graduale scomparsa di specie caratteristiche. Ma Catullo stesso si rende conto che la paleontologia non ha ancora sviluppato dati di osservazioni e conoscenze tali – per quantità e qualità – da rendere il metodo paleontologico il solo strumento non equivoco di datazione. Ciononostante egli reputa che la sua applicazione produca meno *anomalie* di quante non ne causi il sistema werneriano.

Catullo riprende allora la distribuzione delle rocce lungo le suddivisioni del mesozoico (inferiore, medio e superiore), da Werner ritagliate in base ai caratteri litologici delle rocce (cosa che spesso significa l'accettazione di un brusco passaggio da un periodo ad un altro, ad esempio Giurassico e Cretaceo).

A questo schema rigido, Catullo sa di non poter sostituire quello che emergerebbe da una scansione temporale fatta solo su base paleontologica, per la ragione già ricordata di uno stato delle conoscenze sui fossili non ancora del tutto soddisfacente per questo fine.

La paleontologia, comunque, ha dimostrato che talune specie di una Famiglia che si è estinta nel periodo in cui si formavano i terreni

4) T.A. Catullo, *Zoologia fossile*, cit., p. 35.

del *sedimento inferiore* del secondario, sono sopravvissute fino al periodo in cui si formava il *sedimento medio* e in qualche caso anche durante la deposizione del *sedimento superiore*. Ha dimostrato anche che nei terreni terziari si trovano fossili di cui manca l'analogo nei mari attuali. Ciò significa che *mentre una generazione di viventi prosperava, altre generazioni avevano cessato molto tempo prima di esistere*»[5].

Catullo conclude che se manteniamo la periodizzazione del secondario proposta da Werner e contestualmente esaminiamo i fossili che ne sono caratteristici, siamo indotti a considerare sincrone specie che invece, alla luce delle recenti considerazioni di natura paleontologica, sono scomparse in momenti diversi. La conseguenza di questo fatto è che siamo costretti a considerare *sincrona* anche la deposizione di terreni che proprio i fossili collocano in epoche molto distanti tra loro.

L'imprecisione data da una sincronia tra specie fossili costruita in base a conclusioni di natura litologica aumenta nel momento in cui la determinazione dell'età relativa si sposta dalla dimensione del periodo ad archi di tempo geologico di minore durata (epoca, età, sottoperiodo, piano, sottopiano e così via).

D'altronde Catullo non intende valersi neppure della periodizzazione del mesozoico fatta da Brongniart a causa di molte lacune sia nella comparazione litologica dei vari distretti presi in esame sia nella documentazione paleontologica che egli reputa non sempre attendibile.

Tra i compiti che Catullo si prefigge di assolvere nella *Zoologia fossile* sulla distribuzione dei terreni dell'era mesozoica (nell'opera tratta anche di terreni del paleozoico, l'intermedio di Werner), c'è anche la distinzione tra il periodo Giurassico e il Cretaceo, tutt'altro che semplice in Italia per la continuità della serie dei terreni dei due periodi.

Valendosi del metodo paleontologico, egli attribuisce tra l'altro l'ammonitico rosso al Giurassico (Lias – oggi sottoperiodo inferiore del Giurassico – per Catullo «sedimento inferiore de' terreni posteriori alla formazione intermediaria di Werner») e il biancone al Cretaceo che gli sta sopra.

«S'io non ho male veduto, come spero, niuno può contraddire che l'arenaria rossa, nella sotterranea sua estensione, non vada a nascondersi ancora

5) *Ibid.*, p. 36.

sotto la gran massa metallifera di Agordo, formando la base del calcare alpino che si vede a dritta del torrente Imperino...»[6].

Catullo inizia nella *Zoologia fossile* anche a delineare una prima, significativa distinzione all'interno dei fossili proprio in funzione del loro significato stratigrafico. Riprendendo la considerazione di Brongniart sulla presenza delle stesse specie in terreni differenti per i caratteri litologici, Catullo precisa che tali specie sono sopravvissute all'estinzione della Famiglia di appartenenza e perciò si trovano anche in rocce di età posteriore. Tali specie che chiama «specie promiscue» sono meno attendibili nella loro funzione di indicatori di età delle forme fossili che sono vissute per un arco di tempo e poi sono definitivamente scomparse. Queste ultime si prestano meglio a guidare il paleontologo verso la corretta definizione dell'età relativa delle rocce. Catullo riconosce, come già aveva fatto von Buch, che ortoceras e trilobiti si presterebbero meglio di altri fossili – se fossero adeguatamente studiati – a datare le rocce dell'intermediario werneriano (il paleozoico)[7].

L'ambiguità delle «specie promiscue» dipende dal fatto che appartengono a più formazioni e che pertanto sembrano contraddire una rigida applicazione del metodo paleontologico ad una datazione relativa delle rocce che sia estensibile anche ad altre situazioni geologiche locali. Inoltre tale ambiguità è accresciuta dal fatto che le «specie promiscue» sembrano essere numerosissime perché sono spesso chiamate con nomi diversi a seconda delle caratteristiche litologiche del sedimento che le contiene, siano pure esse simili o identiche per quanto concerne i caratteri paleontologici.

Negli scritti posteriori di Catullo questo interesse si va accentuando.

Nella *Memoria epistolare sopra i petrefatti dei monti Euganei*[8] – da una lettera scritta a Da Rio nel 1829 – ribadisce il concetto che le specie promiscue non siano strettamente utilizzabili come fossili-guida.

Questa convinzione è rafforzata dall'opinione espressa in più occasioni da Constant Prévost (1787-1856) nel corso della prima metà

6) T.A. Catullo, *Zoologia fossile*, cit., p. 44.

7) *Ibid.*, pp. 29-31.

8) T.A. Catullo, *Memoria epistolare sopra i petrefatti dei monti Euganei*, «Giornale delle scienze e lettere delle Provincie Venete», 1829, tomo XVI, pp. 22-79.

dell'Ottocento, a proposito delle specie fossili del Cretaceo di Alcide Dessalines d'Orbigny (1802-1857) che aveva definito cretacei alcuni terreni distinguendoli nettamente dal paleozoico in base a circa ventimila specie considerate sincrone ai vari terreni mesozoici. Il numero eccessivo di queste specie aveva indotto Prévost a suggerire che non vi potesse essere una tale rigorosa sincronia tra le forme fossili e i terreni ma che fosse necessario ipotizzare una promiscuità «di specie di una zona con specie di un'altra».

I tentativi di adozione della suddivisione del Cretaceo nei periodi proposti da d'Orbigny, in Italia divulgatasi a partire dalla fine degli anni '40, non ebbero esito positivo dato che egli, a detta dei paleontologi italiani tra cui lo stesso Catullo, non aveva indicato con precisione né i fossili né i luoghi in base ai quali aveva stabilito i limiti di ogni piano. Inoltre, negli stessi decenni, si aprì una nuova questione di carattere meramente paleontologico, relativa alla denominazione delle specie promiscue, che, come s'è detto, pur essendo le stesse, assumevano denominazioni differenti a seconda del piano in cui venivano ritrovate. Riguardo a questo episodio Catullo commenta

«[...] Nello stesso torno di tempo Baylle rendeva avvisata la Società geologica di Francia d'uno sconcio di maggior momento circa le specie promiscue, le quali, tottoché identiche fra loro, vengono distinte con nome specifico diverso, solo perché diverso è l'orizzonte geognostico delle zone in cui si trovano nicchiate, quasiché la stratigrafia, non già la paleontologia, dovesse servire di guida a ben determinare l'epoca a cui esse zone appartengono»[9].

Catullo è contrario, sulla base delle sue esperienze, a sostenere che esista una netta distinzione – su base paleontologica – tra Giurassico e Cretaceo ed anzi sostiene che il Giurassico fu diviso da d'Orbigny in dieci piani, ciascuno con un suo nome particolare «nel falso supposto che ogni singola zona dovesse contenere una fauna fossile ad essa peculiare»[10].

L'attacco alla cronologia di d'Orbigny si chiude con la considerazione che i «paleontologi di professione», almeno quelli veneti, non hanno accettato affatto d'Orbigny ex autoritate ma sono stati presi invece dal desiderio di conoscere il terziario e il mesozoico del Veneto.

9) T.A. Catullo, *Considerazioni intorno ad alcune recenti memorie di geognosia paleozoica*, «Atti dell'I.R. Istituto Veneto di Scienze, Lettere ed Arti», vol. 1, serie III, (1855-56) estratto, p. 14. (Letto all'adunanza del 22 giugno 1856).

10) *Ibid.*, p. 15.

Sono arrivati infine a due importanti conclusioni generali. La prima è che le specie promiscue aumentano il numero delle anomalie (discrepanze nella datazione) invece di diminuirle. La seconda è che i terreni delle Alpi venete non corrispondono affatto (neppure) alle ripartizioni proposte da d'Orbigny. I sistemi generali non trovano riscontro nelle colonne stratigrafiche locali che si stanno istituendo.

Tanto nella *Zoologia* quanto negli scritti posteriori – ma anche nelle discussioni che sostiene durante i primi congressi di geologia – Catullo mostra dunque di accogliere favorevolmente il metodo paleontologico per la datazione dei terreni e di considerare preminente il carattere «zoologico» ma con tutte le cautele che la stessa documentazione paleontologica e la sua esperienza gli suggeriscono di avere.

«[...] Adottando la divisione dei terreni fondata sulla natura delle specie fossili che dentro si trovano, non si dirà ch'io abbia dato la preferenza ad un metodo più fallace di quello che fin adesso hanno seguito i geologisti, poiché si conosce da molti qual profitto si possa ricavare dai caratteri zoologici e di qual necessità sieno i caratteri geognistici ove manchi la fiaccola de' petrefatti»[11].

Effetto collaterale del proliferare di studi di litologia e paleontologia è, in Italia nei primi decenni dell'Ottocento, il riconoscimento dell'esistenza di situazioni locali più raffinate e complesse, non direttamente rapportabili a schemi generali, stabiliti ad esempio sugli stratotipi di altri paesi. Ciò è dovuto non solo alle lacune stratigrafiche o alle differenti *facies* di un medesimo arco di tempo geologico ma anche alla presenza di specie fossili dai limiti cronologici non corrispondenti a quelli dei terreni, le «specie promiscue». Così mentre da un lato hanno fortuna talune partizioni cronologiche e si definisce via via il metodo paleontologico di datazione come meno ambiguo di quello litologico, d'altro lato l'approfondimento dello studio di faune fossili di aree geologiche diverse porta a riconoscere che anche il metodo paleontologico – se sono mal studiate le specie promiscue – può introdurre anomalie nella datazione dei terreni, anomalie che mettono in crisi il metodo stesso. Ciò spiega come mai, al di là di motivazioni forse ideologiche, molti geologi italiani sostengano ancora la preminenza del metodo litologico anche nel caso della datazione di terreni sedimentari. Questa oscillazione di atteggiamenti, è alla radice delle esortazioni a procedere nello sviluppo di studi specialistici di

11) T.A. CATULLO, *Zoologia fossile*, cit., p. 38.

paleontologia regionale e di litologia e geologia, al fine di individuare e definire con maggior precisione i limiti dei periodi e dei piani nei quali sono suddivise le grandi ere.

Così le considerazioni di Brocchi sul significato, sugli scopi e sulle speranze di una conoscenza che egli vede crescere per accumulo di dati ed osservazioni, trovano una loro risposta. La natura ha svelato che le forme organiche e l'assetto geologico sono stati assai vari nel tempo e nello spazio. Ci si avvia pertanto a mettere in crisi la verosimiglianza di una successione di eventi, epoche e modalità di accadimento dei fenomeni geologici di portata planetaria. Contestualmente le specie fossili mostrano di essere vissute per segmenti di tempo non necessariamente – o non sempre – rispondenti ai grandi mutamenti operati dagli agenti geologici. Resta da vedere, tra le molte altre suggestioni dei lavori di Catullo e dei suoi contemporanei veneti, il legame di queste conclusioni con gli ulteriori sviluppi delle scienze geologiche e biologiche in Europa.

Luca Ciancio

GIAMBATTISTA BROCCHI E LA TEORIA DEI VULCANI SOTTOMARINI: CONVERSIONE O RISTRUTTURAZIONE TEORICA?

Introduzione

Dal 1760 fin verso il 1780 i principali naturalisti attivi nella Repubblica di Venezia come Giovanni Arduino, Alberto Fortis e John Strange erano stati all'avanguardia in Europa nell'attività di scoperta e di studio dei vulcani estinti, attività che si era tradotta in un'interpretazione della storia del pianeta che all'azione dei vulcani riconosceva finalmente un ruolo adeguato. Pur con significative differenze, essi condividevano una concezione plutonista della terra – o quantomeno della sua genesi – in cui si trovava modo di concedere amplissima considerazione ai fenomeni erosivi e sedimentari. Il sistema cartesiano reinterpretato da Leibniz nella *Protogaea* costituì il principale modello di riferimento per buona parte dei geologi della generazione illuminista operanti nell'ambito veneto[1].

Dalla metà degli anni '70, tuttavia, i risultati di quella stagione di indagini iniziarono a essere contestati da un numero crescente di studiosi che si ispiravano in particolare agli scritti di Johann Wallerius e Torbern Bergman e in generale alla tradizione mineralogica di Becher e Stahl[2]. I naturalisti che si riconoscevano in tale tradizione, pur

1) Su questi dibattiti mi permetto di rinviare a L. Ciancio, *Autopsie della Terra. Illuminismo e geologia in Alberto Fortis (1741-1803)*, Firenze, Olschki, 1995, cap. II. Per la posizione di Arduino si rinvia in particolare a E. Vaccari, *Giovanni Arduino (1714-1795). Il contributo di uno scienziato veneto al dibattito settecentesco sulle scienze della Terra,* Firenze, Olschki, 1993.

2) R. Laudan, *From Mineralogy to Geology. The Foundations of a Science, 1650-1830*, Chicago and London, The University of Chicago Press, 1987, cap.3. Conviene ricordare che anche alcune tesi di Buffon esposte ne *Les Époques de la nature* (1778) andavano nella direzione di un ridimensionamento dell'importanza dei vulcani. Cfr. J. Roger, *Buffon: un philosophe au Jardin du Roi*, Paris, Fayard, 1989, cap. 23.

dissentendo su questioni non secondarie, concordavano nell'attribuire una sostanziale marginalità alle operazioni del fuoco vulcanico. A loro giudizio, l'estensione e l'efficacia dell'azione delle acque, sia nella costruzione che nella demolizione delle masse rocciose, era di gran lunga maggiore di quella dei vulcani.

Come è noto, l'attacco alle ipotesi dei vulcanisti e dei plutonisti si radicalizzò durante gli anni '80 del Settecento con la diffusione degli scritti di Werner e della sua scuola. In conseguenza di ciò, molti dei risultati raggiunti dalla generazione precedente soprattutto in Italia e in Francia furono ritenuti inaffidabili e generalmente accantonati, almeno per quanto riguarda il loro valore in riferimento alle teorie della terra[3]. Nel clima difficile di quegli anni l'abate Alberto Fortis era stato tra i pochi a battersi apertamente in difesa dei risultati conseguiti dalla tradizione veneta. L'ultima e forse più importante opera del naturalista padovano, i *Mémoires pour servir à l'histoire naturelle de l'Italie* del 1802, era nata da questa scelta anticonformista; ma essendo il momento poco propizio, essa non poté bastare a risollevare le sorti del vulcanismo. L'opera, infatti, risentì negativamente di quella congiura del silenzio che gli avversari di Lamarck adottarono nei confronti dei sostenitori del trasformismo biologico e di chi non si atteneva al nuovo verbo «positivo» antibuffoniano[4].

Giambattista Brocchi, che pure era stato tra gli allievi prediletti dell'abate Fortis, fin dai primi anni della sua attività aveva adottato le predominanti teorie werneriane. Le ragioni di questa scelta non erano dissimili da quelle di molti suoi contemporanei: l'autorevolezza della mineralogia werneriana, il suo legame con le pratiche minerarie e metallurgiche, il discredito gettato sulle opinioni e sui metodi impiegati dai geologi della generazione precedente. Oltre a ciò va ricordato un elemento che, nel caso di Brocchi, sembra aver avuto un peso non trascurabile: mi riferisco alla sua scarsissima conoscenza dei terreni dell'Italia centrale e meridionale. Per quanto vasta fosse la letteratura sull'argomento, l'imponenza e la varietà dei fenomeni vulcanici che vi si osservano avrebbero potuto incidere sulle convinzioni di un geologo a condizione che questi li avesse resi oggetto di osservazione diretta, accurata e ripetuta, esperienza della quale il naturalista di Bassano era del tutto sprovvisto.

3) Per una dettagliata ricostruzione del contributo dato in questo campo dai geologi francesi si veda F. ELLENBERGER, *Histoire de la géologie. 2 La grande éclosion et ses prémices, 1660-1810,* Paris, Lavoisier, 1994.

4) I dibattiti parigini sul trasformismo biologico sono ricostruiti in modo magistrale in P. CORSI, *The Age of Lamarck: Evolutionary Theories in France, 1790-1830*, Berkeley/Los Angeles, University of California Press, 1988.

L'opera in cui Brocchi appare totalmente allineato sulle posizioni del wernerismo più intransigente è la *Memoria mineralogica sopra la Valle di Fassa in Tirolo*, pubblicata a Milano nel 1811. Tale opera, pur essendo il prodotto estremo della fede werneriana di Brocchi, per certe sue discussioni interne prelude a quello che può essere considerato come uno dei più importanti sviluppi teorici nella carriera scientifica del naturalista bassanese: l'adesione ad una teoria del vulcanismo sottomarino che, maturata tra il 1812 e il 1817, ne caratterizzò le concezioni geologiche almeno fino alla partenza per il viaggio egiziano (1823).

L'obiettivo che ci poniamo è in primo luogo quello di delineare le tappe di tale revisione teorica e di individuarne le motivazioni. Si cercherà poi di valutarne le implicazioni in rapporto allo stato del dibattito geologico e di stabilire se tali novità configurino un superamento del wernerismo oppure un suo semplice adeguamento a nuove esigenze esplicative. In particolare si cercherà di accertare in che misura il riavvicinamento finale di Brocchi ad alcune conclusioni già raggiunte dai suoi predecessori e maestri settecenteschi si prestasse a riflettere esigenze e prospettive tipiche del suo tempo. Tale analisi può rappresentare un'occasione per approfondire la conoscenza di quel processo, controverso e ancora in parte oscuro, di diffusione e rielaborazione dell'insegnamento di Werner che fu alla base degli sviluppi che si verificarono nella geologia europea dopo il 1830[5]. Infine è opportuno osservare che, concentrandosi sulle anomalie litologiche e petrogenetiche, l'analisi che presentiamo appare complementare allo studio di Nicoletta Morello che compare in questo volume dedicato alle anomalie emergenti in ambito paleontologico.

1. *La forza delle cose (1811-12)*

Il punto di partenza della nostra discussione non può che essere la *Memoria mineralogica sulla valle di Fassa in Tirolo* pubblicata nel 1811. Le argomentazioni che sorreggono quest'opera rappresentano un repertorio esauriente delle ragioni del nettunismo della scuola

5) Per un'introduzione generale si vedano M. Greene, *Geology in the Nineteenth Century*, Ithaca, New York, Cornell University Press, 1983; M. Guntau, *Abraham Gottlob Werner*, Leipzig, BSB B.G. Tubner Verlagsgesellschaft, 1984; Id., *Die Genesis der Geologie als Wissenschaft: Studien zu den kognitiven Prozessen und gesellschaftlichen Bedingungen bei der Herausbildung der Geologie als naturwissenschaft Disziplin an der Wende vom 18.zum 19.Jahrhundert*, Berlin, Akademie Verlag, 1984.

werneriana[6]. In essa Brocchi aveva dato una presentazione oltranzista di quelle ragioni, al punto da sollecitare la reazione a tratti veemente del collega e amico Scipione Breislak che, com'è noto, militava sul fronte opposto[7]. Questi ritenne opportuno di inserire una particolareggiata confutazione delle posizioni di Brocchi in una delle sue opere più diffuse, l'*Introduzione alla geologia*, pubblicata pochi mesi dopo l'uscita della *Memoria mineralogica*. Nelle ultime dense pagine del trattato Breislak, oltre a ritorcere efficacemente contro il nettunismo molte delle argomentazioni dell'avversario, formulò un'ipotesi che a suo giudizio trovava luminose conferme proprio nei dati raccolti da Brocchi in Val di Fassa[8].

A detta di Breislak, dopo aver sfrondato le argomentazioni dell'avversario di ogni spunto meramente retorico rimaneva un unico fenomeno meritevole di attenta discussione: l'alternanza di strati orizzontali basaltici e calcarei. Dal rilievo che Breislak attribuì a tali circostanze stratigrafiche si deduce che egli fosse convinto di trovarsi di fronte a qualcosa di simile ad un'istanza cruciale, uno stato di cose a partire dal quale fosse possibile comparare il valore esplicativo dei due sistemi geologici in conflitto. Per spiegare il fenomeno Breislak ripropose il meccanismo della nascita dell'isola di Santorini avvalendosi di una ricostruzione fondata sulle fonti testimoniali più attendibili. A suo giudizio, lo studio di tali fonti imponeva all'attenzione degli studiosi il modello dei vulcani sottomarini come il più adatto alla spiegazione del fenomeno: «nell'ipotesi dei vulcanisti è facilissimo il rendere una ragione plausibile di questa alternativa, supponendo un vulcano formato nel mare e che abbia avuto de' periodi d'intermittenza: nei suoi intervalli di riposo si sono formate le precipitazioni da cui sono nati gli strati calcarei, e nei periodi d'azione si sono prodotte le rocce vulcaniche»[9].

Tale soluzione appariva a Breislak di gran lunga più soddisfacente di quella avanzata dai nettunisti e ripresa da Brocchi nella *Memo-*

6) L. Ciancio, *La difesa dell'ipotesi nettunistica*, in AA.VV., *L'opera scientifica di Giambattista Brocchi (1772-1826)*, Rumor, Vicenza, 1987, pp. 55-65.

7) Sulla figura di Breislak, una delle più note e influenti nel panorama della geologia europea tra l'età rivoluzionaria e la Restaurazione, sono ancora troppo scarse le conoscenze e le analisi. Si vedano comunque L. Configliachi, *Memoria intorno alle opere ed agli scritti del geologo Scipione Breislak*, Padova, Tip. del Seminario, 1827; L. Gennari, *Breislak, Scipione*, *Dizionario Biografico degli Italiani*, Istituto dell'Enciclopedia Italiana, Roma 1960-, XIV (1972), pp.118-20, (d'ora in poi DBI); L. Francani, *Breislak, Scipione*, in C.C. Gillispie (a cura di), *Dictionary of Scientific Biography*, The American Philosophical Society, 1970-80, II (1973), pp. 439-40 (d'ora in poi DSB).

8) S. Breislak, *Introduzione alla geologia*, Milano, Stamperia Reale, 1811, 2 voll., II, pp. 432-53.

9) S. Breislak, *Introduzione*, cit., pp. 446.

ria mineralogica, opera in cui si facevano intervenire misteriosi mutamenti nella composizione chimica del fluido acqueo per spiegare gli esiti differenti delle successive sedimentazioni. Breislak infatti riteneva più probabile che un vulcano cessasse di quando in quando di ardere anziché immaginare che una materia in sospensione in un liquido generasse alternativamente ora l'uno, ora l'altro tipo di rocce. D'altronde, egli faceva osservare, gli stessi nettunisti affermavano che la forza di cristallizzazione era gradualmente diminuita dal periodo primitivo a quello più recente, cosicché «come è avvenuto che quella stessa forza siasi di poi risvegliata nella produzione delle rocce trappiche e basaltine? Queste materie petrose hanno sovente la grana cristallizzata e spessissimo sono piene di sostanze cristallizzate... Dove si trovano alternanti dieci, quindici e venti strati di calcaria secondaria con altrettanti di rocce trappiche e basaltine, quale è stato il principio che dieci, quindici e venti volte ha risuscitata la forza di cristallizzazione?»[10]. L'obiezione possedeva un'indubbia efficacia ed era obiettivamente arduo per i nettunisti escogitare una risposta adeguata senza introdurre soluzioni *ad hoc*.

Breislak sollevò anche un secondo problema relativo all'interpretazione dei basalti. Nei trappi di Fassa Brocchi aveva osservato una particolare giacitura su cui già Werner aveva attirato l'attenzione: argilla, wake e basalto mostravano di «passare» l'una nell'altro senza soluzione di continuità. Secondo i nettunisti, si trattava non di semplice contiguità tra rocce ma di vera e propria continuità, un modificarsi dell'una nell'altra, un fenomeno che ne dimostrava la comune natura sedimentaria. Secondo Breislak, anche se si fosse trattato non di semplice contatto ma di vera continuità, tale fenomeno avrebbe dovuto essere interpretato come una decomposizione della parte basaltina, non come una trasformazione dell'argilla in basalto. Tale fenomeno poteva essere attribuito, a titolo di congettura, ai vapori che caratterizzano le aree vulcaniche anche in assenza di eruzioni vere e proprie: «Questi vapori attaccano le lave e ne decompongono alcune parti le quali prendono l'aspetto di sostanze argillose»[11].

Con le sue obiezioni, Breislak trascinava Brocchi in una discussione dei fenomeni del vulcanismo attivo, terreno nel quale egli poteva attingere ad una vastissima esperienza personale di cui il collega bassanese, come si è detto, era totalmente sprovvisto. Il confronto teorico tra i due rendeva ormai indilazionabile per Brocchi una presa di contatto diretta con i fenomeni dei vulcani in attività. Tutto lascia

10) Ibidem, p. 449.

11) Ibidem, p. 452.

intendere che questo sia stato uno dei motivi principali che spinsero Brocchi ad intraprendere un viaggio scientifico nella Penisola. Il 31 luglio 1811 egli partì da Milano alla volta dell'Italia centrale e meridionale per quella che doveva essere la prima di una lunga serie di peregrinazioni che, tutto considerato, durarono oltre un decennio[12]. Il viaggio era reso urgente anche dal fatto che Brocchi stava lavorando con rinnovata lena a un abbozzo della *Conchiologia fossile subappennina*, le cui sezioni tassonomiche avrebbero tratto grandi vantaggi dall'opportunità di raccogliere nuovi reperti e di visitare le collezioni pubbliche e private esistenti in varie parti d'Italia. Più in generale, nella stesura di un'opera di quell'impegno egli non poteva sottrarsi ad una serie di scelte teoriche fondamentali che esigevano una conoscenza approfondita e matura dei suoli della penisola e dunque anche dei fenomeni vulcanici che la caratterizzano[13].

Di quel primo viaggio italiano ci è pervenuto un dettagliato resoconto autografo, il *Giornale del viaggio mineralogico per varj paesi dell'Italia*, un testo contenente la registrazione delle visite effettuate lungo il tragitto verso Roma e nelle località più interessanti dell'Italia centro-meridionale. Sono pagine che offrono allo storico molti spunti di riflessione; dal nostro particolare angolo prospettico esse sono essenziali perché consentono di seguire da vicino le varie fasi di un significativo riorientamento teorico[14].

In esse si può quasi sorprendere il naturalista di Bassano mentre dialoga con sé stesso oscillando tra le constatazioni più immediate prodotte dall'impatto con i luoghi vulcanici e la prudente valutazione del loro significato per la teoria della terra. Purtroppo il testo non riferisce di importanti occasioni di confronto con altri geologi che pure

12) G. Berti, *Un naturalista dall'Ancien Régime alla Restaurazione. Giambattista Brocchi (1772-1826)*, Bassano, Verci Editrice, 1983.

13) Che lo studio delle aree vulcaniche italiane fosse il suo obiettivo principale è confermato sia dalle fonti epistolari sia dai resoconti che ci sono pervenuti di quel viaggio. Un'analisi puramente statistica del viaggio e delle varie sezioni del relativo diario manoscritto dedicate alle due aree vulcaniche più importanti lo rivela chiaramente. Per quanto riguarda l'area laziale Brocchi vi trascorse, in due fasi distinte, circa settanta giorni. In Campania rimase complessivamente quasi quattro mesi. Dei 230 fittissimi fogli che compongono il manoscritto, 53 sono dedicati ad osservazioni di varia natura effettuate nel Lazio, e ben 93 riguardano l'area campana. Se si esamina poi il contenuto di queste pagine, quelle dedicate al vulcanismo sono indubbiamente le più estese, articolate e significative dal punto di vista scientifico.

14) D'ora in poi GVM. Il manoscritto è conservato alla Biblioteca Civica di Bassano (d'ora in poi BCB), ms. 31.A.20. Si consideri inoltre il fatto che il *Giornale* sembra essere stato usato da Brocchi come fonte di informazioni per alcune delle memorie più importanti pubblicate negli anni successivi su la «Biblioteca Italiana». Intere sezioni di esse appaiono ricavate dalle pagine del manoscritto.

devono esservi state soprattutto durante i soggiorni a Roma e Napoli. Per quanto riguarda il viaggio vero e proprio, Brocchi non poté trovare che interlocutori occasionali, da lui interpellati a proposito di questioni ben specifiche. I veri, grandi interlocutori dello scienziato bassanese restavano quei naturalisti-viaggiatori che durante il secolo precedente avevano esaminato gli stessi luoghi che egli si accingeva a visitare. Primo fra tutti ancora Breislak, la cui fama internazionale era legata proprio agli studi sull'area vesuviana, in particolare la *Topografia fisica della Campania* edita a Firenze nel 1798. Gli scritti vulcanologici di Breislak costituirono la guida, il termine di paragone e soprattutto il costante referente polemico degli itinerari brocchiani. Nel guidare le scelte di Brocchi bisogna però riconoscere un ruolo anche alle classiche opere di viaggio di Giovanni Targioni Tozzetti, Johann Jacob Ferber, Alberto Fortis, Déodat de Dolomieu, Lazzaro Spallanzani, Ermenegildo Pini e Leopold von Buch.

L'itinerario seguito da Brocchi, itinerario del quale esamineremo alcuni momenti essenziali, si snoda attraverso molte delle località rese famose dai naturalisti-viaggiatori del Settecento[15]. Tra le prime a ricevere la sua visita alcune note località del Modenese, le salse di Sassuolo e i fuochi di Barigazzo. Passò quindi a Firenze dove compì le visite d'obbligo alle collezioni della città; si diresse poi verso il Valdarno, un territorio dal quale provenivano gran parte delle ossa fossili delle collezioni locali, assai note grazie ai lavori di Giovanni Targioni Tozzetti. Ma fu soprattutto la grande varietà di fossili di invertebrati marini che egli poté individuare a consentirgli di avanzare un'ipotesi sulla natura e sull'origine di quei terreni. In una annotazione conclusiva alle osservazioni stilate il 27 agosto 1811 Brocchi affermava: «Ragionando dell'antico stato del Valdarno inferiore io sono d'avviso che questo terreno fosse inondato dal mare, mentre erano già allo scoperto non solamente gli alti Apennini, ma le eminenze stesse de' contorni di Firenze, e quelle del Valdarno superiore ec., dove non si riscontra traccia di testacei fossili, e dove predomina l'arenaria macigno, che è di antica formazione...»[16].

Si trattava della prima formulazione di quella teoria della progressiva emersione della penisola dal mare che sarà parte integrante del modello esplicativo adottato nella *Conchiologia fossile subappennina*. Fino a questo punto, però, la prospettiva teorica da cui egli osservava i terreni italiani era ancora saldamente nettunistica. Il fenomeno del ritiro delle acque, infatti, andava spiegato ricorrendo alla

15) F. Rodolico, *L'esplorazione naturalistica dell'Appennino*, Firenze, Le Monnier, 1958.

16) GVM, f.21.

teoria del crollo delle spelonche sotterranee, una teoria che era diventata parte integrante della geognosia werneriana.

Fu nel tragitto da Siena a Roma che si presentarono alla sua osservazione le prime imponenti testimonianze vulcaniche. Dapprima la rocca di Radicofani, costituita prevalentemente di un «basalte compatto, sonoro, durissimo»; poi, dirigendosi da Bolsena a Ronciglione, la comparsa degli «ammassi colonnari basaltini». Durante il tragitto egli rinvenne ripetutamente delle lave sia compatte che porose, ma è significativo che egli sia stato colpito soprattutto da un «tufa terroso» superficiale che lo accompagnò lungo tutto il tragitto verso Roma. Nel tentativo di formulare una spiegazione del fenomeno, il 23 settembre Brocchi faceva riferimento per la prima volta all'ipotesi dei vulcani sottomarini: «Come fu depositata questa sostanza [il tufo], che occupa un tratto tanto considerevole di terreno, poiché continua da Acquapendente a Roma? Quando pure si volesse credere che essa fosse vulcanica non sarebbe verosimile che fosse stata deposta dalle eruzioni de' fuochi sotterranei. É più probabile che sia il prodotto di vulcani sottomarini, e che questa materia sia stata poi dispersa, e depositata dall'acqua; il che mi sembra essere comprovato dalla regolarità della sua stratificazione, dagli strati ghiajosi, che si sono interpolati, e dai ciottoli, che tanto frequentemente contiene»[17].

Il significato dell'impiego di tale ipotesi, il suo carattere congetturale e per nulla incline al vulcanismo vero e proprio trovano conferma nelle conclusioni tratte da un esame preliminare dei colli della città di Roma, in primo luogo del Campidoglio: «A fronte di quanto ne dice Breislak (Tom.II, pag.252), che ne ha individuato i caratteri, ma poco esattamente, io la considero come una roccia tufacea formata dalle acque, quando anche si volesse credere che la materia di cui è composta debba la primitiva sua origine all'azione del fuoco»[18]. Pochi giorni più tardi, ampliate le indagini litologiche agli altri colli, Brocchi si sentiva in grado di avanzare un'ipotesi generale: «Io credo che le sopraddette eminenze sieno state bensì formate dalle acque del mare, le quali depositarono qua materie vulcaniche, e colà una sabbia calcarea, quale è quella che costituisce la massa di Monte Mario, e di gran parte del Pincio»[19]. Come si vede, già dopo i primi approcci con l'area romana – che Breislak aveva ritenuto senza alcun dubbio vulcanica – Brocchi mostra una netta propensione a ridimensionare

17) GVM, ff.48-49.

18) GVM, f.50.

19) GVM, f.52.

l'ampiezza dei fenomeni vulcanici avanzando frequenti e articolate obiezioni alle affermazioni di Breislak e manifestando in più punti la sua insoddisfazione nei confronti delle informazioni pubblicate da quest'ultimo. Tale atteggiamento di diffidenza caratterizzerà anche le fasi successive del viaggio pur non impedendo a Brocchi di prendere atto di importanti fenomeni che in precedenza aveva sottovalutato.

Il 29 settembre Brocchi compì una visita alla località detta Capo di Bove, località che sarà all'origine di alcune importanti memorie scientifiche pubblicate alcuni anni dopo. Anche in questo caso Brocchi osservò come la corrente di lava basaltina che caratterizzava il luogo fosse ricoperta da un grosso banco di tufo. Le annotazioni relative ai giorni successivi contengono la conferma della natura stratificata del tufo e registrano la totale assenza di crateri vulcanici nelle vicinanze da cui la lava basaltina possa essere fuoriuscita. Solo il 14 ottobre, nei dintorni del lago di Nemi «si affacciò il segno più evidente, e più caratteristico dell'azione del fuoco, il primo che abbia osservato nelle mie escursioni nei dintorni di Roma, che senza ombra di equivoco presenti tutti i più certi indizi di vulcaneità»[20]. Di quale segno si trattava? Riportiamo per esteso il brano del manoscritto: «Osservasi qui un immenso ammasso di scorie brune, e rossiccie, di tessitura spugnosa, aride, leggiere, sonanti. La loro superficie è sovente mamellonata, e cavernosa, a tubercoli appuntiti, e spalmata di una spezie di vernice, come si ravvisa nelle loppe delle fucine. Altre di queste scorie hanno la figura di stalattiti aggomitolate, e contorte, e presentano tutte quelle forme, che si sogliono ravvisare in una sostanza, che colando in istato di fusione si è poi consolidata... in mezzo a un deposito di scorie rossiccie [sic] si scorge uno strato di lava compatta basaltina, e vice-versa presso lo stesso sito v'ha in mezzo alla stessa lava basaltina uno strato delle medesime scorie sopra indicate, ricoperto da uno straterello di scorie nere, come cosa singolare si osserva che la superficie del basalte, ove è a contatto dello strato scoriaceo, è inuguale, bernoccoluta, e scoriforme essapure, atteso che la sostanza del basalte, quando era fluida, internandosi negli interstizi di questo cumulo di scorie, ricevette l'impronta di esse»[21]. Il testo è rivelatore. Ciò che diede a Brocchi la quasi certezza della potenza dell'azione del fuoco era stato il rinvenimento di rocce provviste dei caratteri esterni propri delle scorie metalliche della fusione. La lava basaltina, pertanto, rinvenuta in masse continue si era adattata all'an-

20) GVM, f.68.

21) Ivi.

damento delle scorie preesistenti e dunque possedeva una fluidità comparabile a quella del metallo fuso.

Alla luce del passo precedente acquistano un senso unitario tutte le osservazioni e le deduzioni, inizialmente assai guardinghe, formulate a proposito dei letti di lava basaltina incontrati lungo il tragitto verso Roma. Qualcosa di sostanziale andava mutando nelle convinzioni litogenetiche di Brocchi e conseguentemente nel suo nettunismo. Lo conferma una registrazione risalente al 28 ottobre in cui egli dichiarava apertamente: «il basalte europeo sembra essere un prodotto del fuoco». Ma mentre il basalto sembrava avere «un'origine vulcanica più immediata», altre rocce avevano probabilmente un'origine diversa. Il peperino di Albano, ad esempio, era «una roccia formata da un ammasso di ceneri vulcaniche trasportate dall'acqua», mentre la pozzolana aveva tutta l'apparenza di «un *detritus* di scorie rossiccie frantumante e polverizzate dall'attrito che hanno sofferto essendo strascinate e disperse dalle acque del mare»[22]. Che cosa egli intendesse con «origine vulcanica più immediata» era in buona parte un problema aperto, un problema la cui soluzione era rinviata all'ormai imminente visita alle zone vulcaniche campane.

Giunto a Napoli il 10 novembre, Brocchi vi stabilì la propria residenza fino alla metà di marzo dell'anno successivo compiendo dettagliate ricognizioni delle aree circostanti. Ci soffermeremo solo sui momenti che, a giudicare dal tono e dall'ampiezza delle annotazioni autografe, devono essere stati particolarmente significativi. Tra questi va certamente annoverata la visita a Pompei ed Ercolano, visita durante la quale Brocchi si rese conto per la prima volta dell'enorme quantità di ceneri e lapilli lanciati dal vulcano, dell'estensione e dello spessore dei materiali che avevano sepolto le antiche città romane. La prima ascesa al Vesuvio dalla strada del Romitorio (24 novembre) gli offrì l'occasione per alcune osservazioni generali: «in quanto a me credo che la collina del Romitorio sia molto più antica [dell'eruzione del '79], e sia il residuo di un gran deposito tufaceo, che ricopriva forse in gran parte le falde del Vesuvio prima dell'accennata eruzione...». E significativamente proseguiva: «Io ricorro adunque anche in questa occasione al mio sistema, che il tufa del Romitorio sia il prodotto d'antichissime eruzioni sottomarine, e che sia stato disperso e stratificato dalle acque del mare, che hanno altresì scavato i valloni come è succeduto in quello delle colline de' Campi Flegrei, e delle colline intorno a Napoli... La maggior parte degli esemplari di [...] roccie di primitiva formazione [...] sono rottami delle rocce pri-

22) GVM, f.75.

mitive attraverso le quali si fecero strada le prime eruzioni del Vesuvio, che le vomitò intatte, come è succeduto in quelle, che si trovano nel peperino del Lazio»[23]. Era la prima attestazione del mutamento d'opinione a favore dell'ipotesi vulcanica, la stessa che egli aveva così duramente osteggiato solo alcuni mesi prima.

La seconda visita al Vesuvio risale al 20 dicembre 1811. In quell'occasione, il rinvenimento di un tufo contenente una notevole varietà di rocce ritenute primitive gli consentì di dare ulteriore forza all'ipotesi secondo cui «i vulcani del Lazio, come quelli della Campania, si sono fatti strada nelle prime eruzioni attraverso a roccie primitive parte delle quali sono state eruttate senza che abbiano sofferto veruna alterazione, e parte sono state trasformate in lava, anzi si può dire che esse formino la base di tutte le lave, che sono state vomitate nel tempo della prima accensione de' fuochi sotterranei». Su quest'ultimo argomento, egli riassumeva così le proprie convinzioni: «Io dico che le roccie primitive hanno fornito il materiale delle lave nelle prime eruzioni, giacché nelle altre consecutive, come pure in quelle che accadono a giorni nostri niente altro hanno fatto, e fanno i vulcani, se non che rifondere e ricuocere quelle lave, che essi hanno vomitato ne' tempi anteriori, così che essi presentemente agiscono sopra sostanze preventivamente combuste»[24].

Il passo è indubbiamente importante. Da esso si deduce che l'attività vulcanica era ancora considerata da Brocchi come un evento localizzato, circoscritto all'area in cui si manifestano le «accensioni» e privo di collegamento con un eventuale nucleo incandescente del pianeta. In secondo luogo, pur essendo assai estese le aree interessate dalle accensioni sotterranee, il materiale roccioso di cui si servivano era pur sempre, originariamente, di natura primitiva e dunque sedimentaria. Che il nuovo vulcanismo accettato da Brocchi andasse inserito in una geologia dominata dalle forze sedimentarie era confermato da un'importante circostanza di cui trovò indizi consistenti durante un'escursione a Caserta: «più oltra incontrasi dei depositi di marna azzurrina, ricoperta dalla sabbia giallognola, e fui estremamente contento di questo incontro, che mi ha fatto conoscere che le colline subappennine da cotesta parte sono dell'indole stessa di quelle della Toscana... Il tufa vulcanico accompagna in più luoghi i depositi marini a cui è sovrapposto». E concludeva con un'importante osservazione: «È veramente un singolare fenomeno che questa tufa per così lungo tratto debba continuare in paesi calcarei, e insinuarsi per

23) GVM, f.101-102.

24) GVM, f.120.

tutte le vallate, senza che in verun luogo apparisca il menomo vestigio di cratere, né verun indizio di sostanze vulcanizzate. Non è questa una convincentissima prova che esso è stato disperso dalle alluvioni del mare?»[25]. In poche, brevi osservazioni Brocchi aveva anticipato buona parte delle idee che avrebbe sviluppato e precisato negli scritti geologici degli anni successivi.

Dagli elementi forniti sin qui non risulta ancora evidente quanto il soggiorno napoletano sia stato importante per favorire un graduale distacco di Brocchi quantomeno dalla versione più radicale del nettunismo. Gravide di conseguenze di natura teorica furono alcune escursioni successive, in primo luogo quella alle antiche correnti di lava della Scala. Qui Brocchi osservò la «configurazione prismatica» delle lave e giudicò che potesse «stare a confronto del basalte di Bolsena, e di quello di S.Gio.Ilarione nel Veronese». Le colonne prismatiche, essendo state troncate a fior di terra, formavano una sorta di pavimento reticolato che non poteva non richiamare alla mente quel *pavé du geant* autorevolmente raffigurato anche nelle tavole dell'*Encyclopédie* che per decenni i nettunisti avevano considerato il principale esempio di cristallizzazione di una roccia primaria per via umida. Egli osservò inoltre che tali prismi occupavano la parte inferiore della corrente di lava ed erano sormontati da una massa più irregolare e fratturata verticalmente. La simmetria dei poliedri lavici era dunque identica a quella ritenuta propria dei basalti. Che si trattasse di una vera corrente di lava non poteva essere posto in dubbio cosicché, concludeva Brocchi in un'annotazione del 21 dicembre 1811 «la figura colonnare, e tanto simmetrica quanto si può desiderare, in una sostanza che senza ombra veruna di dubbio è un prodotto vulcanico, è [...] un fatto perentorio contro il sistema de' Nettunisti, che per attribuire un'origine acquea al basalte non sanno addurre prova più valida, se non che la configurazione prismatica che esso affetta è straniera alle lave»[26].

Alcuni giorni dopo un'eruzione del Vesuvio gli diede modo di assistere ad una colata lavica[27]. L'osservazione ravvicinata del fenomeno lo costrinse a rivedere le proprie convinzioni circa il grado di fluidità della lava «che io mi dipingeva nella mia immaginazione, come un torrente di materia liquefatta simile al metallo che esce da una fornace... Fui non poco sorpreso allorché mi si presentò invece allo

25) GVM, f.109.

26) GVM, f.133.

27) Ne trasse spunto per una memoria *Sull'eruzione del Vesuvio del 1812. Lettera al sig. cav. Monticelli*, «Biblioteca Italiana», VI, (1817), pp. 275-90.

sguardo una congerie di massi solidi arroventati, che sdrucciolavano gli uni sopra gli altri, e che rovesciandosi ai lati, e innanzi alla fronte della corrente producevano uno strepito, che non saprei meglio paragonare che a quello di un cumulo di carbone. Solamente aguzzando lo sguardo si scorgeva negli interstizi de' massi dei ruscelli, che sembravano di materia fluida, ma che io crederei piuttosto formati di minuti tritumi di lava ridotta al più allo stato pastoso»[28]. Il passo è indicativo dei limiti della conoscenza che era possibile attingere dallo studio della sola letteratura scientifica sull'argomento. Esso suggerisce che la metafora della fucina di Vulcano spesso utilizzata per indicare i fenomeni vulcanici era qualcosa di più concreto di un rinvio erudito alla letteratura classica. Il modello fornito dalle operazioni metallurgiche doveva essere anche più condizionante per un naturalista come Brocchi dedito professionalmente alla supervisione dell'attività estrattiva.

Il 17 gennaio, a seguito di una visita ai dintorni del lago di Agnano egli tornava sul medesimo problema osservando che nelle correnti di lava si deve distinguere la parte superiore «formata di pezzi incoerenti più o meno scoriacei» da quella inferiore «che costituisce propriamente il corpo della corrente e che è di lava solida e massiccia». Pertanto se in numerose località vulcaniche non si rinviene alcuna traccia delle scorie che formano la copertura del basalto prismatico ciò dipende dalla decomposizione provocata dagli agenti atmosferici: «Con questo avvertimento – concludeva Brocchi – si tolgono a maraviglia di mezzo le obbiezioni de' Nettunisti, che impugnano la vulcaneità de' basalti, e delle altre roccie cui danno il nome di wake e di trappo, perché non sono accompagnate da materie che abbiano veramente un aspetto scoriaceo»[29]. Dunque, dopo alcuni mesi di travagliata riflessione e di attenti confronti tra località di indole diversa giungeva da parte del naturalista bassanese la franca ammissione di essersi sbagliato su un problema orittognostico di primaria importanza. Si trattava però di un'ammissione parziale, che non può essere scambiata in alcun modo per una resa al plutonismo di Breislak e Hutton. Ciò è confermato dalle opinioni che Brocchi ebbe modo di esprimere in merito ad un'altra questione orittologica di grande attualità, quella relativa all'origine del porfido.

Le discussioni sulla natura del porfido, altra roccia «cristallina» che i werneriani ritenevano di origine acquea al pari del granito e del basalto, hanno rappresentato secondo alcuni studiosi un passo importante nella direzione di un superamento, non solo del nettunismo, ma

28) GVM, f.139.

29) GVM, f.149.

anche di quella sua versione storica che fu il wernerismo. Vediamo quale rilevanza e quali sviluppi essa ebbe nelle concezioni del naturalista di Bassano. La visita all'Isola d'Ischia (gennaio 1812) servì ad innescare la riflessione su questo tema[30]. Il 21 gennaio, nella corrente di lava di Monte Zaro Brocchi raccolse una varietà di lava che, nel colore e nella frattura mostrava una straordinaria somiglianza con il porfido. La novità, del tutto inattesa, non fu in grado di scuoterne le concezioni tradizionali: «Le rocce che si rinvengono negli indicati paesi portano un carattere di vulcaneità abbastanza evidente, che non potrebbe essere contradetto che da un ostinato nettunista. La più parte di quelle d'Ischia all'incontro hanno un'apparenza così strana, che è indispensabilmente necessario di visitarle sul posto, e di riconoscerne la giacitura, e le geognostiche circostanze in cui si ritrovano, onde decidere che son lave...si crederebbe piuttosto che fossero roccie porfiriche primitive. Ma la forma delle correnti, l'esistenza dei crateri da cui sono uscite (che sono in qualche luogo conservatissimi), le scorie che spesso le accompagnano, la loro struttura che varia tra la compatta e la cellulare chiaramente, e senza appellazione denunciano la loro natura»[31].

Sin qui, dunque, nessun dubbio sull'origine acquea dei porfidi sembra essersi insinuato nella mente di Brocchi. Ma il problema riemerse con insistenza dopo il rientro a Roma sul finire del mese di marzo, a conferma che le discussioni suscitate a livello europeo dalle osservazioni di Leopold von Buch e Giuseppe Marzari Pencati non

30) La visita fornì prima di tutto gli elementi per confermare il «sistema» dei vulcani sottomarini. Il 22 gennaio dando la scalata al monte Tabor Brocchi notò al di sotto della lava un deposito di «argilla turchina e conchiliacea del tutto simile a quella delle colline della Toscana«. Scendendo quello stesso giorno alle cave di argilla di Casamicciola Brocchi poté «fare una collezione di testacei calcinati di tale conservazione che non invidiano punto quelli di Val d'Arno inferiore e delle Crete sanesi». Lasciamo a Brocchi il compito di riassumere il significato della scoperta: «Confesso il vero che io non mi sarei atteso di fare una simile raccolta in un'isola vulcanica, né di riscontrare un fatto geologico così luminoso. Esso dà molta forza alla mia opinione, che gli antichi vulcani dell'Italia fossero sottomarini, e certamente lo furono quelli dell'Isola d'Ischia poiché oltre al trovarsi quest'argilla subordinata alla lava, insieme coi testacei ha impastati molti frammenti di pomice, e di smalto bigio vetrino. L'argilla del Tabor, e di Casamicciole mi conferma ancora nel mio sentimento, che la terra che si rinviene sopra Tripeta per salire all'Epomeo, e qualificata da Breislak per un tufo omogeneo, sia realmente una terra argillosa di provenienza marina». GVM, f.162.

31) E proseguiva. «In quanto a me confesso che nessun'altra escursione è stata tanto utile quanto questa, e che dopo di avere veduto le lave d'Ischia non ho più difficoltà a credere vulcanica la Masegna degli Euganei, e la lava della solfatara che mi è piacciuto di nominare *roccia petroselciosa* per usare un termine generale, che adesso rinego». GVM, f.168.

erano rimaste senza effetto su Brocchi[32]. Durante un'escursione alle famose allumiere di Tolfa egli si imbatté in alcune varietà di 'roccia porfiroide' che mostravano una stretta analogia con le rocce individuate in precedenza sull'Isola d'Ischia. Egli concludeva che la presenza di un porfido «non escluderebbe la vulcaneità delle altre rocce [di Tolfa], potendosi credere che l'indicato porfido sia un resto del suolo primitivo non coperto dalle materie eruttate»[33]. Alcuni giorni dopo, avendo individuato un banco lavico del tutto simile alla roccia porfiroide tirava una conclusione perfettamente in linea con le sue opinioni precedenti: «Mettendo a confronto un pezzo di questa lava con un altro della roccia porfiroide sopraccennata l'occhio più fino non saprebbe scorgere fra esse altra differenza se non che quella che abbiamo notato. Questa scoperta, se tale posso chiamarla, mi riuscì oltremodo gradita, perché rimane così stabilita la vulcaneità della roccia porfiroide del Piano del Gallo, donde ne deriva per conseguenza che della stessa natura sieno le altre rocce che l'accompagnano e che hanno com'essa un'apparenza porfirica»[34]. Secondo Brocchi, dunque, si trattava solo di *apparenza* porfirica e dunque in nessun modo le idee werneriane sull'origine cristallina dei porfidi andavano mutate. Restava il problema, già sottolineato, di come spiegare i caratteri di compattezza e tessitura cristallina in una roccia che primitiva non poteva essere ed era anzi il prodotto di un vulcano. Se così stavano le cose, non si doveva ammettere che anche i vulcani, come affermavano da sempre i plutonisti, erano in grado di produrre rocce cristalline in massa? Tale obiezione non sembra essere stata colta e affrontata adeguatamente da Brocchi[35].

Molti altri spunti, relativi a questioni vulcanologiche particolari, emergono dalle fitte pagine manoscritte del *Giornale*. Anziché dilungarci in tale direzione passiamo ad esaminare quale forma assunsero le opinioni di Brocchi negli anni immediatamente successivi a seguito di una riflessione più pacata sui problemi del vulcanismo. Gli ac-

32) L. von Buch, *Geognostiche Beobachtungen auf Reisen durch Deutschland und Italien,* Berlin, 1802-1809, 2 voll. Quanto alle osservazioni di Marzari Pencati, Brocchi ne era stato informato direttamente dall'autore.

33) GVM, ff.195-196.

34) GVM, f.198.

35) Ulteriori notizie sul viaggio di Brocchi e sulle sue opinioni in J. S. Doskey (a cura di), *The European Journals of William Maclure*, Philadelphia, American Philosophical Society, 1988. In un'annotazione dell'11 marzo 1812 Maclure riportava l'ipotesi dei vulcani sottomarini di Brocchi, ma si pronunciava a favore di un'ipotesi diversa: quella di «ejections in the dry state, thrown out and falling in showers at a considerable distance in proportion to the force and violence of the wind». Ibidem, p. 494. Vedi inoltre pp. 507, 510.

cenni contenuti nella *Conchiologia fossile subapennina* (1814) ci consentono di raccogliere in un quadro unitario gran parte delle opinioni emerse a partire dall'estate del 1811.

2. *Sintesi provvisoria (1814)*

I capitoli I e II della *Conchiologia fossile* offrono gli elementi di una teoria della terra in cui il vulcanismo sottomarino trova una collocazione coerente. Vediamo di sintetizzarli rapidamente. Brocchi avvia la propria riflessione dai tempi remoti in cui tutto il pianeta era sommerso dalle acque, acque nelle quali erano disciolti tutti gli elementi costitutivi dei vari tipi di rocce. Successivamente, all'interno di tale oceano si erano prodotte, a seguito di una «precipitazione» chimica, le rocce primitive, caratterizzate dalla tessitura cristallina e dalla giacitura in massa (il granito, i serpentini, lo scisto micaceo, il porfido e la calcaria primitiva)[36]. Le Alpi erano uno dei prodotti principali di tale processo. Adottando poi l'ipotesi cartesiana e leibniziana dei collassi crostali, Brocchi sosteneva che in fasi successive il mare si era ritirato all'interno di vaste cavità sotterranee dando luogo ad episodi catastrofici, improvvisi e violenti, che avevano modificato la morfologia superficiale lasciando allo scoperto i monti primitivi e porzioni sempre più ampie degli attuali continenti[37]. A seguito di tali cataclismi si erano prodotti quei materiali di erosione dalla cui aggregazione sottomarina avevano avuto origine le rocce di transizione (arenaria macigno, calcaria bruna, schisto argilloso) e le secondarie (calcaria stratificata)[38].

Nell'area italiana ciò aveva coinciso con la formazione degli Appennini. Le rocce di transizione e secondarie, pur dotate di una forza chimica di aggregazione inferiore a quella delle rocce primitive, avevano raggiunto un elevato grado di compattezza e apparivano disposte a strati di varia potenza contenenti residui fossili. I depositi più recenti, appartenenti al Terziario, erano ben esemplificati dalle colline subappennine che costituivano il principale argomento della *Conchiologia fossile*. Esse erano il risultato dell'ultima fase della storia della terra e derivavano dai prodotti di erosione delle formazioni più

36) G.B. Brocchi, *Conchiologia fossile subappennina con osservazioni geologiche sugli appennini e sul suolo adiacente*, Milano, Giovanni Silvestri, 1843, II ed., 2 voll., (d'ora in poi CFS), I, pp. 149-51, 182 (serpentina).

37) CFS, pp. 200-204, 231-33.

38) CFS, pp. 176-77.

antiche e dai resti organici di specie marine e terrestri più recenti[39]. Come andava inteso il ruolo del vulcanismo in tale contesto? In quale periodo si erano avute le prime manifestazioni vulcaniche nella Penisola e quali caratteristiche avevano assunto?

All'epoca della stesura della *Conchiologia fossile* le opinioni di Brocchi a tale riguardo appaiono ancora non del tutto chiarite. Il vulcanismo, comunque, non poteva essersi manifestato prima dell'avvenuto consolidamento delle masse primitive perché solo esse potevano ospitare le «ignizioni» sotterranee fornendo i materiali e i combustibili necessari; e tuttavia Brocchi non escludeva che ciò fosse accaduto in una fase relativamente remota della storia del pianeta, quando l'oceano universale non si era ritirato che molto parzialmente dal suolo italiano[40]. Le combustioni e le successive esplosioni sotterranee verificatisi in epoca secondaria o terziaria avevano prodotto l'emissione di svariati tipi di prodotti vulcanici i quali non erano che il risultato della fusione di materiali preesistenti di origine acquea[41]. Alcune di queste rocce, affermava Brocchi, si erano solidificate sotto forma di correnti laviche; altre, come le pomici e le ceneri, erano stati disperse nelle acque del mare e stratificate sotto forma di tufi in ambiente subacqueo insieme a frammenti rocciosi non alterati dal fuoco e a spoglie fossilizzate di corpi organici[42]. Soltanto le correnti laviche andavano considerate propriamente vulcaniche, ma esse erano tutto sommato scarsamente diffuse sulla superficie terrestre. D'altra parte, anche gli aggregati composti da materiali vulcanici consolidati a seguito di una deposizione in ambiente sottomarino, pur presenti in aree molto estese come in Italia centro-meridionale, non erano che formazioni recenti e superficiali. Tutto lasciava presumere infatti che a maggiore profondità permanesse la continuità delle formazioni primarie e secondarie[43]. Le fonti cui Brocchi poté ispirarsi per l'elaborazione di questo meccanismo esplicativo erano le stesse da

39) CFS, pp. 212, 227-28.

40) CFS, pp. 208-09, 240-42.

41) Dagli elementi che si possono raccogliere negli scritti del periodo Brocchi concepiva in modo tradizionale gli «incendi sotterranei» come reazioni chimiche scatenate dall'incontro tra le infiltrazioni di acque marine e certi depositi di sostanze, incendi alimentati dalla presenza di sostanze combustili.

42) CFS, pp. 213-16, 338 (tufi).

43) La dimostrazione della presenza nelle correnti laviche di frammenti di rocce primitive «promiscu[e] ai terreni vulcanici», provenienti da un suolo primitivo sottostante, è l'obiettivo della *Lettera al sig. prof. Brugnatelli, sopra una sostanza fossile contenuta nella lava di Capo di Bove presso Roma,* «Giornale di fisica, chimica, storia naturale», VII, (1814), pp. 386-96, pubblicata dopo la *Conchiologia fossile.*

lui confutate, sul tema dei vulcani sottomarini, nella *Memoria mineralogica* del 1811: le *Lettres physiques et morales* di Jean-André De Luc (Senior), gli scritti di Dolomieu, i *Mémoires* di Alberto Fortis[44]. Se si considera il contesto teorico globale, tuttavia, è piuttosto al primo dei geologi testé nominati che Brocchi può essere accostato essendo egli irrimediabilmente lontano dalle posizioni apertamente plutoniste dell'abate padovano

Per comprendere meglio il significato e le implicazioni delle nuove posizioni assunte nella *Conchiologia fossile* è necessario prendere in esame le memorie apparse negli anni successivi. Tra il 1815 e il 1822, infatti, Brocchi ebbe occasione non soltanto di tornare nei luoghi esaminati durante il suo primo viaggio, ma anche di riformulare le proprie convinzioni in due volumi e una lunga serie di memorie apparse sulla «Biblioteca Italiana»[45].

3. *Chiarificazioni e sviluppi (1815-22)*

In tali lavori Brocchi ammette esplicitamente la natura vulcanica del basalto colonnare: egli non esita a dichiarare che tale roccia trae origine da correnti laviche fuoriuscite da crateri ipotizzando che la sua compattezza dipenda dalla fluidità originaria della massa incandescente[46]. Anche se tale riconoscimento non viene esteso a tutti i basalti, è significativo che in relazione alle lave di Capo di Bove, sulla cui vulcanicità Leopold von Buch aveva espresso forti perplessità, Brocchi dimostri di aver maturato una forte e convinta opinione in merito respingendo le opinioni ultra-nettunistiche dell'autorevole

44) J.-A. De Luc, *Lettres physiques et morales sur l'histoire de la terre e de l'homme*, Paris, 1795, 5 voll., II, pp. 475-8; D.de Dolomieu, *Mémoire sur les volcans éteintes du Val di Noto en Sicilie*, «Observations sur la physique, sur l'histoire naturelle et sur les arts», 25 (1784), pp. 191-204; A. Fortis, *Mémoires pour servir à l'histoire naturelle de l'Italie et des pays adjacens,* Paris, Fuchs, 1802, 2 voll.

45) A tale riguardo meriterebbero di essere approfonditi i rapporti di Brocchi con alcuni naturalisti romani di una certa levatura: Carlo Giuseppe Gismondi professore di mineralogia all'Università di Roma, Giuseppe Riccioli, mineralogista, l'ingegnere minerario Girolamo Scaccia, il dott. Luigi Metaxà, Antonio Sebastiani, professore di botanica alla Sapienza, il dilettante Giuseppe De Mattheis. Nicola Pilla e Teodoro Monticelli furono tra gli interlocutori esperti della Campania.

46) G.B. Brocchi, *Sopra alcuni ammassi colonnari basaltini del territorio di Viterbo. Lettera a Scipione Breislak*, «Biblioteca Italiana» III, (1816), pp. 495-507.

allievo di Werner[47]. Su questo tema, di rilevanza non trascurabile se si considerano le lunghe controversie che era ancora in grado di suscitare, la conversione di Brocchi è netta e priva di incertezze al punto da far nascere in lui il desiderio di tornare in Val di Fassa per riesaminare le strutture basaltiche individuate nel 1810. Eppure questa novità che poteva costituire un passo effettivo nella direzione di un ripensamento globale della prospettiva nettunistica è seguita da una serie di affermazioni che non lasciano intravedere alcun superamento del sistema di Werner. Le prese di posizione che ci consentono una valutazione adeguata di tali sviluppi riguardano la natura e l'estensione dei materiali vulcanici, il modo e l'epoca della loro produzione.

Una sistemazione a tali questioni venne fornita da Brocchi in due importanti opere, rispettivamente del 1817 e del 1820, che raccolgono i risultati delle indagini geognostiche condotte nell'area romana: si tratta del *Catalogo ragionato di una raccolta di rocce* e della monografia intitolata *Dello stato fisico del suolo di Roma*[48]. Il territorio dei contorni di Roma, ma anche di buona parte del Lazio e della Campania, osservava Brocchi, era bensì ricoperto di tufi, lapilli e aggregati di materie vulcaniche, (e Brocchi dedicò molto impegno all'accertamento dei confini geografici di tale distribuzione)[49]. Tuttavia, i crateri da cui tali rocce sarebbero fuoriuscite erano assai rari rispetto a quanto avevano affermato Alberto Fortis e Scipione Breislak[50]. A detta di Brocchi, l'area romana ne era addirittura priva e si doveva arrivare fino a Bolsena e ai Monti Cimini per avere indizi di veri e propri crateri[51]. La diffusione dei tufi era dunque assai maggiore delle lave – individuate in siti circoscritti – e richiedeva una

47) G.B. Brocchi, *Osservazioni sulla corrente di lava di Capo di Bove presso Roma e su quelle delle Frattocchie sotto Albano. Lettera al sig. Leonhard*, «Biblioteca Italiana», VII, (1817), pp. 102-18.

48) G.B. Brocchi, *Dello stato fisico del suolo di Roma. Memoria per servire d'illustrazione alla carta geognostica di questa città con due tavole in rame*, Roma, De Romanis, 1820.

49) Brocchi dedicò molto impegno all'accertamento dei confini geografici di tale distribuzione. Questo problema fu all'origine di una serie di memorie in cui appare come la principale preoccupazione: G.B. Brocchi, *Osservazioni naturali fatte al promontorio Argentario ed all'isola del Giglio. Lettere tre al conte Bardi*, «Biblioteca Italiana», XI, (1818), pp.76-93, 237-53, 356-69; ID., *Osservazioni naturali fatte in alcune parti degli Apennini nell'Abruzzo ulteriore. Memoria,* «Biblioteca Italiana», XIV, (1819), pp. 363-77; ID., *Descrizione del Monte Soratte*, «Biblioteca Italiana», XXV, (1822), pp. 74-80.

50) G.B. Brocchi, *Osservazioni sulla corrente di lava di Capo di Bove*, cit.; ID., *Viaggio al Capo Circeo, ed osservazioni naturali in que' contorni. Lettera al prof. Sebastiani*, «Biblioteca Italiana», VII, (1817), pp. 257-75, 433-50; ID., *Dello stato fisico del suolo di Roma, cit.*, pp. 109-10, 186-87.

51) G.B. Brocchi, *Dello stato fisico del suolo di Roma, cit.*, p. 202.

spiegazione totalmente diversa da quella fornita dai vulcanisti italiani or ora citati.

A detta di Brocchi, la teoria dei vulcani sottomarini era l'unica in grado di soddisfare tale esigenza esplicativa, ma si dovevano precisare meglio le caratteristiche e le modalità d'azione di tali vulcani. I caratteri orittognostici e geognostici delle rocce laziali e campane fornivano una serie di indizi utili: in primo luogo, la loro giacitura orizzontale e stratificata o in banchi; in secondo luogo, la presenza nella massa di frammenti di rocce ritenute primitive, ma anche di residui di testacei e persino di ossa fossili. Infine, l'identità di alcuni affioramenti consentiva di ipotizzare che al di sotto dei depositi tufacei permanesse la continuità dei materiali primitivi e secondari[52]. Se gli ingredienti dei tufi laziali erano solo in parte vulcanici, la loro genesi era sedimentaria e dunque il concorso delle acque era da ritenersi ancora una volta determinante. Si trattava dunque di prodotti vulcanici «secondari», da non confondere con prodotti immediati del fuoco come i basalti. Di questi ultimi Brocchi abbozzava un'analisi chimico-mineralogica con l'intenzione di pervenire a una classificazione delle rocce effusive sulla base dei materiali costituenti. Egli riteneva infatti che la varietà esistente tra le lave fosse dovuta principalmente alla diversità dei componenti mineralogici fusi dal fuoco sotterraneo.

Quanto alle modalità di produzione di entrambi, Brocchi chiariva che l'attività dei vulcani sottomarini non poteva dar luogo a vere e proprie lave se non dopo l'emersione degli edifici vulcanici al di sopra del livello delle acque. Una vera e propria combustione, infatti, tale da raggiungere le altissime temperature necessarie a fondere le rocce, non poteva avvenire che a contatto con l'atmosfera. Prima che ciò avvenisse, il vulcano seguitava ad espellere materiali combusti solo impropriamente («masse più o meno abbrustolite»), scoriacei e incoerenti. Dal caotico accumularsi di tali materiali derivavano bensì delle eminenze tali da consentire la formazione di un edificio vulcanico, ma solo una volta che questo fosse emerso dalle acque, si poteva verificare la fusione e il versamento della materia lavica lungo i suoi fianchi fino a raggiungere il livello del mare. Protette da un involucro esterno che impediva il subitaneo raffreddamento del flusso incandescente, le correnti laviche potevano continuare il loro corso anche in ambiente sottomarino[53]. Spettava alle onde e alle correnti il

52) G.B. Brocchi, *Catalogo ragionato di una raccolta di rocce disposto con ordine geografico per servire alla geognosia dell'Italia,* Milano, Imperial Regia Stamperia, p. xxviii.

53) G.B. Brocchi, *Osservazioni alla corrente di lava di Capo di Bove*, cit.

compito di smantellare o semplicemente trasportare anche a notevoli distanze i prodotti incoerenti dell'incendio sottomarino nonché i lapilli e le ceneri espulse durante l'eruzione subaerea. È evidente dal riferimento esplicito alle fonti impiegate dal Vallisneri Senior, da Anton Lazzaro Moro e da Rudolph Eric Raspe, che ora Brocchi riteneva adeguato alla spiegazione di molti fenomeni il caso dell'Isola di Santorini, lo stesso che aveva fatto da modello privilegiato per le ipotesi dei vulcanisti del secolo precedente[54]. Il ruolo delle acque, per Brocchi, non si esauriva qui. L'acqua del mare costituiva potremmo dire con consapevole anacronismo il «reagente» principale delle attività chimiche dei vulcani. E dunque, come si riteneva comunemente nel '700, tutto sembrava confermare che la vicinanza al mare costituisse una condizione essenziale al manifestarsi di tali «ignizioni»[55]. In ogni caso, ciò escludeva l'ipotesi fantastica di un collegamento con qualche nucleo incandescente del pianeta. Se ora dobbiamo rintracciare un adeguato referente storico di questa interpretazione del vulcanismo, considerando soprattutto il contesto teorico in cui è collocata l'ipotesi dei vulcani sottomarini, l'interpretazione che più si avvicina a quella di Brocchi è quella enunciata fin dal 1779 da Jean-André De Luc nelle *Lettres physiques et morales sur l'histoire de la terre* e ripresa nelle opere successive[56]. Sul significato di questa evidente concordanza di vedute torneremo a riflettere nella sezione finale.

Le osservazioni compiute nell'Italia centro-meridionale consentivano inoltre di avanzare una prima periodizzazione del vulcanismo italiano. Secondo Brocchi, i vulcani attuali operavano in condizioni sostanzialmente differenti da quelle dei vulcani antichi poiché solo recentemente si era verificato l'ultimo ritiro delle acque dai continen-

54) A.L. MORO, *De' crostacei e degli altri marini corpi che si truovano su' monti libri due*, Venezia, Monti, 1740; E.R. RASPE, *Specimen historiae naturalis globi terraquei, praecipue de novis e mari natis insulis, et ex his exctius & observatis, ulterius confirmanda, Hookiana telluris hypothesi, de origine montium et corporum petrefactorum*, Amstelodami & Lipsiae, Schreuder & Mortier, 1763; trad. ingl. *An introduction to the Natural History of the Terrestrial Sphere*, a cura di A.N. IVERSEN e A.V. CAROZZI, New York. Hafner, 1970.

55) G.B. BROCCHI, *Sull'eruzione del Vesuvio del 1812*, cit., p. 279.

56) Così ebbe a dichiarare rispondendo sulle pagine della «Biblioteca Italiana» ad una lettera del De Luc Junior: «Quanto alle idee geologiche che in quelle opere si contengono sono senza verun dubbio apprezzabili, ed io mi glorio di accordarmi sovente con quel celebre naturalista». G.B. BROCCHI, *Risposta alla precedente lettera del Deluc intorno alle conchiglie fossili del Piemonte*, «Biblioteca Italiana», XIV, (1819), pp. 286-87.

ti. Ma anche i vulcani antichi erano stati in attività in epoche diverse. Le osservazioni sui tufi e sulla qualità delle lave consentivano di affermare che i vulcani laziali erano recenti rispetto ai vulcani estinti dell'Italia settentrionale, veneti in particolare. Brocchi fondava tale convinzione sulla constatazione che in questi ultimi, «gli ammassi basaltini... sono non di rado coperti da strati di calcaria compatta, ed alternano talvolta con questi, giacitura di cui non ho scorto verun esempio nell'Italia meridionale.» «Quest'ultimo fatto...– proseguiva Brocchi – dimostra che l'epoca in cui erano nelle nostre parti in attività i vulcani sottomarini risale ad una più alta antichità, e coincide con quella in cui il mare aveva la facoltà di formare depositi di rocce solide e pietrose. Nella bassa Italia all'incontro sono essi di più recente data, ed ebbero origine nel periodo terziario, per la qual cosa sono accompagnati soltanto o dalle marne o da sabbia incoerenti»[57]. Se dunque lo studio dei vulcani attivi appariva a Brocchi di scarsa utilità per la geognosia, quello dei vulcani estinti, antichi e recenti, era invece recuperato come essenziale per una comprensione storica e dinamica dei terreni della penisola.

Le osservazioni effettuate durante il viaggio in Sicilia del 1819 rappresentano l'episodio culminante del lavoro di Brocchi sulle questioni geognostiche sollevate dalla distribuzione dei prodotti vulcanici. L'importanza soprattutto delle osservazioni compiute in Val di Noto traspare da ripetuti accenni contenuti in varie pubblicazioni fin dal 1820[58]. Le conclusioni cui era giunto furono riassunte in una memoria intitolata *Sulle geognostiche relazioni delle rocce calcarie e vulcaniche di Val di Noto* in cui egli ebbe modo di ricapitolare sommariamente l'itinerario teorico percorso nell'ultimo decennio[59]. L'oggetto centrale della discussione, la principale novità che andava attentamente studiata e discussa era costituita da alcuni esempi inconfutabili proprio di quelle alternative di strati calcarei o sedimentari e colate laviche che egli aveva ritenuto tipiche dei vulcani più antichi del Veneto[60]. Con l'ammissione della possibilità di un'intermittenza dell'attività eruttiva l'ipotesi avanzata da Breislak più di dieci anni

57) G.B. Brocchi, *Catalogo ragionato,* cit., pp. xxxvi-xxxvii.

58) G.B. Brocchi, *Dello stato fisico del suolo di Roma*, cit., p. 199; Id., *Osservazioni naturali fatte alle isole de' Ciclopi, e nella contigua spiaggia di Catania*, «Biblioteca Italiana», XX, (1820), pp. 217-28.

59) G.B. Brocchi, *Sulle geognostiche relazioni delle rocce calcarie e vulcaniche di Val di Noto nella Sicilia. Memoria*, «Biblioteca Italiana», XXVII, (1822), pp. 53-67.

60) «tale...è la sembianza di quelle lave che il volere negare che sieno un prodotto del fuoco sarebbe schernirsi dalla sana ragione». Ibidem, p. 56.

prima era presentata ora come l'unica in grado di spiegare adeguatamente il fenomeno[61]. Pur sottolineando che restavano molte difficoltà di accordo tra l'ipotesi e le osservazioni compiute sul terreno, Brocchi riconosceva a Giovanni Arduino, John Strange e Alberto Fortis il merito di aver sostenuto per primi in Italia una teoria che «avrebbesi dovuto fino da principio recare innanzi senza ire in traccia di altre conghietture»[62]. Partito da una posizione di rigetto del patrimonio teorico della tradizione settecentesca, Brocchi approdava ad un recupero di parte cospicua di quell'eredità riconoscendo gli indubbi meriti storici dei suoi esponenti e di alcuni loro alleati come Scipione Breislak e Barthélemy Faujas de Saint-Fond. Quel che ancora sfuggiva ad ogni riconoscimento era la contraddizione insorgente fra la nuova ipotesi dell'intermittenza vulcanica e la teoria litogenetica di Werner alla quale, con tutta evidenza, Brocchi non intendeva rinunciare.

Conclusione

Che il primo viaggio di Brocchi in Italia non potesse non avere ripercussioni di rilievo ben lo aveva previsto Scipione Breislak. «Come vorrei ridere se potessi essere con voi quando sulla cima del Vesuvio o in Portici, o nel Capo di Miseno cercherete il [basalto?] formato per una precipitazione chimica nella formazione dei trappi secondari!...Finirete col mandare al diavolo i werneriani, i loro romanzi acquosi e la loro barbara nomenclatura – Desidero molto di vedervi per ridere di cuore»[63]. La divertita ironia con cui Breislak si rivolgeva all'amico esprimeva tuttavia un eccesso di aspettative. Con tutta probabilità, nemmeno Breislak riusciva seriamente ad immaginare che la visita alle aree vulcaniche dell'Italia meridionale fosse sufficiente a capovolgere un'intera visione della storia e della dinamica

61) Cfr. Breislak, *Introduzione alla geologia,* cit., pp. 443-44.

62) G.B. Brocchi, *Sulle geognostiche relazioni,* cit., p. 55. Brocchi si riferisce a G. Arduino, *Raccolta di Memorie Chimico-Mineralogiche Metallurgiche, e Orittografiche* (Venezia, Milocco, 1775), ma si dovrebbe osservare che la stessa osservazione era stata fatta da Fortis in relazione al sito di Roncà fin dal 1765. Cfr. A. Fortis, *Della valle vulcanico-marina di Roncà*, (Venezia, Palese, 1778).

63) Lettera di S.Breislak a G.B.Brocchi, Milano, 2 [?] del 1811, (BCB) Epistolario Brocchi, 366-378.

terrestre[64]. Il viaggio del 1811 aveva certo obbligato lo scienziato bassanese a riconoscere che i basalti prismatici erano il prodotto del raffreddamento di vere correnti laviche. Ma, in compenso, l'individuazione su aree geografiche molto più estese di materiali stratificati di origine vulcanica impastati con residui marini implicava una loro manipolazione da parte delle acque del mare. Se, dunque, solo il basalto e i tufi potevano essere considerati di origine direttamente o indirettamente vulcanica, non era necessario né giustificato sconvolgere il quadro teorico generale costruito da Werner. Alcune modifiche marginali sarebbero bastate per preservare il nucleo più saldo della sua orittognosia conservandone tutto il potere esplicativo in ambito litogenetico e geognostico. Con l'adozione della teoria dei vulcani sottomarini Brocchi poteva ora riconoscere agli agenti ignei un'importanza maggiore che in passato. In netto contrasto con Werner, ne estendeva l'azione alle epoche meno recenti della storia terrestre. Egli, tuttavia, rimaneva ben lontano dall'accostarsi alla varietà di importanti funzioni che i plutonisti avevano attribuito al fuoco sotterraneo. Il calore generato dalle fermentazioni chimiche, ad esempio, non era da lui ritenuto in grado di produrre sollevamenti di sorta[65]. Pertanto, le trasformazioni della morfologia del territorio erano attribuite ai cedimenti delle strutture crostali e ai «diluvi» catastrofici che ne derivavano. Coerentemente con tale impostazione Brocchi continuò ad attribuire scarsa considerazione alla lenta azione erosiva delle acque fluviali e piovane. Pertanto la produzione di coni vulcanici, di estese correnti laviche e di accumuli «tumultuari» di rocce soltanto modificate dal calore continuava ad essere considerata un'attività accessoria rispetto ai grandi processi sedimentari.

In tale prospettiva, la presunta conversione del 1812 si riduce in buona sostanza a un allontanamento dalle posizioni di Werner e un avvicinamento a quelle di De Luc – il quale, è bene tenerlo presente, era stato uno degli avversari più accesi di Hutton[66]. Quello che Broc-

64) Così il conte Marco Corniani degli Algarotti commentava le ripercussioni milanesi alle notizie sul viaggio di Brocchi: «Breislak e Marzari so, che suonano la tromba, che voi siete diventato un incendiario. Mi è stato scritto di voi così: "io mi aspetto, che al suo ritorno venga a sostenerci che i pozzi, e i camini di Milano sono crateri"». Lettera di Marco Corniani a G.B. Brocchi, 12.5.1812, BCB, Epistolario Brocchi, 500-521.

65) G.B. Brocchi, *Notizie di alcune osservazioni fisiche fatte nel Tempio di Serapide a Pozzuoli*, «Biblioteca Italiana», XIV, (1819), pp. 193-201.

66) R.P. Beckinsale, *De Luc, Jean-André*, DSB, IV, (1971), pp. 27-29; P.A. Tunbridge, *Jean-André de Luc F.R.S. (1727-1817)*, «Notes and Records of the Royal Society of London», XXVI, (1971), n.1, pp. 15-33; F. Ellenberger e G. Gohau, *A L'aurore de la stratigraphie paléontologique: Jean-André De Luc, son influence sur Cuvier*, «Revue d'Histoire des Sciences», XXXIV, (1981), pp. 217-57.

chi portò a compimento fra il 1812 e il 1817 fu dunque un passaggio attentamente ponderato dal «fondamentalismo» werneriano del primo decennio dell'Ottocento ad una forma di nettunismo più rispondente alle evidenze osservative[67]. Nulla di più, soprattutto nessun segno di cedimento nei confronti di Breislak e della tradizione cartesiana secondo cui le rocce primitive erano il risultato del raffreddamento di un nucleo incandescente. Si ricordi a tale proposito che proprio tra il 1819 e il 1821, dopo anni di esitazione, Giuseppe Marzari Pencati si era deciso a pubblicare le proprie osservazioni sulla giacitura dei porfidi e dei graniti. Tali osservazioni, da tempo note a Brocchi, erano di grande importanza proprio perché rappresentavano una confutazione della classificazione werneriana dei terreni e, conseguentemente, della sottostante teoria litogenetica[68].

Quali considerazioni possono aver impedito a Brocchi di compiere questo passo fondamentale? Gli elementi da valutare ai fini di una risposta sono numerosi. Da un lato si deve ammettere che i dati geognostici raccolti nell'area campano-laziale, al di là della questione non decisiva dei basalti, avvaloravano una prospettiva fondamentalmente nettunistica. Dall'altro, gli interessi prevalenti di Brocchi per la paleontologia subappennina contribuivano ad allontanare il bassanese da una considerazione attenta dei terreni più antichi. Si consideri poi il fatto che gli eccessi in cui molti vulcanisti – Breislak compreso – erano caduti avevano avuto l'effetto di screditare non poco il ricorso ai fuochi vulcanici. Non si dimentichi inoltre che le interpretazioni diluvialiste della dinamica terrestre rimanevano tra le più autorevoli in circolazione e solo con la pubblicazione dei *Principles of Geology* (1830-33) di Charles Lyell le tesi di vulcanisti e plutonisti furono pienamente riabilitate sul piano storico e teorico. Più in gene-

67) Questo conferma quanto è stato osservato a proposito della discussione sui basalti, e cioè che essa non costituì l'argomento più importante della controversia tra Werner e Hutton.

68) G. Marzari Pencati, *Cenni geologici e mineralogici sulle provincie venete e sul Tirolo*, Vicenza, 1819; Id., *Notizia sopra un granito in massa terziario sovrapposto al calcare secondario nel fiume Avisio*, «Nuovo Osservatore di Venezia», (1820), nn. 118-127, Id., *Sulla giacitura di alcune roccie profiritiche e granitose osservate nel Tirolo*, «Memorie dell'Istituto Lombardo di Scienze, Lettere e Arti», 7, (1821) pp.1-86. Sulle scoperte di Marzari Pencati era intervenuto fin dal 1817 Scipione Breislak con una memoria intitolata *Sulle osservazioni fatte da alcuni celebri geologi posteriormente a quelle già note del sig.Conte Marzari intorno alla giacitura dei graniti nel Tirolo meridionale*, «Memorie dell'Istituto Lombardo di Scienze, Lettere e Arti», 3, (1817):

rale, gli studi paleontologici in corso in varie parti d'Europa non fornivano per ora elementi in contrasto stridente con la classificazione werneriana dei terreni.

È però necessario prendere in considerazione un elemento di natura diversa che ci viene suggerito dall'affinità già rilevata tra le posizioni di Brocchi e quelle di Jean-André De Luc. Com'è noto, le opere del naturalista ginevrino risentono di un'ingombrante componente apologetica; benché sostenuta da serie argomentazioni scientifiche, tale componente risultava in particolare sintonia con il momento storico in cui era stata elaborata. Non si dimentichi che al tempo della sua polemica con James Hutton, De Luc scriveva dal suo asilo inglese in anni di grave preoccupazione per gli sviluppi rivoluzionari di Francia[69]. Non a caso, la compatibilità, anzi lo stretto parallelismo, fra la sua teoria della terra e la narrazione biblica gli valse notevoli consensi anche tra i geologi «biblicisti» e i naturalisti politicamente più moderati.

Rispetto alle scelte di De Luc, l'approccio complessivo di Brocchi al problema dei rapporti tra scienza e fede appare indubbiamente più rispettoso dell'autonomia della scienza naturale. In nessuno dei suoi scritti editi e inediti la geologia trova supporto in argomentazioni scritturali o religiose, né egli si prestò mai a farne un uso esplicitamente o implicitamente apologetico. In una delle rare occasioni in cui ebbe modo di pronunciarsi a riguardo, così Brocchi reagì all'accusa lanciata dal geologo inglese John Knight secondo il quale nei paesi cattolici non vi era libertà di interpretazione della Bibbia: «...ci sembra bensì che rispettandosi fra noi senza puerili ostentazioni, e senza frivoli istituti le tradizioni bibliche, si vanno da lungo tempo ideando sistemi geologici senza che gli autori si credano tenuti di chiederne scusa a Mosé, e senza che si sforzino d'indurlo nel proprio partito»[70].

Se si considera quanto è noto oggi sulla storia dei rapporti tra Scrittura e scienze della terra non si può rigettare in blocco tale ottimistica interpretazione, anche se sarebbe opportuno ricordare almeno che l'arditezza di talune posizioni era costata cara a studiosi poco in-

69) A.V. Carozzi, *La géologie*, in J. Trembley (a cura di), *Les savants genevois dans l'Europe intellectuelle du XVIIe au milieu du XIXe siècle*, Genève, Editions du Journal de Genève, 1987, pp. 203-61, 214.

70) G.B. Brocchi, *Facts and observations towards forming a new theory of the Earth, cioè «Fatti ed osservazioni per formare una nuova teoria della terra» di Guglielmo Knight,* «Biblioteca Italiana», XVII, (1820), pp. 289-94, 294.

clini al compromesso come Alberto Fortis[71]. È comunque necessario chiedersi se tale valutazione positiva dei rapporti tra geologia e dettato biblico possa essere estesa anche all'età della Restaurazione. Se si deve giudicare dalle difficili condizioni ambientali in cui Brocchi venne a trovarsi al termine della sua carriera di funzionario pubblico negli anni del passaggio dal dominio napoleonico a quello asburgico, è giustificata l'ipotesi che le circostanze non debbano averlo incoraggiato ad adottare teorie come quelle dei vulcanisti e dei plutonisti da sempre associate a filosofie deiste e lucreziane che evocavano immediatamente gli spettri del giacobinismo[72]. Si consideri prima di tutto il suo passaggio alle dipendenze della «Biblioteca Italiana», il periodico filoaustriaco per eccellenza al quale Brocchi collaborò dal 1816 al 1823 fornendo numerosi articoli scientifici e recensioni anonime. Non si dimentichi che tale attività rappresentava per l'ex-ispettore delle miniere un significativo legame con i circoli ufficiali nonché un'importante fonte di sostentamento[73]. Un secondo incentivo alla moderazione era rappresentato dai suoi contatti con l'ambiente scientifico romano, ambiente nel quale era in atto una rinascita dell'interesse governativo per gli studi naturalistici, ma all'insegna di un esplicito disegno apologetico e concordista che faceva capo al Segretario di Stato cardinale Ercole Consalvi[74].

Peraltro, un atteggiamento improntato a circospezione e prudenza teorica era suggerito anche da un tratto caratteriale, prima che culturale, dello scienziato di Bassano che in qualche modo ne facilitava l'adattamento alle circostanze. Ne è una testimonianza eloquente l'*Elogio di Andrea Cesalpino*, un abile scritto di storia della scienza in cui Brocchi formulò una vera e propria apologia della dissimulazione[75]. Egli distinse gli scienziati in due categorie sulla ba-

71) Su questo tema, in rapporto alla tradizione veneta, mi permetto di rinviare a L. Ciancio, *Geologia e ortodossia. L'eredità galileiana nella geologia veneta del secondo Settecento*, G. Barsanti, V. Becagli, R. Pasta (a cura di), *La politica della scienza: Toscana e stati italiani nel tardo Settecento*, Firenze, Olschki, 1996, pp. 491-507.

72) Non si dimentichi la tendenza, presente nell'immaginario dei contemporanei e confermata dalla letteratura, ad associare le rivoluzioni del globo alle rivoluzioni dei popoli. Come non cogliere l'analogia tra i fermenti rivoluzionari diffusi nelle masse del terzo e quarto stato e le fermentazioni vulcaniche, capaci di scatenare le esplosioni della storia dopo essere state a lungo dormienti? Si leggano a tale proposito le pagine – romanzate ma assai convincenti – di Susan Sontag in *The Volcano Lover*, London, Vintage Book, 1992.

73) G. Berti, *Un naturalista*, cit., pp. 113-24.

74) P. Redondi, *Cultura e scienza dall'illuminismo al positivismo*, in *Storia d'Italia Einaudi, Annali 3, Scienza e tecnica*, Torino Einaudi, 1980, pp. 679-811, 781-96.

75) G.B. Brocchi, *Elogio di Andrea Cesalpino*, in AA.VV., *Vite e ritratti di illustri Italiani*, Milano, Bettoni, 1812; II ed. 1820 con ritratto. Del naturalista aretino egli tornò ad interessarsi pubblicando una *Lettera inedita di Andrea Cesalpino e notizie intorno al suo erbario che si*

se del loro rapporto con l'innovazione teorica: coloro che «innalzando i fondamenti di una scienza, dovettero primieramente adoprarsi a distruggere gli errori...presso i contemporanei, questi con una certa forza astringendo a sottoporsi ai nuovi dettami» e «quegli altri, che non ostentar volendo di ribellarsi del tutto alle opinioni dominanti del secolo, seppero aprirsi una splendida e gloriosa carriera, destramente scansando, anzi che abbattendo e rovesciando gli ostacoli». Se i primi vanno tenuti meritatamente «in sommo pregio», «assai più mirabili» apparivano a Brocchi i secondi perché mossi non dall'ambizione «di essere fondatori o sostenitori di una moderna scuola» ma «soltanto dall'amore della sapienza»[76]. Andrea Cesalpino apparteneva a quest'ultima categoria poiché «si avvisò di assoggettarsi alle scolastiche forme, e recando innanzi i suoi pensamenti, mostrava di sostenere e di rassodare quella dottrina, quando sordamente ne sgominava la base». Secondo Brocchi, tale strategia di dissimulazione era resa necessaria dal fatto che la filosofia peripatetica «aveva stretto lega con la religione, né prudente cosa ella era, né un mezzo forse il più accomodato di apertamente combatterla»[77]. Cesalpino era stato «più cauto del Galileo» e ciò gli aveva consentito di destreggiarsi abilmente di fronte alle accuse di ateismo e materialismo che gli erano state mosse, «con piena soddisfazione della curia pontificia» sottolineava Brocchi[78].

Dunque, la realtà culturale e politica in cui il geologo di Bassano si trovò ad operare negli anni della maturità era quella, ben caratterizzata in senso conservatore, della Restaurazione asburgica e pontificia. Perché mai un intellettuale prudente come lui, impegnato nel tentativo di ricostruirsi una reputazione di scienziato politicamente affidabile, avrebbe dovuto compromettere ogni sforzo associando le proprie idee a quelle di un giacobino dichiarato come Scipione Breislak e, per il tramite di quest'ultimo, all'eternalismo eterodosso di Hutton? Nonostante l'ottimismo che traspare da alcune dichiarazioni di Brocchi in materia di rapporti con la religione, non vi è motivo di ritenere che i naturalisti dei primi decenni dell'Ottocento potessero permettersi di ignorare le implicazioni religiose e politiche del loro lavoro di ricerca.

conserva in Firenze in casa Nencini, col ragguaglio di alcune opere inedite del Michieli e del Targioni, e di un codice miniato di storia naturale che è nella Galleria di Firenze, «Biblioteca Italiana», X, (1818), pp. 203-15.

76) G.B. Brocchi, *Elogio di Andrea Cesalpino*, cit., p.I.

77) E proseguiva: «Diresti avere egli voluto schierarsi sotto il vessillo degli Aristotelici, e artificiosamente mascherarsi sotto quella sembianza per insinuarsi vie meglio tramezzo a coloro che intendeva di abbattere e di balzare da un seggio immeritatamente occupato». Ibidem, p.II.

78) Ibidem, p.XI.

Paolo Preto

I GEOLOGI VICENTINI DELL'800: DALL'AMORE DELLA TERRA ALL'AMORE DELLA PATRIA

1. *L'*orittologia *veneta nel '700*

In una lettera del 25 giugno 1765 al «Giornale d'Italia spettante alla scienza naturale e principalmente all'agricoltura, alle arti ed al commercio», diretto da Francesco Griselini, Antonio Genovesi sottolinea la centralità della storia naturale nello sviluppo dei *lumi*: «Tutto quello che nelle scienze non giova all'uomo è perdimento di tempo. Se la filosofia ci ha giovato in qualche cosa, ella è per appunto questa, di averci disingannato di molte inutili applicazioni de' nostri maggiori [...]. E certo se noi studiassimo un poco più la storia naturale, e meno arzigogoli metafisici, forse l'Italia sarebbe meno infelice»[1]. Gli fa eco, di lì a qualche anno, Alberto Fortis: la storia naturale «è senza dubbio la scienza che deve avere il primo onore in un secolo illuminato»[2].

Nell'illuminismo veneto ad una povertà di *filosofi* originali (non ci sono, per intenderci, i Beccaria, Filangieri, Genovesi e, tanto meno, i Voltaire, Montesquieu, Rousseau) fanno riscontro una diffusa estensione dei *lumi* d'oltr'alpe e un ricco panorama di divulgatori, traduttori, scienziati, *filosofi*, artefici di una cultura tutta pratica, attenta alle concrete applicazioni tecniche più che alle ardite speculazioni intellettuali e politiche[3].

1) «Giornale d'Italia spettante alla scienza naturale e principalmente all'agricoltura, alle arti ed al commercio», I (1765), 25 giugno 1765, p. 31.

2) «L'Europa letteraria», luglio 1769, p. 12

3) P. Preto, *L'illuminismo veneto*, in *Storia della cultura veneta. Dalla Controriforma alla fine della Repubblica. Il Settecento*, a cura di G. Arnaldi e M. Pastore Stocchi, Neri Pozza, Vicenza, 1985, 5/I, pp. 1-45.

Le scienze sono coltivate con passione[4], tra di esse la storia naturale (botanica, zoologia, paleontologia) ha un ruolo di primo piano e la geologia, o meglio l'*orittologia*, come preferiscono scrivere sino ai primi dell'800 quasi tutti gli scienziati veneti[5], è la regina incontrastata. Le grandi polemiche tra *nettunisti*, guidati da Abraham Gottlob Werner (1749-1817), sostenitori di un globo originario sommerso dall'oceano primordiale e poi cresciuto per sedimentazione delle rocce primeve, e i *plutonisti*, guidati da James Hutton (1726-1797), assertori del ruolo essenziale del vulcanismo nell'origine delle montagne e degli strati di crosta[6], hanno nel Veneto un'eco immediata e profonda: Antonio Vallisnieri senior (1661-1730), nel trattato *De' corpi marini che sui monti si trovano* (1728), dà prove convincenti dell'origine organica dei fossili e di quella sedimentaria degli strati[7], Anton Lazzaro Moro (1687-1764), nel saggio *De' crostacei e degli altri marini corpi che su' monti si truovano* (1740), apporta un fondamentale contributo agli studi sui fossili e sul ruolo di vulcani e terremoti nella formazione dei rilievi e delle isole[8], Giovanni Arduino (1714-1795), infaticabile investigatore delle terre venete, precorre la geologia stratigrafica[9]. Questi maestri dell'*orittologia* veneta hanno

4) Per un panorama degli studi scientifici nel '700 veneto v. M.L. SOPPELSA, *Le scienze teoriche e sperimentali tra Sei e Settecento*, in *Storia della cultura veneta...*, 5/II, pp. 271-345 e S. CIRIACONO, *L'idraulica veneta: scienza agricoltura e difesa del territorio dalla prima alla seconda rivoluzione scientifica*, *ibidem*, 5/II, pp. 347-378.

5) Dal greco ὀρυκτός, aggettivo verbale da ὀρύσσω = scavo, e λόγοσ = discorso. Il termine *geologia*, già comparso nel 1473 nel *Philobiblon* di Richard de Bury e nel 1605 in uno scritto di Ulisse Aldovrandi, viene usato nel 1799 da Jean André De Luc e Horace Benédict de Saussure per indicare gli studi di storia della terra e poi, da Charles Lyell (1797-1875), gli studi della «storia della terra dalle origini al presente»: cfr. F.D. ADAMS, *Earliest use of the term «geology»*, «Bulletin of the geological society of America», XLIII (1923), pp. 121-123, ID., *Further note on the earliest use of the word «geology»*, ibidem, XLIV (1933), pp. 821-826, D.R. DEAN, *The word «Geology»*, «Annals of science», XXXVI (1979), pp. 35-43, N. MORELLO, *La macchina della terra. Teorie geologiche dal Seicento all'Ottocento*. Loescher, Torino 1979, p. 10.

6) Un bel panorama di questi dibattiti scientifici in MORELLO, *La macchina*, cit., B. ACCORDI, *Storia della geologia*, Zanichelli, Bologna 1984, A. HALLAM, *Le grandi dispute della geologia. Dalle origini delle rocce alla deriva dei continenti*, Zanichelli, Bologna 1987.

7) MORELLO, *La macchina*, cit., pp. 133-144; ACCORDI, *Storia*, cit., pp. 56-58.

8) MORELLO, *La macchina*, cit., pp. 135-35, 144-45; ACCORDI, *Storia*, cit., pp. 58-59; AA.VV., *Anton Lazzaro Moro (1687-1987). Atti del convento di studi. San Vito al Tagliamento 12-13 marzo 1988*, Comune di San Vito al Tagliamento - Grafiche editoriali artistiche pordenonesi, 1988; AA.VV., *Anton Lazzaro Moro. Contributi per una ricerca*, Edizioni della provincia di Pordenone, Pordenone 1988.

9) E. VACCARI, *Giovanni Arduino (1714-1795). Il contributo di uno scienziato veneto al dibattito settecentesco sulle scienze della terra*, L. Olschki, Firenze 1993.

numerosi seguaci in tutto il Veneto; cultori locali e dilettanti, appassionati esploratori della terra e semplici curiosi, trovano alimento ai loro interessi nei giornali culturali, che nelle loro rubriche riservano largo spazio ai libri italiani e stranieri di argomento *orittologico*[10]. Nel 1866 Giuseppe Meneghini, noto docente di geologia a Padova e Pisa, riconosce la grande importanza della «scuola geologica veneta» che deve «i suoi fondamenti, i suoi progressi e la stessa sua gloria all'indole, all'educazione, all'industria, alle abitudini, all'antica storia ed alla indipendenza dei Veneti»[11]; gli fanno eco, negli stessi anni, Antonio Stoppani, che vede in Moro «il punto culminante della gloria geologica italiana»[12], e Lodovico Pasini, che scrive testualmente: «Le più disparate teoriche sulla origine e sulla natura delle diverse rocce tenean in que' tempi divisi i geologi di Europa. Mentre pertanto ciò accadeva nelle altre regioni d'Europa e dominavano quasi dappertutto le più fallaci teorie sulla natura delle rocce e sulla loro distribuzione ed età relativa, qui nel Veneto si era giunti fin d'allora a quei risultati che sono adesso universalmente ammessi e divennero la base fondamentale della scienza»[13]. Coniato dal Meneghini il concetto di una «scuola geologica veneta» ha avuto fortuna ed è stato ripreso e consacrato nel 1922 da Giorgio Dal Piaz in un profilo di storia della geologia veneta tra '700 e '900[14].

2. *I* lumi *a Vicenza e la scoperta del territorio*

a) *L'amore della terra e la scoperta del territorio*

«Il genio della storia naturale à più seguaci ne' monti vicentini che nelle altre provincie del Dominio Veneto», scrive il 5 ottobre 1776 il «Nuovo giornale d'Italia» di Griselini; botanica, metereolo-

10) Particolarmente ricchi di estratti e di commenti sull'*orittologia* il «Giornale d'Italia» del Griselini, «L'Europa letteraria» e, ovviamente, il «Giornale enciclopedico».

11) G. Meneghini, *Del merito dei veneti nella geologia*, Nistri, Pisa 1866, pp. 4-5.

12) A. Stoppani, *Della priorità e preminenza degli italiani negli studii geologici*, Giuseppe Bernardoni, Milano 1962, p. 14; lodi e riconoscimenti agli *orittologi* veneti del '700, soprattutto Arduino e Fortis, sono anche nel saggio di A. De Zigno, *Della geologia e i suoi progressi prima del secolo decimonono*, Sicca, Padova 1855.

13) L. Pasini, *Sugli studi geologici in Italia alla fine del secolo XVIII*, «Atti del r. ist. ven. di sc. lettere ed arti», s. III, XIII (1867-68), pp. 1035-1046: 1037.

14) G. Dal Piaz, *L'Università di Padova e la Scuola Veneta nello sviluppo e nel progresso delle scienze geologiche*, «Memorie dell'istituto geologico della r. università di Padova», 6 (1919-1922), pp. 1-41.

gia, ricerca di miniere e acque minerali, hanno in tutta la provincia di Vicenza numerosi estimatori e studiosi. Intorno alle escursioni *orittologiche* e alle indagini scientifiche fioriscono le collezioni di fossili, amorosamente composte sia dai grandi scienziati sia da una piccola folla di amatori[15].

b) *Due maestri di* orittologia*: Giovanni Arduino e Alberto Fortis*

L'importanza di Giovanni Arduino nello sviluppo delle scienze geologiche italiane alla fine del '700, già riconosciuta dai contemporanei, è stata consacrata a fine '800 dallo Zittel e più recentemente da Giorgio Dal Piaz[16]. A questo studioso veronese, che ha gettato le basi della moderna stratigrafia cronologica, è stata di recente dedicata una esauriente ricerca di Ezio Vaccari, che ne ripercorre le multiformi esperienze professionali e le indagini *orittologiche*[17]. Attivo a Venezia, Vicenza, in Toscana, con vari incarichi nel campo della mineralogia, metallurgia, idraulica, forestazione, coltivazione, Arduino sviluppa i prediletti temi geologici soprattutto in provincia di Vicenza, con una fitta serie di osservazioni e la collaborazione di molti *orittologi* dilettanti: a lui in primo luogo si deve la nascita di quella «scuola geologica vicentina» di cui ha parlato qualche anno fa Giovanni Luigi Fontana[18].

Proprio ad Arduino Alberto Fortis, l'altro maestro degli *orittologi* vicentini, riconosce il merito di avergli instillato, ancora negli anni della fanciullezza, «le goût des pérégrinations dans les montagnes», quel vivo amore per la geologia e le scienze naturali che lo porterà a percorrere tante contrade d'Italia e Dalmazia[19].

15) P. Preto, *Illuministi e scienziati alla scoperta del territorio*, in *Storia di Vicenza. L'età della Repubblica Veneta (1404-1797)*, a cura di F. Barbieri e P. Preto, Neri Pozza, Vicenza 1990, 4/II, pp. 391-407; Id., *I «lumi» a Vicenza*, *ibidem*, pp. 379-390; Id., *Fossili, «lumi» e scoperta del territorio nel Veneto del '700*, in *Anton Lazzaro Moro*, cit., pp. 33-48; Id., *Uno scienziato del '700 tra «lumi», fede e fossili*, in *Anton Lazzaro Moro. Contributi*, cit., pp. 9-13.

16) K.A. Zittel, *Geschichte der Geologie und Palaentologie*, Monaco-Lipsia 1899, p. 134; Dal Piaz, *L'Università*, cit. p. 22.

17) Vaccari, *Giovanni Arduino*, cit.

18) G.L. Fontana, *Geologi a Santorso. Scienza e fermenti patriottici nelle ville Pasini e Marzari-Pencati. La «Scuola geologica» a Vicenza e Schio*, «Maggio a Santorso. Arte, tradizione, storia, attualità», 3 (1975), pp. 25-31.

19) A. Fortis, *Mémoires pour servir à l'histoire naturelle et principalement à l'oryctographie de l'Italie et des pays adjacens*, J.J. Fuchs, Parigi 1802, I, pp. 293-385.

La vita culturale, scientifica, e politica, di Alberto Fortis è già stata minuziosamente ricostruita qualche anno fa da numerosi contributi, anche dello scrivente[20]; mi preme oggi, in questa sede, ricordare lo stretto nesso tra le sue indagini scientifiche e l'esplorazione *orittologica* del territorio vicentino. Negli anni giovanili percorre le colline vicentine, cerca fossili, pietre, pomici, descrive i caratteri fisici dei rilievi; quando poi, nel 1778, tornato dal memorabile viaggio in Dalmazia, da cui esce uno dei più suggestivi libri del secolo dei *lumi*[21], si trattiene per vent'anni ad Arzignano, riprende le sue peregrinazioni orittologiche sui colli del vicentino, annota e mette a frutto osservazioni e ricordi di altri luoghi visti in Dalmazia e nel regno di Napoli e trasforma la sua dimora in una sorta di museo geologico.

Il primo volume dei suoi *Mémoires pour servir à l'histoire naturelle et principalement à l'oryctographie de l'Italie et des pays adjacens*, che porta con sè nella sua fuga a Parigi, si apre con un *Essai de géologie du Vicentin* dedicato, il 30 pratile anno sesto della Rivoluzione (18 giugno 1798), al geologo francese Faujas de Saint-Fond; vi descriverà, promette nella prima pagina, «les montagnes, qui bordent mon horizon, et qui m'épargnent la peine de mettre ensemble une collection minéralogique, puisqu'elles m'en tiennent lieu»: in quelle valli vicentine ha avuto la gioia di convincersi che i vulcani hanno bruciato più volte molto prima che i mari venissero a sommergerli, una scoperta di grande rilievo, mentre ancora infuria in tutta Europa la guerra scientifica tra *nettunisti* e *plutonisti*[22].

Il ruolo guida, di maestri e ispiratori della scuola geologica vicentina e veneta, è riconosciuto ed esaltato già dagli *orittologi* di fine '700 e dei primi dell'800: Pietro Maraschin(i) attribuisce all'Arduino la diffusione dell'«amore» per la geologia e al Fortis di aver abbellito

20) G. TORCELLAN, *Alberto Fortis*, in *Illuministi italiani*, VII. *Riformatori delle antiche repubbliche, dei ducati, dello Stato pontificio e delle isole*, a cura di G. GIARRIZZO, G. TORCELLAN, F. VENTURI, Milano-Napoli 1965, pp. 281.309, ristampato in *Settecento veneto e altri scritti storici*, Giappichelli, Torino 1969, pp. 273-303; T. MOTTERLE, *Il ventennio arzignanese di Alberto Fortis (1778-1798) e la comunità di Arzignano alla vigilia della caduta della Repubblica di Venezia*, «Valle del Chiampo. Antologia 1975», pp. 123-169; PRETO, *La valle del Chiampo nell'età della Repubblica di Venezia (1404-1797)*, in *La valle del Chiampo. Vita civile ed economica in età moderna e contemporanea*, a cura di P. Preto, Neri Pozza, Vicenza 1981, pp. 127-133; ID., *L'illuminismo*, cit.; ID., *I «lumi»*..., pp. 384-385; ID., *Illuministi*, cit., pp. 397-98; L. CIANCIO, *Autopsie della terra. Illuminismo e geologia in Alberto Fortis (1741-1803)*. Leo S. Olschki, Firenze 1993.

21) A. FORTIS, *Viaggio in Dalmazia*, Alvise Milocco, Venezia 1774; v. oggi la bella ristampa, a cura di E. VIANI, con introd. di G. Pizzamiglio, Venezia 1987.

22) FORTIS, *Mémoires*, cit., pp. 2, 7.

e reso «anche ameno e piacevole» con l'eleganza degli scritti «uno studio sterile di per sé stesso»[23], Pasini ricorda con riconoscenza i meriti dei due maestri *orittologi*[24], Meneghini definisce Arduino «astro luminoso» e «venerate pagine» i suoi scritti e Fortis «paleontologo eminente»[25] e infine Stoppani colloca i due «sommi ingegni» tra gli italiani più illustri nella storia della geologia[26].

3. *Gli* orittologi *vicentini tra* lumi *e Restaurazione*

a) *Girolamo Festari*

«Alle alte montagne che circondano il bacino di Recoaro, scuola, museo e tempio della geologia, va sempre associato il nome del Festari, che primo ne proclamò l'importanza, sviluppandone gli intricati fenomeni», scrive nel 1856 Giuseppe Meneghini[27]: giusto riconoscimento a questo appassionato medico-*filosofo* di Valdagno, che ha diviso la sua vita tra la cura dei pazienti, gli impegni civici, la sovrintendenza alle fonti delle acque di Recoaro e le predilette escursioni orittologiche[28]. Attento lettore della migliore bibliografia orittologica italiana ed europea, in collegamento con scienziati e *orittologi* di tutto il mondo, ed in primis ovviamente con Arduino e Fortis, compie nel 1772 e 1776 due importanti viaggi sulle Alpi vicentine e nel Friuli e poi, nel 1786-87 in Toscana, a Roma e a Napoli. Ne ricava un'ampia messe di osservazioni scientifiche, parte rimaste inedite parte pubblicate; di particolare rilievo il *Saggio di osservazioni sopra alcune montagne e Alpi altissime del Vicentino, confinanti collo stato austriaco*[29], dove illustra con inoppugnabili osservazioni sul campo la

23) P. Maraschin[i], *Sulla formazione delle rocce del Vicentino. Saggio geologico*, Padova 1824, p. 214.

24) L. Pasini, *Notizia sulla vita e sugli studi del conte Giuseppe Marzari Pencati vicentino I.R. consigliere delle miniere*, «Biblioteca italiana», LXXXIII (1836), pp. 387-407; Id., *Sugli studi geologici*, cit.

25) Meneghini, *Del merito*, cit., pp. 11, 12, 19.

26) Stoppani, *Della priorità*, cit., pp. 17-18, 22-23; ora vedi anche Ciancio, *Autopsie*, cit.

27) Meneghini, *Del merito*, cit., p. 18.

28) P. Preto, *Girolamo Festari: medicina, «lumi» e geologia nella Valdagno del '700*, Comune di Valdagno, Valdagno 1995 (con bibliografia completa dei suoi scritti inediti ed editi).

29) «Giornale d'Italia», IX (1773), n. XLII, 10 aprile 1773, p. 332, n. XLIII, 17 aprile 1773, pp. 337-341, ristampato nella *Raccolta di memorie chimico-mineralogiche, metallurgiche e orittografiche del signor Giovanni Arduino e di alcuni suoi amici, tratte dal Giornale d'Italia, ecc., indicate nella seguente tavola*, Benedetto Milocco, Venezia 1775, n. 6 e poi, tradotto col titolo

presenza di vulcani estinti e insieme di corpi marini sui colli vicentini (esemplare conferma delle teorie dell'Arduino), e il *Viaggio nel Friuli ossia diario orittologico diviso in alcune lettere*[30], lungo itinerario naturalistico in Friuli, ancora una volta alla ricerca, questa volta vana, di antichi vulcani estinti[31]. Episodio centrale della sua vita è il viaggio in Svizzera, compiuto in compagnia del senatore Angelo Querini nel 1777, che ha il suo punto centrale nel memorabile incontro, a Ferney, con Voltaire, il padre riconosciuto dei *lumi* europei: il *Giornale del viaggio* [...], edito nel 1835 e di recente ristampato a cura del comune di Valdagno[32], in mezzo ad un'attenzione tutta *filosofica* per l'agricoltura, le industrie, le macchine, le bellezze naturali, le opere d'arte, insomma tutto ciò che può e deve interessare un *filosofo* «amico dell'umanità», riserva largo spazio alle predilette osservazioni orittologiche e si risolve in una suggestiva cavalcata in mezzo alla curiosità e alle testimonianze geologiche delle Alpi.

b) *Girolamo Barettoni*

Archeologo e naturalista, Girolamo Barettoni (1739-1807) trascorre tutta la sua vita a Schio, raccoglie con infinita pazienza minerali, monete, fossili, poi studiati e classificati con l'aiuto dei più illustri geologi del tempo[33]. Grande eco nel mondo scientifico desta la grande testa di coccodrillo fossile, da lui rinvenuta a Tresche di Roana, nell'altopiano dei 7 comuni: illustrata in due articoli sul «Nuovo giornale d'Italia» del Griselini e in una lettera al conte Nicolò da Rio[34], è poi oggetto di studi da parte di alcuni dei più noti geologi dell'800, come Fortis, Faujas de Saint-Fond, Desmarest, Maraschin(i), Catullo, Cuvier, De Zigno, Omboni.

di *Lettre du docteur J. Festari à feu J. Arduino, contenant des observations oryctographiques sur les Alpes du Vicentin limitrophes aux tyroliennes*, in Fortis, *Mémoires*, cit., I, pp. 322-339; v. anche Preto, *Girolamo Festari*, cit.

30) *Per nozze Franco-Monza*, Paroni, Vicenza 1852.

31) Preto, *Girolamo Festari*, cit.

32) Preto, *Girolamo Festari*, cit. Il titolo completo è *Giornale del viaggio nella Svizzera fatto da Angelo Querini nel MDCCLXXVII descritto dal dottore Girolamo Festari di Valdagno*, Giuseppe Picotti, Venezia 1835, ristampa, a cura di Paolo Preto, Valdagno 1995.

33) *Glorie scledensi*, G. Rumor, Vicenza 1902, pp. 26-28; S. Rumor, *Gli scrittori vicentini dei secoli decimottavo e decimonono*, r. dep. di st. patria, Venezia 1905-1908, I, pp. 72-73; Preto, *I «lumi»*, cit., pp. 398-99.

34) G. Barettoni, *Altra lettera al chiariss. sig. Giovanni Arduino in cui si parla di alcune miniere di quei monti e della scoperta di pesci in schisto bituminoso di Salcedo, e del teschio di un*

c) *Antonio Gaidon*

Figlio di uno scalpellino, Antonio Gaidon (1738-1829), nato e vissuto sempre a Bassano, lavorando da ragazzo con le pietre usate per lastricare vi osserva le impronte dei *cornammoni*, ne chiede l'origine al protomedico Giovanni Larber e da questo momento, avvinto dalla passione per i fossili, comincia a scorrere le colline circostanti tra Bassano e Marostica per farne amorosa raccolta[35]. Divenuto un esperto e apprezzato architetto alterna la professione ai prediletti studi geologici: accompagna Fortis, Strange e Dolomieu nelle loro esplorazioni naturalistiche e, anche con i loro suggerimenti, pubblica vari saggi *orittologici*[36].

d) *Pietro Maraschin(i)*

Nato da una delle più cospicue famiglie di industriali lanieri di Schio, Pietro Maraschin(i) (1774-1825) è la tipica figura di *filosofo* veneto, moderato seguace dei *lumi* francesi, attento a conciliare le

grande Coccodrillo in una lastra di marmo detto rossone di Lusiana ne' Sette Comuni, «Nuovo giornale d'Italia», VI (1795), p. 103; ID., *Altra lettera al chiariss. sig. Giovanni Arduino, in cui gli invia in abbozzo la figura del teschio di Coccodrillo nel marmo rossone de' Sette Comuni, nella reale sua grandezza, e dei pezzetti d'osso del cranio, e dei denti, dai quali il chiariss. sig. Arduino ha rilevato che non sono pietrificati, ma solamente alquanto calcinati*, «Nuovo giornale d'Italia», VI (1795), p. 108; ID. *Lettera 11 maggio 1793 al Conte Da Rio*, Marin e comp., Schio 1877. Alcuni brevi manoscritti del Barettoni si trovano nella biblioteca Bertoliana di Vicenza (= BBVI), ms. 2780 (20.11.18), 2104 (23.10.10), 2103 (23.10.9).

35) RUMOR, *Gli scrittori*, cit., II, pp. 3-4; G. BASEGGIO, *Memoria intorno la vita e gli scritti di Antonio Gaidon bassanese*, Baseggio, Bassano 1829; ID., *Gaidon Antonio*, in *Biografia degli italiani illustri*, a cura di Emilio DE TIPALDO, Alvisopoli, Venezia 1837, IV, p. 450; B. TESSAROLO, *Per una storia urbanistica di Bassano: gli interventi pubblici nella seconda metà del Settecento*, tesi di laurea, univ. di Padova, fac. di lettere, rel. L. Puppi, a.a. 1980-81; A. BROTTO, *Antonio Gaidon 1738-1829*, tesi di laurea, univ. di Venezia, ist. un. di architettura, rel. G.D. Romanelli, a.a. 1981-82; PRETO, *«I «lumi»*, cit., pp. 399-400, 403.

36) A. GAIDON, *Relazione a S.E. Signor Jacopo Morosini al Ponte di S. Paolo, dal signor [...] di varie osservazioni orittologiche fatte in quei contorni*, «Nuovo giornale d'Italia», 7 marzo 1778, pp. 257-58; ID., *Lettera orittografica, ibidem*, 23 maggio 1778, pp. 343-47, pp. 353-55, 4 luglio 1778, pp. 393-396, III, (1779), n. 5, pp. 33-34, 16 settembre 1780, pp. 65-77, n. 27, pp. 209-210; ID., *Lettera orittografica nella quale si trovano molte nuove osservazioni intorno ai monti dei Sette Comuni Vicentini, ibidem*, 13 dicembre 1783, pp. 169-173; ID., *Due lettere sopra le produzioni naturali dei contorni di Bassano. Lettere del signor Gaidon al signor Brocchi, ibidem*, 25 gennaio 1794, pp. 316, 319-320, 1 febbraio 1794, pp. 325-328, 8 febbraio 1794, pp. 329-330 (stampate anche in *Due lettere sopra le produzioni naturali dei contorni di Bassano, con un poemetto*, Bassano 1793). Per gli altri scritti di Gaidon v. RUMOR, *Gli scrittori*, cit., II, p. 4; varie lettere dell'Arduino a Gaidon si trovano nella biblioteca civica di Bassano, *Epistolario Remondini*, p. 217.

nuove idee con la fede cristiana ed una pragmatica attenzione alle caute e possibili riforme civili e sociali. Educato nel seminario di Vicenza e poi a Padova, dove segue i corsi di storia naturale di Stefano Andrea Renier, archivista comunale di Schio, collaboratore della classe dirigente locale in numerose iniziative politico-civili, si apre alle nuove idee illuministiche con una attenta lettura dei *philosophes* francesi e italiani; puntuale testimonianza della sua formazione culturale sono il catalogo manoscritto della biblioteca familiare e la traduzione in italiano di alcune opere di Voltaire e Rousseau[37]. Ben presto, all'interno della vasta e multiforme cultura illuministica, prevalgono gli interessi per gli studi naturalistici, in particolare di mineralogia e geologia, cui lo indirizza anche l'incarico di ispettore alle miniere conferitogli dal governo napoleonico. Conoscitore attento e sicuro della più aggiornata produzione scientifica italiana e straniera, membro di varie accademie e istituti scientifici, arricchisce le sue cognizioni teoriche con una lunga serie di escursioni e viaggi in Italia e all'estero: è in Lombardia, Toscana, Campania, Calabria, Sicilia, Francia, Inghilterra e ovunque conosce scienziati e geologi, frequenta accademie e corsi universitari, visita musei, collezioni, luoghi geologicamente significativi. Al suo ritorno nella natia Schio intraprende una serie di escursioni orittologiche nelle montagne del vicentino e del vicino Tirolo e dà alle stampe numerose pubblicazioni, ben presto apprezzate negli ambienti scientifici italiani e stranieri; ricordo alcuni saggi di osservazioni litologiche e geognostiche sui terreni di Schio, del vicentino, del Tirolo[38] e soprattutto il volume conclusivo *Sulle*

37) Biblioteca comunale di Schio, *Manoscritti Maraschin*, *Manoscritti Dalla Cà*, col. XIII, pp. 174-187, *Manoscritti Maddalena, Archivio senatore A. Rossi, carte Maraschin*, buste 48 e 100; M. Saccardo, *Sebastiano Bologna, Pietro Maraschin*, Padova 1846; Id., *Ad Alessandro Rossi il giorno lietissimo delle sue nozze*, Seminario, Padova 1848; F. Bassani, *Parole a ricordo di Pietro Maraschin e Ludovico Pasini lette a Schio nell'adunanza 30 maggio 1880 della società veneto-trentina di scienze naturali*, Padova 1880 (estratto dal «Bollettino della società veneto-trentina di scienze naturali»); *Glorie scledensi*, cit., pp. 41-42; Rumor, *Gli scrittori*, cit., II, pp. 265-67 (con l'elenco delle sue pubblicazioni); A. Dalla Cà, *L'abate Pietro Maraschin*, Schio 1925; F. Cappi Bentivegna, *Alessandro Rossi e i suoi tempi*, G. Barbera, Firenze 1955, pp. 29-33; G. Mantese, *Storia di Schio*, Comune di Schio, Schio 1955, pp. 284, 510, 568; Fontana, *Geologi*, cit., pp. 25-31; Id., *Alle origini del movimento liberale nel Veneto: la formazione intellettuale e politica di Valentino Pasini*, in *I ceti dirigenti in Italia in età moderna e contemporanea. Atti del convegno. Cividale del Friuli, 10-12 settembre 1983*, a cura di Amelio Tagliaferri, Udine 1984, pp. 434-455; Id., *Pietro Maraschin*, in *Il Vicentino tra rivoluzione giacobina ed età napoleonica 1797-1813*, a cura di R. Zironda, in collaboraz. con G. Marcadella, M. Passarin, E. Reato, Catalogo della mostra, Vicenza 1989, pp. 227-229; Preto, *L'illuminismo*, cit., p. 38.

38) P. Maraschin[I], *Osservazioni litologiche intorno ad alcuni monti del distretto di Schio, dipartimento del Bacchiglione*, «Giornale dell'italiana letteratura», XXV (1810), Padova, pp. 8-30;

formazioni delle rocce del vicentino. Saggio geologico (Minerva, Padova 1824), che adotta la nuova nomenclatura geologica del Cordier, nell'intento di creare in Italia un comune linguaggio geologico[39]. L'adesione di Maraschin(i) ai *lumi* si esplicita anche nella viva attenzione alla ricaduta immediata delle ricerche sulla vita economica; ecco dunque le indagini e riflessioni sulle miniere di carbone fossile del vicentino, che potrebbero risolvere l'annoso problema della carenza di legname per i forni: Alessandro Rossi ricorda con ammirazione questa sua ricerca del «tesoro» [il carbone fossile][40].

Giorgio Dal Piaz dà un giudizio positivo della *cronologia stratigrafica* del Maraschin(i) la quale, nonostante alcuni inevitabili errori, dovuti ad «una imperfetta conoscenza dei fenomeni tettonici delle località esaminate», raggiunge «un notevole dettaglio», e pur tuttavia «si vale quasi esclusivamente dei caratteri litologici propri delle varie formazioni che costituiscono l'intera serie stratigrafica del Vicentino»[41].

e) *Giuseppe Marzari Pencati*

Nato a Vicenza da nobile famiglia, Giuseppe Marzari Pencati (1779-1839) è senza dubbio il geologo più preparato e innovatore della generazione a cavallo tra il secolo dei *lumi* e l'età della Restaurazione. Dopo i primi studi al seminario di Vicenza si occupa «per genio nella coltura della botanica» e dai colli vicentini trae una ricca collezione di piante: l'*Elenco delle piante spontanee fino ad ora os-*

Id., *Observations géognostiques sur quelques localités du Vicentin*, «Journal de phisique», marzo 1822, tradotte in «Biblioteca italiana», aprile-maggio-giugno 1822, pp. 379-90, luglio-agosto-settembre, pp. 77-89 e poi pubblicate in un unico opuscolo, Milano 1822; Id., *Sur les terrains problématiques du Tyrol. Extrait d'une lettre à M.L. Cordier*, 13 oct. 1823, «Annales des mines», VIII (1823), pp. 629-634; Id., *Dei filoni pirossenici del Vicentino*, «Biblioteca italiana» luglio-agosto-settembre 1822, pp. 210-224; Id., *Osservazioni sulle rocce pirigene della valle di Fiemme dei signori Bertrand-Geslin, Trettenero e Maraschin, esposte in una lettera di Pietro Maraschin al signor Scip. Breislak*, «Biblioteca italiana», ott.-nov.-dic. 1823, pp. 351-366. Per altri scritti di Maraschin(i), non di argomento geologico, v. Rumor, *Gli scrittori*, cit., II, pp. 266-267.

39) Pierre-Louis Cordier (1777-1861), docente di geologia al museo di storia naturale di Parigi, aveva scritto un trattato sulla *Classification et principaux caractères minéralogiques des roches*; Maraschin ne aveva seguito le lezioni, a Parigi, nel 1822 e ne aveva pubblicato, sulla base degli appunti, la parte sistematica: *Distribuzione delle rocce e classificazione geologica dei terreni del Signor P.L. Cordier*, «Biblioteca italiana», ott.-nov.-dic. 1822, pp. 376-398, gennaio-febbraio-marzo 1823, pp. 104-111.

40) Cappi Bentivegna, *Alessandro Rossi*, cit., p. 30; Fontana, *Pietro Maraschin*, cit., pp. 228-29.

41) Dal Piaz, *L'Università*, cit., p. 28.

servate nel territorio di Vicenza (Tosi e Nobile, Vicenza 1802), osserva Giuseppe Busnardo, «non è che uno scheletrico inventario delle specie allora note all'interno dei confini del Vicentino», ma, «anche se oggi il suo valore scientifico è modesto, è pur sempre un documento di notevole importanza sia per il ruolo pioneristico sia per capire quali erano gli indirizzi che stavano maturando»[42]. Dalla botanica alla geologia il passo è breve; nel 1802 è a Parigi e inizia una lunga serie di viaggi scientifici in tutta Europa, a conoscere scienziati, musei, collezioni, siti geologicamente importanti: visita i vulcani sottomarini del Puy de Dôme, l'alta Loira (1804), le zone mineralogiche della Tarantasia presso il monte Bianco, il bacino del Rodano, la Liguria occidentale (1805), il Tirolo (1806). Inizia poi una lunga e brillante carriera nell'amministrazione pubblica; membro, nel 1807, della commissione per la statistica mineraria del regno d'Italia, ispettore alle miniere nel 1812, consigliere imperiale per gli «affari montanistici» nel 1818, inventa il tachigoniometro e ottiene pubblici riconoscimenti anche dal governo austriaco; in corrispondenza con i più noti geologi europei, viene anche ascritto a molte accademie e istituzioni scientifiche italiane e straniere; raccoglie e poi dona all'università di Padova una ricca collezione geo-paleontologica[43].

Le molteplici conoscenze di geologi italiani e stranieri lo inseriscono nel vivo del dibattito scientifico che ferve in quegli anni; così, ad esempio, nel 1805 frequenta a Parigi un corso di geologia di Georges Cuvier, centrato sull'attacco alle teorie di Lamarck, e ne trae alcuni quaderni di appunti che porta con sé a Vicenza[44]. «Marzari è un vulcanista sbracato in tutto il rigore e l'estensione del termine», scrive l'11 aprile 1809 Giambattista Brocchi, per parte sua *nettunista* moderato[45]; in effetti nelle sue pubblicazioni scientifiche, ricche di osservazioni originali e talvolta precorritrici ma spesso disorganiche e involute, Marzari Pencati rifiuta il *nettunismo* di Werner e propende per un radicale *plutonismo*. Tra i suoi lavori più noti e apprezzati

42) G. Busnardo, *I floristi veneti dell'800 e la loro collaborazione con Francesco Facchini*, «Mondo ladino», XVII (1933), nn. 1-2, p. 203.

43) Pasini, *Notizia sulla vita*, cit., Id., *Giuseppe Marzari Pencati*, in *Biografie degli italiani illustri*, a cura di Emilio De Tipaldo, VII, pp. 444; F. Molon, *Sulla vita e studj del co. Giuseppe Marzari-Pencati geologo vicentino*, Reale-Gir. Burato, Vicenza 1874; D. Donà, *La nobile famiglia Marzari di Vicenza*, Vicenza 1895, pp. 13-15; Rumor, *Gli scrittori*, cit., II, pp. 300-303.

44) BBVI, ms. S.C. 28 (7), pp. 1-20, G. Marzari Pencati, *Corso di geologia all'Ateneo nel 1805*; P. Corsi, *Oltre il mito. Lamarck e le scienze naturali del suo tempo*, Il Mulino, Bologna 1983, pp. 248-254; L. Altichieri, *Il museo di geologia e paleontologia dell'università di Padova*, «Notiziario periodico della vita dell'A.N.M.S.», 9 (1982), n. 1, p. 9.

45) Biblioteca del museo civico Correr di Venezia, *ms.* PD, 547c/52, Brocchi a Marco Corniani.

la *Corsa pel bacino del Rodano e per la Liguria d'Occidente*, del 1806, nella quale i *geologi-patrioti* del Risorgimento, Pasini in primo luogo, al di là delle ricche e puntuali notizie geologiche e naturalistiche, apprezzano le risentite affermazioni di orgoglio nazionale: gli perdonino i Francesi, scrive nella prefazione, se è «incivile» nel descrivere i costumi di alcune categorie di persone delle loro provincie, ma lui è «un italiano [...] adirato indistintamente contro la maggiorità degli scrittori di tutte le altre nazioni d'Europa, i quali si coalizzarono dal nord al sud per dipingere la sua patria coi tratti più chimerici, e coi colori morali più negri; pittura che gli procurò in Europa uno svantaggioso concetto che oggi (giacché può essere stato differentemente due etadi addietro) meritano soltanto alcuni individui della nazione, od al di più alcune meridionali provincie»[46]. Molti saggi analitici, parte editi parte inediti, sono dedicati ai colli vicentini e tirolesi, meta delle sue escursioni orittologiche[47]; nei *Cenni geologici e litologici sulle provincie venete e sul Tirolo* li dipinge come un vero paradiso della geologia: «aperta in grande e misteriosa in picçolo, direbbesi che la natura inorganica s'è qui fisicamente modellata sullo stampo morale degli uomini. Simili ai piccioli eruditi, i colli subalpini del Bacchiglione racchiudono un labirinto di misteri, di riserve, e di paradossi; mentre i colossi del Tirolo simboleggiano la nobile realtà di Dolomieu, di Saussure e di Humboldt»[48]. Marzari Pencati è tra i primi a usare orgogliosamente e anche polemicamente la parola *geologo*: «Parlo ai geologi», scrive nel 1819, «cioè ad un numero di persone oltre a quello che si pensa limitatissimo. Non ai minatori, né a quelli orittognosti, i quali fanno di tempo in tempo qualche corsa, avendo per principale oggetto il rintracciare fossili eleganti, sconosciuti nel paese, ovvero nuovi. Non sottometterei ad essi, ancorché dottissimi, né questa né veruna di quelle tesi, che, lungi dall'essere attinte dai libri, sono l'inaspettato frutto del confronto di certi quinternetti, sopra cui il sudore grondò qualche volta finché la matita esitava. Parlo ai geologi, i quali non si lasciano punto imporre dal vedersi nel cupo fondo d'una gola rinchiusi fra rupi di 100 tese a strati verticali; e dalla cui bocca non isfugge la cotanto fa-

46) G. Marzari Pencati, *Corsa per il bacino del Rodano e per la Liguria d'Occidente*, Paroni, Vicenza 1806, p. VI.

47) L'elenco delle sue 19 pubblicazioni a stampa è in Pasini, *Notizia*, cit., e Rumor, *Gli scrittori*, cit., II, pp. 301-303; lettere, appunti, osservazioni, saggi inediti sono conservati in BBVI, fondo manoscritti.

48) G. Marzari Pencati, *Cenni geologici e litologici sulle provincie venete e sul Tirolo*, Parise, Vicenza 1819, p. 18.

mosa parola di *rivoluzione*, che dopo esser saliti sulle più alte cime, ed aver esplorato ad un raggio ragguardevole e per molti giorni il terreno, assorti essendo quasi unicamente nel tener nota dell'inclinazione e direzione degli strati»[49]. Pasini traccia un ritratto affettuoso e ammirato di questo *geologo* bizzarro, irascibile con chi dissente dalle sue teorie [come ad esempio Pietro Maraschin(i)[50]], spesso oscuro e disordinato nei suoi lavori scientifici: «con lunghi sforzi e con instancabile perseveranza l'ha tratta [la geologia] dalla fallace strada su cui era stata spinta verso la fine del passato secolo, e ricondotta sul retto cammino che un illustre italiano aveva alcuni anni prima indicato [...] e s'egli fosse stato fin da principio un geologo meno modesto ed un più ardito innovatore, la scienza avrebbe fatto quindici anni prima que' progressi che furono dovuti più tardi alle sue osservazioni»[51]. Non meno puntuale e positivo, di lì a qualche anno, il giudizio di Antonio Stoppani: Marzari Pencati «camminò sulle pedate d'Arduino e Fortis, le dottrine di quei sommi ingegni rinforzò e sviluppò coll'aggiunta di osservazioni di prima importanza e rischiarò grandemente una parte della geologia, la più importante insieme e la più contrastata, i rapporti cioè tra le rocce eruttive e i terreni di sedimento»[52]. Meneghini si rammarica apertamente del suo ritardo nel pubblicare gli studi sugli Euganei e sul Tirolo: se lo avesse fatto subito «sarebbe alla scuola Veneta attribuito il vanto che generalmente si accorda alla inglese di avere aperto il campo alla geologia positiva. D'ogni parte, come a salutare pellegrinaggio, accorsero i geologi a visitare nella valle di Fiemme il paesello di Predazzo, ove il Marzari aveva annunciato il granito sovrapposto alla calcarea secondaria» e subito Humboldt confermò «la scoperta che atterrava la idolatrata antichità del granito»[53].

Nel nostro secolo, quando ormai la geologia ha ottenuto uno statuto scientifico autonomo e ha compiuto progressi inimmaginabili ai tempi di Marzari Pencati, Dal Piaz definisce il geologo vicentino uno «studioso solitario che, ammaestrato alla scuola dell'Arduino, amava investigare i problemi geologici sul terreno, quali essi si presentava-

49) Marzari Pencati, *Cenni*, cit., p. 38, nota n.

50) Si veda, ad esempio, l'insistita polemica con l'abate scledense a proposito della «struttura geognostica» del Veneto: *Lettera geologica diretta a Giuseppe Dembscher, uno fra gli estensori della Gazzetta privilegiata di Venezia*, Parise, Vicenza 1823.

51) Pasini, *Notizia*, cit., pp. 1, 5.

52) Stoppani, *Della priorità*, cit., pp. 22-23.

53) Meneghini, *Del merito*, cit., p. 22.

no in natura, rifuggendo da qualsiasi teoria od interpretazione alla quale non tenesse dietro l'immediato controllo dei fatti»[54].

Non hanno torto Pasini, Meneghini, Stoppani, i *geologi-patrioti* del nostro Risorgimento, a sottolineare alcuni tratti di «amor di patria» nelle pagine di Marzari Pencati, non ancora *patriota*, per ovvi motivi generazionali, egli non vuol essere uno studioso isolato e chiuso nella sua torre d'avorio, ma ha sempre in mente il progresso della società in cui vive. Quando percorre monti e vulcani d'Europa si considera un *filosofo-viaggiatore* e annota attento coltivazioni, industrie, piante, usi e costumi, che possano tornar utili ai suoi concittadini; dal 1801 al 1807 sperimenta più volte un metodo per rendere commestibile, togliendogli l'amarezza, il lichene islandese, e così «giovare ai miseri montanari dei Sette Comuni», afflitti da una indicibile miseria[55].

f) *Giambattista Brocchi*

«I talenti, i lumi della scienza influiscono più che qualunque altra cosa sulla felicità e la buona condotta delle nazioni [...]. Le scienze servono a rischiarare la marcia del governo e a condurre i popoli per un cammino diritto e prospero»[56]; a queste parole, pronunciate a Milano nel maggio 1805, Napoleone fa seguire nel regno d'Italia una concreta politica di valorizzazione degli intellettuali, scienziati e tecnici in particolare, nell'edificazione del nuovo stato[57]: tra di loro spiccano i nomi dei geologi Scipione Breislak, Marco Antonio Corniani e Tomaso Antonio Catullo (1782-1862): quest'ultimo, un bellunese

54) DAL PIAZ, *L'Univeristà*, cit., p. 26.

55) G. MARZARI PENCATI, *Memoria sull'introduzione del lichene islandese come alimento in Italia*, Fracasso, Venezia 1815.

56) C. CAPRA, *L'età rivoluzionaria e napoleonica in Italia, 1796-1815*, Loescher, Torino 1978, p. 268.

57) C. CAPRA, *La condizione degli intellettuali negli anni della Repubblica e del Regno italico, 1802-1814*, «Quaderni storici», 8 (1973), pp. 485-86; E. BRAMBILLA, *L'istruzione pubblica dalla Repubblica cisalpina al regno italico*, *ibidem*, pp. 506, 514-515; M. BERENGO, *Intellettuali e librai nella Milano della Restaurazione*, Einaudi, Torino 1980, pp. 25-31; R. VERGANI, *Brocchi funzionario alle miniere: dal regno Italico alla dominazione austriaca*, in AA.VV., *Atti del convegno. L'opera scientifica di Giambattista Brocchi (1722-1826). Bassano del Grappa, 9-10 novembre 1985*, Città di Bassano, Museo - Biblioteca - Archivio - Associazione amici del museo, Bassano 1987, pp. 67-77: 76-77.

che per molti anni insegna storia naturale all'università di Padova, con la *Zoologia fossile delle provincie venete* (Padova 1827) dà un contributo decisivo alla geologia, introducendo un nuovo metodo per la classificazione cronologica dei terreni, basato sulla presenza di fossili tipici di un certo periodo[58]. Anche Stefano Andrea Renier (1759-1830), naturalista chioggiotto e docente di storia naturale a Padova, è in prima fila nell'impegno politico: attivo municipalista nel 1797 è anche temporaneamente rimosso dalla cattedra, nel 1813, per sospette, e invero più che dichiarate, simpatie filo-francesi[59]. I geologi veneti, e quelli vicentini in particolare, sono molto attivi nel rinnovamento civile e tecnico-scientifico promosso dal regno d'Italia. Alberto Fortis, arrivato a Parigi nel settembre 1796, è per un po' spettatore lontano ma attento delle vicende politiche vicentine; «termidoriano» convinto, informa i suoi amici vicentini dei tumultuosi sviluppi della Rivoluzione ed elargisce consigli ai membri della neonata municipalità democratica di Vicenza; torna a Vicenza dopo il trattato di Campoformio, quando ormai stanno per arrivare gli Austriaci, che gli danno fastidi, è di nuovo a Parigi nel 1799, insieme ad altri emigrati italiani, per rientrare definitivamente in Italia nel 1802, ad assumere la direzione della biblioteca dell'istituto nazionale di Bologna[60].

Ho già ricordato di Marzari la brillante carriera nell'amministrazione del regno d'Italia, culminata nel 1812 nella nomina a ispettore delle miniere; analogo impegno pubblico negli anni cruciali del regno d'Italia assume il bassanese Giambattista Brocchi (1722-1826), forse la figura di maggior spicco tra questa generazione di scienziati vicentini: alcuni studi maturati in occasione di un convegno bassanese del 1985 e, più di recente, un'ampia biografia di Giampietro Berti, ce ne consegnano ora un preciso profilo culturale e politico[61].

58) M. Alippi Cappelletti, *Catullo Tomaso Antonio*, in *Dizionario biografico degli italiani*, Ist. dell'enc. it., Roma 1979, 22, pp. 531-33.

59) Aa.Vv., *Stefano Andrea Renier naturalista e riformatore. Chioggia 1759-Padova 1830*, a cura di C. Gibin e P.G. Tiozzo, Centro grafico editoriale, Chioggia 1981.

60) Motterle, *Il ventennio*, cit., pp. 141-166; Preto, *La caduta della Repubblica di Venezia e la municipalità democratica*, in *Storia di Vicenza*, cit., III/2, pp. 426-428; Ciancio, *Autopsie*, cit.

61) Aa.Vv., *Atti del convegno. L'opera scientifica*, cit.: i saggi con più specifico riferimento alle sue ricerche naturalistiche e geologiche e al suo impegno civile sono: F. Rigon, *Le collezioni di Giambattista Brocchi al Museo Civico di Bassano: le ragioni di un convegno*, pp. 7-12, G. Berti, *Aspetti della formazione scientifica e intellettuale di Giambatitsta Brocchi*, pp. 13-40, G. Pancaldi, *La teoria della specie di Giambattista Brocchi*, pp. 41-54, L. Ciancio, *La difesa dell'ipotesi nettunistica*, pp. 55-66, R. Vergani, *Brocchi funzionario*, cit., pp. 67-78, G. Cadoppi, *Giambattista Brocchi e la metallurgia*, pp. 79-80, A. Visconti, *il ruolo delle raccolte del Museo Reale di Storia naturale di Milano per la realizzazione della «Conchiologia fossile subappenninica» di Giambattista Brocchi*, pp. 143-154.

Educato ad un «illuminismo moderato», incline al «buon senso» e al «gusto empirico del concreto e della misura», Brocchi apprende da Antonio Gaidon l'amore per le scienze naturali, che coltiva per tutta la vita; dal gennaio 1797 al gennaio 1798 aderisce, sia pure su posizioni molto moderate, alla municipalità democratica bassanese e al governo centrale vicentino-bassanese[62]. Non è affatto, e Berti lo sottolinea con forza, un intellettuale «organico» al regime napoleonico, col quale tuttavia collabora con lealtà ed impegno: docente al liceo di Brescia (1801) e poi ispettore alle miniere nel regno d'Italia (1808), «Brocchi va dunque collocato tra quegli intellettuali che videro nelle istituzioni del primo Stato italiano una rottura nei confronti della precedente età giacobina e, contemporaneamente, una sorta di continuità rispetto alle riforme avviate dal dispotismo illuminato»[63].

Sono di questi anni 1802-03 alcune inedite *Lezioni mineralogiche*, il *Trattato mineralogico e chimico sulle miniere di ferro del dipartimento del Mella* (Nicolò Bettoni, Brescia 1808) e la *Memoria mineralogica sulla Valle di Fassa* (Silvestri, Milano 1811), in cui Brocchi espone in modo sempre più sistematico le sue convinzioni geologiche, scevre da «ogni spirito di sistema» e fondate su un cauto ma convinto empirismo e sperimentalismo[64]; altre opere fondamentali sono il *Viaggio mineralogico per vari paesi d'Italia del 1811-1812*, rimasto inedito[65] e, soprattutto, la *Conchiologia fossile subappenninica* (Stamperia reale, Milano 1814), «il punto più alto della riflessione scientifica e della ricerca naturalistica»[66]. Benché a conoscenza delle teorie *plutoniste* di Breislak e Marzari Pencati, Brocchi aderisce a quelle *nettuniste* di Werner, che tra l'altro gli sembrano in perfetto accordo con il dettato biblico; con l'affermazione che la conchiologia «è scala della geologia», e quindi, come osserva Pancaldi, con la piena consapevolezza «dell'intreccio fra storia della terra e storia delle forme viventi»[67], egli dà un importante contributo al progresso delle scienze geologiche nell'800: lo rileva nel 1872 Antonio Stoppani, in

62) G. Berti, *Un naturalista dall'Ancien Régime alla Restaurazione. Giambattista Brocchi (1772-1826)*, G.B. Verci, Bassano 1988.

63) Berti, *Un naturalista*, cit., pp. 1-37.

64) Berti, *Un naturalista*, cit., p. 62.

65) Si trova, come molti altri inediti, nella biblioteca civica di Bassano, ms. 31 A. 20; v. Berti, *Un naturalista*, cit., p. 92.

66) Berti, *Un naturalista*, cit., p. 97.

67) G. Pancaldi, *Darwin in Italia. Impresa scientifica e frontiere culturali*, Il mulino, Bologna 1983, p. 51; Berti, *Un naturalista*, cit., p. 101.

un pubblico elogio per il suo centenario[68]. Per quanto riguarda il suo atteggiamento di fronte ai grandi dibattiti sull'origine ed evoluzione della specie è da ricordare che Darwin meditò sulle sue opere (conosciute tramite Lyell); Brocchi si pone, conclude Berti, tra Lamarck e Darwin, tra Lamarck e Bonnet e tra Bonnet e Leibniz, insomma *«egli sta sul crinale che divide il creazionismo dal trasformismo»*[69].

Negli anni della Restaurazione coltiva «il desiderio di una totale immersione nel mondo della natura con il conseguente rifiuto delle vicende storiche che gli sono contemporanee»[70]: così, licenziato dai suoi impieghi pubblici, accetta di collaborare alla «Biblioteca italiana», organo della politica culturale austriaca nonché alfiere del neoclassicismo anti-romantico [«liberaluccio, ma galantuomo, e tutto dato alle sue scienze e per niente acceso di cose politiche», lo dipinge il reazionario Giuseppe Carpani al direttore Giuseppe Acerbi[71]], e poi compie, nel 1815-16 e 1818-1819, una serie di viaggi scientifici in Italia per arricchire le proprie conoscenze e confermare o correggere le sue ipotesi geologiche: matura così una cauta e moderata correzione del suo iniziale *nettunismo*[72]. Brocchi muore, il 23 settembre 1826, in Egitto, dove si è recato per una straordinaria missione scientifica, finanziata dal viceré Mohammed Aly, che spera di individuare nuove miniere: lo sospingono, come si rileva dalle sue memorie di viaggio, «amore della scienza [...] ma anche, nel contempo, desiderio di spingersi verso il nuovo e l'ignoto»[73].

4. *Geologia e Risorgimento*

a) *Geologia e congressi degli scienziati: nasce la* nazione italiana

La grande importanza dei dodici congressi degli scienziati italiani nella formazione della coscienza nazionale italiana e quindi nella preparazione del Risorgimento è ormai un dato acquisito dalla nostra storiografia; purtroppo qualche anno fa questi congressi hanno avuto

68) A. Stoppani, *Elogio di Giambattista Brocchi*, in *Atti della festa commemorativa il primo centenario di Giambattista Brocchi celebratasi a Bassano il XV ottobre MCCCCLXXII, a cura del prof. Giuseppe Jacopo Ferrazzi*, Bassano 1873, pp. 15-44; Ciancio, *La difesa*, cit.

69) Pancaldi, *La teoria della specie*, cit., pp. 42-47; Berti, *Un naturalista*, cit., p. 110.

70) Berti, *Un naturalista*, cit., p. 113.

71) R. Bizzocchi, *La «Biblioteca italiana» e la cultura della Restaurazione (1816-1825)*, F. Angeli, Milano 1979, p. 44, n. 102; Berti, *Un naturalista*, cit., p. 120.

72) Berti, *Un naturalista*, cit., pp. 124-137.

73) Berti, *Un naturalista*, cit., p. 139.

la sfortuna di essere stati studiati da Giuseppe Carlo Marino, il quale, anziché un'indagine storica, ha condotto una furibonda requisitoria anti-borghese, ispirata ad un rozzo e velenoso classismo pseudo-marxista di stampo sessantottesco[74]: conviene ritornarci sopra, soprattutto per quanto riguarda il ruolo dei geologi, con l'aiuto di alcuni contributi, ben più equilibrati, offerti nel 1983 in una miscellanea curata da Giuliano Pancaldi[75]. Riuniti nella «sezione di geologia, mineralogia e geografia» i geologi italiani colgono innanzitutto nei congressi un'occasione di incontro e di scambio di esperienze e di opinioni; come ben osserva Nicoletta Morello, «il prevalere della geologia descrittiva su altri aspetti dell'indagine geologica può anche essere interpretato come sintomo dell'adesione, da parte dei congressisti, al progetto della stesura della carta geologica d'Italia»[76].

Un complesso lavoro di gruppo, di fatto solo parzialmente attuato, e l'unificazione nazionale della «nomenclatura geologica e mineralogica» dovrebbero realizzare la *Carta geologica d'Italia*, concreta e visibile proiezione delle radici geologiche della *nazione italiana* ancora in fieri sul piano politico. Messa in cantiere già nella quinta riunione di Lucca, nel 1844, secondo un progetto sommario di Luigi Pareto, Paolo Savi, Leopoldo Pilla, Achille De Zigno, vede all'opera alcuni dei nomi più illustri della geologia italiana di quegli anni, tra i quali Alberto La Marmora, Giacinto Provana di Collegno, Angelo Sismonda, Nicolò Da Rio, Tomaso Antonio Catullo e soprattutto Lodovico Pasini[77]. A toglier ogni dubbio sulla valenza politica, esplicitamente patriottica e unitaria, del progetto, provvede proprio Pasini, nelle parole di congedo della sesta riunione degli scienziati, pronunciate a Milano il 26 settembre 1844: tesse le lodi del *Bel paese* e addita ai geologi l'onore imperituro di un lavoro destinato «a vantaggio e decoro della comune patria»[78].

Per un bilancio degli studi geologici italiani negli anni dei congressi degli scienziati rimando al citato saggio della Morello, della quale non mi resta che condividere anche le considerazioni conclusi-

74) G.C. Marino, *La formazione dello spirito borghese in Italia*, La Nuova Italia, Firenze 1974.

75) *I congressi degli scienziati italiani nell'età del positivismo*, a cura di G. Pancaldi, Clueb, Bologna 1983.

76) N. Morello, *La geologia nei congressi degli scienziati italiani*, in *I congressi*, cit., pp. 69-81: 70.

77) L. Pareto, *Progetto di una carta geologica d'Italia*, in *Atti della quinta riunione degli scienziati italiani*, Giusti, Lucca 1844, p. 277.

78) *Parole di congedo del Presidente Ludovico Pasini, 26 settembre 1844*, in *Atti della sesta riunione degli scienziati italiani*, Pirola, Milano 1845, p. 589.

ve, ben più pertinenti e persuasive di quelle di Marino: dai verbali dei congressi emerge, «ancorché isolato», «qualche tentativo di recupero di una tradizione italiana di studi geopaleontologici», cui si affiancano i numerosi saggi, da parte dei geologi-congressisti, «di carattere storico-apologetico sull'attività dei naturalisti italiani del passato»[79]. «Emerge invece sicuramente dai congressi una geologia dell'Italia», conclude la Morello: «Essa è frutto, in gran parte, del ripetuto mettere a confronto ricerche locali, fatte su quei monti, impressi nella memoria e riportati sulle carte, che i geologi percorrono e studiano – e amano – fin dalla giovinezza. Non si può escludere che questo confronto sia anche stimolato – al di là delle esigenze imposte dalla geologia descrittiva – da sentimenti patriottici e dall'ideale di unità nazionale che essi condividono. In questo caso, le Alpi e gli Appennini sarebbero stati qualcosa di più di un simbolo»[80].

b) *I geologi italiani per la patria: dai campi di Curtatone al* Bel paese

La connessione tra geologia e Risorgimento, che traspare dalle pur caute espressioni dei verbali dei congressi degli scienziati, così occhiutamente sorvegliati dalle polizie austriaca e degli altri stati, si esplicita vividamente nelle concrete scelte di vita di molti geologi italiani.

Possiamo dire senza ombra di dubbio che, seppur non mancano in Italia (e anche nel Veneto) alcuni *austriacanti*, o del tutto alieni da qualsiasi impegno politico, i destini dei geologi italiani più noti dell'800 si incrociano strettamente con le vicende del nostro Risorgimento.

Di fronte alla vecchia storiografia sabauda che ha voluto additare improbabili radici seicentesche e settecentesche delle istanze unitarie e indipendentistiche è oggi ben più convincente chi colloca la culla dei primi progetti di unità e indipendenza tra gli intellettuali del triennio giacobino; tra questi mi piace ricordare Scipione Breislak (1750-1826), geologo di grande prestigio, ostile alla scuola nettunistica werneriana, nato a Roma da padre svedese e vissuto a Ragusa, poi a Urbino, Nola, Roma e infine a Milano, dove è a lungo docente e funzionario pubblico nel settore minerario: nel 1798 collabora a

79) Morello, *La geologia*, cit., pp. 78-80.

80) Morello, *La geologia*, cit., p. 80.

Roma, insieme a Urbano Lampredi, Vincenzio Russo, Mario Pagano e Claudio Della Valle, al repubblicano *Monitore di Roma* ed è nominato ministro delle finanze dell'effimera repubblica romana; poi emigra a Marsiglia e a Parigi, per tornare a Milano e impiegarsi in vari uffici pubblici della Repubblica italiana e poi del regno d'Italia[81].

La geologia italiana e la nuova Italia rinata a unità e indipendenza devono molto al venafrese Leopoldo Pilla (1805-1848): medico e studioso del colera, chiamato nel 1841, su consiglio di Humboldt, alla cattedra di geologia e mineralogia dell'università di Pisa, autore a soli 26 anni di un *Cenno storico sui progressi della Orittognosia e della Geognosia in Italia*[82], e poi di un *Saggio comparativo dei terreni d'Italia* e di un *Trattato di geologia*, allo scoppio della prima guerra di indipendenza guida il battaglione universitario toscano e cade, alla testa dei suoi studenti, il 29 maggio 1848, sui campi di Curtatone[83]. Docente di geologia e ardente patriota è anche il padovano Giuseppe Meneghini (1811-1889): fuggito a Pisa, dopo i moti del 1848, vi ricopre la cattedra di mineralogia e geologia. La sua prolusione all'anno accademico 1866-67, *Del merito dei veneti nella geologia*, è insieme un ricordo affettuoso e orgoglioso della «scuola geologica veneta» e un elogio appassionato del *primato* italiano in «ogni sapere», «nello studio, nella conoscenza, e nel culto del vero, del buono e del bello»: se ora questo *primato*, dopo secoli di giogo straniero, è perduto, soprattutto per l'«insufficienza dell'istruzione», la nuova Italia può e deve recuperarlo con l'amore e lo studio della natura[84].

Paleontologo appassionato ma anche patriota e profugo politico è il bolognese Lodovico Foresti (1829-1913); medico, naturalista, do-

81) L. Gennari, *Breislak Scipione*, in *Dizionario biografico degli italiani*, 14, pp. 118-120.

82) L. Pilla, *Cenno storico sui progressi della Orittognosia e della Geognosia in Italia*, «Il progresso delle scienze, delle lettere e delle arti», vol. II, fasc. 3, III, fasc. 6; V, fasc. 9.

83) N. Marucci, *Leopoldo Pilla*, Avellino 1905; T. Taramelli, *Un ricordo di Leopoldo Pilla*, Roma 1905; M. Canavari, *Per il centenario della nascita di Leopoldo Pilla*, «Bollettino della società geologica italiana», XXIV (1905), pp. LXX-LXXXII; F. Bassani, *In memoria di Leopoldo Pilla*, Napoli 1905; G. Stefanini, *La scuola di Pisa e i progressi della geologia*, «Annali universitari toscani», n.s., XIII (1930); Id., voce in *Enciclopedia italiana*, XXVII, pp. 280-281; F. Ippolito, *Leopoldo Pilla*, Tip. Ed. Umberto Giardini, Pisa 1949.

84) Meneghini, *Del merito*, cit., pp. 29-35; M. Canavari, *Giuseppe Meneghini*, in *Alla memoria del prof. Giuseppe Meneghini. Commemorazione di G.M. Fatta nell'Aula Magna dell'Università Pisana ai XXIV marzo MDCCCLXXIX*, T. Nistri, Pisa 1889; T. Taramelli, *Commemorazione del prof. G.M. Cenni biografici letti dal M.E. prof. T. Taramelli*, «Rendiconti R. Ist. Lombardo», s. II, 21 (1889), pp. 206-218; G. Capellini, *Giuseppe Meneghini*, «Bollettino della società geologica italiana», 1890, pp. 17-37; I. Cocchi, *Discorso per l'inaugurazione del monumento al prof. G. Meneghini nel camposanto di Pisa*, Nistri, Pisa 1900.

cente di mineralogia e geologia alla sapienza di Roma, autore di una pregevole *Storia fisica del bacino di Roma* (1867) ma anche ardente difensore di Roma durante la prima guerra d'indipendenza è il romano Giuseppe Ponzi (1805-1885); docente di geologia a Modena, autore di un'importante *Storia geologica dell'Arno* e di importanti studi su *Il paesaggio Pliocenico dal Trebbia al Reno*, collaboratore della Carta geologica e studioso di idrocarburi e acque minerali, il senese Dante Pantanelli (1844-1913) è anche uno dei volontari di Garibaldi[85]. E come non ricordare il catanese Gaetano Giorgio Gemmellaro (1832-1904), paleontologo e vulcanologo famoso, come del resto il padre Carlo e altri membri della sua famiglia, che in nove lustri di insegnamento universitario a Palermo e di feconde ricerche sul terreno fa «della Sicilia una delle terre italiane geologicamente meglio conosciute»[86]; a ventott'anni è a Marsiglia, diretto alle Canarie per una missione di rilevamento scientifico, quando apprende dello sbarco dei Mille a Marsala: torna immediatamente a Palermo, combatte contro i Borboni il 31 maggio 1860 e, di lì a qualche mese, il 22 ottobre, viene chiamato dal pro-dittatore Mordini alla cattedra e alla direzione dell'istituto di geologia e mineralogia dell'università[87]. Geologo, docente, divulgatore, liberale, patriota, questo è Antonio Stoppani (1824-1891): l'amore per la terra e l'amore per la patria sono tutt'uno in questo sacerdote di Lecco, destinato ad esercitare una profonda influenza sull'educazione geografica e politica delle generazioni postunitarie. Docente di geologia all'università di Pavia (1861-62), all'istituto tecnico superiore di Milano (1862-78), all'istituto di studi superiori di Firenze (1878-83), e di nuovo a Milano dal 1883, direttore del museo civico di storia naturale di Milano, autore di *Studi geologici e paleontologici sulla Lombardia* (1857) e di un *Corso di geologia* (1871-73), è tra i fondatori dell'istituto geologico di stato; cattolico-liberale sin dal 1848, quando partecipa alle 5 giornate, fonda il

85) Accordi, *Storia*, cit., pp. 79-82.

86) S. Di Franco, *I primi geologi siciliani e i Gemmellaro*, «Archivio storico per la Sicilia orientale», s. 2, IX (1933), fasc. I, pp. 102-108: 107; su Carlo Gemmellaro v. G. Bentivegna, *Scienze della terra e filosofia della vita in Carlo Gemmellaro*, *ibidem*, LXXXVI (1990), fasc. I-III, pp. 235-329.

87) G. Di Stefano, *Commemorazione del Prof. Gaetano Giorgio Gemmellaro*, «Annali r. università di Palermo», a.a. 1905-1906; Di Franco, *I primi*, cit., E. Burgio, *Fondazione del museo geologico*, in *Atti del convegno «I naturalisti e la cultura scientifica siciliana nell'800», Palermo, 5-7 dicembre 1984*, a cura di G. Liotta, S.T. Ass., Palermo 1987, pp. 289-294; G. Ruggieri, *La primavera paleontologica siciliana*, in *Atti del convegno «I naturalisti»*, cit., pp. 171-178: 174-176.

periodico *Il Rosmini*, di evidenti finalità liberali, pubblica nel 1884 *Il dogma e le scienze positive ossia la missione apologetica del clero nel moderno conflitto tra la ragione e la fede*, un'appassionata difesa della libertà di pensiero e di ricerca e della concordia possibile tra cattolicesimo e scienze positive, e nel 1886 *Gli intransigenti alla stregua di fatti vecchi nuovi e nuovissimi*, dura polemica con gli ambienti curiali più retrivi, a favore della conciliazione stato-chiesa[88]. Ma la sua fama più duratura in Italia è legata al fortunato libro di divulgazione geologico-geografica *Il bel paese* (1875) che, per riprendere una felice definizione di Silvio Lanaro, «fissa per il secolo a venire i lineamenti di una "comune" percezione dell'Italia»[89].

«Nelle condizioni politiche, che resero per tanto tempo gl'Italiani stranieri all'Italia [...] siamo arrivati a ciò che gli Italiani conoscono assai meglio la costituzione fisica dell'altrui che del proprio paese» e dunque descrivere ai fanciulli e agli italiani tutti, in forma dialogica e piana ma assoluta fedeltà al vero, le bellezze naturali de «il bel paese / che Appenin parte e 'l mar circonda e l'Alpe», è un'azione di patriottismo non diversa e meno nobile di chi per l'Italia ha combattuto negli anni del Risorgimento[90]. La sua concezione del nesso geologia-storia d'Italia è lucidamente espressa nella prolusione all'anno accademico 1861, dal titolo, molto eloquente, *Della priorità e preminenza degli italiani negli studii geologici*: è giusto rivendicare la «grandezza dei nostri maggiori e il primato d'Italia» anche nella geologia, che pure «è creazione moderna»: a metà del '700 gli italiani hanno «già inalzata la geologia sulle ferme basi sulle quali reggesi ora», poi, negli anni della Rivoluzione francese, la geologia si mescola alla politica e i *vulcanisti*, «i geologi più osservatori», sono «guardati per isbieco, con spavento, come eretici, come atei, e come tali sordamente perseguitati, posposti nei pubblici impieghi»[91]. Dopo aver ribadito la priorità e la superiorità dell'Italia negli studi geologici e paleontologici, almeno fino al XVIII secolo, Stoppani illustra i recenti progressi, legati alle ricerche di Breislak e Brocchi, e ricorda commosso Pilla, morto per la libertà d'Italia sui «campi di Curtatone»; giunto

88) F. Traniello, *Religione e scienza in Antonio Stoppani*, «Archivi di Lecco», I (1978), 1-2, pp. 89-103, ristampato in *Cultura cattolica e vita religiosa tra Ottocento e Novecento*, Brescia 1991, pp. 163-180.

89) S. Lanaro, *Il Plutarco italiano: l'istruzione del «popolo» dopo l'Unità*, in *Storia d'Italia*, Einaudi. *Annali. 4. Intellettuali e potere*, Torino 1981, p. 560.

90) Vedi la sua dedica *Agli institutori* (*Il bel paese*, ristampa anastatica dell'edizione del 1876, tip. e libreria ed. Giacomo Agnelli, delle Edizioni Studio Tesi, Pordenone 1995, pp. 1-6).

91) Stoppani, *Della priorità*, cit., pp. 3, 10, 17, 20-21.

infine agli anni dell'unità d'Italia sottolinea i vantaggi apportati all'industria mineraria dai recenti progressi della geologia: «E se mi chiedete quale sarà il campo dove esercitare i geologici studii, l'Italia, vi dirò, l'Italia! dove nacque e fu nudrito il genio della geologia, l'Italia che è il compendio delle meraviglie della creazione»[92].

5. *I geologi vicentini dell'800: dall'amore della terra all'amore della patria*

a) *L'*austriacante *Alberto Parolini*

I geologi italiani, e quelli veneti in particolare, sono dunque in prima linea nella formazione di una coscienza nazionale unitaria; non tutti però: accanto al Risorgimento c'è, com'è noto, un anti-Risorgimento, fatto di rifiuto del liberalismo, dell'idea nazionale e dell'indipendenza italiana. Così, nel Veneto, il barone Achille De Zigno (1813-1892), rinomato studioso di paleontologia, ed in particolare dei pesci fossili di Bolca, partecipa attivamente ai congressi degli scienziati, è sindaco di Padova negli anni più caldi delle lotte risorgimentali, simpatizza apertamente per l'Austria anzi, insinua, forse a torto, qualcuno, addirittura confidente della polizia[93].

Altrettanto netta è l'opzione *austriacante* del bassanese Alberto Parolini (1788-1867), naturalista e geologo di spicco nell'ambiente vicentino di metà '800; di nobile e ricca famiglia, frequenta l'orto botanico di Padova e apprende da Brocchi, Breislak e Marzari Pencati l'amore per la geologia. Nel 1811-12 segue il Brocchi nelle sue escursioni naturalistiche nel centro e sud Italia, poi viaggia in Germania e Olanda (1816), in Francia e Inghilterra (1817), in Grecia e Asia minore (1819-20); esperto botanico e geologo impianta a Bassano un ricco orto botanico e raccoglie un erbario ed una collezione di rocce, minerali, fossili, ben presto famosi presso gli studiosi di tutto il mondo e poi donati alla città di Bassano. In contatto con alcuni dei più prestigiosi scienziati del suo tempo, membro di numerose accademie italiane e straniere, partecipa a quasi tutti i congressi degli scienziati italiani, ricoprendo in alcuni casi la carica di segretario della sezione geologica. Secondo Giuseppe Busnardo, che ne è stato di recente l'ammirato biografo, nocquero alla sua fama postuma l'esi-

92) Stoppani, *Della priorità*, cit., pp. 24, 32.

93) Accordi, *Storia*, cit., p. 76.

guità delle pubblicazioni scientifiche[94] e soprattutto le sue posizioni politiche apertamente reazionarie: «La sua fu una totale adesione al suo [dell'Austria] regime e ai suoi valori», che raggiunse toni di aspro e sprezzante disprezzo di ogni ideale unitario ed indipendentistico durante i moti del 1848-49[95].

b) *Lodovico Pasini: la geologia unisce l'Italia*

L'Italia è un'espressione geografica: sentenzia Metternich; invece, spiega Pasini a Fedele Lampertico, la geologia «nelle naturali ricchezze da ogni parte d'Italia raccolte nel suo gabinetto avea già da gran tempo spezzati i trattati del 1815»[96].

Geologia e Risorgimento, amore della terra e amore della patria sono in Pasini una sola cosa e danno significato ad una vita spesa per il progresso scientifico e l'unità e indipendenza italiana. L'ambiente familiare e cittadino, nella Schio del primo '800, predispone facilmente Pasini all'amore per la geologia; amici della sua famiglia, una delle più cospicue ed emergenti tra la borghesia mercantile-imprenditoriale scledense, sono Girolamo Barettoni e Pietro Maraschin(i): quest'ultimo in particolare gli mette a disposizione la ricca biblioteca, le molteplici relazioni con scienziati italiani e stranieri e le opportune conoscenze per le prime collaborazioni alle riviste[97].

94) Si riducono praticamente al saggio *Sulla sospensione temporanea del corso dell'Oliero*, «Atti del r. ist. ven. di sc. lettere ed arti», III (1858), pp. 1-4; v. anche M.B. Caberlon, *Oliero e le grotte Parolini*, Arti Grafiche, Bassano 1967.

95) G. Busnardo, *Alberto Parolini e la storia naturale del suo tempo*, in Aa.Vv., *Storia naturale a Bassano (1788-1988). Una giornata di studi nel bicentenario della nascita di Alberto Parolini (1788-1867)*, a cura di A. Minelli, La Garangola, Padova 1990, pp. 13-31; v. anche D. Nardo, *Alberto Parolini, illustre naturalista di Bassano. Cenni per servire alla di lui biografia scientifica*, Venezia 1867, R. De Visiani, *Della vita scientifica del cav. Alberto Parolini*, «Atti del r. ist. ven. di sc. lett. arti», XII (1867), pp. 1-32, Rumor, *Gli scrittori*, cit., II, pp. 495-96 e Busnardo, *Alberto Parolini. La vita. L'opera scientifica*, «L'informatore bassanese», 1, settembre 1989, pp. 5-13.

96) F. Lampertico, *Elogio funebre del commendatore Lodovico Pasini*, Leonida Marin, Schio 1870, p. 6; Id., *Delle scienze nel Veneto dal 1815 al 1866*, in *Scritti storici e letterari*, I, Firenze 1882, p. 50; la frase è riportata, quasi eguale, anche da Pirona (vedi nota seguente), p. 27.

97) Numerosi sono gli scrittori che illustrano la biografia di Ludovico Pasini: T. Gar, *Commemorazione di Lodovico Pasini*, «Atti del r. ist. ven. di sc. lettere ed arti», s. III, vol. XV, p. II (1870), pp. 1641-46; Lampertico, *Elogio*, cit.; G.A. Pirona, *Della vita di Lodovico Pasini*, «Atti del r. ist. ven. di sc. lettere ed arti», ser. III, vol. XV, p. II (1876), pp. 2073-2100, pubblicato anche in estratto separato (2a ed. G. Antonelli, Venezia 1870); A. Busati, *Elogio funebre di Lodovico Pasini*, Schio 1871; F. Bassani, *Parole a ricordo di Pietro Maraschin e Lodovico Pasini lette a Schio nell'adunanza 30 maggio 1880 della Società Veneto Trentina*, Padova

L'ampiezza degli orizzonti culturali è testimoniata dal catalogo della biblioteca, compilato nel novembre 1846 e poi integrato negli anni posteriori al 1848[98]; da Barettoni, Maraschin(i), Marzari Pencati arrivano puntuali suggerimenti anche per le prime ricognizioni naturalistiche sui colli vicentini. Insieme al fratello Valentino, una delle figure più eminenti del liberalismo veneto, compie nel 1830 un viaggio nell'alta Italia e fa la conoscenza di molti geologi; studia le rocce eruttive, collabora con numerosi saggi agli «Annali delle scienze del regno Lombardo-Veneto», compila una carta geologica del Veneto, mai pubblicata, fonda a Schio un gabinetto di lettura (1828), nel 1837 fa parte della società per la costruzione della ferrovia Milano-Venezia, nel 1839 è tra i primi 17 membri, e poi segretario, del neonato Istituto Veneto di scienze, lettere ed arti. «Scopo supremo degli studi geologici del Pasini», osserva Pirona, «fin dal principio, si fu la raccolta di tutti quei materiali che contribuir potessero alla illustrazione geologica di tutta l'Italia; campo precipuo delle sue investigazioni le Alpi italiane in generale e le venete in particolare»[99]. Ben presto noto, per i numerosi saggi geologici sul vicentino e le Alpi venete[100], in campo nazionale, partecipa attivamente ai congressi degli scienziati italiani, nella precisa convinzione che da essi oltre alla scienza trarrà vantaggio il sentimento nazionale: segretario della sezione di geologia a Pisa e a Torino, vice-presidente a Padova e Genova, è presidente a Firenze, Milano, Napoli, e segretario generale a Venezia. A Firenze propone l'allestimento di un museo centrale degli oggetti naturali, premessa dell'auspicata carta geologica d'Italia, a Pisa presenta la carta, ancora incompleta, del Lombardo-Veneto, poi riproposta, con aggiunte, a Torino.

Nel 1844, al congresso di Lucca, chiamato a collaborare al *Progetto di una carta geologica d'Italia*, ne esalta la funzione patriottica; nel 1847, in occasione del congresso veneziano, malvisto dall'Austria, che teme discussioni e propaganda di ideali unitari e in-

1880; *Glorie scledensi*, cit., pp. 46-48; A. Dal Savio, *Lodovico Pasini, commemorazione tenuta alla scuola libera popolare di Schio l'8 aprile 1803*, Schio 1904; Rumor, *Gli scrittori*, cit., II, pp. 499-503; Fontana, *Geologi*, cit., pp. 25-31; Id., *Alle origini*, cit., pp. 437-38; Id., *Schio nell'età moderna e contemporanea*, in *Schio: vita cultura economia*, A.S.G.E.S., Schio 1981, pp. 71, 75-76.

98) Pasini, *Indice dei libri, opuscoli, carte geografiche e geologiche, stampe, ecc. compilato nel novembre 1846*, in Biblioteca civica di Schio, *Fondo Pasini Salasco*; la biblioteca comprende 4503 libri.

99) Pirona, *Della vita*, cit., p. 7.

100) Vedine l'elenco dettagliato in Rumor, *Gli scrittori*, cit., pp. 500-503; vari manoscritti e lettere autografe sono conservate nella biblioteca Bertoliana di Vicenza.

dipendentistici, promuove l'edizione della prima traduzione dal francese dei viaggi di Marco Polo, un «grande italiano», le cui gesta richiamano i fasti della Repubblica di Venezia e additano ai contemporanei un luminoso esempio di zelo patriottico[101].

Di lui si può ben dire che quando la patria chiama, è il primo all'appello: scoppiata la rivoluzione del 1848 è a Venezia, vice-presidente e poi presidente dell'assemblea legislativa; nel maggio dell'anno successivo Daniele Manin lo manda prima ad Ancona, per stipulare un'alleanza con l'Ungheria, poi a Verona a discutere, inutilmente, col ministro plenipotenziario Bruck le condizioni della capitolazione; ritornato a Venezia, ricopre sino all'ultimo il delicato incarico di commissario all'annona. Ritornati gli Austriaci, è ovviamente destituito da ogni incarico pubblico, radiato dall'albo dell'Istituto veneto e relegato nella natale Schio: iniziano 17 lunghi anni di isolamento, tutti spesi nelle escursioni geologiche, negli studi e nella raccolta di una preziosa collezione di rocce, fossili e minerali. Torna alla ribalta della vita pubblica dopo l'annessione del Veneto all'Italia (1866); senatore dal 5 novembre 1866, vice-presidente del senato il 15 dicembre dello stesso anno, primo presidente del consiglio provinciale di Vicenza, dal 5 gennaio 1868 ministro dei lavori pubblici, cura anche la traslazione da Parigi a Venezia delle ceneri di Daniele Manin; ormai impegnato a tempo pieno nell'attività politica, non pubblica quasi più nulla di geologia, salvo un breve saggio *Sugli studi geologici in Italia alla fine del secolo XVIII*, in cui esalta la scuola geologica veneta del '700, che ha anticipato molti risultati «che sono adesso universalmente ammessi e divennero la base fondamentale della scienza»[102]. Il Pirona dà un giudizio limitativo del valore scientifico dei suoi studi [«in certe teorie geologiche mostrò di professare idee alquanto eccentriche, quali la negata connessione tra la geologia e l'attualità, la pretesa discordanza tra le formazioni secondarie e terziarie, l'antica altezza del livello del mare, il nessun sollevamento recente delle Alpi»] ma poi conclude: «in tutto il corso della sua vita Lodovico Pasini non fu mai infedele ai due nobilissimi oggetti del suo amore, la scienza e la patria»[103].

101) *I viaggi di Marco Polo veneziano tradotti per la prima volta dall'originale francese di Rusticiano di Pisa e corredati d'illustrazioni e di documenti da Vincenzo Lazari, pubblicati per cura di Lodovico Pasini*, Venezia 1847 (ora in ristampa anastatica, a cura di L. Puttin, Signum, Padova 1983).

102) Pasini, *Sugli studi geologici in Italia alla fine del secolo XVIII*, «Atti del r. ist. ven. di sc. lettere ed arti», s. III, XIII (1867-68), pp. 1035-1046: 1037.

103) Pirona, *Della vita*, cit., p. 30.

c) *Studi geologici e lotta per la patria: Francesco Molon, Domenico Dal Lago, Giovanni Meneguzzo*

Lodovico Pasini non è solo a coniugare l'amore della terra e l'amore della patria: altri geologi vicentini sono attivi contemporaneamente nella ricerca scientifica e nelle lotte del Risorgimento.

Francesco Molon (1821-1885), ingegnere e apprezzato geologo, «diede però», scrive Rumor, «gli anni suoi migliori alla patria, per la redenzione della quale, lavorò indefesso, ed espose ripetutamente la vita, sorvegliato in particolar modo dall'Austria»[104]. Combattente nella prima e terza guerra d'indipendenza e presidente della sezione vicentina del Club alpino italiano, scrisse numerosi saggi su fossili, rocce sedimentali e altri argomenti di geologia e paleontologia, nonché alcuni articoli di storia e attualità socio-politica[105]: la società geologica italiana lo ascrisse come socio perpetuo, un onore concesso in quegli anni a Quintino Sella[106].

Nato a Valdagno nel 1842 e ivi morto nel 1930, Domenico Dal Lago, per ben 59 anni apprezzato medico condotto, dedicò il tempo libero dalla professione alle ricognizioni geologiche della valle dell'Agno, studiò per anni, con l'ausilio di buone letture scientifiche e dei consigli di studiosi italiani e stranieri i fossili, le rocce e la stratigrafia dei colli vicentini: apprezzati furono i suoi saggi sui terreni terziari, la geognostica del monte Civillina, le ligniti di Valdagno e Novale, la fauna eocenica dei tufi basaltici di Rivagna e di Grola e le sinetiche *Note geologiche sulla Val d'Agno* (Valdagno 1899)[107]; curò anche le note illustrative alla carta geologica della provincia di Vicenza, redatta per il Club alpino da Arturo Negri (1902). In anni di escursioni raccolse una mirabile collezione di minerali e fossili, donata nel 1928 al comune di Valdagno, ove costituisce l'odierno museo paleontologico a lui intitolato[108]. Le numerose biografie elogiative

104) RUMOR, *Gli scrittori*. cit., pp. 360-362: 360.

105) L'elenco in RUMOR, *Gli scrittori*, cit., pp. 360-62.

106) Nell'opuscolo miscellaneo *Francesco Molon-Ricordi*, Vicenza 1886, sono stampate varie biografie e necrologie, tra le quali quelle di Paolo Lioy, Giacomo Zanella e Alberto Cavalletto, segretario del comitato centrale politico veneto di Torino.

107) L'elenco delle sue pubblicazioni in RUMOR, *Gli scrittori*, cit., II, pp. 360-62.

108) P. MIETTO, *La collezione paleontologica «Dal Lago» e le località fossili di Grola e Rivagna nell'Eocene vicentino*, «Memorie dell'istituto di geologia e mineralogia dell'università di Padova», XXXI (1975), pp. 1-27; *Per una storia geologica della Valle dell'Agno. Guida alla visita del nuovo museo paleontologico «Dott. Domenico Dal Lago»*, a cura di P. MIETTO, Centro culturale «G. Marzotto», Valdagno 1995.

pubblicate in occasione della sua morte menzionano le sue lotte giovanili «contro l'oppressione dell'Austria», ma purtroppo nulla sappiamo delle sue azioni di «patriota fervido»[109].

Giovanni Meneguzzo (1831-1912), pure di Valdagno, famosa guida alpinistica, autodidatta, profondo conoscitore della geologia della valle dell'Agno, collaboratore e guida di illustri geologi del suo tempo, tra cui Theodor Fuchs, al congresso dei naturalisti, tenuto nel 1868 presso l'Accademia Olimpica di Vicenza, presentò una pregevole *Stratigrafia geologica della Provincia di Vicenza*; durante la terza guerra di indipendenza operò come guida allo stato maggiore generale in Piacenza, si arruolò nel battaglione volontario «Vicenza» e «fu animosa guida dei disertori Austriaci e dei giovani che andavano ad arruolarsi nell'esercito nazionale»[110].

d) *Altri geologi vicentini dell'800*

La «scuola geologica vicentina» è feconda per tutto l'800 di studiosi e appassionati che a vario livello contribuiscono ai progressi di una scienza ormai ufficialmente riconosciuta e ammirata dalle istituzioni pubbliche, anche per le evidenti ricadute sullo sviluppo economico del paese (acque minerali, gas, miniere, idrocarburi, carbone).

Nato a Lonigo, dove esercita a lungo la professione medica, Francesco Orazio Scortegagna (1767-1851), è in corrispondenza con illustri scienziati italiani e stranieri e socio di varie accademie scientifiche; pubblica numerosi saggi di paleontologia e geologia sul «Giornale dell'italiana letteratura», l'«Ateneo veneto», gli «Annali delle scienze del regno Lombardo-Veneto» e altre riviste, scientifiche; particolarmente noti e apprezzati i suoi studi sui pesci e coccodrilli fossili rinvenuti a Lonigo e in altre località del vicentino e del veronese e sui nummoliti; il 31 maggio 1839 dona la sua splendida collezione di fossili e altre cose naturali alla città di Vicenza che, in

109) «Vedetta fascista», 16, 18 febbraio 1930 (Luigi Meschinelli); «Il gazzettino», 16, 18 febbraio 1930; «L'avvenire d'Italia», 20 febbraio 1930.

110) T. Fuchs, *Giovanni Meneguzzo's und Tibaldi's Sammlungenhaus der vicentinischen Eocaenbildungen*, «Verhandlungen der K.K. geologischer Reichanstalt», 1860, Wien, p. 80; P. Lioy, *Giovanni Meneguzzo*, «Giornale di Vicenza», 26 marzo 1868; R. Calderini, *Giovanni Meneguzzo e Pasquale Sesino*, Varallo 1869; *Cenni biografici su Giovanni Meneguzzo guida geologica*, Valdagno 1906; P. Marchetto, *Giovanni Meneguzzo*, «Il Chiampo», 1963, n. 3; *Giovanni Meneguzzo illustre geologo*, «Il nostro campanile», X (1967), 3° quadrimestre, p. 7; *La famiglia di Meneguzzo. Premiata guida geologica*, *ibidem*, XVIII (1974), n. 5; D. Savi, *Giovanni Meneguzzo. Un uomo da ricordare*, *ibidem*, XXXVIII (1994), n. 6, p. 3.

riconoscenza, lo designò direttore del museo civico di storia naturale[111].

Altro collezionista appassionato è Francesco Secondo Beggiato (1806-1883), assistente di botanica all'università di Padova, che pure dona al museo di Vicenza il ricco erbario, in cui oltre a piante dei colli vicentini si affiancano altre raccolte all'estero[112].

Commerciante, agricoltore, consigliere provinciale (1866-89), deputato (1873-74) e senatore (1889), il bassanese Andrea Secco (1835-89) «in mezzo alla pace dei campi, girando per i monti che racchiudono il Canale di Brenta, cominciò a divenire geologo» (Rumor): membro della società geologica italiana, pubblica una *Guida geologico-alpina di Bassano e dintorni con uno schizzo di carta geologica ed uno spaccato* (Roberti, Bassano 1880), *Note geologiche sul bassanese* (Pozzato, Bassano 1883) e *Sulla geologia a Bassano* (Pozzato, Bassano 1883)[113].

Luigi Meschinelli (1865-morto dopo il 1906), laureato in scienze naturali e per due anni assistente alla cattedra di geologia e paleontologia dell'università di Napoli, collabora al comizio agrario vicentino, di cui l'8 dicembre 1904 è anche eletto presidente: particolarmente incisivi i suoi contributi allo sviluppo della pesca e piscicoltura. Socio della società geologica italiana collabora con numerosi saggi a importanti riviste scientifiche, tra cui la «Rivista di mineralogia e cristallografia italiana», il «Bullettino di paletnologia italiana», gli «Atti del regio istituto veneto», gli «Atti della società veneto-trentina di scienze naturali»: le sue ricerche toccano in particolare la paletnologia vicentina e la micologia fossile[114].

Francesco Bassani (1853-1916), di Thiene, si specializza con Gaudry a Parigi, Zittel a Monaco, Neumayr e Suess a Vienna; libero docente e poi ordinario di geologia all'università di Napoli, studia i pesci fossili del Carso, dell'isola di Lesina, di Chiavon (Vicenza), Giffoni (Salerno) e della Sardegna e i fossili degli scisti bituminosi triassici di Besano[115].

Singolare figura di geologo è lo scledense Olinto De Pretto (1857-1921); laureato in agraria, dirigente industriale, tra il 1878 e il 1921 compie numerosi viaggi ed escursioni in montagna, annotando

111) «Gazzetta di Venezia», 6 gennaio 1852; Rumor, *Gli scrittori*, cit., III, pp. 98-100.

112) Rumor, *Gli scrittori*, cit., I, pp. 98-101.

113) O. Brentari, *Commemorazione del cav. G.B. Andrea Secco Senatore del regno, letta li 26 gennaio 1890 all'Ateneo di Venezia*, Bassano 1890.

114) Rumor, *Gli scrittori*, cit., II, pp.335-338.

115) Accordi, *Storia*, cit., p. 95.

in un diario impressioni ed osservazioni scientifiche. Membro della società geologica italiana nutre per la geologia un duplice interesse, teorico-speculativo e tecnico-pratico: ne utilizza infatti le acquisizioni per lo sfruttamento di cave e miniere, per conto di società cementiere, della società Marmi Vicentini e del barone Rossi[116]. Scrive tre monografie sull'orogenesi e la glaciazione, un saggio introduttivo alla *Guida storico-alpina di Valdagno Schio Arsiero*, uno studio sulle due faglie di Schio e altri lavori minori[117]; si cimenta anche con impegnativi temi di cosmologia ma le sue teorie sulla funzione dell'etere nell'origine e vita della terra e dell'universo, espresse in due ambiziose monografie del 1904 e 1921, sono quasi subito demolite dalle contemporanee ricerche scientifiche[118].

E infine un cenno a Ramiro Fabiani (1879-1954), di Barbarano, allievo di Giorgio Dal Piaz a Padova e poi docente di geologia a Palermo (1925-1946) e a Roma; pubblica numerosi studi sulla geologia del vicentino, il terziario del Trentino, il paleogene veneto, gli odontoceti siciliani e un noto *Trattato di geologia* (Roma 1952)[119].

116) Su Olinto De Pretto esiste un'ampia biografia, tutt'ora inedita, di Ignazio Marchioro: *Olinto De Pretto studioso e geologo scledense*. Una copia, proposta per la pubblicazione, è attualmente depositata presso la presidenza dell'Accademia Olimpica di Vicenza.

117) O. De Pretto, *Influenza dei sollevamenti e della degradazione delle montagne sullo sviluppo dei ghiacciai*, Ulrico Hoepli, Milano 1888; Id., *La degradazione delle montagne e la sua influenza sui ghiacciai*, «Bollettino della società geologica italiana», XI (1895), fasc. 2, pp. 233-258; Id., *L'epoca glaciale e la teoria orografica*, «Bollettino del C.A.I.», XXXI (1898), n. 64; Id., *Le due faglie di Schio. Studi di geologia dei monti di Schio*, «Bollettino della società geologica italiana», XXXIX (1920), pp. 255-312.

118) De Pretto, *Ipotesi sull'etere nella vita dell'Universo*, C. Ferrari, Venezia 1904; Id., *Lo spirito dell'Universo*, Bocca, Torino 1921.

119) Accordi, *Storia*, cit., p. 98.

Gino Tomasi

LE COLLEZIONI GEOLOGICHE NEL TRENTINO

Considerazioni generali

Prima di affrontare una sintetica indagine conoscitiva, che intenda essere qualcosa di più che un mero inventario, sull'entità e significato delle testimonianze collezioniste geologiche di una regione, è opportuno premettere qualche considerazione generale.

Ha scarso senso, ai fini di una indagine storica, procedere ad una disamina dei corpi collezionistici esistenti senza tenere conto della stretta connessione tra la loro motivazione di raccolta e la personalità e gli intendimenti del responsabile o dell'indirizzo scientifico dell'Ente ospitante.

Le seriazioni infatti di oggetti legati da una finalità di raccolta organizzata che costituiscono una collezione, sono dovute a vari e a volte indipendenti tipi di iniziativa.

La più frequente nel campo delle scienze della terra consiste nella campionatura correlata ad un ben determinato tipo di ricerca, della quale assume il ruolo di testimonianza. È evidente che il tipo di ricerca ne detta la fisionomia, il legame geografico, la pluralità oggettuale, il tipo di pezzatura, la scelta dei significati.

Ben altra veste assume la collezione di tipo sistematico, massimamente espressiva nel secolo scorso, epoca delle grandi costruzioni tassonomiche. Il suo intendimento più imperioso è quello di rappresentare tutte le specie e le forme presenti in una regione ed inoltre descrivere quelle nuove per la conoscenza.

Ai nostri occhi assume poi un aspetto di devianza la consuetudine, che era propria di gran parte dei raccoglitori del passato anche recente, di ricercare e preferenziare il pezzo presentante qualche eccezionalità: dimensioni (soprattutto in mineralogia), prestigio estetico (soprattutto in paleontologia), rarità, atipicità ecc. Solo in tempi recenti la museologia ha decisamente abdicato a questa tendenza, ritenendo che le caratteristiche di normale presentazione di un campione siano da assumersi quali prioritarie nelle sue connotazioni descrittive, segnatamente se presentate nelle ostensioni.

Non va dimenticato che le collezioni dei vecchi musei naturalistici, soprattutto quelle esposte al pubblico, erano in misura preponderante ancora soggette a scelte privilegianti le doti dell'oggetto piuttosto che il suo significato interpretativo. È conquista museografica piuttosto recente, e non ancora totalmente acquisita, quella di considerare l'oggetto come testimonianza e supporto concettuale, non sempre indispensabile, di un suo significato che ne giustifichi la presenza.

In ambito trentino è chiaro esempio di tale mentalità la serie di sollecitazioni dovute a G.B. Trener, Direttore del Museo di Trento, il quale promosse nei primi decenni del secolo una pubblica sollecitazione a donare al Museo campioni mineralogici, paleontologici, geologici. L'appello, accompagnato da dettagliate indicazioni sui modi della raccolta, era indirizzato ad ingegneri, farmacisti, medici e maestri del Trentino, nonché a tutte le persone che abbiano una certa attitudine all'osservazione geologica. In questo caso il miraggio del pezzo soverchiava ogni altra attenzione di cui esso poteva divenire espressione.

L'insorgenza di interesse per i significati che le vecchie collezioni naturalistiche possono rappresentare per la storia delle conoscenze, è del tutto recente. Al tempo della formazione esse non costituivano, nella massima parte dei casi, motivo di particolare considerazione, se non come compiacimento e talvolta magnificazione di possesso. Per tale motivo il tentativo di rintracciare notizie sulle stesse si avvale più di dirette ispezioni e consultazioni dei vecchi cataloghi (quando esistono), piuttosto che della possibilità di attingere dalla letteratura sull'argomento, di regola assai scarsa.

Ogni corpo collezionistico, in quanto creato da moti commisti di studio e passione, risente di una sua propria originalità di impostazione che è del tutto paragonabile ad una creazione di libero pensiero.

Non sempre però la matrice riconoscibile coincide con un solo fautore. Spesso le collezioni dei musei provengono da lasciti generici, doni, ecc., che, se lasciati senza legame coordinativo, perdono ogni valore. Da qui la opportunità che si è sempre posta di intervenire con l'opera di un riordinatore, che a volte è costretto, in nome dell'uniformità, a smorzare i crismi di originalità dei materiali.

In un museo che continuamente cura sia la conservazione dei pezzi collezionistici sia la loro più aggiornata presentazione, inevitabilmente vengono cancellate quelle tracce del grado e tipo di culturalità loro attribuite dai curatori, che si potrebbero chiamare le «impronte» del tempo e dell'ambiente che le accoglie. Per tale ragione nelle collezioni p.e. del Museo di Trento si è persa pressoché qualsiasi traccia storica della veste (supporto, cartellino, contenitore ecc.) con cui l'oggetto veniva esposto o immagazzinato. La ricerca perciò di questo tipo di sapore del tempo è paradossalmente meno delusa nei depositi museari negletti piuttosto che nelle collezioni soggette ad attente revisioni anche della loro veste esteriore.

Altra annotazione sui segni del passare del tempo, del tutto differente dalla precedente, è che anche le collezioni geologiche, che si possono ritenere più difese dalle ingiurie del tempo, subiscono quelli inconvenienti di multiforme invecchiamento che costituiscono per le collezioni biologiche un problema scientifico e patrimoniale spesso di preoccupante entità.

È anzitutto avvertibile che la possibilità di ritenere certi ed originali i dati corredanti gli oggetti è fortemente attenuata dai segni che inevitabilmente sono stati lasciati da incuria, accidentalità, collocamenti climaticamente inopportuni, traslochi, affidamento a persone incompetenti, mescolanze ecc.

A tale dubitosità si aggiunge purtroppo il depauperamento che quasi di regola si verifica nelle collezioni, causato non tanto da illecite asportazioni, quanto da alleggerimento dei doppioni, eliminazione dei campioni privi delle indispensabili informazioni di provenienza, perdite per prestiti ecc.

Una ulteriore turbativa alla possibilità di considerare le collezioni nella loro interezza originaria, è costituito, per quanto attiene alla museologia, dal frequente prelevamento dalla raccolta principale di pezzi destinati all'esposizione vetrinistica al pubblico. Nella sede ostensiva infatti molte volte i campioni subiscono accoglimenti che ne modificano l'assetto o ne alterano i dati accompagnatori.

Analogo sconcerto nella ricerca di una storia dei materiali aggregati in collezioni è talvolta causato dalla fusione e unificazione dei corpi collezionistici minori e che, in epoche di minore attenzione a questi aspetti, erano ritenuti di scarso significato.

Per quanto riguarda le collezioni paleontologiche, va ricordato che il prelevamento e la detenzione dei campioni sottostà alle limitazioni della legge statale del 1939 e, per il Trentino, alla L.P. del 1938, riguardante anche i minerali.

C'è chi aderisce al sospetto che i disposti giuridici riguardanti i fossili siano dovuti ad un malaugurato errore del legislatore, che ha scambiato il termine di paleontologia con quello di paleontologia, più consono alla natura del disposto giuridico, vòlto al controllo e protezione dei beni di tipo umanistico.

A parte questa supposizione, sembra che il buon senso abbia prevalso nell'applicazione di questa disciplina, e non si sia avuto sentore di alcun fatto o provvedimento che si sia tradotto in mortificazione o inibizione nell'attività di raccolta e conservazione collezionistica.

Per quanto riguarda la passata presentazione dei complessi collezionistici, va ricordato, come ben sanno i museologi, che le pezzature dei campioni formanti le collezioni paleontologiche sono condizionate dalle dimensioni proprie del singolo fossile e dalla sistematica biologica che ne detta la distribuzione. Quelle mineralogiche tendono a privilegiare i pezzi più vistosi e dimostrativi, e quelle petrografiche, per loro natura non soggette a precise pezzature, risentono solamente dei condizionamenti degli spazi disponibili, quando non siano presentate in campioni levigati o grezzi, dimensionati entro misure ripetitive. È infatti talvolta ravvisabile, nelle collezioni ottocentesche, una tendenza a miniaturizzare ed uniformare i campioni, quando ciò non contrasti con il rispetto della prestigiosità dell'oggetto.

Va tenuto presente che molte collezioni dovute a studiosi locali sono state destinate, o per legato testamentario o per volontà degli eredi, o su richiesta di interessati, ad Istituti extraregionali, italiani o stranieri.

È significativo, scegliendo uno tra i non pochi esempi, il caso della collezione mineralogica dell'Ing. Leopoldo Liebner (Cavalese 1800 - Innsbruck 1869), capo della Direzione provinciale ai Lavori Pubblici del Tirolo e Voralberg, autore de «I minerali del Tirolo» del 1852, e a cui si deve la scoperta di alcuni nuovi minerali. Essa, ricchissima e prestigiosa, è trasmigrata dai luoghi di raccolta e costituisce ora uno dei principali ornamenti del Gabinetto Universitario dell'Hartwort College di Cambridge nel Massachusetts.

Rassegna delle principali collezioni

1. *Collezione petrografica e paleontologica del Museo tridentino di scienze naturali - Trento*

Un riordino generale dei materiali preesistenti è stato effettuato nel 1920 sotto la direzione di G.B. Trener. Il relativo catalogo, iniziato nello stesso anno, ma con aggiornamenti posteriori. è ricco di 10.027 voci, comprendenti campioni petrografici e paleontologici in gran parte trentini, elencati in forma mista. Il criterio tassonomico non è omogeneo e risente degli interventi di riordino e classificazione di vari operatori. I numerosi tipi e cotipi paleontologici non sono riportati in apposito elenco.

La massima parte della collezione petrografica, circa 4/5, è stato raccolto e donato al Museo dal Trener, che dà questo giudizio sulle giacenze precedenti: «... la collezione... era nello stato caotico degli anni scorsi, quando i singoli pezzi, buttati alla rinfusa in casse, non avevano quasi maggior valore d'un mucchio di ghiaia sulla strada» (in nota manoscritta).

L'abbandono a cui si allude è certamente dovuto all'incuria delle vecchie collezioni ed alla negligenza per i pezzi che, come ci informano le cronache, continuavano ad affluire attraverso le donazioni dei cittadini.

Il catalogo comprende anche i materiali provenienti da altre collezioni accorpate, talune anteriori al 1920. altre, molto più definibili, posteriori ed anche recenti. Gran parte dei dati informativi di questi corpi collezionistici sono rispettati, in minima parte obliterati.

Le collezioni accorpate sono:

a) *Collezione De Taxis-Scutelli*

La sua consistenza risulta da più vecchio catalogo conservato come prezioso cimelio nell'archivio del Museo di Trento. Non porta data, ma l'anno di nascita e le successive cronache di attività del suo curatore, Barone Vincenzo Ferdinando De Taxis di Bordogna e Valnigra, nato a Trento nel 1756, ci autorizza a collocare questo documento a cavallo tra il secolo 18mo e 19mo.

Don Scutelli, prete che insegnò per lunghi anni nelle scuole cittadine e che collaborò con il Museo che allora stava nascendo, è stato lo stesore dei due fascicoli che formano il catalogo.

Questo iniziale corpo collezionistico, che era visibile al pubblico ed accolto in un non definito «Istituto», induce ad indicare l'ultimo decennio del 1700 come data approssimativa della Sezione naturalistica del Museo di Trento. Si ha notizia che la raccolta era distribuita in 12 vetrine e constava complessivamente di 4096 pezzi, tra cui 1248 campioni mineralogici. Attualmente essa non è purtroppo più individuabile, dato l'avvenuto suo assorbimento con quella generale del Museo.

Si può ricordare che Agostino Perini, nella sua «Statistica del Trentino», stampata nel 1852, la definisce «bella e grandiosa raccolta».

b) *Collezione Ambrosi*

Così chiamata dal nome del curatore-raccoglitore Francesco Ambrosi (Borgo Valsugana 1821 - Trento 1897) che fu Direttore della Biblioteca e del Museo comunali dal 1864 fin quasi alla morte.

Il suo corposo catalogo generale riguarda tutti i settori naturalistici del Museo, che all'epoca dell'inizio della sua compilazione, circa il 1880, si chiamava «Museo Civico della Città di Trento» ed era ospitato dapprima nel Palazzo a Prato (in prossimità alla sede attuale) e poi nella sede municipale di Via Belenzani.

I campioni descritti per i settori geologici e mineralogici sono 1033, così quantificati: 159 minerali trentini, 321 minerali extralocali, 294 rocce della Valsugana (raccolte dall'Ambrosi), 100 gasteropodi fossili del Bacino di Vienna, 110 fossili vari, in gran parte trentini, 12 fossili di vertebrati prevalentemente trentini, 37 pesci fossili del Monte Bolca.

c) *Collezione petrografica Sourdeau*

1655 campioni raccolti dal 1895 al 1918 ed acquistati dal Museo nel 1922. (V. 2.a - Collez. mineralogica)

d) *Collezione G.B. Bernard*

Numericamente modesta ma molto curata raccolta di fossili di S. Cassiano.

e) *Collezione dottor Riccabona*

Rappresentanza significativa dei tipi litologici dei dintorni di Predazzo in Val di Fassa.

f) *Collezione Don Morlang*

Piccola raccolta di minerali e fossili del Trias e Cretaceo ladino dovuta al curato di S. Cassiano, Don Morlang.

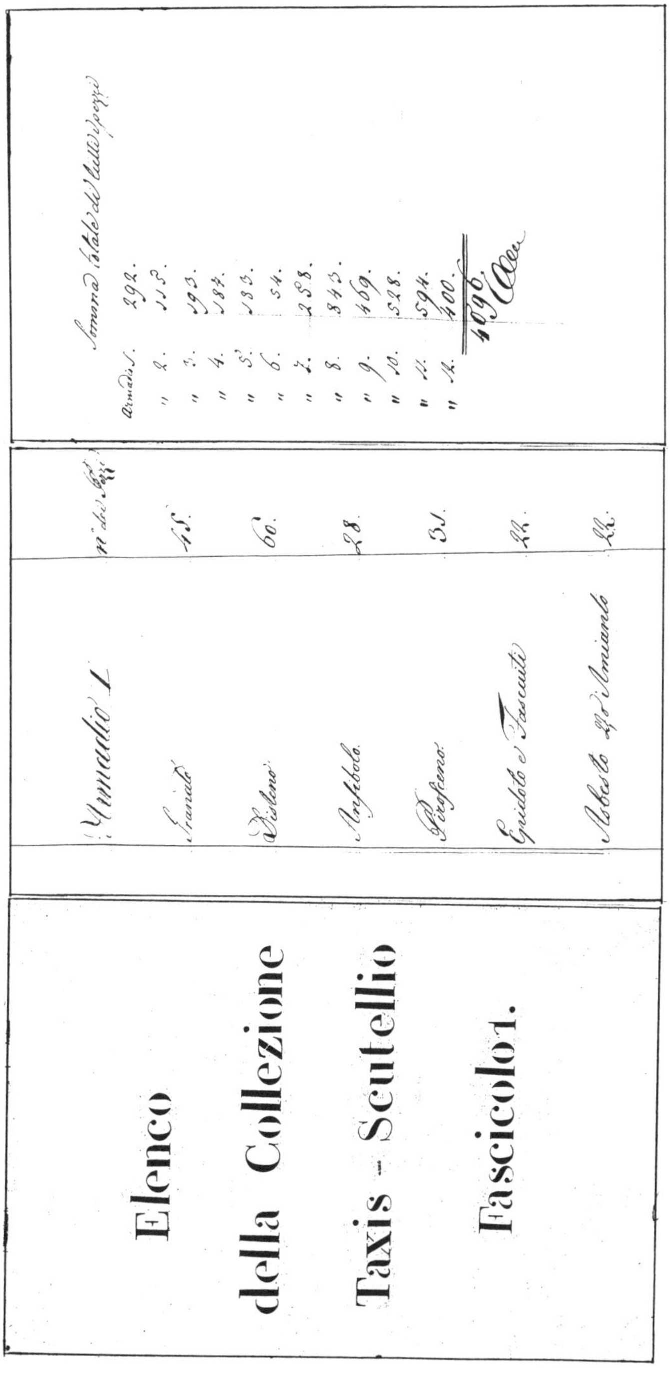
Elenco
della Collezione
Taxis - Scutellio
Fascicolo 1.

Il frontespizio del primo fascicolo, una pagina-saggio e i totali quantificativi finali del Catalogo della Collezione geologica De Taxis-Scutelli, databile fine 1700 - inizi 1800.

g) *Collezione Valentino Morandini*

Consiste in una modesta raccolta di rocce eruttive e faune triassiche.

h) *Collezione di mammiferi fossili*

Oggetto di studio da parte del Richard nel 1936.

i) *Collezione Vittorio Vialli*

Riguarda la fauna fossile del Priaboniano di Sardagna (Trento).

l) *Collezione Renato Loss*

Non molti esemplari di fauna fossile del Luteziano di Cimone (Trento).

m) *Collezione Pina Videsott*

Pina Videsott (Trento 1902-1972) fu conservatore per la Geologia del Museo di Trento, al quale donò la sua collezione paleontologica, in gran parte frutto dei suoi studi sul Permo Trias della Val Badia.

n) *Collezione Mazzucchi*

Leo Mazzucchi (Rovereto 1905 - Trento 1983) lasciò per disposizione testamentaria al Museo la sua collezione di fossili, 1055 pezzi, raccolta personalmente e sottoposta ad estrema cura di preparazione. Predominano i fossili della fauna giurassica di Castion (M. Giovo).

2. *Collezioni mineralogiche del museo tridentino di scienze naturali*

Consistono in complessivi c. 3300 campioni, di cui 2786 riordinati, schedati ed informatizzati. Oltre al materiale di corrente accessione, che costituisce la parte più cospicua, sono accorpati i campioni mineralogici di collezioni miste, già accennate per la petrografia e paleontologia, ed inoltre le collezioni unicamente mineralogiche preesistenti che qui di seguito si elencano.

a) *Collezione mineralogica Sourdeau*

Il Barone Augusto Sourdeau (Levico 1866-1926), per molti anni conservatore della Sezione di Mineralogia del Museo di Storia Naturale di Trento, fu mineralogista di vaste cognizioni, versatissimo in chimica mineralogica, oltre che instancabile raccoglitore. Le sue collezioni, che vennero ufficialmente cedute, in realtà semidonate al Museo nel 1923, e che alla sua morte occupavano più di 50 vetrine espositive perfettamente ordinate, sono composte da 2569 campioni mineralogici di varie località alpine ed europee.

b) *Collezione pezzature mineralogiche Sourdeau*

Consiste in una curiosa collezione di 2168 campioni mineralogici levigati e squadrati in parallelopipedi di faccia espositiva cm 3,5×4,5.

c) *Collezione mineralogica Enrico Innocenti*

Si tratta di 184 campioni del Gruppo dei Monzoni (Val di Fassa), raccolti in data imprecisabile, ceduti al Museo nel 1935.

d) *Collezione mineralogica anonima*

Non porta date ed è formata da 379 campioni di varie località: Verona, Desenzano, Val di Fassa, America ecc.

e) *Collezione mineralogica anonima*

Modesta raccolta di 262 campioni, senza informazioni di data, di varie località: circa la metà del Trentino ed altrettanti della Toscana.

f) *Collezione di minerali delle miniere del Trentino*

Il relativo catalogo compilato circa nel 1930, con pochi aggiornamenti successivi, conta 674 campioni provenienti dalle principali miniere locali.

3. *Collezione mineralogica Holzhauser del Museo diocesano di scienze naturali «G. Bresadola» di Trento*

Don Matteo Holzhauser (Borgo Valsugana 1880-1940), Conservatore onorario per la Mineralogia al Museo Civico di Storia Naturale di Trento, volle che la sua collezione fosse conservata presso il Seminario di Trento. Recentemente essa contribuì ad incrementare le dotazioni naturalistiche espositive del Museo di Scienze Naturali, presso il Seminario Maggiore. Consiste in c. 1300 campioni di piccola pezzatura, accolti in scatolette di cm 3×4, ottimamente conservati.

Lo stesso Museo conserva inoltre una modesta quantità di materiali paleontologici ritenuti di Don Luigi Baroldi (Trener G.B.-1953), probabilmente doppioni di quelli custoditi presso il Museo di Riva, qui collocati a fini didattici.

4. *Collezioni paleontologiche e mineralogiche del Museo civico di storia naturale di Rovereto*

Cure continuative nel tempo hanno avuto le collezioni geologiche del Museo di Rovereto, che meritano per la loro ricchezza e fedeltà nella classificazione, il prestigio da sempre ad esse attribuito. Di esse scrive il geologo G.B. Trener nel primo decennio del secolo: «... basta la sola esposizione di fossili dovuta allo zelo indefesso del Sign. Antonio Piscel e del Prof. G. De Cobelli per dare lustro e decoro a tutto il Museo».

Esse nel loro complesso contano più di 8000 pezzi, distribuiti nei corpi collezionistici di seguito elencato.

a) *Collezione palentologica*

Ricca di 3650 pezzi, il cui nucleo principale, al di là di sporadici doni, è costituito dalle collezioni di Antonio Pischel (Rovereto 1819-1880), appassionato naturalista e di Giovanni De Cobelli (Rovereto 1849-1937), studioso eclettico e di vasta cultura, che fu Direttore del

Museo di Rovereto per ben 58 anni, dal 1879 al 1937. Recentemente essa è stata incrementata dalla collezione di Danilo Confortini.

Una preziosa sottosezione è costituita dalla collezione di Briozoi di Antolini, Braga e Finotti, che comprende materiali riferibili a 120 specie.

L'inventario dei tipi comprende 13 olotipi, 9 paratipi e 21 topotipi.

b) *Collezione mineralogica*

Conta 3000 campioni di minerali e 198 pietre da taglio.

c) *Collezione mineralogica e petrografica*

Iniziata ancora nel 1855, recentemente revisionata soprattutto in riguardo alla classificazione. Consiste in 1300 campioni distribuiti su circa 240 specie.

d) *Collezione petrografica*

Conta complessivamente poco più di 500 campioni. Ad essa si aggiunge una raccolta di c. 70 prodotti minerari del Trentino-Alto Adige.

5. *Collezioni mineralogiche petrografiche paleontologiche del Museo civico di geologia e paleontologia di Predazzo*

Il Museo di Predazzo, fondato nel 1899 dalla Società Magistrale di Fiemme e Fassa, inizialmente con intenti didattici, si evolvette nel tempo senza soste, favorito anche, soprattutto nel secolo scorso, dal transito e soggiorno di molti illustri geologi italiani e stranieri, qui attirati dai grandi interessi scientifici della zona. L'appoggio dei geologi dell'Università di Ferrara ne ha garantito in tempi recenti l'aggiornamento scientifico e ne ha patrocinato per un certo tempo l'attività.

Il patrimonio consiste in c. 700 fossili del Trias medio provenienti dalla piattaforma carbonatica delle Dolomiti occidentali. È considerabile una delle più ricche collezioni di tale complesso. Comprende pure una collezione di pesci ed orme di Tetrapodi del Permiano superiore del Butterloch, preziosa soprattutto per la bellezza e leggibilità degli esemplari.

Si aggiungono c. 350 campioni di minerali locali ed altri 350 pezzi litologici.

6. *Collezioni mineralogiche petrografiche paleontologiche del Museo civico di Riva del Garda*

Il nucleo storico delle collezioni è costituito dalla raccolta ottocentesca della mineralogista sig.ra Viebig, acquistata dalla Città di Riva nel 1901. Il merito dell'operazione va ascritto a Don Luigi Baroldi, che all'epoca era curato di Pranzo, paese dei dintorni, e che era attivo studioso delle discipline geologiche.

Si tratta di quel Don Baroldi noto quale accanito oppositore al darwinismo, che nel Trentino, forse per l'influenza del conterraneo Giovanni Canestrini, divenne motivo negli anni a cavallo tra il 1800 e il 1900 di aspri conflitti anche a livello popolare. Le sue «Lettere», scritte agli inizi del secolo, scatenarono negli avversari polemiche talmente accese che portarono un allievo di Canestrini, Costantino Socin (Rovereto 1837-1916) a pubblicare ben cinque volumi apologetici delle teorie evoluzionistiche, di complessive 1770 pag., dal titolo *Il darwinismo nel Trentino e le Lettere di Don Baroldi*, Rovereto, 1906-1910.

I materiali raccolti dal Baroldi, in particolare fossili del Trias e del Giurese, si aggiunsero a quelli della Viebig e costituirono così la collezione cosiddetta «Viebig-Baroldi».

Essa subì un grave depauperamento a causa dei fatti bellici della prima guerra mondiale, trovandosi Riva sulla linea del fronte. Anni più tardi, per maggiori garanzie di sicurezza, fu ospitata presso il Museo di Storia Naturale di Trento, che la custodì dal 1931 al 1949, anno nel quale fu degnamente riaccolta nella città di provenienza.

Recentemente tutto il corpo collezionistico, ricco di 1180 pezzi, fu sottoposto ad un radicale riordino e revisione tassonomica.

Conclusioni

a) Il Trentino, al pari delle regioni finitime, è sempre stato oggetto, fin dal nascere delle moderne discipline geologiche, di intense ricerche di campagna da parte di studiosi e scuole di studiosi italiani e stranieri. A vistosa dimostrazione di ciò, basti considerare il 18mo Volume della Bibliografia Geologica d'Italia del C.N.R.: *Trentino-Alto Adige*, Trento 1983, ricco di 8500 voci.

Con certo stupore bisogna perciò pigliare atto della sproporzione tra questa mole di ricerche e la relativa limitatezza delle giacenze di materialità oggettuale che accompagnano questo genere di studi.

b) Nonostante ciò, nei Musei, considerati come sedi elettive delle collezioni geologiche s.l., si conservano ottimi corpi collezionistici dovuti all'iniziativa degli Enti stessi, attraverso i conservatori interni od onorari, o di singoli cultori.

Il loro stato di conservazione è in genere buono e la loro classificazione non presenta carenze irrimediabili.

Rincresce però constatare che, da come attualmente si presentano le collezioni, in ben pochi casi la loro struttura formale e la scelta oggettuale permettano di ricavarne sicuri e chiari collegamenti interpretativi sul periodo storico in cui sono nate e soprattutto sulla fisionomia scientifica dei loro fautori.

c) Per quanto riguarda le collezioni annesse agli Istituti scolastici, amatoriali o private, non ne è stata individuata alcuna dotata dei requisiti sufficienti per essere considerata fonte informativa del periodo storico, l'ottocento, che qui si intende celebrare.

d) Le più consistenti collezioni geologiche del Trentino, in numero di circa 28 corpi per complessivi 35.000 pezzi (valutazione d'ordine di grandezza) sono depositate nei Musei di Trento, Rovereto, Predazzo e Riva del Garda. Una rilevante proporzione di campioni scientifici sono ascrivibili ad un periodo anteriore agli inizi del secolo.

In base all'esame della loro entità, presentazione e corredo informativo non è sempre possibile ricavare informazioni atte a fornire elementi per la storia delle conoscenze in questo settore.

Tuttavia una loro revisione finalizzata a interpretazioni di significato storico va indicata come fattibile, utile ed opportuna, soprattutto se correlata con maggiori conoscenze biografiche dei loro fautori, ai quali, in termini di valore e produzione scientifica, possono essere attribuiti meriti finora disattesi.

Ringraziamenti

Per l'indispensabile aiuto datomi ringrazio i Direttori: Dott. Michele Lanzinger - Museo Tridentino di Scienze Naturali, Trento; Prof. Don Luigi Boninsegna - Museo Diocesano di Scienze Naturali «G. Bresadola», Trento; Dott. Franco Finotti - Museo Civico di Storia Naturale, Rovereto; Dott. Elio Dellantonio - Museo Civico di Geologia e Etnografia, Predazzo; Dott. Marina Botteri Ottaviani - Museo Civico di Riva sul Garda.

BIBLIOGRAFIA

ACCADEMIA ROVERETANA DEGLI AGIATI, Memorie dell'I.R. Accademia di Scienze, Lettere ed Arti degli Agiati in Rovereto. *Catalogo degli Accademici*, Rovereto 1903, pag. 926-XXX; e: *Aggiunte e correzioni*, id., 1905, pag. 104.

P. ANTOLINI, *Guida-catalogo dei minerali e rocce*, Museo Civ. di Rovereto, 1977, 78ma Pubblic., pag. 78.

L. BONOMI, *Naturalisti, medici e tecnici trentini*, Scotoni, Trento 1930, pag. 240.

C. CONCI, L. TAMANINI, *Guida del Museo Civico di Rovereto*, Rovereto, 77ma Pubbl., 1976, pag. 88.

A. PERINI, *Statistica del Trentino*, 2 vol., Tip. Perini, Trento 1852.

G.B. TRENER, *Relazione alla Commissione della Biblioteca e Museo Civico di Trento sulle collezioni geologiche*. Manoscritto, 1900-14, pag. 15.

G.B. TRENER, *Guida del Museo di Storia Naturale della Venezia Tridentina*, Scotoni e Vitti, Trento 1930, pag. 76.

G.B. TRENER, *Don Luigi Baroldi*, «Bollettino della Soc. di Scienze Naturali del Trentino-Alto Adige», *4* (1) (1953), pp. 5-6.

Lorenzo Sorbini

LE COLLEZIONI NATURALISTICHE VERONESI NELL'800

Premessa

Verona ha una lunga tradizione di collezionismo e di ricerche, nel campo delle Scienze Naturali, che inizia nel XVI secolo e, senza interruzione, continua tuttora.

L'eminente figura di Girolamo Fracastoro può essere considerata come punto di partenza di questa tradizione, Egli infatti fu il primo a pubblicare, nel 1517, una corretta interpretazione dei fossili.

Il Fracastoro aveva osservato sulla Collina di Verona, mentre venivano scavate le fondazioni di un forte veneziano, resti «pietrificati» di vari organismi, ed interpretò questi fossili, come scheletri di animali marini vissuti negli stessi luoghi ove venivano ritrovati. Osservò inoltre che le montagne erano state formate dal mare «ammassando ed accozzando insieme molta arena con l'onde sue, e che dove ora sono i monti, fosse già stato il mare, il quale partendosi poco a poco, erano restati in secca».

Il Fracastoro confutava così anche l'ipotesi che chiamava in causa il Diluvio Universale per spiegare la presenza di fossili all'interno delle rocce.

Pochi decenni dopo inizia la sua attività di naturalista Francesco Calceolari, farmacista e botanico, che nella seconda metà del secolo allestisce un Museo che oggi è considerato il più antico Museo naturalistico del Mondo.

Gli oggetti conservati: animali, piante, minerali, rocce, fossili, materiale archeologico, erano disposti in appositi mobili, adatti sia all'esposizione che alla conservazione, e confluirono nel XVII secolo nel Museo del Conte Lodovico Moscardo.

In questo Museo, illustrato dal Moscardo stesso in un opera pubblicata nel 1656, erano presenti anche punte di freccia in selce, considerate «pietre da fulmine», mani mummificate provenienti dalle necropoli di Tebe e Luxor ed i famosi basilischi.

Questi oggetti, creati da abili artigiani, alcuni operanti anche a Venezia, trovavano la loro origine nella mitologia medioevale ed erano costruiti manipolando una razza (*Raja clavata*), comune anche in Adriatico.

Il XVIII secolo, così ricco di progressi nel campo delle scienze naturali e che vide operare personalità come Linneo e Lamarck, fu anche per Verona ricco di iniziative.

Scipione Maffei, Francesco Seguier, Giovanni Arduino furono personaggi di spicco, attorno ai quali operarono altri naturalisti interessati principalmente alla paleontologia, alla Geologia ed alla Botanica.

I Musei e le collezioni private si moltiplicarono. Oltre ai tre personaggi qui sopra citati anche: il Conte Sebastiano Rotari, il Conte Ignazio Ronconi, il Marchese Giacopo Donisi, il Conte Andrea Gazola, Giulio Moreni, il Marchese Ottavio di Canossa, il farmacista Vincenzo Bozza, il Conte Alessandro Buri possedevano collezioni di oggetti naturali. In queste collezioni erano rappresentati principalmente fossili di Bolca e la flora veronese. Alcune delle raccolte di fossili, tra cui quella assai importante di Vincenzo Bozza, confluirono verso la fine del '700 nel Museo del Conte Giovambattista Gazola, nipote del già citato Andrea.

L'atto di acquisto del Museo Bozziano, tra il proprietario ed i fratelli Giovambattista, Luigi e Giuseppe Gazola, venne stipulato il 6 giugno 1791; il documento originale è ora conservato presso il Museo Civico di Storia Naturale di Verona.

Il Museo di Vincenzo Bozza conteneva, oltre alla celebre collezione di ittioliti, anche ricche collezioni di minerali, di conchiglie attuali e fossili, di filliti e di oggetti preistorici in rame; il tutto venne acquistato dai fratelli Gazola per 1000 zecchini veneti.

Le attività, qui sopra brevemente accennate, ebbero nei secoli XVI, XVII e XVIII due principali campi di interesse: i fossili di Bolca e la flora del Monte Baldo. Due temi di straordinario rilievo sotto l'aspetto sistematico, evolutivo, biogeografico che travalicano ampiamente i confini provinciali e che, ancor oggi, sono oggetto di indagini.

Non è quindi un caso che la realizzazione di una grande opera naturalistica, ovvero la stampa dell'*Ittiolitologia Veronese* che illustra i fossili di Bolca del Museo di Giovambattista Gazola, avvenga proprio a cavallo del secolo, tra il 1796 ed il 1809. Il titolo completo dell'opera è: *Ittiolitologia Veronese del Museo Bozziano* ora annesso a quello del Conte Giovambattista Gazola e di altri Gabinetti di fossili veronesi.

L'*Ittiolitologia Veronese*, il cui autore fu Giovanni Serafino Volta, è la prima grande opera di Paleontologia stampata nel Mondo. Il titolo dell'opera doveva essere «Ictiologia fossile del veronese»; essa venne pubblicata per volontà del Conte Bartolomeo Giuliari che allestì, a questo scopo, una tipografia nel suo palazzo; per sostenere le spese di stampa venne fondata una Società.

L'opera è costituita da un volume, di 323 pagine di testo, e da un volume di 76 tavole; le dimensioni dei volumi, veramente notevoli, sono di mm 390x 545. I disegni furono eseguiti da Leonardo Manzatti e l'incisione in rame venne fatta a Vicenza da Giuseppe Dall'Acqua.

Nell'*Ittiolitologia Veronese* sono descritte 123 specie di pesci, che corrispondono a quasi la metà di quelle oggi conosciute nel giacimento di Bolca. Il Volta considerò la grande maggioranza degli ittioliti come appartenenti a specie marine, altri li riferì a specie di acqua dolce, altri ancora vennero descritti come nuove specie; ma, non accettando l'idea che poteva trattarsi di specie estinte, sostenne l'ipotesi che si trattava di specie non ancora scoperte nei mari attuali. Egli riferì un gran numero di esemplari a specie tropicali, individuando così correttamente le affinità biogeografiche della ittiofauna di Bolca, tuttavia ritenendo di aver individuato, tra gli ittioliti, anche specie viventi nel Mediterraneo; spiegò la mescolanza di tali forme con un generale innalzamento del livello degli oceani, che avrebbe mescolato tutte le acque marine e continentali e, con esse, tutte le ittiofaune che vi vivevano.

La pur monumentale opera di Volta mostra così dei limiti dovuti principalmente alla generalizzata convizione che la storia del nostro pianeta fosse misurabile in migliaia di anni e non in centinaia di milioni anni, come successivamente scoperto; in altri termini «il muro della genesi» era all'epoca ancora solido. Ciò rendeva difficile accettare l'idea che specie animali e vegetali fossero scomparse o che nuove specie si fossero originate, da altre specie, attraverso un processo evolutivo; inoltre, la brevità dei tempi considerati rendeva parimenti difficile pensare che fossero avvenute sulla Terra importanti variazioni climatiche.

I fossili descritti da Serafino Volta che, come detto, provenivano in gran parte dal Museo di Vincenzo Bozza, rimasero però solo breve tempo nel Museo di Giovambattista Gazola poiché il proprietario dovette cederli, nel 1797, a Napoleone Bonaparte che li spedì in dono al Museo di Storia Naturale di Parigi, ove tuttora si trovano.

Le Collezioni Veronesi dell'Ottocento.

Nell'800 i vincoli posti allo sviluppo delle Scienze Naturali dall'interpretazione letterale della Bibbia vengono poco alla volta superati, grazie alla teoria dell'attualismo proposta da Charles Lyell e grazie anche alla teoria, sull'evoluzione per selezione naturale, proposta da Charles Robert Darwin ed in termini più generali, dall'affermarsi nella società dell'epoca dei principi liberali e di democrazia che venivano sostituendo, pur in modo assai graduale, la precedente visione strettamente gerarchica e statica della società.

All'inizio del nuovo secolo, lo scenario del naturalismo veronese si amplia alla Zoologia ed alla Preistoria, ed assume importanza l'azione di promozione e di confronto svolta dall'Accademia di Agricoltura, Arti e Commercio a cui aderirono, nel corso del secolo, i più importanti naturalisti veronesi.

Bernardino Angelini (1778-1844), Benedetto Da Campo (1787-1851), Gaetano Perini (1824-1883), Edoardo De Betta (1822-1896), Luigi Menegazzi (1793-1854), Orseolo Massalongo (1854-1901), Floreste Malfer 1862-1932), Adriano Garbini (1857-1940) si interessarono di Zoologia; Ciro Pollini (1772-1832), Agostino Goiran 1835-1909), Caro Massalongo (1852-1928), Antonio Manganotti (1810-1892), si interessarono di Botanica; Pierpaolo Martinati (1812-1878), che fu l'iniziatore degli studi di Preistoria a Verona, Gaetano Pellegrini (1824-1883), Stefano de Stefani (1822-1892), Arrigo Balladoro (1872-1927) si interessarono di Preistoria; Giulio Baretta ?-1869), Riccardo Avanzi ?-1927), Enrico Nicolis (1841-1908) di Geologia, alcuni di questi naturalisti si interessarono a più discipline. La personalità scientifica più eminente fu però quella di Abramo Massalongo (1824-1860) che si interessò di Paleontologia e di Botanica

L'Accademia era sorta nel 1768 al fine di promuovere lo sviluppo dell'Agricoltura, ma ben presto il suo campo di attività si allargò allo studio delle varie componenti dell'ambiente naturale, che era poi il luogo ove le attività agricole si svolgevano.

Il Museo dell'Accademia di Agricoltura, Arti, Commercio

L'Accademia non solo favorì lo sviluppo delle ricerche scientifiche sul territorio veronese, ma determinò un forte impulso alla formazione di collezioni con la fondazione nel 1827, su proposta di Bernardino Angelini, del Museo Accademico.

Fin dall'inizio il Museo ebbe come principale obbiettivo quello di raccogliere e di «presentare, quanto meglio e possibile completi i prodotti naturali» del territorio veronese; questa scelta, che potrebbe sembrare in un primo momento limitativa, fu invece assai opportuna se si considera la ricchezza e l'importanza, non solo locale, di tante realtà naturalistiche di questo territorio.

Il primo repertorio del Museo accademico venne presentato il 30 aprile 1835 da Bernardino Angelini, che ne fu il primo direttore. Da questo documento risulta che le raccolte comprendevano: piante fanerogame asiatiche, donate a Ciro Pollini da vari botanici, e l'erbario che era stato utilizzato per la pubblicazione della sua famosa Flora Veronese; raccolte di minerali con catalogo e note del socio Tonini; una collezione di minerali donata dal socio Turri; una collezione di conchiglie e minerali donata dal socio Zenetti; minerali donati dal socio Scopoli; fossili donati dal bidello Raimondi; una collezione di minerali donata dal socio Mayer; una collezione dei legni esistenti nella Provincia di Verona, donata dal socio Favaro; una collezione di insetti nocivi all'agricoltura donata dal socio Angelini; una cicogna bianca, donata dal marchese di Canossa, ed infine cinque pesci ed un granchio fossili.

A Bernardino Angelini, che fu direttore del Museo dal 1835 al 1838, seguirono nella direzione: Carlo Tonini (1838-1842), Benedetto da Campo 1842-1851) che lo arricchì con il dono delle proprie raccolte naturalistiche, Luigi Menegazzi (1851-1854), Giuseppe Lenotti e Edoardo De Betta 1854-1856), Salvatore Castelli 1856-1860), Edoardo De Betta 1860-1877 e 1881-1882), Agostino Goiran 1877-1881) e, a partire dal 1882 e fino al 1907, Enrico Nicolis.

In quell'anno iniziò il trasporto delle collezioni nel Museo Civico, e l'operazione continuò fino al 1914.

La storia del Museo accademico venne illustrata, nel 1889, da Enrico Nicolis in un lungo articolo ove ne indica dettagliatamente tutti gli incrementi. Si tratta di un lavoro di grande utilità in quanto permette di ricostruire la storia del collezionismo naturalistico veronese, di conoscere i vari campi di interesse scientifico succedutisi durante l'800, di individuare l'origine di collezioni o di singoli esemplari di cui, nel corso del tempo, si sia persa memoria.

Nel 1889 il Museo occupava quasi tutta la sede accademica, ovvero due saloni ed una stanza, ed era organizzato in: raccolta zoologica, raccolta paleontologica, raccolta di mineralogia e geologia, raccolta di legni ed erbari.

In particolare le collezioni geologiche contenevano: 662 campioni di rocce, 1776 campioni di minerali con un consistente nucleo della collezione Da Campo in realtà il numero dei minerali era superiore, in quanto il Nicolis aveva conteggiato un solo minerale per scatola anche se, alcune di queste, contenevano numerosi piccoli minerali), 8348 fossili sia vegetali che animali, 310 ittioliti.

Le collezioni botaniche erano costituite da: 109 buste di erbari, tra cui 25 della Collezione Da Campo, e da 284 legni. Le collezioni zoologiche contenevano: 27 celenterati, 12 echinodermi, 2709 molluschi, mentre gli artropodi erano conservati in 89 scatole; la raccolta zoologica comprendeva la collezione entomologica Da Campo, ove erano rappresentati tutti gli ordini di insetti e la collezione malacologica con molluschi di tutto il mondo. Tra i vertebrati, particolarmente ricca era la collezione di uccelli con 460 esemplari; seguivano 47 mammiferi, 40 pesci, 17 rettili, 10 anfibi.

Le collezioni naturalistiche di Abramo Massalongo

A Verona esistevano però altre importanti collezioni: innanzitutto quella di Abramo Massalongo, che era morto il 25 maggio 1860 all'età di soli 36 anni.

Il Massalongo nel testamento redatto il 24 dicembre 1859 disponeva che, nell'ipotesi che la famiglia avesse deciso di alienare la sua collezione, la proposta doveva essere presentata per primo al Re del Piemonte, per una sistemazione nel Museo di Torino, poi alla diletta città di Verona e terzo all'Accademia di Agricoltura, Arti e Commercio di Verona.

La vedova Maria Colognato ed il tutore Bortolo Massalongo, padre di Abramo, venuti nella determinazione di vendere la collezione, seguirono le disposizioni del congiunto e proposero l'acquisto al Ministero della Pubblica Istruzione del Regno d'Italia.

L'Accademia delle Scienze di Torino sostenne con forza l'opportunità di tale acquisto (seduta del 14 marzo 1861), ma poco dopo la Segreteria di Stato informò la famiglia che il Ministero non aveva fondi disponibili.

Il 25 febbraio 1862, vedova e tutore offrirono la collezione alla Municipalità di Verona.

Il Comune chiese allora un parere a Roberto De Visiani, che era prefetto dell'Orto Botanico dell'Università di Padova, sul valore scientifico ed economico della raccolta ed Egli, in una lettera del 27 maggio 1862, illustrò, da specialista qual'era, l'importanza scientifica delle collezioni di licheni e di filliti, che erano servite al Massalongo per descrivere centinaia di nuovi taxa.

La collezione Massalongo comprendeva anche minerali, erbari, fossili invertebrati e vertebrati.

De Visiani caldeggiò fortemente l'acquisto da parte della Municipalità di Verona, sottolineando l'obbligo morale, delle autorità amministrative, di salvaguardare alla Patria un simile patrimonio culturale, evitandone così la dispersione, come avveniva in quel periodo per tante opere d'arte acquistate da stranieri.

Un punto assai interessante della lettera di De Visiani è quello in cui propone alla Municipalità, sulla base dell'acquisto della Collezione Massalongo, l'istituzione di un «Museo civico naturale»: è questa la prima volta che resta testimonianza di una simile idea per la città di Verona.

Il De Visiani valutò le raccolte di Massalongo 10.000 fiorini; successivamente, il 10 dicembre 1862 ed evidentemente a seguito di trattative, la vedova del Massalongo dichiara di accettare il prezzo di 8000 fiorini e, nella stessa lettera, afferma che la Commissione del Civico Ornato aveva sollecitato l'acquisto delle raccolte e la loro esposizione in apposita sala del Civico Museo. Il 30 dicembre 1862 il Consiglio Comunale di Verona approvava, con 15 voti a favore e 2 voti contrari, l'acquisto delle collezioni per 8000 fiorini ed infine, il 9 febbraio 1863, la Congregazione Centrale del Lombardo Veneto approvava la decisione del Consiglio Comunale di Verona.

Il dettagliato elenco dei materiali che costituivano la collezione Massalongo, pubblicato nel 1860 con il titolo *Prospetto delle Collezioni di Storia Naturale del prof. dr. Abramo Massalongo*, permette di valutare la ricchezza delle raccolte, la vastità degli interessi naturalistici del Massalongo e le relazioni stabilite con molti scienziati italiani e stranieri.

Il testo venne compilato nel 1859 secondo le indicazioni del Massalongo stesso, ormai gravemente ammalato, e venne organizzato in due principali capitoli: Erbario e Collezioni Paleontologiche.

Il prospetto comprende 94 paragrafi ove vengono descritti i vari reperti con: classificazione, numero degli esemplari, località di provenienza, dimensioni, note.

L'Erbario era costituito dalla Collezione di Licheni, Collezione di Alghe, Muschi e Piante Fanerogame, Collezione di frutti di Conifere.

La Collezione di Licheni era conservata in 49 buste di cartone e gli esemplari erano stati riferiti a 235 generi, moltissimi dei quali descritti dal Massalongo proprio su questi reperti; vi erano poi numerosi altri licheni inviati al Massalongo, da altri lichenologi, per i confronti.

La Collezione di Alghe, Muschi e Piante Fanerogame era conservata in 24 buste, ed era stata riunita dal Massalongo durante gli anni della gioventù e poi non più ampliata. La Collezione di Conifere era costituita da 160 esemplari, ed era stata utilizzata per i confronti nello studio delle filliti.

Le collezioni paleontologiche erano suddivise in: Flora, Vertebrati, Invertebrati, Geografia e Mineralogia, Miscellanea.

Tra le filliti, quelle di Bolca erano in numero di circa 1500 esemplari, quelle di Chiavon 2300, quelle di Salcedo 950, quelle di Novale 305, quelle di Roncà 39, quelle di Monte Colle 50, quelle di Senigallia 200, quelle di Vegroni 69, quelle di Monte Promina in Dalmazia e di Monte Bamboli in Toscana 100, quelle di Malo 200, quelle di Recoaro 230, quelle di Zovencedo 26, quelle di Muzzolone 65, quelle di Caldiero 12, quelle di Pernigotti 200, quelle di Rotzo 90, quelle provenienti da Germania, Croazia, Slesia ed altre località europee avute da vari studiosi, 290. Inoltre 104 fucoidi della Brianza, 182 di Tregnago, 11 del Veronese, 110 carpoliti di Leffe e poi altre filliti di Bolca, Chiavon, Salcedo, ed altre località in numero di 289.

Si tratta di un complesso di oltre 7200 esemplari, che farebbero ancor oggi l'orgoglio di un grande Museo; a ciò si aggiunge, con ammirato stupore, la considerazione che gran parte di questi materiali erano stati studiati e pubblicati dal Massalongo nella sua breve vita.

Di grande importanza anche le collezioni di Vertebrati fossili con mammiferi provenienti da Zovencedo (*Anthracotherium magnum*), dal Serbaro di Romagnano, dai Covoli di Velo, dalle alluvioni dell'Alta Pianura Veronese; e poi piume di uccelli di Bolca; e, tra i pesci, il magnifico esemplare in impronta e controimpronta di *Protobalistum imperialis* di Bolca; e poi altri 36 pesci di Bolca, 16 di Zovencedo, 80 di Chiavon, 170 di Mondaino, 1 di Senigallia, 11 di Oeningen, 5 di Slesia e Prussia.

I Crostacei erano 114, di cui 59 di Bolca, 39 di Chiavon, 1 del M. Pastello, 9 di Priabona, 16 della Collina di Verona. Gli insetti erano 11: 9 provenienti da Bolca e 2 da Senigallia; gli Anellidi 8, 7 di Bolca ed 1 di Chiavon.

La Collezione di invertebrati, per lo più Molluschi, Echinodermi ed Ammoniti, era anch'essa notevole, i fossili provenivano principalmente dal veronese e dal vicentino. Eccone un breve elenco: 110 da Castelnedolo, 420 dall'Astigiano, 200 da Castel del Cucco, 150 dal Bacino di Torino, 70 da Tregnago, 140 da Nogarole presso Chiampo, 100 da Magrè, Castelvecchio e Michelina nel Vicentino, 1000 da Roncà, 120 dal Monte Zoppega, 1400 da Montecchio Maggiore, Boro di Priabona, Gravelle, Sangonini, Castelgomberto ecc., 700 dal Bacini di Verona, 1200 da Recoaro, 170 dal Bresciano, 80 dall'Altopiano dei Sette Comuni, 220 dal Veronese, 90 dal Vajo del Paradiso presso Grezzana, 200 dal Veronese e dal Bresciano.

La collezione di rocce era costituita da: 200 campioni di forma regolare del Bacino di Parigi, 60 della Lombardia, 24 di Valdagno, 37 campioni provenienti dalla Toscana, Romagna, Carinzia, 21 dal Bergamasco, 517 di Recoaro e del Monte Civillina; vi erano inoltre 33 minerali di Agordo, 40 campioni di Lignite di varie località. Nella

Miscellanea vi erano altri fossili, ben 127 modelli in gesso di filliti, oltre che il modello dell'*Antracotherium* e di un *Rhinoceros*.

Come si vede una raccolta veramente straordinaria e, tra i fossili, è impressionante il numero di esemplari provenienti da Bolca e da Chiavon, a cui, verosimilmente, contribuì con il suo lavoro di «guida geologica» Giuseppe Cerato di Bolca, che era in rapporti con il Massalongo e la sua famiglia. Ciò è dimostrato dall'esistenza di un prestito concesso, nel 1852, dal cognato di Abramo, Luigi Limoni attraverso Bortolo Massalongo padre di Abramo (Archivio della famiglia Cerato) e da una nota nel «Prospetto..» in cui si ricorda come Giuseppe Cerato avesse portato al Massalongo, ormai morente, un cranio di *Ursus spelaeus* trovato nei Covoli di Velo.

Il Museo Gazoliano

Un'altra importante raccolta naturalistica, o più precisamente un vero Museo, esistette a Verona durante l'800: era il Museo Gazola che, iniziato nel '700 da Andrea Gazola, era stato ampliato, alla fine del '700 e durante l'800, da Giovambattista e dai suoi fratelli Luigi e Giuseppe.

Dopo l'invio in Francia dei fossili di Bolca da parte di Napoleone, il Gazola ricostituì una importante raccolta di fossili di Bolca riaprendo le cave, di cui era proprietario, e delle quali val la pena di esporre una breve storia.

È opportuno precisare innanzitutto che il giacimento di Bolca, noto nella letteratura paleontologica come giacimento di Monte Bolca, è formato da due distinti affioramenti fossiliferi: quello della Pesciara, olim Lastrara, e quello di Monte Postale. La Pesciara, ove fin dal 1500 vennero quasi sempre effettuati gli scavi, si trovava in un appezzamento di terreno denominato il Giardino. Detto appezzamento era diviso in due parti da un piccolo vajo: una parte, venne venduta nella prima metà del '700 dai coloni di Bolca a Scipione Maffei, mentre l'altra, era di proprietà di Paolo Cracco di Bolca. Dopo la morte del Maffei, e a partire dal 1770, Vincenzo Bozza ebbe in affitto, dalla famiglia Maffei, la parte della Pesciara nota come «Cava Maffei», ove condusse importanti scavi, mentre l'altra parte, quella del Cracco, venne acquistata nel 1787 da Giovambattista Gazola.

Nella Pesciara gli scavi erano condotti dagli abitanti del luogo su incarico dei proprietari e nei documenti viene ricordato il nome della famiglia Rigoni. Nel 1817, il Marchese Antonio Maffei affittò la cava di sua proprietà a Giuseppe Cerato, detto Buso, e tra le condizioni poste vi era quella di liberare la cava dai detriti e di impedire scavi abusivi; quest'ultimo effettuò poi, a partire dal 1843, gli scavi anche nella cava dei Gazola.

Giuseppe Cerato, che possiamo considerare l'iniziatore della tradizione di cercatore di fossili della famiglia Cerato, effettuò scavi molto importanti se si pensa che alcune delle più grandi collezioni, tra cui quella del Massalongo e quella del Museo di Storia Naturale di Vienna, vennero riunite durante il periodo della sua attività.

Alla fine dell'800 il Museo Gazola comprendeva 1200 fossili di Bolca e vi erano rappresentati pesci, piante crostacei ed insetti. Oltre a questa raccolta, nel Museo Gazola erano conservati resti di mammiferi quaternari, tra cui quelli fatti scavare anche dal Gazola stesso al Serbaro nei pressi di Romagnano. Si tratta di molari, femori e difese di Proboscidati che erano stati pubblicati da Fortis nel 1786 e successivamente ripresi in considerazione da altri autori. Anche la fauna dei Covoli di Velo era ben rappresentata con numerosi resti di Orso speleo; esisteva inoltre una collezione paleontologica con circa 200 esemplari, provenienti da diverse parti d'Europa.

Un'altra importante collezione, anche questa iniziata da Vincenzo Bozza e poi ampliata dai Gazola, era quella mineralogica; essa era conservata in 30 cassetti ed i minerali erano contraddistinti con 250 numeri di inventario. Erano presenti sia minerali preziosi come diamante, zircone, granato, smeraldo, oro, argento; che quarzi, feldspati, zeoliti, rame, ferro ecc. Nella raccolta mineralogica erano inserite anche numerose pietre lavorate, provenienti da tombe egizie e greco-romane.

Esisteva, inoltre, una collezione a carattere generale di minerali e rocce costituita da circa 600 campioni; tra questi vi erano numerosi campioni di lave, alcuni dei quali contenenti delle monete che, inserite nella lava quando era ancora plastica, permettono di datare la colata originaria.

Una collezione particolare era poi quella dei ciottoli dell'Adige; questi erano stati levigati al fine di poterne determinare la struttura e la composizione mineralogica. Si ritiene che la collezione fosse servita per i propri studi ad Antonio Catullo, professore presso l'Università di Padova, che era spesso ospite dei Conti Gazola; esisteva infine una collezione di 118 marmi levigati al fine di poterne studiare la struttura.

Tra le collezioni zoologiche, molto importante la collezione malacologica costituita da oltre 1100 esemplari provenienti: dalla Guinea (?), Nuova Zelanda, Madagascar, Golfo Persico, Borneo, Senegal,Filippine, Zanzibar, Malacca, Bengala, Giamaica, Mar Rosso, Cina, Sud Africa, Marocco, ecc. Questa raccolta aveva un particolare significato perché, in parte, risaliva alla seconda metà del 1700, essendo stata iniziata da Vincenzo Bozza, e poi ampliata dai Conti Gazola nell'800.

Una seconda collezione zoologica comprendeva circa 150 esemplari di spugne e coralli.

Tutte queste notizie provengono da una relazione che Enrico Nicolis aveva preparato nel 1893, su richiesta del Sindaco di Verona Augusto Caperle, al fine di acquisire alla Città il Museo Gazola, come poi puntualmente avvenne.

Altre collezioni naturalistiche veronesi

Oltre ai tre grandi nuclei sopra descritti, esistevano nel XIX secolo a Verona altre raccolte naturalistiche che confluirono, tra la fine del secolo ed i primi decenni del '900, in quelle del Museo Civico.

La collezione entomologica veronese di Orseolo Massalongo, figlio di Abramo, comprendente coleotteri e lepidotteri ed utilizzata per motivi di studio.

La collezione di Anfibi e Rettili europei di Edoardo De Betta, comprendente anche tutte le specie e varietà veronesi; questa collezione, che venne utilizzata da De Betta per le sue pubblicazioni, era costituita da 1000 vasi; inoltre le collezioni ornitologiche Perini, Cipolla, De Betta.

Vanno poi ricordati: l'erbario di Caro Massalongo, anch'egli figlio di Abramo, costituito da oltre 200 contenitori nei quali sono racchiusi, per lo più, campioni di epatiche di straordinario valore scientifico, illustrate in numerose pubblicazioni dal Massalongo stesso; l'erbario di Agostino Goiran, comprendente circa 30.000 esemplari, che servì per la sua importante pubblicazione sulla flora veronese; e poi gli erbari di: Antonio Manganotti con 26 pacchi, Giulio Cesare Moreni con 30 pacchi, Giuseppe Clementi 2 pacchi, Giuseppe Rocchetti (1799-1874) 27 pacchi, Carlo Tonini 15 pacchi e 12 cassette con licheni.

Enrico Nicolis, costituì una importante raccolta di fossili e di rocce del veronese che donò al Civico Museo; il Nicolis, che fu direttore del Museo Accademico e poi conservatore del Civico Museo oltre che valente geologo, merita un particolare posto nella storia delle Scienze Naturali a Verona proprio per le sue relazioni che permettono una accurata ricostruzione del collezionismo naturalistico veronese.

La collezione Nicolis comprende una campionatura completa delle rocce del veronese; ogni campione ha forma cubica: una faccia è levigata, una battuta a pettine, una terza è martellata, una lasciata grezza e, quando fu possibile, una lasciata con le tracce dell'erosione naturale. Sui campioni spesso sono presenti i fossili più significativi delle varie formazioni.

La collezione paleontologica comprende numerosi invertebrati e vertebrati fossili, utilizzati da vari specialisti per descrivere nuove specie; in questa sede val la pena di ricordare tra i pezzi più importanti: i resti di mosasauro, di tartarughe eoceniche, di ittioliti di Bolca ed altre località del veronese, di mammiferi provenienti dalle brecce ossifere di Soave (Forti e Dal Nero 1910).

Tutte queste raccolte confluirono, tra la fine dell'800 ed i primi decenni del '900, in quelle del Museo Civico di Storia Naturale; in qualche caso vennero inserite in raccolte generali, in altri casi mantennero la propria individualità.

Questo importante patrimonio naturalistico fu danneggiato durante l'alluvione dell'Adige del 1882 e durante la seconda guerra mondiale, i danni non furono tuttavia tali da sminuire l'importanza complessiva delle raccolte.

Oltre alla quantità ed alla qualità degli «oggetti naturali», che costituivano le collezioni ottocentesche veronesi, che appaiono veramente notevoli, va rilevato che attorno ad esse si sviluppò un intensa opera di ricerca scientifica, espressa in numerosissime pubblicazioni, che permisero un grande progresso nella conoscenza del territorio veronese.

Insuperata sintesi di tutto questo fervore di interessi naturalistici, si trova nella grande opera promossa alla fine dell'800 da Luigi Sormani Moretti, Regio Prefetto di Verona, intitolata *La provincia di Verona*, a cui collaborarono molti dei naturalisti sopra citati e che resta a testimonianza di questo periodo così pieno di interessi e risultati.

Il Museo Civico di Storia Naturale di Verona, che assunse autonomia amministrativa nel 1926, quando venne diviso dai musei artistici, ha enormemente accresciuto in questo secolo le raccolte ottocentesche da cui ebbe origine, raccolte che ora possono essere stimate complessivamente in 2.000.000 di esemplari abbinando, nel solco di una così lunga tradizione naturalistica, all'attività di incremento e conservazione una intensa attività di ricerca scientifica.

BIBLIOGRAFIA

A. ASPES, *Storia delle ricerche. Il Veneto nell'antichità*, a cura di A. ASPES, Verona 1984, pp. 3-39.

A. FORTI – V. DAL NERO, *Catalogo illustrativo della collezione Petrografica e Paleontologica del cav. Enrico Nicolis*, «Madonna Verona», ser III, 12 (1910), pp 188-212.

A. FORTIS, *Delle ossa fossili d'Elefante e d'altre curiosità naturali de' monti di Romagnano. Memoria epistolare*, Vicenza 1786.

A. MASSALONGO, *Saggio fotografico di alcuni animali e piante fossili dell'Agro Veronese illustrati dal Prof. A. B. Dr. Massalongo, uno dei quaranta della Società Italiana delle Scienze, fotografati da Maurizio Lotze, Pittore della Corte di Sassonia*. Con 40 tavole, Verona 1859.

A. MASSALONGO, *Prospetto delle collezioni di Storia Naturale del Prof. Dr. Abramo Massalongo di Verona*, Verona 1860.

L. MOSCARDO, *Note overo memorie del Museo di Lodovico Moscardo*, Padova 1656.

E. NICOLIS, *Cenni storici, guida e catalogo ragionato del Museo dell'Accademia d'Agricoltura, Arti e Commercio di Verona*, Verona 1889.

E. NICOLIS, *Del Museo Gazoliano. Relazione all'illustrissimo avv. comm. Augusto Caperle Sindaco di Verona*, Verona 1893.

GB. OLIVI, *De reconditis et praecipuis collectaneis a Franc. Calceolario Veron. in museo adservatis*, Verona 1584.

L. SORBINI, *Scipione Maffei ed i fossili di Bolca*, «La Lessinia, ieri, oggi, domani, Quaderno Culturale», 8 (1985), pp. 97-102.

L. SORBINI, *Il "saggio fotografico" di Abramo Massalongo e Moritz Lotze*, in *Lotze, lo studio fotografico 1852-1909*, Museo di Castelvecchio – Comune di Verona, Verona 1984 pp. 64-65.

L. SORBINI – M.V. DURANTE PASA, *Le collezioni paleontologiche quaternarie del Museo Civico di Storia Naturale di Verona. Origine, inventario, bibliografia*, «Mus. Civ. St. Nat. Verona», Ser. Catalog. I (1974) pp. 1-53.

L.SORBINI – G. GUIDOTTI, *Il manoscritto della «Histoire des Pétrifications du Véronais»*, in *Un Accademico dei Lumi fra due città: Verona e Nimes*, Verona 1987, pp. 101-104.

S. VOLTA, *Ittiolitologia Veronese*, Verona 1796-1808.

Ezio Vaccari

GEOLOGIA E COLLEZIONISMO NEL PRIMO OTTOCENTO VENETO: IL RAPPORTO TRA LUIGI CASTELLINI E PIETRO MARASCHINI

Il fenomeno del collezionismo geo-mineralogico e paleontologico legato all'elaborazione ed alla comunicazione di teorie scientifiche è un aspetto non secondario, per quanto poco studiato, della scienza geologica settecentesca, ma conserva un notevole interesse anche nei primi decenni dell'Ottocento[1].

In ambito veneto tardo-settecentesco, alcuni casi di comunicazione scientifica connessa alla spedizione di materiale geo-mineralogico si possono individuare ad esempio nel rapporto tra Giovanni Arduino e alcuni suoi corrispondenti tedeschi come Nathanael Gottfried Leske o Franz Karl Achard: infatti, i cataloghi degli esemplari rocciosi e minerali inviati dallo scienziato veronese non contenevano solo un semplice elenco di nomi e luoghi, ma presentavano conclusioni

1) Interessanti sollecitazioni in questo senso si trovano nel recente saggio di M.J.S. Rudwick, *Minerals, strata and fossils*, in *Cultures of natural history*, edited by N. Jardine – J.A. Secord – E.C. Spary, Cambridge, Cambridge University Press, 1995, pp. 266-286. Per una storia del collezionismo geo-mineralogico, che comunque non oltrepassa la fine del Settecento, è ora disponibile W.E. Wilson, *The History of Mineral collecting 1530-1799*, Tucson, Mineralogical Record Inc., 1994. In ambito italiano è esemplare e stimolante il caso della collezione settecentesca di Lazzaro Spallanzani, analizzato da M.F. Spallanzani, *La collezione naturalistica di Lazzaro Spallanzani: i modi e i tempi della sua formazione*, Reggio Emilia, Comune di Reggio Emilia – Civici Musei, 1985. Per un'articolata visione d'insieme dello sviluppo del collezionismo naturalistico tra Cinquecento e Settecento si rimanda a G. Olmi, *L'inventario del mondo. Catalogazione della natura e luoghi del sapere nella prima età moderna*, Bologna, Il Mulino, 1992: ma si vedano anche C. Maccagni, *Le raccolte e i musei di storia naturale*, in *Università, Accademie e Società scientifiche in Italia ed in Germania dal Cinquecento al Settecento*, a cura di L. Boehm e E. Raimondi, Bologna, Il Mulino, 1981, pp. 283-310; A. Lugli, *Naturalia et Mirabilia. Il collezionismo enciclopedico nelle Wunderkammern d'Europa*, Milano, Mazzotta, 1983 e P. Findlen, *Possessing nature: museums, collecting, and scientific culture in early modern Italy*, Berkeley, University of California Press, 1994.

sull'origine di alcune rocce con le relative interpretazioni delle caratteristiche geologiche del terreno di reperimento[2].

Naturalmente non tutto il fenomeno del collezionismo naturalistico veneto, rapidamente ampliatosi in termini quantitativi nella seconda metà del Settecento soprattutto nel Padovano, nel Veronese e nel Vicentino[3], poteva considerarsi basato su presupposti così articolati; ma d'altra parte sarebbe comunque troppo restrittivo ricondurlo esclusivamente al semplice interesse erudito per le «curiosità naturali» o allo sterile arricchimento di collezioni patrizie che spesso si avvalevano della consulenza di «orittologi» esperti[4].

Alcune località della Terraferma veneta richiamarono indubbiamente più di altre le attenzioni dei naturalisti e di conseguenza dei collezionisti di «produzioni naturali»: è qui sufficiente ricordare in primo luogo il giacimento fossilifero di Bolca nel Veronese, noto agli studiosi fin dalla metà del Cinquecento[5]. Tuttavia, la tendenza a raccogliere un insieme articolato di rocce, minerali e fossili che consentisse di illustrare le caratteristiche geologiche di un territorio delimitato aveva iniziato a manifestarsi fin dal secondo Settecento in particolare nella Valle dell'Agno in territorio vicentino. Qui si era mantenuto saldo il legame tra studi geologici e collezionismo specializzato

2) Cfr. E. Vaccari – N.T. Monaghan, *I minerali di Giovanni Arduino nella collezione geo-mineralogica di Nathanael Gottfried Leske: verifica di un caso di comunicazione scientifica nell'Europa del tardo Settecento*, «Geologica Romana», XXIX, (1993), pp. 547-565.

3) Come hanno dimostrato gli studi di Krzysztof Pomian: K. Pomian, *Collezionisti d'arte e di curiosità naturali*, in *Storia della cultura veneta*, 5.II *Il Settecento*, a cura di G. Arnaldi – M. Pastore Stocchi, Vicenza, Neri Pozza, 1986, pp. 1-70, ora incluso con altri saggi in K. Pomian, *Collezionisti, amatori, curiosi. Parigi-Venezia XVI-XVIII secolo*, Milano, Il Saggiatore, 1989.

4) La situazione, assai più complessa, soprattutto in relazione ai decenni finali del secolo, è stata ben delineata da L. Ciancio, *La «Repubblica de' naturalisti». Fortuna e declino della storia naturale nel Settecento veneto*, «Atti dell'Accademia Roveretana degli Agiati», 243 (1993), ser. 7a, III, A, Classe di Scienze Umane, Lettere ed Arti, 1994, pp. 57-109, che ha puntualizzato il ruolo significativo del collezionismo naturalistico in centri quali Padova, Venezia, Verona e Vicenza.

5) Sulla storia del giacimento di Bolca si veda L. Sorbini, *I fossili di Bolca*, Verona, Tip. La Grafica, 1981[2] e per gli aspetti ottocenteschi anche il saggio dello stesso L. Sorbini, *Le collezioni naturalistiche veronesi nell'800*, contenuto nel presente volume. I dibattiti tardo-settecenteschi sui pesci fossili bolcensi hanno attirato l'attenzione di K. Pomian, *Collezionisti d'arte e di curiosità naturali*, cit., pp. 46-51 ed in tempi più recenti, di L. Ciancio, *Autopsie della Terra. Illuminismo e geologia in Alberto Fortis (1741-1803)*, Firenze, Olschki, 1995, pp. 247-255. La fama europea del giacimento di Bolca a fine Settecento è confermata dalla testimonianze di vari scienziati-viaggiatori, tra i quali l'irlandese George Graydon: cfr. E. Vaccari – P.N. Wyse Jackson, *The fossil fishes of Bolca and the travels in Italy of the Irish cleric George Graydon in 1791*, «Museologia Scientifica», 12 (1995), I-II, pp. 57-81.

almeno fin dai tempi dei medici valdagnesi Girolamo Festari (1738-1801) ed Antonio Mastini (1717-1805)[6]. Non a caso, queste due interessanti figure di collezionisti e studiosi dei fenomeni geologici locali furono a lungo in contatto con uno scienziato veneto di primo piano quale Giovanni Arduino (1714-1795), che aveva studiato in dettaglio le caratteristiche geologiche della Valle dell'Agno, rivelatesi poi decisive per l'elaborazione della sua celebre teoria lito-stratigrafica[7]. Così, non deve meravigliare se proprio in quest'area del Vicentino, ancora all'inizio dell'Ottocento, un crescente fermento di ricerche sul territorio aveva determinato la formazione e il costante incremento di collezioni naturalistiche ormai decisamente incentrate sulle scienze della Terra[8].

In tale contesto geografico e disciplinare si collocano, nei primi anni del secolo, le figure scientifiche di due coetanei vicentini: il conte Luigi Castellini (1770-1824) di Castelgomberto e l'abate Pietro Maraschini o Maraschin (1774-1825) di Schio[9]. Dal loro rapporto di salda amicizia e collaborazione non solo emergerà una proficua e

6) Su Festari si dispone finalmente di un riferimento bio-bibliografico aggiornato nel volume di P. PRETO, *Girolamo Festari. Medicina, «lumi» e geologia nella Valdagno del '700*, Valdagno, Comune di Valdagno, 1995, mentre su Mastini è ancora necessario rivolgersi alle scarne note biografiche di S. RUMOR, *Gli scrittori vicentini dei secoli decimottavo e decimonono*, II, Venezia, Tip. Emiliana, 1905-08, p. 313. Sull'interesse di entrambi per le scienze della Terra si veda anche P. PRETO, *Illuministi e scienziati alla scoperta del territorio*, in *Storia di Vicenza*, III/2. *L'Età della Repubblica Veneta (1404-1797)*, a cura di F. BARBIERI – P. PRETO, Vicenza, Neri Pozza, pp. 399-401 e 404.

7) Su Arduino mi permetto di rinviare al mio E. VACCARI, *Giovanni Arduino (1714-1795). Il contributo di uno scienziato veneto al dibattito settecentesco sulle scienze della Terra*, Firenze, Olschki, 1993, in particolare alle pp. 100-110 e 149-168, per quanto concerne il collegamento fondamentale tra le esplorazioni nella Valle dell'Agno e la suddivisione lito-stratigrafica della superficie terrestre in quattro «ordini» pubblicata nel 1760. Sui molteplici aspetti dell'attività scientifica ed istituzionale di questo eclettico studioso settecentesco sono in corso di stampa presso l'Accademia di Agricoltura Scienze e Lettere di Verona gli atti del convegno *Scienza, Tecnica e «Pubblico Bene» nell'opera di Giovanni Arduino*, tenutosi nel febbraio 1996.

8) Cfr. P. PRETO, *Illuministi e scienziati*, cit., pp. 400-401.

9) Su Castellini si vedano P. MARASCHINI, *Sulle formazioni delle rocce del Vicentino. Saggio Geologico*, Padova, Tip. Minerva, 1824, pp. 217-218; A. PIERIBONI, *Cenni biografici del sig. Luigi Castellini, celebre naturalista vicentino*, Vicenza, 1825 e la breve nota biografica di T.A. CATULLO, *Luigi Castellini*, in *Biografie degli italiani illustri nelle scienze, lettere ed arti del secolo XVIII e de' contemporanei*, a cura di E. DE TIPALDO, I, Venezia, Tip. Alvisopoli, 1834, pp. 380-381, poi ripubblicata anche in *Prospetto degli scritti pubblicati da T.A. Catullo*, a cura di G.B. RONCONI, Padova, Sicca, 1857, p. 73. Sulla bibliografia relativa a Maraschini si è soffermato P. PRETO, *I «lumi» a Vicenza*, in *Storia di Vicenza*, cit., p. 390, da integrare con il saggio compreso nel presente volume (P. PRETO, *I geologi vicentini dell'800: dall'amore della terra all'amore della patria*): in questa sede è sufficiente ricordare S. RUMOR, *Gli scrittori vicentini*,

complementare divisione dei ruoli – collezionista instancabile, studioso autodidatta e legato alla propria terra il primo; naturalista viaggiatore e geologo di ampia cultura europea il secondo – ma anche uno spaccato emblematico della vivacità scientifica legata alla ricerca sul terreno che pervadeva la «scuola geologica» vicentina nella prima metà dell'Ottocento[10].

La realizzazione di una ricerca mirata su queste due personalità della scienza veneta del primo Ottocento è stata sollecitata dai risultati del lavoro di riordino del cospicuo fondo cartaceo *G. Arduino,* conservato presso la Biblioteca Civica di Verona:[11] al termine della catalogazione è emerso infatti che quasi due buste sulle sei complessive non contenevano materiale settecentesco relativo all'attività di Giovanni Arduino, ma un vero proprio fondo autonomo composto da lettere, appunti e quaderni manoscritti autografi appartenuti a Luigi Castellini[12]. È molto probabile che queste carte siano state trattenute dal naturalista bellunese Tommaso Antonio Catullo (1782-1869) durante il trasferimento della collezione Castellini da Castelgomberto all'Università di Padova in seguito all'acquisto effettuato nel 1841 da parte delle autorità accademiche proprio su pressione dello stesso Catullo, che dal 1829 era professore di Storia Naturale all'ateneo patavino[13]. Questi risultava anche possessore delle carte dei due fra-

cit., II, pp. 265-267 (con bibliografia degli scritti di Maraschini) e la recente scheda di G.L. Fontana, *Pietro Maraschin*, in *Il Vicentino tra rivoluzione giacobina ed età napoleonica 1797-1813*, a cura di R. Zironda, Vicenza, 1989, pp. 227-229.

10) Cfr. G.L. Fontana, *Geologi a Santorso. Scienza e fermenti patriottici nelle ville Pasini e Marzari Pencati. La «scuola geologica» a Vicenza e Schio*, «Maggio a Santorso. Arte, tradizione, storia, attualità», 3 (1975), pp. 25-31.

11) Il cui catalogo completo è ora disponibile in E. Vaccari, *I manoscritti di uno scienziato veneto del Settecento: notizie storiche e catalogo del fondo «Giovanni Arduino» della Biblioteca Civica di Verona*, «Atti dell'Istituto Veneto di Scienze, Lettere ed Arti», 151 (1992-1993), Classe di Scienze fisiche, matematiche e naturali, pp. 271-373.

12) Questo materiale, che copre il periodo dal 1805 al 1822 circa, è attualmente conservato in Biblioteca Civica Verona, *Fondo Arduino* [d'ora in poi BCV *Arduino*], bb. 761-762. Per il catalogo ragionato cfr. E. Vaccari, *I manoscritti di uno scienziato veneto*, cit., pp. 275-276, 281-282, 350-365.

13) Sulla vicenda dell'acquisto della collezione Castellini la ricostruzione più dettagliata resta ancora quella compilata dello stesso T.A. Catullo, *Cenni storici del Museo di Storia Naturale dell'I.R. Università di Padova e de' suoi Direttori*, in *Prospetto degli scritti pubblicati da T.A. Catullo*, a cura di G.B. Ronconi, Padova, Sicca, 1857, pp. 128-129. Sulla figura scientifica di Tommaso Antonio Catullo è necessario ricorrere alla voce biografica di M. Alippi Cappelletti, *Tommaso Antonio Catullo*, in *Dizionario Biografico degli Italiani*, XXII, Roma, Istituto dell'Enciclopedia, 1979, pp. 531-533; ma si vedano ora nel presente volume, per un preciso inquadramento dei suoi studi paleontologici, le pagine di N. Morello, *Problemi paleontologici nella geologia veneta dei primi decenni dell'Ottocento.*

telli Arduino, Giovanni e Pietro, fin dal 1835: è quindi presumibile che l'archivio di documenti appartenuti a Catullo (o almeno parte di esso), ovvero le sue carte personali unitamente ai manoscritti Arduino e Castellini, sia confluito nella biblioteca veronese come un *corpus* unico, dove tuttora si trova, suddiviso in due fondi distinti denominati *T.A. Catullo* e *G. Arduino*[14].

Si è quindi inteso basare il presente lavoro prevalentemente sull'inedito materiale autografo appartenuto a Luigi Castellini e rinvenuto nella Biblioteca Civica di Verona, proprio perché esso presenta già di per sè elementi di notevole interesse ed omogeneità: tra questi si segnala in primo luogo l'intenso carteggio tra Maraschini e Castellini intercorso tra il 1815 ed il 1822[15], che permette di ricostruire soprattutto le fasi della preparazione scientifica di Maraschini immediatamente precedente ai suoi scritti geologici più significativi del triennio 1822-1824, culminati con la pubblicazione del trattato *Sulle formazioni delle rocce del Vicentino*, stampato a Padova nel 1824[16]. Resta naturalmente auspicabile un possibile futuro ampliamento della ricerca attraverso l'utilizzo di ulteriori fonti primarie, in particolare le carte Maraschini conservate alla Biblioteca Civica di Schio ed a suo tempo segnalate da Paolo Preto e da Gian Luigi Fontana[17], che potranno certamente arricchire i risultati di un'indagine che appare fin d'ora assai stimolante.

Se Pietro Maraschini è uno scienziato piuttosto noto, positivamente considerato per i suoi lavori a stampa fin dai primi studi storico-geologici ottocenteschi[18], la figura di Luigi Castellini, che invece non pubblicò alcuno scritto, sarebbe stata quasi certamente dimenti-

14) Cfr. E. Vaccari, *I manoscritti di uno scienziato veneto*, cit., pp. 277-278, 283.

15) Composto da trenta lettere di Maraschini, quattro minute autografe di Castellini ed una lettera firmata insieme dai due studiosi.

16) P. Maraschini, *Sulle formazioni delle rocce del Vicentino*, cit.

17) Cfr. P. Preto, *I «lumi» a Vicenza*, cit., p. 390.

18) È significativo il commento di un geologo coevo come Leopoldo Pilla, che nel suo *Cenno storico sui progressi della Orittognosia e della Geognosia in Italia* (tuttora uno strumento di grande utilità per ricavare informazioni e bibliografia sulla geologia italiana del primo Ottocento), ricorda i «generali elogi riscossi dall'illustre abate Maraschini per l'impegno e l'assennatezza con cui ha rischiarata la costituzione geognostica dei monti del Vicentino», dal momento che «non v'ha geologo che ignori il suo eccellente lavoro sulle formazioni delle rocce di tutta quanta la predetta contrada» L. Pilla, *Cenno storico sui progressi della Orittognosia e della Geognosia in Italia*, «Il Progresso delle scienze, delle lettere e delle arti», 3 (1832), p. 215. Altri giudizi positivi in G. Meneghini, *Del merito dei Veneti nella geologia*, Pisa, Tip. Nistri, 1866, p. 23 e soprattutto in G. Dal Piaz, *L'Università di Padova e la scuola veneta nello sviluppo e nel progresso delle scienze geologiche*, Padova, Società Cooperativa Tipografica, 1922, p. 28.

cata senza l'impegno già ricordato di Tommaso Antonio Catullo. Infatti, oltre ad acquisire e conservare i manoscritti appartenuti a Castellini, il naturalista bellunese li aveva anche utilizzati per redigere una breve biografia dello studioso vicentino ed una accurata descrizione della sua notevole collezione geo-paleontologica[19].

Secondo Maraschini e Catullo, un momento decisivo per lo sviluppo degli interessi naturalistici del giovane Luigi Castellini, tornato a Castelgomberto dopo alcuni anni di studi a Vicenza ed a Padova[20], fu sicuramente l'incontro, avvenuto molto probabilmente tra 1781 e 1783, con l'abate Alberto Fortis (1741-1803) che dalla sua dimora in San Pietro di Arzignano si recava spesso a visitare i nobili Trissino a Castelgomberto. Fortis avrebbe infatti indirizzato l'allievo all'esplorazione geologica del territorio, conducendolo con sè nelle sue «montane gite» ed incoraggiandolo in particolare a costituire ed incrementare una raccolta organica di rocce e fossili valdagnesi[21]. In seguito, l'attenta lettura, spesso accompagnata da una minuziosa trascrizione, di molti scritti settecenteschi significativi sulla geologia e sulla paleontologia del Veneto (soprattutto i lavori di Arduino e Fortis) contribuì in modo non lieve ad irrobustire la preparazione scientifica di Castellini e la sua conoscenza bibliografica di un settore di studi in graduale ma costante espansione[22]. Proprio tali ricerche combinate – sul terreno e su testi specializzati – avevano quindi determinato, tra l'altro, un deciso ampliamento degli interessi collezionistici

19) Si veda T.A. CATULLO, *Luigi Castellini*, cit. (che comunque riprende in parte il breve elogio apparso in P. MARASCHINI, *Sulle fomazioni delle rocce del Vicentino*, cit., pp. 217-218) e l'«Esame generale sopra quanto si custodisce nelle stanze della collezione del fu signor Luigi Castellini di Castelgomberto» in T.A. CATULLO, *Saggio di Zoologia Fossile*, Padova, Tip. del Seminario, 1827, pp. 329-339.

20) Proveniente da una famiglia agiata, Castellini iniziò a studiare latino fin dall'età di otto anni: quindi frequentò a Vicenza le lezioni di economia rurale, fisica e storia naturale tenute dagli abati Trecco e Pieropan. Successivamente completò i propri studi a Padova seguendo un corso di anatomia umana e lezioni di greco antico (cfr. T.A. CATULLO, *Luigi Castellini*, cit.).

21) Cfr. P. MARASCHINI, *Sulle formazioni delle rocce del Vicentino*, cit., p. 218 e T.A. CATULLO, *Luigi Castellini,* cit. Per un inquadramento della statura scientifica ed intellettuale di Fortis si veda ora la documentata monografia L. CIANCIO, *Autopsie della Terra,* cit., mentre sui frequenti soggiorni vicentini dell'abate padovano si rimanda a T. MOTTERLE, *Il ventennio arzignanese di Alberto Fortis (1778-1798)*, «Valle del Chiampo. Antologia», 1975, pp. 123-170.

22) Si vedano a questo proposito i dodici quaderni manoscritti conservati in BCV *Arduino*, b.762, che contengono copie autografe di Castellini di vari scritti pubblicati soprattutto sul periodico veneziano *Giornale d'Italia* tra 1764 e 1775: tra gli autori si segnalano Giovanni Arduino, Albertó Fortis, Johann Jakob Ferber, Ignatz von Born, Francesco Griselini e Johann Friedrich Wilhelm Charpentier.

del conte vicentino per gli «ittioliti», cioè per i pesci fossili, in particolare provenienti dalla celebre «pesciara» di Bolca[23].

Nel 1805, a 35 anni, Castellini era già pienamente inserito nella rete degli appassionati collezionisti e degli studiosi dei fossili veneti, al punto che riceveva offerte per l'acquisto di intere collezioni naturalistiche. In una minuta di lettera del 22 febbraio di quell'anno (priva di indicazione del destinatario), oltre a rifiutare l'acquisto in blocco del Museo Bordoni – perché «convien prima riflettere maturatamente e alla spesa significante che si va ad incontrare e, non raddoppiare li pezzi che tra tanti posso avere, e forse doppj» – Castellini forniva le prime coordinate della sua raccolta geo-paleontologica, composta «d'una infinità di conchiglie delli due territorj Veronese, e Vicentino, non che d'altri fossili, e di moltissimi pesci di Bolca anco di sorprendente grandezza e conservazione»[24].

Tra le attività che emergono dalle prime lettere e dalle altre carte dello studioso vicentino si segnalano inoltre la preparazione di pesci fossili, rocce e minerali per l'invio ai vari corrispondenti che ne facevano richiesta, lo scambio di cataloghi di collezioni, a proposito dei quali Castellini si impegnò ripetutamente per migliorarne la struttura (ad esempio con indicazioni topografiche più precise e sistematiche), oltre naturalmente alla costante acquisizione di esemplari litologici e soprattutto paleontologici di vario genere[25]. Ma non mancavano problemi per l'acquisto del materiale paleontologico più pregiato, dovuti anche alla concorrenza di altri collezionisti: così, ad esempio, già nel 1812 Castellini si lamentava che «li montanari di Bolca insistono a

23) L'interesse per lo studio dei fossili di Bolca, fortemente incoraggiato dallo stesso Fortis (come ricorda T.A. Catullo, *Luigi Castellini*, cit.), è testimoniato anche da un manoscritto autografo di Castellini intitolato «Formazione delle montagne dette di Bolca e degli Ittioliti che ad esse appartengono», in BCV *Arduino*, b.762, VI.m (cc. 14*r*-31*v*).

24) BCV *Arduino*, b.761, V.g.2. La collezione Bordoni non è menzionata da P. Maraschini, *Sulle formazioni delle rocce del Vicentino*, cit., pp. 214-219 (che pure fornisce un elenco ragionato di «Collezioni diverse delle produzioni del Vicentino»), né da P. Preto, *Illuministi e scienziati*, cit., p. 401.

25) L'elenco dei corrispondenti di Castellini durante gli anni Dieci comprende, tra gli altri: Giobatta Pellegrini (che da Spilimbergo spedisce a Castelgomberto vari molluschi fossili friulani: lettere del 1812 in BCV *Arduino*, b.761, V.h.3-4 e V.g.8); il bolognese Vincenzo Sellari (che invia minerali in cambio di campioni di basalto vicentino: lettera del 1814 in BCV *Arduino*, b.761, V.h.6); Domenico Poli (che invia «crostacei» e «conchiglie» fossili da Crosara: lettera del 1814 in BCV *Arduino*, B.761, V.h.7); Gaetano Senoner (con cui si instaura uno scambio di minerali che arricchirà la collezione Castellini di esemplari provenienti dalla Francia e dalla Sassonia: lettere del 1816 e del 1819 in BCV *Arduino*, b. 761, V.g.4, V.g..6).

maltrattarmi, perché è un gran pezzo che non li veggo alla porta, e so che vendono altrove li loro ritrovati»[26].

La casa di Castellini a Castelgomberto divenne progressivamente meta di naturalisti interessati a visitare la sua collezione, ma anche ad effettuare escursioni geologiche nella Valle dell'Agno[27]: con queste motivazioni uno dei corrispondenti più noti di Castellini, il geologo vicentino Giuseppe Marzari Pencati (1779-1836)[28], inviava a Castelgomberto, tra il 1816 ed il 1817, due appassionati «mineralisti» come il naturalista parmense Giovanni Bonaventura Porta ed il barone trentino Vincenzo Ferdinando De Taxis[29]. Quest'ultimo, a sua volta, presentava qualche anno dopo Aloisio de Pfaundler «Ispettore del Demanio del Tirolo, naturalista e mineralogo»[30], mentre in precedenza il vicentino Francesco Testa (1761-1846), in contatto con Castellini tra 1818 e 1821, non aveva perso l'opportunità di inviare a Castelgomberto un possibile nuovo interlocutore sul fronte dello scambio di pezzi da collezione come il veneziano Giacomo Sani, possessore di preziosi minerali provenienti dal Brasile[31].

Proprio in questi anni, probabilmente nel gennaio del 1815, si può datare anche l'inizio del carteggio con l'abate scledense Pietro Maraschini, uomo di spiccata cultura illuministica e possessore di una ricchissima biblioteca umanistica e scientifica, ma i cui prepon-

26) Minuta di lettera a Giobatta Pellegrini in BCV *Arduino*, b.761, V.g.8.

27) È il caso di Rodolfo Przystomovski, uno studioso di probabili origini polacche, che da Verona aveva scambiato vari campioni di rocce con Castellini, ma si era recato anche nel Vicentino per effettuare diverse escursioni geologiche (cfr. lettere del luglio 1820 in BCV *Arduino*, b.761, V.h.19 e V.g.7).

28) Su di lui si vedano in particolare L. PASINI, *Notizia sulla vita e sugli studj del conte Giuseppe Marzari Pencati, vicentino, I.R. Consigliere delle Miniere*, Milano, Stamp. Imperiale, 1836 (poi anche in *Biografie degli italiani illustri*, a cura di E. DE TIPALDO, cit., IV, 1838, pp. 444-458) e S. RUMOR, *Gli scrittori vicentini*, II, cit., pp. 300-303 e ora anche P. PRETO, *I geologi vicentini dell'800*, cit., pp. 60-64.

29) Cfr. le lettere di Marzari Pencati in BCV *Arduino*, b.761, V.h.11 e V.h.13. La collezione geo-paleontologica del barone De Taxis costituisce il nucleo più antico (anche se non più individuabile) del museo Tridentino di Scienze Naturali, come ricorda G. TOMASI, *Le collezioni geologiche del Trentino* (saggio compreso nel presente volume). Giovanni Bonaventura Porta resterà in contatto con Castellini anche successivamente, in seguito ad ulteriori escursioni geologiche nella Valle dell'Agno (cfr. lettera del 4 ottobre 1820 in BCV *Arduino*, b. 761, V.h.20).

30) Lettera a Castellini da Trento, 7 settembre 1819 (BCV *Arduino*, b.761, V.h.18). Il rapporto con gli studiosi trentini e tirolesi non restò probabilmente legato ad incontri occasionali, dal momento che il Museo Castellini conteneva, come ricorda Catullo, «una numerosa ed istruttiva collezione di rocce del Tirolo» (T.A. CATULLO, *Saggio di Zoologia Fossile*, cit., p. 330).

31) Lettera a Castellini da Vicenza, 7 dicembre 1818 (BCV *Arduino*, b.761, V.h.16). Su Testa alcune informazioni biografiche in S. RUMOR, *Gli scrittori vicentini*, cit., III, p. 177.

deranti interessi geologici si erano già da tempo segnalati con la pubblicazione nel 1810 di alcune *Osservazioni litologiche* sui dintorni di Schio[32]. Dopo un primo periodo di studi naturalistici svolti a Vicenza e Padova, seguito da alcuni anni dedicati all'insegnamento ed all'attività di archivista, Maraschini si era infatti decisamente concentrato sulla ricerca geologica, anche in seguito alle incombenze legate all'incarico di Ispettore alle Miniere assegnatogli dal governo napoleonico. Del resto, non è un caso che i migliori geologi italiani attivi in Veneto ed in Lombardia nel primo ventennio dell'Ottocento, risultassero inquadrati come funzionari del Regno Italico all'interno del Consiglio delle Miniere e talvolta ricoprissero successivamente analoghi incarichi sotto il dominio austriaco. Oltre a Maraschini va ricordato lo stesso Marzari Pencati, che nel 1812 era succeduto nel ruolo di Ispettore alle Miniere ad un altro geologo veneto di spicco quale Giambattista Brocchi (1772-1826)[33], mentre a Milano il romano Scipione Breislak (1750-1826), autore nel 1811 del primo manuale di geologia pubblicato in Italia[34], ricopriva a sua volta la carica di Ispettore per la fabbricazione delle polveri e dei salnitri del Regno[35]. L'importanza di un indubbio legame tra la ricerca scientifica attuata

32) P. Maraschini, *Osservazioni litologiche intorno ad alcuni monti del Distretto di Schio, dipartimento del Bacchiglione*, «Giornale dell'Italiana Letteratura», 25 (1810), pp. 8-30. Sulla ricca biblioteca di Maraschini, considerata da Paolo Preto una «splendida testimonianza di una cultura vasta ed articolata» che spaziava dai classici greci e latini alla letteratura italiana e straniera, dalla storia alla filosofia (Maraschini fu anche traduttore di Voltaire e Rousseau), fino alle amate scienze naturali ed in particolare geologiche, si vedano P. Preto, *I «lumi» a Vicenza*, cit., p. 390 e P. Preto, *I geologi vicentini dell'800*, cit., pp. 58-60.

33) Marzari Pencati fu sollevato dal proprio incarico nel settembre 1814 in seguito alla soppressione del Consiglio delle Miniere, ma nel 1818 il governo austriaco lo promosse nuovamente Ispettore ai lavori minerari con un salario di 1500 fiorini (a condizione che svolgesse le sue ricerche nelle provincie venete) e successivamente lo nominò Consigliere delle Miniere *ad honorem* (cfr. L. Pasini, *Notizia sulla vita e sugli studj del conte Giuseppe Marzari Pencati*, cit., pp. 10-11). Su Brocchi si vedano la monografia di G. Berti, *Un naturalista dall'Ancien Régime alla Restaurazione. Giambattista Brocchi (1772-1826)*, Bassano del Grappa, G.B.Verci, 1988 e per un inquadramento dei suoi studi geologici L. Ciancio, *La difesa dell'ipotesi nettunistica*, in AA.VV., *L'opera scientifica di Giambattista Brocchi (1772-1826)*, Vicenza, Banca Popolare di Vicenza, 1987, pp. 55-65 a cui si aggiunge ora, nel presente volume, il saggio dello stesso L. Ciancio, *Giambattista Brocchi e la teoria dei vulcani sottomarini: conversione o ristrutturazione teorica?*

34) Si tratta di S. Breislak, *Introduzione alla geologia*, Milano, Stamperia Reale, 1811, voll. 2.

35) Su Breislak, uno scienziato ancora troppo poco studiato in relazione al valore dei suoi studi, si vedano L. Configliachi, *Memorie intorno alle opere ed agli scritti del geologo Scipione Breislak*, Padova, Tip. del Seminario, 1827 e L. Gennari – G. Rigault de Langrais, *Scipione Breislak*, in *Dizionario Biografico degli Italiani*, XVI, Roma, Istituto dell'Enciclopedia, 1972, pp. 118-120.

da questi geologi italiani ed il loro ruolo di tecnici-funzionari al servizio del governo prima napoleonico e poi austriaco, le ragioni che condussero al loro reclutamento e le modalità della loro formazione tecnico-scientifica all'interno di istituzioni statali preposte allo sfruttamento del territorio, sono tutti aspetti che meriterebbero indagini approfondite quanto indispensabili per meglio comprendere un complesso contesto di studi scientifici legati anche ad istanze politiche ed economiche.

Contemporaneamente all'inizio del rapporto con Maraschini, il carteggio di Luigi Castellini registra nello stesso anno 1815 alcune lettere inviate da un altro valente «orittologo» vicentino: Domenico Trettenero (1793-1852) di Recoaro[36]. Questi, in una lettera a Castellini del marzo 1815, accennava a varie escursioni geologiche intraprese nella vicina Valle dei Zuccanti con «l'amico Maraschini di Schio» che lo aveva fatto partecipe, tra l'altro, della scoperta del «Pirossene» in quella vallata[37]. È inoltre interessante notare come Trettenero attendesse con ansia il ricongiungimento a Castelgomberto di quello che egli definiva il «nostro triumvirato» (composto appunto da lui stesso, Maraschini e Castellini)[38]. Questo indicava chiaramente come tra queste figure piuttosto diverse tra loro, ma accomunate da un unico interesse di ricerca, si fosse instaurato un forte legame scientifico e umano.

Nel primo gruppo di lettere inviate da Maraschini tra il 1815 e 1816 prevale ancora, come nel caso di molti altri corrispondenti di Castellini, lo scambio di informazioni e di campioni geo-paleontolo-

36) Si veda la scheda biografica in S. Rumor, *Gli scrittori vicentini*, cit., III, p. 237 ed i cenni in L. Magnani – G. Trivelli, *Recoaro nell'Ottocento. Cultura, istruzione e sviluppo termale*, Vicenza, Neri Pozza, 1987, p. 52. Trettenero è stato elogiato per le sue osservazioni geologiche nella zona di Recoaro da L. Pilla, *Cenno storico sui progressi della Orittognosia e della Geognosia*, cit., p. 216-217. Nel 1850 pubblicò un saggio *Sulle acque minerali di Recoaro, con spaccato ideale delle roccie intorno alla Fonte Regia*, apparso nel quinto volume della rivista milanese «Il Politecnico».

37) Lettera da Recoaro del 2 marzo 1815, in BCV *Arduino*, b.761, V.h.9. In L. Bossi, *Dizionario portatile di geologia, litologia e mineralogia*, Milano, Giegler, 1819, la «Pirossena» viene descritta come «pietra vulcanica, lamellare, verde scuro, detta anche augite dal Brochant». Attualmente con il termine augite si indica un minerale del gruppo dei pirosseni, presente in rocce plutoniche e vulcaniche.

38) BCV *Arduino*, b.761, V.h.9. Naturalmente anche Trettenero avrebbe contribuito all'arricchimento della collezione Castellini, in particolare con l'invio di rocce, minerali, campioni di stalattiti e cristalli provenienti dalla zona di Recoaro (cfr. la lettera del 28 dicembre 1815, in BCV *Arduino*, b.761, V.h.10).

gici con relativi cataloghi[39]. Maraschini era solito inviare minerali e rocce, mentre Castellini ricambiava con la spedizione di fossili, ma anche di libri, particolarmente graditi dallo scienziato scledense. Tuttavia, dal carteggio emerge anche chiaramente come Maraschini stesse vivendo proprio in quegli anni un felice periodo di inesauste «corse montanistiche» per buona parte del Vicentino, spesso in compagnia di Domenico Trettenero. Si può forse ipotizzare che già allora il geologo di Schio stesse gradualmente raccogliendo i dati litologici per un progetto di vasta portata come quello poi espresso nel suo *Saggio geologico* del 1824. Sta di fatto che la febbrile attività esplorativa non conosceva soste ed anzi il periodo invernale era sempre paventato da Maraschini e Trettenero, che in varie lettere a Castellini sfogavano una certa frustrazione per non poter effettuare le amate escursioni geologiche sul terreno a causa della neve[40].

La stima reciproca e la collaborazione scientifica tra Castellini e Maraschini si andarono consolidando negli anni successivi anche attraverso incontri personali svoltisi in più occasioni a Castelgomberto, dove Maraschini, talvolta insieme a Trettenero, aveva aiutato personalmente a disporre ed a classificare la collezione dell'amico. Ben conscio dei propri limiti di autodidatta, Castellini avvertiva nettamente l'importanza della corretta classificazione di un materiale che doveva essere già allora, come avrebbe notato Tommaso Antonio Catullo circa dieci anni dopo, «d'un numero strabocchevole d'oggetti»[41]. Non a caso Castellini aveva richiesto ed ottenuto da Maraschini ancora nel 1816 informazioni precise sulla nomenclatura linneana delle «conchiglie» descritte da Niccolò Gualtieri nel 1742 per poter meglio classificare una parte della propria collezione[42]: ciò trova conferma nel commento di Catullo, che avrebbe effettivamente riscontrato nel Museo di Castelgomberto «una raccolta incompleta di testa-

39) Cfr. le lettere di Maraschini in BCV *Arduino*, b.761, V.i.1-16. Spesso la comunicazione tra i due studiosi verteva su problemi pratici legati alle difficoltà di spedizione e di ricevimento del materiale geologico e librario.

40) Si vedano le lettere di Trettenero (s.d., s.l. in BCV *Arduino*, b.761, V.h.29) e di Maraschini (da Schio, 25 febbraio, 20 aprile e 2 dicembre 1815, in BCV *Arduino*, b.761, V.i.4-5, V.i.11).

41) T.A.Catullo, *Saggio di Zoologia Fossile*, cit., p. 330.

42) Si veda la lettera di Maraschini da Schio, 31 gennaio 1816, in BCV *Arduino*, b.761, V.i.14. Per identificare molti esemplari di invertebrati fossili in suo possesso, Castellini si era avvalso fino a quel momento di N. Gualtieri, *Index Testarum Conchyliorum quae adservantur in Museo N. Gualtieri*, Florentiae, Typ. Galbizzini, 1742, un'opera finemente illustrata da ben 110 tavole. Niccolò Gualtieri (1688-1744) è noto soprattutto per i suoi studi sui foraminiferi fossili. Cfr. C. Fornasini, *Foraminiferi illustrati da Bianchi e Gualtieri*, «Bollettino della Società Geologica Italiana», 6 (1887), pp. 33-54.

cei, di pesci, e di altre quisquiglie dell'Adriatico, distribuita secondo il metodo Linneano»[43]. Inoltre, anche per classificare la sua sezione mineralogica Castellini aveva potuto usufruire della ricca biblioteca dell'abate scledense, che a tal fine gli aveva inviato una copia del *Tableau comparatif* del celebre cristallografo e mineralista francese René-Just Haüy (1743-1822)[44].

Si trattava comunque di comunicazioni piuttosto consuete in un carteggio scientifico ottocentesco: più singolare, invece, appare l'opportunità di collaborare ad un progetto comune che si presentò a Castellini ed a Maraschini all'inizio del 1817, in occasione della visita nel Vicentino dell'Arciduca Ranieri d'Austria (definito da Maraschini un «forte mineralogista»)[45]. In attesa di tale evento fin dall'estate dell'anno precedente e prevedendo che l'Arciduca avrebbe chiesto di visitare la Valle dell'Agno ed il museo Castellini, i due studiosi veneti avevano preparato un catalogo ragionato che descriveva una collezione geo-mineralogico-paleontologica del territorio vicentino da presentare in dono all'illustre visitatore[46].

La lettera di accompagnamento a questo catalogo, sottoscritta da entrambi nel marzo 1817, esordiva affermando che «la cognizione delle roccie, e la giacitura de' Minerali, e de' Fossili che vi sono annicchiati sono per tal guisa collegate alla Mineralogia, che male si presumerebbe parlare di questa, senza sviluppare la struttura delle

43) T.A. CATULLO, *Saggio di Zoologia Fossile*, cit., p. 330.

44) Si tratta di R.J. HAÜY, *Tableau comparatif des résultats de la cristallographie et de l'analyse chimique relativement à la classification des minéraux*, Paris, chez Courcier, 1809. Si veda la lettera di Maraschini spedita da Schio il 24 febbraio 1816 (in BCV *Arduino*, b.761, V.i.15). Su Haüy, autore di un fortunato *Traité de mineralogie* (Paris, chez Louis, 1801, voll. 4) e dal 1802 professore di mineralogia al Muséum d'Histoire Naturelle di Parigi, si consulti la dettagliata voce biografica di R. HOOYKAAS, *Haüy, René-Just*, in *Dictionary of Scientific Biography*, edited by C.C. GILLISPIE, VI, New York, Charles Scribner's Sons, 1972, pp. 178-183. Nel *Tableau Comparatif* Haüy confrontava i risultati ottenuti dai metodi cristallografico e chimico per la determinazione dei minerali affermando l'importanza di entrambi: nella sua teoria infatti le specie minerali si identificavano geometricamente (la forma della molecola costitutiva) e chimicamente (la composizione della molecola costitutiva). La classificazione di Haüy fu ampiamente adottata nelle scienze mineralogiche e cristallografiche del primo ventennio dell'Ottocento: cfr. J.G. BURKE, *Mineral classification in the early nineteenth century*, in *Toward a History of Geology*, edited by C.J. SCHNEER, Cambridge (MA) & London, The M.I.T. Press, 1969, pp. 62-77.

45) Lettera da Schio del 7 agosto 1816, in BCV *Arduino*, b.761, V.i.16.

46) La copia originale di questo scritto non è presente tra i manoscritti conservati a Verona: forse una bozza potrebbe trovarsi nel «Catalogo delle cose appartenenti allo studio della Storia Naturale che si ritrovano nei Distretti di Vicenza e Verona» incluso in un quaderno autografo di Castellini (in BCV *Arduino*, b. 762, VI.n, cc.5*r*-30*r*).

Montagne»[47]. In questo piccolo manifesto metodologico, quindi, Castellini e Maraschini affermavano l'importanza di mettere in relazione «geognosticamente» i minerali con le rocce «disposte secondo la loro formazione» e queste ultime a loro volta con i fossili eventualmente in esse contenuti. È il caso di sottolineare come in queste ed in successive affermazioni trasparisse evidente, oltre al riferimento agli insegnamenti werneriani[48], un richiamo implicito all'eredità scientifica di Giovanni Arduino.

Attestandosi su una posizione di estrema cautela, i due vicentini si proclamavano totalmente estranei a «quelle discussioni geologiche, che altre volte, e tuttora dividono le opinioni de' Litologi, nel determinare l'origine di alcune roccie, che frequentemente vi si riscontrano, e che taluni a vulcanica, taluni a nettuniana genesi attribuiscono»[49]. Contro le scelte di campo a favore di ipotesi rigidamente nettuniste o plutoniste, considerate un impedimento allo sviluppo delle scienze geo-mineralogiche in quanto viziate dallo «spirito di partito», la dichiarazione d'intenti di Castellini e Maraschini privilegiava una sorta di neutralità descrittiva, che rifuggiva in sostanza da ciò che essi definivano la «ricerca delle cause»[50].

47) Lettera datata Castelgomberto, marzo 1817, in BCV *Arduino*, b.761, V.i.17.

48) Sulla figura di Abraham Gottlob Werner (1749-1817) e sulle sue teorie geo-mineralogiche che costituirono la base della scuola nettunista alla fine del Settecento, si vedano l'ottimo profilo di A.M. Ospovat, *Werner, Abraham Gottlob*, in *Dictionary of Scientific Biography*, cit., XIV, 1976, pp. 256-264 e la monografia di M. Guntau, *Abraham Gottlob Werner*, Leipzig, B.G. Teubner, 1984. Sulla classificazione litologica werneriana si rimanda a A.M. Ospovat, *Reflections on A.G. Werner's «Kurze Klassifikation»*, in *Toward a history of geology*, cit., pp. 242-256. Le teorie werneriane ebbero ampia diffusione anche in Italia: alcune indicazioni in E. Vaccari, *Geologia e attività mineraria in Italia settentrionale tra Settecento ed Ottocento: l'influenza della «scuola di Freiberg» su alcuni scienziati italiani*, «Nuncius. Annali di Storia della Scienza», 7 (1992), n.1, pp. 93-107.

49) BCV *Arduino*, b.761, V.i.17.

50) «Contenti di esporre li fatti, – scrivevano Maraschini e Castellini – abbandoneremo la ricerca delle cause, intimamente convinti che tal sorte di questioni lungi dal contribuire a progressi della scienza, servano piuttosto ad inceppurli, facendo di frequente lo spirito di partito ascondere, o mascherare quelle circostanze, che contradicono al sistema abbracciato» (*Ibid.*, V.i.17). Sulla situazione delle scienze geologiche all'inizio dell'Ottocento ed in particolare sulla controversia tra Nettunisti e Plutonisti, che si sviluppò tra gli ultimi decenni del Settecento ed i primi anni del secolo seguente, si vedano le pagine di N. Morello, *La macchina della Terra. Teorie geologiche dal Seicento all'Ottocento*, Torino, Loescher, 1979, pp. 167-197; A. Hallam, *Le grandi dispute della geologia. Dalle origini delle rocce alla deriva dei continenti*, Bologna, Zanichelli, 1987, pp. 1-30; M.T. Greene, *Geology in the Nineteenth century. Changing views of a changing world*, Ithaca and London, Cornell University Press, 1982, pp. 19-68; R. Laudan, *From Mineralogy to Geology. The Foundations of a Science (1650-1830)*, Chicago & London, The University of Chicago Press, 1987, pp. 87-137; F. Ellenberger, *Histoire de la Géologie*. Tome 2. *La grande éclosion et ses prémices 1660-1810*, Paris, Lavoisier, 1994, pp. 265-273.

In realtà tale atteggiamento – che si potrebbe definire piuttosto «diplomatico», in considerazione del rango politico-istituzionale del destinatario della lettera – non poteva trovare pieno riscontro nei criteri adottati per l'ordinamento della collezione. Infatti, la classificazione delle rocce era dichiaratamente basata sui nuovissimi *Elementi di Orittognosia* del geologo nettunista napoletano Matteo Tondi (1762-1835), pubblicati in quello stesso anno 1817[51], mentre le nomenclature mineralogica e paleontologica seguivano rispettivamente, come si è visto, i criteri di Haüy ed in parte di Linneo[52].

In effetti, a distanza di circa un anno, Maraschini sembrava aver già abbandonato queste affermazioni di ostentata neutralità: certamente non si esprimeva a favore dei nettunisti quando nell'autunno del 1818 scriveva a Castellini da Milano annunciando il suo pieno gradimento per l'impostazione vulcanista delle *Institutions Géologiques* di Scipione Breislak, da poco pubblicate nella città lombarda come seconda edizione accresciuta della precedente *Introduzione alla geologia* del 1811[53]. Secondo Maraschini, infatti, Breislak «sviluppa il suo sistema con molto maggiore evidenza di quello che fece nell'*Introduzione* e mi piace. Trovo che il calorico che fa giuocare nelle formazioni può essere operativo, e vedo dove andò. Questo sistema non ha in conseguenza il difetto del sistema de' Tedeschi, del

51) M. TONDI, *Elementi di Orittognosia*, Napoli, presso Angelo Trani, 1817. Su quest'opera si veda L. PILLA, *Cenno storico sui progressi della Orittognosia e della Geognosia*, cit., pp. 75-76. Matteo Tondi viaggiò a lungo in Europa per scopi di istruzione geologico-mineraria dal 1789 al 1797, fu allievo di Abraham Gottlob Werner alla Bergakademie di Freiberg in Sassonia dal 1793 al 1795 e successivamente collaboratore del cristallografo Haüy al Muséum d'Histoire Naturelle di Parigi. Nel 1815, quattro anni dopo il suo ritorno in patria, Tondi fu nominato professore di «Geognosia» presso il Museo Mineralogico napoletano. Cfr. *Ibid.*, pp. 72-76; A. SCHERILLO, *La storia del «Real Museo Mineralogico» di Napoli nella storia napoletana*, «Atti dell'Accademia Pontaniana», 15 (1966), n.ser., pp. 5-18; R. DE SANCTIS, *La nuova scienza a Napoli tra '700 e '800*, Bari, Laterza, 1986, pp. 71-75.

52) «Nella distribuzione delle rocce e nella loro denominazione seguiremo il Sig, Tondi mineralogista Napoletano; la nomenclatura dei minerali sarà quella di Haüy che in Italia è la più conosciuta; useremo pe' fossili li nomi linneani, senza garantire per altro la perfetta applicazione, non formando essi ordinariamente che parte accidentale di un sistema geologico: ed essendo noto che li petrefatti, nel momento in cui furono inviluppati dalla sostanza terrosa, ancora molle, subirono talvolta delle modificazioni, per cui non si è facile determinarne la specie e che frequentemente mancano di tipi fra gli animali viventi ai quali solamente nelle forme generiche più o meno si avvicinano». Lettera di Castellini e Maraschini all'Arciduca Ranieri d'Austria, Castelgomberto, marzo 1817 (BCV *Arduino*, b.761, V.i.17).

53) S. BREISLAK, *Institutions Géologiques*, Milan, Imprimerie Impériale et Royale, 1818, voll. 3.

quale non si conosce il principio dissolvente e non si sa dove andarono l'acque dopo l'operazione»[54].

Maraschini si trovava a Milano in attesa di iniziare un viaggio geologico in Italia meridionale e particolarmente in Sicilia: grazie all'aiuto dell'amico Castellini egli fu anche in grado di portare con sè una piccola collezione geo-mineralogica del Vicentino (composta da una trentina di esemplari doppi del museo di Castelgomberto) da usare come merce di scambio con altri naturalisti e collezionisti meridionali[55]. Nel frattempo però richiedeva alcuni minerali da spedire a Breislak e si premurava di tranquillizzare Castellini a proposito di un progetto comune di classificazione litologica che rischiava di interrompersi a lungo a causa della partenza ormai imminente[56].

Infatti, dopo alcune traversìe burocratiche, Maraschini partì da Venezia nel gennaio 1819. È possibile ricostruire questo viaggio in dettaglio, poiché lo studioso scledense inviava regolarmente a Castellini lunghe lettere con preghiera di conservarle con cura in quanto esse costituivano un vero e proprio «Giornale di viaggio» sul quale Maraschini avrebbe voluto lavorare con più calma per ricavarne un saggio da pubblicare subito dopo il suo ritorno in patria[57].

Da Bologna, l'abate scledense attraversò gli Appennini e la Toscana osservando con attenzione rocce e strati calcarei, scisti e basalti per confrontarli con analoghi esemplari vicentini[58]. Quindi, fermatosi nella zona dei vulcani estinti dell'Agro Romano, raccolse vari tipi di antiche lave, alcune delle quali «in decomposizione», proseguendo poi fino a Velletri dove, su un terreno riconosciuto come vulcanico, non mancò di notare che «li monti sono ordinariamente di tufo»[59]. Del resto ad Albano egli aveva già individuato «lave disseminate nel

54) Lettera a Castellini da Milano, 28 novembre 1818, in BCV *Arduino*, b.761, V.i.20. Appare qui evidente la critica alla teoria nettunista, che assegnava all'azione sedimentaria delle acque la maggior parte dei processi litogenetici verificatisi sulla superficie terrestre.

55) *Ibid.*, V.i.20.

56) Lettera da Venezia, 22 gennaio 1819 (in *Ibid.*, V.i.21). Qui Maraschini affermava di aver «allestito un primo *cahier* per le classificazioni delle rocce del Vicentino, e vi ho fatti pochi cambiamenti, ad eccezione che nella disposizione dei pezzi, che andranno cambiati dal sito in cui si trovano attualmente. Prima di mia partenza vi spedirò quello che avrò fatto affinché possiate copiarlo».

57) Questo «Giornale di viaggio» si trova raccolto in due fascicoli (uno dei quali non è autografo di Maraschini) in BCV *Arduino*, b.761, V.l.1-2 (cc. 10 + 12).

58) Si veda la lunga lettera senza data (ma inviata quasi certamente nella primavera-estate del 1819), che rappresenta la prima parte del «Giornale di viaggio», in BCV *Arduino*, b.761, V.i.23.

59) *Ibid.*, V.i.23.

tufo» analoghe a quelle esaminate nei pressi di Montecchio Maggiore all'entrata della Valle dell'Agno[60].

Il 17 febbraio 1819 Maraschini giunse a Napoli: il Vesuvio era in eruzione – «vomita lava per due bocche; ma in piccola quantità» scriveva a Castellini – ma purtroppo, a causa del cattivo tempo e dell'imminente partenza per la Sicilia, non gli fu possibile salire sul vulcano e si dovette limitare a studiare le colline circostanti con alcuni esami litologici sui tufi, pomici e feldspati che le componevano[61]. Durante la permanenza a Napoli, il geologo vicentino trascorse molto tempo con il bassanese Giambattista Brocchi (a sua volta in viaggio in Italia meridionale per scopi scientifici), ma incontrò anche Matteo Tondi e Teodoro Monticelli (1759-1845), uno dei maggiori studiosi napoletani del Vesuvio, che gli fece dono di alcuni campioni rocciosi vesuviani[62]. Il rapporto con Tondi, contrariamente a quanto gli aveva prospettato Marzari Pencati che lo aveva conosciuto in Francia, fu decisamente cordiale[63]: le ripetute visite alla «grandiosa collezione delle Roccie» del geologo napoletano posero le basi ad un proficuo scambio ed omaggio reciproco di campioni geo-mineralogici al punto che ben presto Maraschini fu costretto a spedire a Castellini una lista di 25 pezzi da inviare urgentemente a Napoli con annessa descrizione. Inoltre, lo scienziato scledense si avvalse della collezione di Tondi per poter meglio comprendere e classificare il materiale lapideo osservato nelle escursioni sulle colline sub-vesuviane[64].

Alcune minute di lettere autografe di Castellini testimoniano che una cassetta contenente ben 73 pezzi tra rocce e minerali vicentini fu

60) *Ibid.*, V.i.23. Anche alcune escursioni sulle colline intorno a Roma avevano condotto al ritrovamento di tufi stratificati la cui giacitura veniva spiegata da Maraschini come risultato di una modificazione successiva alla loro origine vulcanica («...da che cosa hanno avuto origine questi tufi? Gli furono modificati e trasportati dall'acque, e conseguentemente sono stratiformi»).

61) *Ibid.*, V.i.23.

62) Su Monticelli, autore nel 1825 di un *Prodromo della mineralogia vesuviana*, si vedano R. De Sanctis, *La nuova scienza a Napoli*, cit., p. 76 e A. Nazzaro, *Vesuvius and the volcanologists, 1734-1860*, in *Rocks, Fossils and History*, edited by G. Giglia, C. Maccagni & N. Morello, Firenze, Festina Lente, 1995, pp. 135-136.

63) «Ricevo mille gentilezze dal Pr. Tondi, il quale non è poi quell'uomo di difficile accesso, che mi avea dipinto Marzari. Dite a Marzari, che mi ha detto di lui mille cose graziose, e che sente per lui la stessa amicizia, che avea quand'era in Francia» (lettera a Castellini in BCV *Arduino*, b.761, V.i.23).

64) Per il resoconto completo del soggiorno napoletano si veda ancora la lettera in *Ibid.*, V.i.23. La qualità e la notevole consistenza della collezione geologica di Matteo Tondi sono illustrate nel *Catalogo delle collezioni orittologica ed oreognostica del fu cav. Matteo Tondi*, Napoli, 1837.

realmente inviata a Napoli per essere recapitata a Tondi, sia pure con un certo ritardo[65]. Maraschini ne venne a conoscenza solo nel luglio 1819 quando si trovava a Messina al termine del suo viaggio siciliano, durante il quale aveva già raccolto e spedito a Castelgomberto una collezione di esemplari geologici disposti in cinque casse[66].

Nonostante gli impegni legati alla non sempre agevole condizione di viaggiatore, Maraschini non aveva dimenticato le esigenze dell'amico Castellini ed approfittando del periodo di studi a Napoli aveva elaborato una tavola di «modificazioni del sistema delle Roccie di Tondi tratte dalla sua Tavola Sinottica pubblicata nel 1818» per meglio classificare la collezione di Castelgomberto[67]. Inoltre, in una serie di cinque lettere inviate tra marzo e maggio 1819 il geologo scledense aveva regolarmente spedito a Castellini il suo «Giornale di viaggio in Sicilia»[68], ricco di osservazioni litologiche nei territori di Messina, Catania, Palermo ed Agrigento svolte in compagnia di un altro mineralista viaggiatore incontrato a Napoli, il francese Jean André Henri Lucas (1780-1825)[69]. L'ultima di queste lettere, scritta a più riprese tra il 27 ed il 28 maggio del 1819, si riferiva ad un tentativo di salita all'Etna, che da poco aveva iniziato una nuova eruzione: l'ascesa si interruppe però ad una quota relativamente bassa[70].

Nel marzo 1820, con il rientro di Maraschini a Milano in compa-

65) BCV *Arduino*, b.761, V.i.24. Il ritardo era stato causato da vari problemi di salute che avevano afflitto Castellini e Trettenero.

66) Lettera di Maraschini da Messina, 31 luglio 1819 (BCV *Arduino*, b.761, V.i.25), con una descrizione mineralogica del contenuto delle cinque casse inviate. Da qui alla fine del viaggio Maraschini avrebbe spedito altre tre casse (per un totale di otto, di 150 libbre l'una), contenenti prevalentemente rocce e minerali ma anche libri ricevuti in dono ed acquistati.

67) «Credo non vi sarà discaro – scriveva Maraschini – se vi comunico le modificazioni del sistema di Tondi, che potranno servire per Appendice alla Tavola che ne avete nella collezione» (*Ibid.*, V.i.25). Tondi aveva già pubblicato, al termine del suo soggiorno parigino, un *Tableau synoptique d'Oréognosie, ou connoissance des montagnes ou roches, donné par M. Tondi dans son dernier cours particulier en 1811*, secondo quanto scrive L. Pilla, *Cenno storico sui progressi della Orittognosia e della Geognosia*, cit., p. 227, che considera questo scritto «un quadro sinottico di oreognosia, nel quale egli [Tondi] distribuì le rocce secondo le vedute del Werner ma con sue particolari modificazioni.».

68) Conservato in BCV *Arduino*, b.761, V.l.1-2.

69) Lucas lavorava come «agent de l'Institut» presso il Muséum d'Histoire Naturelle di Parigi. Già autore di un *Tableau méthodique des Espèces Minérales* (Paris, 1806-1813, voll. 2), aveva da poco pubblicato un nuovo trattato, *De la Minéralogie* (Paris, 1818). Su di lui si veda la voce biografica in *Nouvelle Biographie Générale*, XXXII, sous la direction de M. le Dr. Hoefer, Paris, Firmin Didot Fréres, 1863, p. 126.

70) BCV *Arduino*, b.761, V.l.1 (cc. 9-10).

gnia di Lucas[71], il lungo viaggio giungeva alla sua conclusione. Nonostante la gran mole di osservazioni e il numero dei campioni raccolti, l'esperienza siciliana non condusse alla stesura di quella pubblicazione che durante il carteggio del 1819 sembrava invece essere così prioritaria nelle intenzioni di Maraschini, al punto da raccomandare a Castellini la massima riservatezza sul contenuto del «Giornale di viaggio» inviato dalla Sicilia[72]. I motivi di questa decisione al momento non sono chiari: forse influì anche il fatto che dopo appena un anno dal suo ritorno nel Vicentino, in seguito ad un probabile invito di Lucas, il geologo scledense aveva già intrapreso un nuovo viaggio in Francia, che questa volta si sarebbe tramutato in un vero e proprio soggiorno di studio.

Maraschini giunse a Parigi nel maggio del 1821 dopo un viaggio alquanto travagliato[73]. Dalle successive lettere a Castellini apprendiamo che il geologo vicentino seguiva assiduamente una buona parte delle lezioni settimanali tenute al Muséum d'Histoire Naturelle: tra i docenti indicati da Maraschini si segnalavano Étienne Geoffroy Saint-Hilaire (1772-1844) per lo studio dei vertebrati[74], Pierre-André Latreille (1762-1833) per gli invertebrati[75], René-Just Haüy per la mi-

71) Immediatamente comunicato all'amico Castellini (lettera da Milano, 13 marzo 1820, in BCV *Arduino*, b.761, V.i.26) al quale tra l'altro Maraschini annunciava una prossima visita insieme a Lucas, per far visitare a quest'ultimo le località vicentine di interesse geo-paleontologico. Si veda anche la risposta di Castellini (minuta di lettera da Castelgomberto del 19 marzo 1820, in *Ibid.*, V.i.27) in cui si annunciava che la collezione si era nel frattempo arricchita di molte nuove acquisizioni.

72) Cfr. la lettera da Messina del 31 luglio 1819 (in BCV *Arduino*, b.761, V.i.25): «Eccovi la continuazione delle mie note; che non amerei per altro che comunicaste a chi chi sia fuorché a Trettenero, che mi saluterete. Motivo di questo si è perché forse pubblicherò in seguito qualche cosa. Vi raccomando di conservarmi le lettere, che vi spedirò numerate».

73) Lettera a Castellini da Parigi, 31 maggio 1821 (in BCV *Arduino*, b.761, V.i.28).

74) Su questa figura centrale delle scienze zoologiche del primo Ottocento europeo, professore al Muséum fin dal 1793, esiste una discreta bibliografia di studi: si faccia riferimento, per le informazioni biografiche, alla voce di F. Bourdier, *Geoffroy Saint-Hilaire, Étienne*, in *Dictionary of Scientific Biography*, cit., V, 1972, pp. 355-358, mentre per il fondamentale contributo di Geoffroy Saint-Hilaire allo sviluppo della paleontologia evolutiva si vedano P. Corsi, *Oltre il mito. Lamarck e le scienze naturali del suo tempo*, Bologna, Il Mulino, 1983, pp. 315-364 e G. Laurent, *Paléontologie et évolution en France de 1800 à 1860. Une histoire des idées de Cuvier et Lamarck à Darwin*, Paris, Éditions du C.T.H.S., 1987, pp. 324-353.

75) Dal 1805 Latreille aveva lavorato come assistente-dimostratore («aide naturaliste») del celebre naturalista Jean-Baptiste-Pierre-Antoine de Monet de Lamarck (1744-1829), che dal 1793 insegnava zoologia degli invertebrati al Muséum. Nel 1820, quando Lamarck divenne completamente cieco, Latreille assunse l'incombenza dei corsi fino a quando gli fu assegnata la nuova cattedra di entomologia nel 1829: si veda R.W. Burkhardt, *Latreille, Pierre-André*, in *Dictionary of Scientific Biography*, cit., VIII, 1973, pp. 48-49 e P. Corsi, *Oltre il mito*, cit., p. 35.

neralogia e Pierre-Louis-Antoine Cordier (1777-1861) per la geologia[76]. Quest'ultimo insegnamento fu particolarmente apprezzato da Maraschini che adottò ben presto la nomenclatura litologica proposta da Cordier giungendo a stilare, sulla base degli appunti raccolti durante il corso, una versione italiana di tale classificazione, successivamente data alle stampe dopo il ritorno in patria[77]. Le settimane parigine del geologo scledense, ospitato dall'amico Lucas, si presentavano ricche di impegni: «Frequento li lunedì l'Istituto, – scriveva infatti Maraschini – e li sabato la Società Filomatica[78]. Le domeniche faccio le mie corse Geologiche nei contorni di Parigi colli Sig.ri Brongniart, Bertrand Geslin, Desmarets, ed Adouin»[79].

Il 12 giugno del 1821 Maraschini richiedeva a Castellini alcuni esemplari fossili di «conchiglie» per poter effettuare degli scambi a Parigi, ma (per la prima nel corso del carteggio fin qui esaminato) sollecitava l'amico a spedirgli esemplari «anco unici» della sua collezione, «affine di farli determinare». In questo modo, concludeva Maraschini, si sarebbero così risolti alcuni problemi di classificazione che da tempo angustiavano Castellini e lo stesso Maraschini ne avrebbe tratto beneficio poiché, scriveva, «essendo per leggere alla Società Filomatica una memoria sulla posizione geologica del Vicentino, che ho già terminata, e che sto traducendo, vorrei farla sussegui-

76) Cordier, geologo con una grande esperienza di studi tecnico-minerari, aveva viaggiato a lungo in Europa ed in Italia in particolare, dove tra 1803 e 1811 aveva analizzato le risorse minerali degli Appennini in qualità di ingegnere e quindi di Ispettore delle Miniere. Nel 1819 era stato nominato professore di geologia al Muséum parigino. (J.G. Burke, *Cordier, Pierre-Louis Antoine*, in *Dictionary of Scientific Biography*, cit., III, 1971, pp. 411-412).

77) P. Maraschini, *Distribuzione delle rocce e classificazione geologica dei terreni, esposte dietro il corso datone dal Sig. P.L. Cordier*, Milano, Imp. Regia Stamperia, 1823 (il testo era già apparso in due parti nella rivista milanese «Biblioteca Italiana» di Ottobre-Novembre-Dicembre 1822, pp. 376-398 e di Gennaio-Febbraio-Marzo 1823, pp. 104-111).

78) La Société Philomatique de Paris, fondata nel dicembre 1788 da un gruppo di giovani naturalisti tra i quali Alexandre Brongniart, era una società scientifica che organizzava anche corsi e lezioni aperti al pubblico: per la storia di questa istituzione si veda il volume collettaneo *La Société Philomatique de Paris et deux siècles d'histoire de la Science en France*, sous la direction de A. Thomas, Paris, Presses Universitaires de France, 1990 (in particolare i saggi di Jacques Roger e René Taton).

79) Lettera a Castellini da Parigi, 31 maggio 1821 (in BCV *Arduino*, b.761, V.i.28). Sulle figure di Brongniart e Bertrand-Geslin ci soffermeremo tra breve: gli altri due compagni di escursioni di Maraschini erano il naturalista e paleontologo Anselme-Gaëtan Desmarest (1784-1838), figlio del più noto Nicolas e dal 1814 professore all'École Vétérinaire di Alfort presso Parigi (cfr. la voce biografica di S. Le Tourneur, in *Dictionnaire de biographie française*, X, Paris, Letouzey, 1965, p. 1438 e P. Corsi, *Oltre il mito*, cit., p. 299) e lo zoologo Jean-Victor Audouin (1797-1841), allievo di Geoffroy Saint-Hilaire e collaboratore di Latreille al Muséum d'Histoire Naturelle (cfr. *Ibid.*, p. 322).

re da un altra memoria sui fossili e sui loro rapporti geognostici»[80]. Sia pure con qualche ritardo dovuto a disguidi postali, Castellini si premurò di inviare a Parigi alcuni dei suoi preziosi pezzi unici[81]: ciò evidenziava ancora una volta il rapporto di grande fiducia instauratosi da tempo tra i due studiosi vicentini e che non era mai venuto meno nonostante le differenze dei rispettivi stili di vita.

L'atmosfera di vivacità culturale e scientifica dell'ambiente naturalistico parigino dei primi anni Venti dell'Ottocento traspariva indubbiamente dal tono spesso entusiasta delle lettere inviate da Maraschini all'amico di Castelgomberto[82]: le lezioni al Muséum costituivano motivo di confronto e di discussione con personalità del calibro di Alexandre Brongniart (1770-1847) con il quale, ad esempio, lo studioso scledense si era trovato d'accordo sull'epoca di formazione dei tufi vicentini, considerata analoga a quella dei calcari terziari a ceriti del bacino di Parigi[83]. Tra l'altro, nel corso dei suoi viaggi europei, il geologo francese, era stato anche in Italia dove, con l'aiuto di Domenico Trettenero, aveva esplorato nel 1820 una parte del territorio vicentino, inclusi i dintorni di Bolca e la valle di Roncà[84]. A questo proposito Maraschini si rammaricava che Brongniart in quell'occasione non avesse visitato la collezione Castellini perché gli sarebbe stata di grande utilità, soprattutto per la realizzazione di alcuni lavori sulla geologia italiana a cui l'autorevole scienziato francese si stava dedicando proprio in quei mesi a Parigi[85].

80) BCV *Arduino*, b.761, V.i.29.

81) Cfr. le lettere di Castellini del 28 luglio e del 1° settembre 1821 insieme alla lettera di Maraschini del 18 agosto dello stesso anno, in BCV *Arduino*, b.761, V.i.31-34.

82) Sul panorama delle scienze naturali in Francia (ed a Parigi in particolare) nel primo trentennio dell'Ottocento è di grande utilità P. Corsi, *Oltre il mito*, cit., mentre sugli studi più specificatamente paleontologici si veda anche G. Laurent, *Paléontologie et évolution*, cit.

83) Lettera a Castellini da Parigi, 4 luglio 1821 (BCV *Arduino*, b.761, V.i.30). All'epoca del suo incontro con Maraschini Brongniart era ancora «ingénieuer en chef des mines» (sovrintentente alle miniere), ma di lì a poco, nel 1822 sarebbe subentrato ad Haüy sulla cattedra di mineralogia del Muséum d'Histoire Naturelle. Si veda la biografia di M. Rudwick, *Brongniart, Alexandre*, in *Dictionary of Scientific Biography*, cit., II, 1970, pp. 493-497, mentre sul contributo di Brongniart alla paleontologia stratigrafica G. Laurent, *Paléontologie et évolution*, cit., pp. 113-126.

84) Cfr. G. Meneghini, *Del merito dei Veneti nella geologia*, cit., p. 20.

85) Lettera a Castellini da Parigi, 12 giugno 1821 (BCV *Arduino*, b.761, V.i.29). I risultati degli studi geologici di Brongniart sul territorio Vicentino furono poi raccolti in A. Brongniart, *Mémoire sur les terrains de sédiment supérieur calcaréo-trappéens du Vicentin, et sur quelques terrains d'Italie, de France, et d'Allemagne, etc. qui peuvent se rapporter à la même époque*, Paris, Levrault, 1823. In questo scritto si descrivono vari tipi di rocce calcaree, talvolta associate a rocce vulcaniche, che tuttavia contengono fossili identici a quelli identificati nelle stratificazioni terziarie del bacino parigino e quindi vanno considerate della medesima età di formazione.

Per alcuni mesi, nell'estate del 1821, Maraschini si impegnò anche alla realizzazione del progetto di far disegnare e descrivere a Parigi gli invertebrati fossili e le «conchiglie» della collezione Castellini al fine di farli conoscere ed apprezzare anche ai «dotti conchiologisti» francesi: «lo studio delle conchiglie – scriveva infatti il geologo vicentino – è assolutamente necessario per la Geologia; e non si può fare a meno di averne una raccolta così di naturali, come di fossili, per li confronti. Qui ho l'avvantaggio di potere determinarle, giacché moltissimi si occupano in questo studio»[86]. Tuttavia, nonostante queste buone intenzioni, l'ambizioso progetto di illustrare una parte significativa della collezione Castellini in terra francese sembra non sia mai stato portato a termine.

Invece, verso la fine del suo soggiorno parigino Maraschini ebbe l'opportunità di pubblicare nel prestigioso *Journal de Physique* del marzo 1822 la memoria sulla «geognosia del Vicentino» che aveva già riscosso consensi nell'ambiente scientifico parigino dopo la presentazione alla Société Philomatique[87]. Nella lettera che conclude il carteggio con Castellini, spedita da Parigi il primo maggio 1822, Maraschini esponeva brevemente un elemento decisivo della sua interpretazione geologica del territorio vicentino, dovuto in primo luogo all'affinità con le idee di Giuseppe Marzari Pencati[88], poiché, mentre questi «colle sue dotte osservazioni in Tirolo, toglie totalmente al granito il suo diritto di primività, [...] e lo fa conoscere senza decisamente annunciarlo d'origine ignea, io – concludeva lo scienziato scledense – estendo il dominio del fuoco in moltissime rocce, che molti in Francia non osano ancora ammettere come tali»[89]. Si trattava certamente di un notevole rafforzamento rispetto alle affermazioni di cauto vulcanismo espresse tre anni prima, alla vigilia del viaggio in Sicilia.

In questa importante missiva Maraschini anticipava in modo alquanto esplicito la posizione che avrebbe successivamente adottato in alcuni saggi del 1823, quando – in seguito ad alcune ricognizioni

86) Lettera a Castellini da Parigi, 4 luglio 1821 (BCV *Arduino*, b.761, V.i.30).

87) P. Maraschini, *Observations géognostiques sur quelques localités du Vicentin*, «Journal de Physique», tome XCIV, Mars 1822, pp. 97-127; versione italiana in «Biblioteca Italiana», Aprile-Maggio-Giugno 1822, pp. 379-390 e Luglio-Agosto-Settembre 1822, pp. 77-89.

88) G. Marzari Pencati, *Notizia sopra un granito di massa sovrapposto sul fiume Avisio, in giacimento discordante, al calcare secondario; cioè adagiato in sovrapposizione immediata, entro le grandi valli dall'erosion lenta in esso calcare escavate* [...], supplementi al «Nuovo Osservatore Veneziano», n.118, 21 settembre 1820 e n.127, 21 ottobre 1820, ff. 6.

89) Lettera a Castellini da Parigi, 1 maggio 1822 (BCV *Arduino*, b.761, V.i.35).

svolte nel settembre di quello stesso anno in Val di Fiemme insieme a Domenico Trettenero ed al giovane geologo francese Charles Bertrand Geslin (1796-1863) incontrato durante il soggiorno parigino[90] – si sarebbe schierato a conferma della sovrapposizione e dell'età più recente del granito rispetto al calcare secondario, delineate da Marzari Pencati nel 1820 sulla base di osservazioni effettuate a Predazzo in Trentino[91]. Maraschini si spingeva anche oltre poiché, se i fatti osservati in Val di Fiemme gli avevano confermato «nella maggiore evidenza la posteriorità delle rocce granitoidee e doleritiche di Predazzo alla calcarea del Jura, a cui sono addossate», d'altro canto essi indicavano anche «la loro origine ignea con tutta chiarezza»[92].

Queste considerazioni entravano nel vivo di una disputa apertasi già da un anno: le affermazioni di Marzari Pencati sul granito di Predazzo, pur immediatamente sostenute da Scipione Breislak[93], erano state infatti sprezzantemente criticate dall'autorevole geologo tedesco Leopold von Buch (1774-1835) durante un incontro personale con lo studioso vicentino avvenuto nell'ottobre 1822[94]. Tuttavia, no-

90) Bertrand-Geslin, che nel 1830 sarà tra i fondatori della Société Géologique de France, era già stato in Italia nel 1820 al seguito del suo maestro Alexandre Brongniart (si veda la voce biografica di M. PREVOST, in *Dictionnaire de Biographie Française*, cit., VI, 1954, p. 287).

91) Cfr. G. MARZARI PENCATI, *Notizia sopra un granito di massa*, cit.; P. MARASCHINI, *Osservazioni sulle rocce pirigene della Valle di Fiemme dei Signori Bertrand-Geslin, Trettenero e Maraschini esposte in una lettera* [...] *al Signor Scipione Breislak*, «Biblioteca Italiana» Ottobre-Novembre-Dicembre 1823, pp. 351-366 (la lettera è datata Trento, 28 settembre 1823); P. MARASCHINI, *Sur les terrains problématiques du Tirol. Extrait d'une lettre à M. L. Cordier* (13 octobre 1823), «Annales des Mines», 8 (1823), pp. 629-634.

92) P. MARASCHINI, *Osservazioni sulle rocce pirigene della Valle di Fiemme*, cit., p. 364. Quest'ultima affermazione anti-nettunista sarà fortemente sostenuta da Scipione Breislak, secondo il quale «il punto principale è di conoscere se alcune rocce di cristallizzazione, cioè granitoidee e porfiritiche, le quali formano montagne ben anche estese, siano state prodotte da soluzioni acquose o da raffreddamenti di sostanze fuse; ciò che si è detto [a proposito delle ricerche di Marzari Pencati, Maraschini, Bertrand-Geslin e Trettenero, ndr] forma una prevenzione molto forte in favore di questo secondo articolo, ed io sono persuaso che la contrarietà la quale si osserva in alcuni per altro distinti geologi, nel riconoscere i fenomeni del Tirolo meridionale, nasca appunto dal timore di essere obbligati ad ammetterne le conseguenze che troppo si oppongono a principi ancora troppo radicati». S. BREISLAK, *Sulle osservazioni fatte da alcuni celebri geologi posteriormente a quelle del Sig. conte Marzari intorno alla giacitura de' graniti nel Tirolo meridionale*, Milano, Stamperia Reale, 1824, p. 19. Il riferimento finale è diretto, come vedremo, a Leopold von Buch, uno dei più autorevoli allievi di Werner.

93) S. BREISLAK, *Sulla giacitura delle rocce porfiritiche e granitose osservate nel Tirolo dal Sig. Conte Marzari Pencati*, Milano, Stamperia Reale, 1821.

94) Secondo quanto riportano G. DAL PIAZ, *L'Università di Padova*, cit., pp. 26-27 e B. ACCORDI, *Storia della geologia*, Bologna, Zanichelli, 1984, p. 66. Su von Buch si veda W. NIEUWENKAMP, *Buch, [Christian] Leopold von*, in *Dictionary of Scientific Biography*, cit., II, 1970, pp. 552-557.

nostante il peso indubbio della statura scientifica internazionale dello scienziato tedesco, le reazioni dei geologi coevi italiani furono sostanzialmente favorevoli a Marzari Pencati, come appunto nel caso di Maraschini, ma anche di Breislak e di Catullo[95].

Si trattava certamente, in primo luogo, del risultato di constatazioni sul terreno, ma anche di un graduale mutamento dei principali punti di riferimento in ambito geologico. Da qualche tempo infatti, nel nutrito gruppo dei geologi veneti ed in particolare tra i vicentini, non si guardava più solo alla tradizione mineralogica tedesca, ma anche e soprattutto alla Francia. Il soggiorno parigino di Maraschini ed i suoi contatti con diversi naturalisti transalpini (Lucas, Brongniart, Cordier, Bertrand-Geslin) non rappresentavano episodi isolati. Al contrario, intorno agli anni Venti dell'Ottocento si era stabilito un particolare rapporto di scambio scientifico specializzato tra Vicenza e Parigi. Di conseguenza, autorevoli scienziati francesi come Alexandre Brongniart venivano ad esaminare le caratteristiche geologiche del Vicentino, mentre geologi come Marzari Pencati prima e Maraschini poi, si recavano invece in Francia per soggiorni di studio e di ricerca sul campo[96]. Più tardi gli stessi scienziati veneti avrebbero guidato altri due francesi, rispettivamente Barthélemy Faujas de Saint-Fond (Marzari Pencati) e Bertrand-Geslin (Maraschini) in escursioni geologiche sui monti del Vicentino e del Trentino, mentre come si ricorderà, Domenico Trettenero aveva accompagnato Alexandre Brongniart nelle sue escursioni alla Valle di Roncà, Valle dell'Agno e Bolca[97].

È inoltre significativo quanto Maraschini scriveva da Parigi al geologo bassanese Giambattista Brocchi, per comunicargli che «la vostra *Conchiologia fossile* ha qui il più grande incontro [...] e l'ese-

95) Quest'ultimo scriveva che la «scoperta d'un granito terziario» a Predazzo, ufficializzata da Marzari Pencati, aveva condotto sul luogo «un buon numero di geognosti [...] per verificare se colassù vi esisteva realmente un fatto così straordinario; e quasi tutti convennero, *che i rapporti geognostici delle rocce cristallizzate coi sedimenti inferiori non ammettevano opposizioni, ma concordavano con la descrizione che di essi aveva precedentemente pubblicata il Marzari.*» T.A. Catullo, *Storia delle osservazioni fatte dai geognosti sulla sovrapposizione delle rocce cristallizzate*, Padova, Tip. del Seminario, 1825, pp. 37-38 (già pubblicato in «Giornale dell'Italiana Letteratura», ser.III, 2, maggio-giugno 1825). Si veda anche S. Breislak, *Sulle osservazioni fatte da alcuni celebri geologi*, cit., pp. 13-18.

96) Sull'esperienza parigina di Marzari Pencati, che fu allievo di Faujas de Saint-Fond e di Cuvier, si veda P. Corsi, *Oltre il mito*, cit., pp. 248-254.

97) G. Meneghini, *Del merito dei Veneti nella geologia*, cit., p. 20. Sulla figura di Faujas de Saint-Fond (1741-1819), professore di geologia al Muséum d'Histoire Naturelle dal 1793 al 1819 e convinto vulcanista, si veda J. Challinor, *Faujas de Saint-Fond, Barthélemy*, in *Dictionary of Scientific Biography*, cit., IV, 1971, pp. 548-549.

cuzione delle tavole viene citata come un esempio di perfezione, a cui nessuno è arrivato sinora: cosa ben singolare in bocca dei francesi»[98].

Si sono fin qui ricostruiti alcuni aspetti significativi dell'itinerario scientifico di Pietro Maraschini, che denotano la formazione di un geologo di spessore notevole, fino alla vigilia della pubblicazione, nel 1824, del «saggio geologico» *Sulle formazioni delle rocce del Vicentino*. Su Castellini, invece, nonostante le indicazioni provenienti dal carteggio e dalle sue carte manoscritte, non è facile esprimere una definizione complessiva che vada oltre quella di «appassionato collezionista»: chi formulava riflessioni geologiche, giudizi sui colleghi e sugli ambienti scientifici, era infatti sempre Maraschini, non Castellini. Quest'ultimo però non era digiuno di letteratura geologica, anzi, come si è visto, aveva saputo acquisire col tempo una buona conoscenza degli studi «orittologici» settecenteschi relativi in particolare al territorio vicentino.

Tra Maraschini e Castellini, due rappresentanti così diversi ma così legati fra loro della ricerca geologica veneta del primo Ottocento, si colloca anche la figura emergente, ma non di facile interpretazione (da un duplice punto di vista caratteriale e bibliografico), di Giuseppe Marzari Pencati. Sostenuto da Maraschini, dopo la svolta «vulcanista» maturata da quest'ultimo nel soggiorno francese, Marzari Pencati era rimasto in contatto anche con Castellini, che molto probabilmente ne condivideva idee e posizioni. In una lettera del 19 aprile 1822 il geologo vicentino chiedeva infatti a Castellini notizie di eventuali reazioni alle proprie recenti osservazioni litologiche in Trentino: «Scrivetemi di grazia se si trovò (fuori della Provincia) nessuna testa giusta, la quale abbia compreso che le sole osservazioni di de Buch, ajutate dal mio breve commento, bastano non solo a mettere fuori d'ogni dubbio la posteriorità del granito al calcare, ma altresì ch'esso vi abbia calato dall'alto al basso, e non sollevando gli strati come inclinerebbe a pensare il de Buch»[99].

La morte di Castellini, nel luglio 1824 a 54 anni, sopraggiunse nello stesso anno della pubblicazione dell'opera più nota di Maraschini, quel trattato *Sulle formazioni delle rocce del Vicentino* il cui pregio principale, come ha sottolineato Giorgio Dal Piaz, fu indub-

98) Lettera da Parigi, 19 ottobre 1821, citata da G. BERTI, *Un naturalista dall'Ancien Régime alla Restaurazione*, cit., p. 124. L'opera a cui Maraschini fa riferimento è G.B. BROCCHI, *Conchiologia fossile subappennina*, Milano, Stamperia Reale, 1814, voll. 2.

99) Lettera di Marzari Pencati da Vicenza, 19 aprile 1822 (in BCV *Arduino*, b.761, V.h.27).

biamente quello di aver presentato in dettaglio l'intera serie stratigrafica del Vicentino, sia pure basata quasi esclusivamente su caratteristiche litologiche[100]. Inoltre, questo studio, che meriterebbe un'indagine approfondita, ampliava notevolmente il campo di ricerca sulle rocce ignee tentando, tra l'altro, di applicare al Vicentino la teoria dei crateri di sollevamento[101].

Il «Saggio Geologico» *Sulle formazioni delle rocce del Vicentino* sembrava quindi inaugurare una stagione di studi maturi per Maraschini, che grazie a questo testo entrava con autorevolezza nel novero degli studiosi più accreditati della geologia dell'Italia nord-orientale. Invece la morte lo colse, poco più che cinquantenne, nel settembre 1825. In quello stesso anno Tommaso Antonio Catullo iniziava a catalogare sul posto l'imponente collezione Castellini a Castelgomberto, sul cui incerto destino si era espresso con preoccupazione lo stesso Maraschini fin dall'anno precedente[102].

Nell'arco di vent'anni, ricordava Catullo, Castellini aveva collezionato 474 pesci fossili e oltre 2000 tra rocce e minerali locali, «per non dire della ricca collezione di conchiglie fossili onde si adornava il grandioso suo Gabinetto»[103]. Solo nell'ottobre 1841 però, grazie alle insistenze di Catullo – che si era offerto di donare la propria raccolta geo-paleontologica sul Bellunese all'Università di Padova a

100) G. Dal Piaz, *L'Università di Padova*, cit., p. 28.

101) Cfr. M. Mezzacasa – G. Piccoli, *Chronology of the development of geological research in the Venetian region*, in *Rocks, fossils and history*, cit., p. 270.

102) Cfr. P. Maraschini, *Sulle formazioni delle rocce del Vicentino*, cit., p. 218 e T.A. Catullo, *Cenni storici del Museo di Storia Naturale*, cit., p. 128. Una sintesi del catalogo compilato da Catullo fu poi pubblicata nel 1827 (vedi T.A. Catullo, *Saggio di Zoologia* Fossile, cit., pp. 329-339). Certamente Catullo doveva essersi avvalso anche di una breve bozza di catalogo inclusa tra i manoscritti di Castellini, il «Quadro esposto al cielo del Museo Castellini di Castelgomberto» (in BCV *Arduino*, b. 762, VI.m, cc. 34*r*-35*r*), ma soprattutto di una serie di cataloghi relativi alla collezione paleontologica, considerati dal naturalista bellunese «esattissimi in quanto al richiamo degli oggetti, non così in quanto ai nomi che gli vennero applicati». Ma questo era dovuto al fatto – continuava Catullo – che «li detti cataloghi sono stati scritti tra il 1809 e il 1811, cioè in un tempo nel quale lo studio della zoologia fossile non poteva essere così diffuso tra noi, come lo era in qualche paese della Germania e della Francia per opera di alcuni pochi naturalisti: e si vede dalle aggiunte o postille fatte dal Castellini in varj luoghi del suo catalogo, ch'ei nudriva l'idea di raddrizzare l'antica nomenclatura. I detti cataloghi sono inoltre corredati di note interessanti, concernenti osservazioni locali fatte da molti naturalisti italiani» T.A. Catullo, *Saggio di Zoologia Fossile*, cit., p. 330.

103) T.A. Catullo, *Luigi Castellini*, cit.

patto che questa acquistasse l'intera collezione Castellini[104] – i fossili, i minerali e le rocce di quella che lo stesso Catullo aveva definito «una collezione la più famosa, la più ricca, la più preziosa che si conosca in Italia, e tutta nostra nazionale»[105] potevano finalmente trovare una sistemazione sicura.

104) Sulla vicenda si veda T.A. CATULLO, *Cenni storici del Museo di Storia Naturale*, cit., pp. 128-129.

105) *Ibid.*, p. 128

Agnese Visconti

GEOLOGIA, ISTITUZIONI NATURALISTICHE E DESCRIZIONE DEL TERRITORIO NELLA MILANO ASBURGICA DELLA RESTAURAZIONE

Per poter avvicinare e comprendere la situazione delle Scienze Naturali – e tra esse della Geologia, difficilmente scindibile dalle altre discipline in quanto non ancora autonoma – nella Milano della Restaurazione, e più in generale nel periodo che va dal 1814 alla proclamazione dell'Unità d'Italia, è opportuno ricordare che il ritorno degli Austriaci in Lombardia nel 1814 segnò un'immediata, grave e rapida decadenza di quanto era stato compiuto in epoca precedente.

Tale decadenza va attribuita, da un lato al disinteresse degli Austriaci nei confronti delle scienze in generale, e dall'altro al fatto che il passato naturalistico milanese non affondava le sue radici nei secoli, ma aveva una storia piuttosto breve.

Se si eccettuano infatti alcuni rari, isolati e sporadici episodi e personaggi[1], che non erano riusciti a dare alle discipline naturalistiche la stabilità, la saldezza e la continuità necessarie al loro progres-

1) Tra essi, Manfredo Settala, per il quale si veda A. Aimi – V. De Michele – A. Morandotti, *Musaeum Septalianum*, Firenze 1984; Carlo Archinto, ideatore dell'Accademia dei Cavalieri, avviata nel 1702, che si sciolse dopo appena sei anni; Clelia Borromeo del Grillo, fondatrice intorno al 1720 dell'Accademia dei Vigilanti, che però rimase legata alla persona della Borromeo; Luca Pertusati, la cui raccolta di strumenti di Fisica arricchirà il Liceo di Sant'Alessandro. Notizie su tali personaggi in A. Giulini, *A Milano nel Settecento*, Milano 1926; E. Verga, *Storia di vita milanese*, Milano 1931; A. Giulini, *Contributi alla biografia della contessa Clelia Borromeo del Grillo,* «Archivio Storico Lombardo»*, 1919*; e infine Pietro e Alessandro Verri, Cesare Beccaria, Alfonso Longo e gli altri membri dell'Accademia dei Pugni, per i quali rimandiamo a G. Gaspari, *La cultura a Milano tra riforma e rivoluzione*, in *La cultura a Milano tra riformismo illuminato e rivoluzione*, a cura di R. De Grada – V. Firenza – D. Generali, Milano 1989, pp. 25-58 e alla bibliografia ivi raccolta.

so e alla loro diffusione, possiamo dire che la vita scientifica della città aveva avuto inizio soltanto negli anni Settanta del Settecento, all'interno della politica centralizzatrice perseguita da Maria Teresa e da Giuseppe II. Alla base della decisione dei due sovrani di dotare la capitale lombarda degli strumenti necessari per l'avvio della pratica scientifica era stata la riorganizzazione del palazzo di Brera, di cui lo Stato austriaco si era impadronito dopo la soppressione dell'ordine religioso dei Gesuiti (1773) e che nel giro di pochi anni era stato trasformato in un centro culturale polivalente, intorno al quale avevano cominciato a ruotare le seguenti istituzioni scientifico-naturalistiche:

– la Società Patriotica per l'avanzamento dell'Agricoltura, delle Arti e delle Manifatture, fondata nel 1776 con fini economico-produttivi[2]. Si era trattato della prima associazione milanese che avesse abbandonato la pratica individuale e saltuaria tipica delle accademie letterarie[3] in favore della ricerca, dell'osservazione e della sperimentazione[4] conformandosi in questo modo alle acccademie d'oltralpe, e più in particolare alla Society for the Encouragement of Arts, Manufactures and Commerce, fondata a Londra nel 1754, e alla Oekonomische Gesellschaft, costituitasi a Berna nel 1759[5]. Della Patriotica fu segretario Carlo Amoretti, che si distinse per i suoi studi sui combustibili fossili[6];

– l'Orto Botanico, istituito nel 1774 come base per gli studi sulle piante. Con esso e con la costruzione al suo interno delle prime serre, era diventato possibile coltivare piante extra-europee provenienti da ogni angolo della terra[7];

2) Su di essa si veda V. Molla Losito, *La Società Patriottica di Milano*, in *Economia, istituzioni, cultura in Lombardia nell'età di Maria Teresa*, a cura di A. De Maddalena, E. Rotelli, G. Barbarisi, Bologna 1982, III, pp. 1039-1056.

3) Sulla diversa pratica tra accademie letterarie e accademie scientifiche rimandiamo a A. Quondam, *La scienza e l'accademia*, in, *Università, accademie e società scientifiche in Italia e in Germania dal Cinquecento al Settecento*, a cura di L. Boehm – E. Raimondi, Bologna 1981, pp. 21-67.

4) Sulle caratteristiche della pratica scientifica moderna rimandiamo all'ormai classico P. Rossi, *Immagini della scienza*, Roma 1977.

5) Su di esse e sull'associazionismo in generale nell'Europa del Settecento si veda U. Im Hof, *Das gesellige Jahrhundert Gesellschaft und Gesellschaften im Zeitalter der Aufklaerung*, Muenchen 1982.

6) Si vedano in particolare i suoi *Della torba e della lignite combustibili che possono sostituirsi alle legne nel Regno d'Italia*, Milano 1810; e *Della ricerca del carbon fossile, suoi vantaggi e suo uso nel Regno d'Italia*, Milano 1811. Entrambi sono il risultato delle sue ricerche e dei suoi esperimenti compiuti all'interno della Patriotica.

7) Su di esso si veda G. Liva, *L'istruzione superiore e universitaria e i principali istituti culturali milanesi dall'età teresiana al periodo cisalpino*, in De Grada – Firenza – Generali, *La cultura a Milano*, cit., pp. 59-73.

– le Scuole Arcimbolde[8], sede della prima cattedra di Storia Naturale, che era stata affidata ad Ermenegildo Pini, noto per le sue ricerche in campo mineralogico e per i suoi esperimenti sulla torba[9];

– il Museo mineralogico di S. Alessandro, fondato dallo stesso Pini per volontà del governo autstriaco, con il fine di integrare il Museo di Scienze Naturali di Pavia[10].

Con l'arrivo di Napoleone (1796) la situazione era mutata. Mentre infatti alcune istituzioni erano state soppresse, altre si erano vista assegnata una nuova funzione.

Così la Patriotica scomparve e i suoi membri andarono in parte ad ingrossare le file dei soci della Società di Pubblica Istruzione, avente «per oggetto l'avanzamento delle Arti, e soprattutto il sollievo del popolo, e la propagazione nella Lombardia delle cognizioni politiche e morali, che formano la base della libertà e della prosperità delle nazioni »[11], e in parte furono nominati membri dell'Istituto Nazionale Italiano, trasferito a Milano da Bologna nel 1811 e costruito sul modello dell'Institut National di Parigi.

Non subirono invece alcuna alterazione dal punto di vista del loro ordinamento interno, l'Orto botanico di Brera e il Museo di S. Alessandro, che però furono annessi al Liceo di Sant'Alessandro, fondato insieme con quello di Porta Nuova nel 1810[12].

E infine furono fondate istituzioni nuove, tra le quali ricordiamo il Consiglio delle Miniere del Regno Italico, costituito nel 1808 con il compito di promuovere le attività minerarie e metallurgiche. Alla testa di esso furono nominati Pini e Amoretti. Al Consiglio fu annesso un museo geologico e mineralogico, detto Museo Reale di Storia Naturale, nato dall'acquisto del materiale scientifico del collezionista piacentino Giuseppe Cortesi[13]. Esso avrebbe dovuto porsi come nu-

8) Su di esse si veda *Storia di Milano, XII: L'età delle riforme (1706-1796)*, Milano 1959, p. 621.

9) Si veda a questo riguardo il suo opuscolo *Della maniera di preparare la torba e di usarla a fuoco più vantaggioso dell'ordinario. Istruzione pubblicata per ordine del R. Governo della Lombardia austriaca*, Milano 1785.

10) Sul Museo di S. Alessandro si veda C. Rovida, *Elogio di Ermenegildo Pini*, Milano 1832, pp. 10-12; sul Museo di Pavia si veda A. Ferraresi, *Collezioni e Musei scientifici a Pavia tra Settecento e Ottocento*, in *Atti del terzo convegno "Storia della Fisica e didattica". Pavia 11-15 settembre 1989*, Pavia 1991, pp. 125-126.

11) Così in M. Meriggi, *Milano borghese. Circoli ed élites nell'Ottocento*, Venezia 1992, p. 11.

12) Su di essi si rimanda a B. Prina, *Le scuole classiche*, in *Gli istituti scientifici, letterari e artistici di Milano*, a cura della Società Storica Lombarda, Milano 1880, pp. 447-461.

13) Su di lui e sulle sue raccolte geologiche si veda C. Francou, *I cetacei del Pliocene piacentino*, Piacenza 1985.

cleo originario di un grande centro naturalistico, formato oltre che delle collezioni geologiche e mineralogiche anche di un Orto Botanico e di un Giardino Zoologico, e destinato, nelle intenzioni di Napoleone, a ricalcare l'esempio del Muséum National d'Histoire Naturelle di Parigi. Dello studio e dell'ordinamento delle collezioni del Museo milanese fu incaricato il naturalista veneto Giovanni Battista Brocchi che le integrò con l'acquisto di nuovi materiali e con il dono delle rocce e dei fossili da lui stesso raccolti nel corso dei suoi viaggi scientifici in Val di Fassa e lungo l'Appennino[14].

L'attività delle istituzioni fondate da Maria Teresa, Giuseppe II e Napoleone era però destinata ad essere ridotta, quando non addirittura bloccata, con il ritorno degli Austriaci in Lombardia (1814).

Completamente smantellato dal punto di vista dei suoi compiti e dei suoi scopi fu il Consiglio delle Miniere. Tanto che Brocchi, privato della sua carica, fu costretto a recarsi a Roma. Il materiale naturalistico, lasciato senza sovrintendente, venne depositato nel Gabinetto dei Minerali e Fossili di Santa Teresa sotto la custodia di Claro Giuseppe Malacarne dal 1816 al 1838 e poi di Giuseppe Balsamo Crivelli, che si era laureato in Medicina a Pavia e non aveva pertanto ancora alcuna specifica competenza naturalistica[15].

Sopravvisse invece alla distruzione l'Istituto Nazionale che però venne trasformato nell'I. R. Istituto del Regno Lombardo Veneto; un luogo morto, ridotto a languida esistenza, dove i soci non venivano reintegrati man mano che mancavano[16].

Non migliore la sorte dell'Orto Botanico, che rimase annesso, insieme con il Museo fondato da Pini, al Liceo di Sant'Alessandro, ma perse ogni validità scientifica. Se infatti il Liceo di Sant'Alessandro fu, insieme con quello di Porta Nuova, l'unico di tutta la Lombardia in cui la cattedra di Storia Naturale non fosse stata eliminata dal Piano degli Studi filosofici stabilito con la Sovrana Risoluzione del 28 settembre 1824, tale cattedra però non solo rimase attiva in via provvisoria, ma fu «accollata» a quella di Fisica e affidata ad un solo docente con trattamento economico di supplente[17]. L'insegnamento del-

14) Su Brocchi, i suoi viaggi scientifici e le sue raccolte rimandiamo agli *Atti del Convegno L'opera scientifica di Giambattista Brocchi (1772-1826). Bassano del Grappa, 9-10 novembre 1985*, Vicenza 1987.

15) *Ibid.*, p. 147 per l'attività svolta da Malacarne e Balsamo Crivelli.

16) *Indice generale dei lavori dalla fondazione all'anno 1888*, a cura del Reale Istituto Lombardo di Scienze e Lettere, Milano 1891, p. 2.

17) Sulle vicende relative alla cattedra di Fisica e Scienze Naturali si veda Archivio di Stato di Milano (d'ora in avanti ASM), *Istruzione Pubblica*, b. 95, f.460.

la Fisica e delle Scienze Naturali vi fu impartito fino al 1827 da Enrico Acerbi e poi da Giuseppe Balsamo Crivelli.

Lo scarso interesse degli Austriaci per la Storia Naturale è testimoniato infine dall'indifferenza, quasi dal fastidio con il quale nell'autunno del 1821 venne accolta la domanda di iscrizione alla Scuola montanistica di Schemnitz presentata dallo stesso Balsamo Crivelli, tanto che quest'ultimo di fronte agli ostacoli burocratici ed economici oppostigli si vide costretto a rinunciare al progetto[18].

Nel giro di breve tempo era così avvenuto che dell'intenso lavoro degli anni illuminati di Maria Teresa e di Giuseppe II, e poi delle iniziative e dei progetti di Napoleone si fosse quasi smarrita ogni traccia. L'attività dello scienziato divenne sotterranea, oscura, quasi segreta. Si disperse tra le mani dei raccoglitori, dei negozianti, dei collezionisti e dei venditori di conchiglie, di minerali, di rocce, mentre gli uomini colti, privati della possibilità di intraprendere una carriera scientifica soddisfacente, furono risospinti nella tradizione del diritto, delle lettere e delle arti. La continuità con l'illuminismo fu affidata a qualche nome isolato che per curiosità individuale o per legami di parentela con chi aveva partecipato al movimento dei lumi, riuscì a tenere vivo lo studio e la pratica del sapere scientifico. I nomi principali sono quelli di Vitaliano Borromeo, Giuseppe De Cristoforis e Carlo Porro. Essi sentirono forte l'esigenza di agire in proprio, privatamente, fondando nuovi luoghi di incontro, che diventarono presto dei piccoli centri di studio attorno ai quali finì per ruotare anche chi, come per esempio Balsamo Crivelli, svolgeva la sua attività all'interno delle istituzioni pubbliche.

Tra i primi centri fondati dall'iniziativa privata milanese fu il Museo mineralogico e geologico di Vitaliano Borromeo[19]. Il Borromeo, noto soprattutto per la sua attività in campo tecnico, economico e culturale e per essere stato presidente del Sesto Congresso degli Scienziati italiani tenutosi a Milano nel 1844, aveva studiato Scienze Naturali a Parigi e, prima di dedicarsi al Museo, aveva tentato di fondare un'Accademia di Agricoltura e Scienze Naturali allo scopo «di poter far rivivere mediante l'ideata istituzione il beneficio della cessata Società Patriotica»[20]. Ma questo suo proposito non era stata accolto dal governo[21].

18) ASM, *Autografi*, b. 110, f. 13

19) Su di esso si veda F. MOLINARI, *Museo mineralogico Borromeo*, Milano 1906.

20) ASM, *Studi p.m.*, b. 43, f. 11.

21) *Ibid.*

Borromeo non si era ritirato di fronte all'indifferenza degli Austriaci per i suoi interessi scientifici e aveva deciso di realizzare il suo progetto fondando un Museo mineralogico e geologico. Esso nacque con l'acquisto della collezione geologica di Scipione Breislak, che, dopo aver compiuto ricerche mineralogiche in Campania e aver insegnato Fisica a Napoli, era giunto a Milano nel 1802 per ricoprire la carica di ispettore dei nitri e delle polveri. Qui aveva continuato i suoi studi ed era stato nominato membro dell'I. R. Istituto del Regno Lombardo Veneto, che lo aveva incaricato di redigere una descrizione geologica della Lombardia[22]. Di tale descrizione però Breislak era riuscito a portare a termine solamente la parte relativa alla provincia di Milano.

Alla raccolta di Breislak, Borromeo ne aveva aggiunte in seguito parecchie altre, tutte quante indicative delle sue profonde conoscenze naturalistiche e dei suoi interessi per le questioni geologiche più dibattute: ne sono testimonianza i fossili del bacino di Parigi, i pesci del Monte Bolca, i materiali raccolti da Leopold von Buch a corredo della sua carta geologica del terreno tra il Lago d'Orta e quello di Lugano.

Ulteriore prova dell'iniziativa e dell'esuberanza assunta dai privati nella Milano scientifica degli anni Venti fu l'attività svolta da Giuseppe De Cristoforis, personificazione dell'immagine del facoltoso collezionista aristocratico che nella raccolta di oggetti naturalistici – egli era interessato soprattutto ai minerali, alle conchiglie e alle rocce – vedeva un modo di concretizzare e soddisfare le proprie aspirazioni di cultura e di prestigio. Attraverso il suo materiale naturalistico, De Cristoforis riuscì a intessere una fitta rete di rapporti con scienziati di ogni parte d'Europa, che si rivolgevano a lui per informazioni, prestiti o cambi di esemplari. Al pari di Borromeo, egli investì gran parte del suo patrimonio nell'acquisto di minerali e fossili, e vaggiò inoltre, allo scopo di procurasi gli oggetti naturalistici desiderati, per tutta l'Europa, e non solo nelle grandi capitali, ma fino agli estremi confini del Nord e dell'Est. Nel 1831, quasi a un decennio dall'inizio della sua attività di collezionista, De Cristoforis ebbe l'occasione di far compiere alle sue raccolte, caratterizzate fino ad allora dalla nota del dilettantismo e della passione, un salto qualitativo che le trasformò in un museo di impronta più scientifica e razionale. In quell'anno infatti egli entrò in contatto con il naturalista di origine ungherese Giorgio Jan, che aveva studiato Storia Naturale a Vienna e

22) A tale incarico accenna lo stesso Breislak nella parte introduttiva della sua *Descrizione geologica della provincia di Milano*, Milano, 1822, p. III.

insegnato all'Università di Parma[23]. Jan aveva bisogno di denaro: il governo di Maria Luisa aveva appena sancito la chiusura dell'università parmense a seguito dei moti insurrezionali del 1830-31. Egli si era così trovato costretto a mettere in vendita le sue collezioni naturalistiche. De Cristoforis le comperò nel 1831, dando così vita ad una delle collezioni più ricche della penisola. Questa raccolta, detta Museo Jan e De Cristoforis, avrebbe dovuto costituire, nelle intenzioni dei due proprietari, la base per la fondazione di una Società di Storia Naturale avente lo scopo di promuovere in tutta la penisola italiana, e non solo in Lombardia, lo studio delle Scienze Naturali. Ma il progetto, appoggiato tra gli altri anche da Borromeo, Balsamo Crivelli e altri, era prematuro e il governo austriaco non diede seguito alle ripetute richieste avanzate dai naturalisti milanesi[24].

La raccolta Jan e De Cristoforis costituì comunque, anche senza la fondazione della Società di Storia Naturale, il luogo dove tra la fine degli anni Venti e la fine degli anni Trenta si riunirono a studiare, discutere, consultare libri, analizzare e scambiarsi materiali e informazioni, molti tra coloro che sarebbero poi diventati dei naturalisti e degli scienziati a pieno titolo.

Tra essi i fratelli Antonio e Giovanni Battista Villa, due piccoli e oscuri burocrati, che, appassionati di minerali e di rocce, furono tra i più assidui frequentatori del Museo Jan e De Cristoforis. Essi riuscirono ad entrare in corrispondenza con gli studiosi d'oltralpe e nello stesso tempo a divulgare in Lombardia i risultati delle ricerche compiute all'interno delle istituzioni scientifiche europee; con la loro attività silenziosa e dimessa i due Villa contribuirono così a preparare il terreno per la rinascita della scienza lombarda[25]. Le loro raccolte naturalistiche, ragguardevoli soprattutto per quanto riguarda i minerali e le rocce lombarde, erano visitabili dal pubblico «dei concittadini e dei forestieri»[26].

23) A tale riguardo si veda C. Conci, *Il centenario di Giorgio Jan (1791-1866) e la fondazione ed il primo sviluppo del Museo civico di Storia Naturale di Milano*, «Atti della Società Italiana di Scienze Naturali e del Museo Civico di Storia Naturale di Milano», 106 (1967), pp. 8-9;

24) Materiali sulla Società ideata da De Cristoforis si trovano in ASM, *Studi p.m.*, b. 43, f. 11; e in Biblioteca del Museo Civico di Storia Naturale di Milano (d'ora in avanti BMCSNM), *Fondo Giorgio Jan*, bb. 2 e 10; *Fondo Giuseppe De Cristoforis*, bb. 2 e 3.

25) Testimonianza del loro ininterrotto lavoro in tal senso è il loro carteggio, conservato in BMCSNM, *Fondo Antonio e Giovanni Battista Villa*.

26) Cenni ai Villa e alle loro raccolte si trovano in *Milano e il suo territorio. Agli scienziati italiani nella Sesta loro Riunione l'anno 1844*, a cura di C. Cantù, Milano 1844 p. 236; e in *Lavori scientifici dei fratelli Villa*, «Il Politecnico», XII (1862), p. 112.

Non furono tuttavia i Villa a prendere in mano l'eredità del lavoro svolto da De Cristoforis. Tale compito toccò al nobile Carlo Porro, che sintetizzava nella sua persona la miglior tradizione illuministica e scientifica lombarda: egli era infatti pronipote dei fratelli Pietro e Alessandro Verri e nello stesso tempo nipote del naturalista e viaggiatore Luigi Castiglioni, noto per aver introdotto in Lombardia dagli Stati Uniti d'America, dove si era recato tra il 1785 e il 1787, la *Robinia pseudoacacia*.

Porro, laureatosi in Legge all'Università di Pavia secondo la tradizione nobiliare che prevedeva come unica carriera quella giuridica, cominciò a interessarsi alle Scienze Naturali nel corso di un viaggio in Europa centrale compiuto in compagnia di De Cristoforis e Jan. Partiti da Milano nel settembre del 1832 essi si erano recati a Vienna per assistere al Congresso degli Scienziati di lingua tedesca che si teneva in quell'anno nella capitale austriaca[27]. Da Vienna avevano quindi compiuto lunghi giri per visitare i gabinetti e le raccolte naturalistiche dei più eminenti collezionisti austriaci e ungheresi e per acquistare i minerali, le rocce e i fossili necessari ai loro studi. Il viaggio segnò la definitiva decisione di Porro di dedicarsi interamente alla Storia Naturale. A lui, interessato particolarmente alla Paleontologia e alla Malacologia comasca[28], andò il merito di aver saputo spostare sul piano scientifico e pubblico la passione individuale e dilettantesca di Borromeo, De Cristoforis e dei Villa.

Un accenno merita infine il geologo Giulio Curioni, laureatosi anch'egli in Legge a Pavia, che si era avvicinato alla Geologia grazie alla guida di Breislak e di Amoretti, e che, dopo la loro morte, aveva proseguito nella sua attività geologica senza collegamento alcuno nè con le istituzioni pubbliche, nè con i centri privati. Egli compì per proprio conto lunghe e frequenti escursioni nelle vallate delle Alpi centrali, fino a diventare il miglior conoscitore delle geologia delle zone montuose lombarde. Nel corso delle sue gite naturalistiche egli raccolse fossili e minerali che formarono una importante collezione.

27) Su di esso, e più in generale sui congressi degli scienziati tedeschi, si consulti *Kleines Quellenbuch zur Geschichte der Gesellschaft Deutscher Naturforscher und Aerzte*, Berlin-Goettingen-Heidelberg 1958; e D.v. ENGELHARDT, *Wissenschaftsgeschichte auf den Versammlungen der Gesellschaft Deutscher Naturforscher und Aerzte 1822-1872 Bibliographie der Vortrage und allgemeine Uebersicht*, «Schriftenreihe zur Geschichte der Versammlungen der Gesellschaft Deutscher Natuforscher», 4 (1987).

28) Si veda a questo riguardo la sua *Malacologia comasca*, Como 1830; e inoltre le sue considerazioni, fondate sullo studio delle specie del genere Helix, sulle variazioni delle specie stesse (BMCSNM, *Fondo Carlo Porro*). Per un commento a tali studi si consulti G. PANCALDI, *Darwin in Italia Impresa scientifica e frontiere culturali*, Bologna 1983, pp 123-128.

Il disinteresse degli Austriaci nei confronti delle discipline naturalistiche era però destinato ad affievolirsi a partire dall'agosto del 1838 con la comparsa di un clima di maggior apertura e risveglio. Esso coincise con il viaggio a Milano dell'imperatore Ferdinando I per l'incoronazione a re del Lombardo Veneto. Questo viaggio, che si proponeva di allargare i consensi verso la monarchia asburgica, fu accompagnato da una serie di provvedimenti a favore dello sviluppo economico e culturale lombardo. Particolare rilievo assunse in tale contesto la riorganizzazione con decreto 13 agosto 1838 dell'I. R. Istituto del Regno Lombardo Veneto in due sezioni distinte, una nella capitale lombarda e una a Venezia. A Milano l'Istituto riprese nuova vita. Già a partire già dal 1840 uscirono due pubblicazioni periodiche: il «Giornale dell'I. R Istituto Lombardo di Scienze, Lettere ed Arti» e le «Memorie dell'Istituto Lombardo di Scienze e Lettere».

Le riviste dell'Istituto diventarono fin da subito sede di vari studi di Curioni[29]. Il «Giornale» ospitò inoltre la descrizione a cura di Balsamo Crivelli dei fossili del Gabinetto di Santa Teresa[30].

All'interno del nuovo clima voluto dagli Austriaci sorsero nello stesso 1838 parecchie nuove istituzioni, più direttamente collegate all'inziativa dei singoli cittadini. Tra esse ricordiamo la Società d'Incoraggiamento delle Arti e dei Mestieri, voluta dall'imprenditore Enrico Mylius con il fine di favorire lo sviluppo dell'economia e delle conoscenze tecnico-produttive[31].

29) Si vedano, limitatamente al periodo preunitario: *Sui terreni di sedimento inferiore dell'Italia settentrionale*, «Memorie dell'Istituto Lombardo di Scienze e Lettere», s. 3 (1845), pp. 185-209; *Cenni sopra un nuovo Saurio fossile dei monti di Perledo sul Lario e sul terreno che lo racchiude*, «Giornale dell'I. R. Istituto Lombardo di Scienze, Lettere ed Arti», XVI (1847) pp. 157-170; *Alcune osservazioni fatte sulla distribuzione dei massi erratici in occasione delle inondazioni nella provincia di Brescia nell'agosto 1850*, «Ibid.», s. 2, II (1850), pp. 194-206; *Esame di un esemplare di torba trovatosi presso Soresina*, «Ibid.», V (1853), p. 514; *Nota geologica sugli scisti bituminosi di Tignale sul Lago di Garda*, «Ibid.», VI (1854), pp. 257-263; *Sulla successione normale dei diversi membri del terreno triassico nella Lombardia*, «Ibid.» VII (1855), pp. 204-236, *Come la Geologia possa concorrere più direttamente ai progressi delle industrie*, «Ibid.», IX (1856), pp. 176-184, *Appendice alla memoria sulla successione normale dei diversi membri del terreno Triassico nella Lombardia*, «Memorie dell'Istituto Lombardo di Scienze e Lettere», s. 3, VII (1859), pp. 122-139.

30) G. Balsamo Crivelli, *Memoria per servire all'illustrazione dei grandi mammiferi fossili esistenti nell'I. R. Gabinetto di Santa Teresa in Milano e cenni sopra due mammiferi fossili trovati nella lignite di Leffe, nella provincia di Bergamo*, «Giornale dell'I. R. Istituto Lombardo di Scienze, Lettere ed Arti», III (1842), pp. 1-23.

31) Su di essa si rimanda a C.G. Lacaita, *L'intelligenza produttiva. Imprenditori, tecnici ed operai nella Società d'incoraggiamento d'Arti e Mestieri di Milano*, Milano 1990.

Di particolare rilievo inoltre, la rivista «Il Politecnico», fondata e diretta da Carlo Cattaneo con lo scopo di «appianare ai nostri concittadini con una raccolta periodica la più pronta cognizione di quella parte di vero che dalle più ardue regioni della scienza può facilmente condursi a fecondare il campo della pratica, e crescer sussidio e conforto alla prosperità comune e alla convivenza civile, persuasi che ogni scienza speculativa deve tosto o tardi produrre qualche inaspettato frutto all'umana società»[32]. Per quanto riguarda la Geologia, «Il Politecnico» ospitò fin dal primo numero saggi di Curioni e di Balsamo Crivelli[33], che anche in seguito collaborarono regolarmente alla rivista. Nel corso di tale collaborazione nacque assai presto un'intesa particolarmente felice tra Cattaneo e Curioni, che culminò nel 1844 con la pubblicazione delle *Notizie naturali e civili su la Lombardia*[34], curate da Cattaneo in occasione del Sesto Congresso degli Scienziati italiani. La redazione della parte del volume relativa alla Geologia fu infatti interamente affidata a Curioni.

Fondamentale per gli studi naturalistici fu infine la nascita del Museo Civico di Storia Naturale, destinato a diventare nel giro di pochi anni il centro più importante di tutta la Lombardia non solo per gli studi geologici, ma anche per tutte le altre discipline naturalistiche[35]. Nucleo originario di esso furono le collezioni di Jan e De Cristoforis, che, secondo i patti stabiliti tra i due proprietari al momento dell'unificazione dei loro materiali, avrebbero dovuto, alla morte di uno di loro, passare al superstite. Nel 1837 moriva improvvisamente De Cristoforis, il quale nel suo testamento aveva però contemplato anche la possibilità di cedere le raccolte al Comune di Milano, in cambio dell'assunzione di Jan come direttore di esse vita natu-

32) ANONIMO, ma C. CATTANEO, «Il Politecnico», I (1839), p. 3.

33) Si vedano in particolare, per Curioni: *Cenni sulla giacitura delle ligniti di Brentonico e sulla miniera di ferro di Besagno*, «Il Politecnico», I (1839), pp. 217-225; *Antica cava indigena di marmo cipollino nuovamente scoperta e geologicamente illustrata*, «Ibid.», II (1839), pp. 97-108; *Cenni geologici sui terreni terziari e specialmente su un banco di argilla conchigliacea marina recentemente osservato nella provincia di Bergamo*, «Ibid», pp. 403-441; *Di alcuni fatti geologici interessanti le industrie che si osservano presso Menaggio sul Lago di Como, lungo la linea di confine tra le rocce cristalline e le sedimentarie*, «Ibid.», III (1840), pp. 497-509; *Su la giacitura, l'escavazione ed il trattamento dei minerali di ferro in Lombardia*, «Ibid.», V (1842), pp. 401-416; per Balsamo Crivelli: *Descrizione di un nuovo rettile fossile dei teleusauri, e di due pesci fossili trovati nel calcareo nero sopra Varenna sul lago di Como dal nobile Ludovico Trotti, con alcune riflessioni geologiche*, «Ibid.», I (1839), pp. 421-431.

34) Milano 1844.

35) Su di esso si veda A. VISCONTI, *I 150 anni del Museo Civico di Storia Naturale di Milano (1838-1988)*, Pavia 1988.

ral durante. Grazie a tale disposizione e inoltre alla prontezza e all'impegno di Carlo Porro, le collezioni di Jan e De Cristoforis si trasformarono in un'istituzione pubblica: il Museo Civico di Storia Naturale, che fu affidato alla direzione di Jan fino al 1866.

Attorno al nuovo Museo si strinsero fin da subito numerosi naturalisti. Il primo tra essi fu Filippo De Filippi, che iniziò la sua carriera scientifica come geologo, con la pubblicazione dell'opuscolo *Sulla costituzione geologica della pianura e delle colline della Lombardia*[36], grazie al quale fu nominato aggiunto alla Direzione del Museo Civico. A Milano De Filippi rimase fino al 1847, anno in cui fu chiamato a dirigere il Museo Zoologico di Torino. Nel corso della sua attività presso il Museo Civico egli tenne ogni anno per la cittadinanza milanese un corso di Geologia «libero a chiunque e di livello universitario», dando così un importante contributo alla diffusione e alla divulgazione di tale disciplina nel capoluogo lombardo. Tra i frequentatori più assidui delle lezioni di De Filippi fu Giovanni Omboni, che grazie ad esse cominciò, come riferì più tardi egli stesso, «ad amare le Scienze Naturali e a farne oggetto di studio prediletto»[37].

Alla partenza di De Filippi per Torino, il posto di aggiunto alla Direzione del Museo fu affidato ad Emilio Cornalia, il famoso autore della *Monografia sul Bombice del gelso*[38], che al pari del suo predecessore aveva esordito nella sua carriera scientifica con un saggio di carattere geologico dal titolo *Sui progressi della Geologia nel secolo XIX*[39], che gli era valso l'incarico di assistente di Storia Naturale alla cattedra di quella Università[40].

Al Museo Civico si era inoltre accostato fin da subito Giuseppe Balsamo Crivelli, che ne era stato nominato conservatore già nel 1841. Il suo ingresso in Museo fu accompagnato da un lunga conferenza sui vantaggi dello studio della Mineralogia e della Geologia per il progresso economico, nella quale egli sosteneva la necessità di saldare le discipline naturalistiche, e più in particolare la Geologia e la Paleontologia, con il mondo dell'industria e della produzione. A tale riguardo egli notava in primo luogo l'arretratezza della Lombardia nel campo della descrizione del territorio e la conseguente mancanza di cognizioni relative alle ricchezze del suolo e del sottosuolo

36) Pavia 1840.

37) G. Omboni, *Filippo De Filippi. Lettera al redattore dell' «Illustrazione»*, Milano 1867.

38) Milano 1856.

39) Pavia 1847.

40) V. Trevisan, *Emilio Cornalia. Commemorazione letta all'Accademia fisio-medico-statistica di Milano*, Milano 1882.

della regione. «Quante inutili spese», egli proseguiva quindi, «si son fatte per trovar combustibili, spese che si sarebbero potute risparmiare se più conosciuta fosse la Storia Naturale del nostro paese. Difatti il geologo istruito non suggerirà mai il ricercamento di combustibile ove i dati scientifici danno indizio che non vi sono; però le poche cognizioni di molte delle nostre valli dipendenti dalla poca cultura della nostra Storia Naturale possono dar speranza che una volta ben conosciute, o non si sciuperanno somme in varie ricerche, o si avranno dati sicuri per ritrovare i combustibili stessi.» E infine portava qualche esempio concreto: «le nostre ligniti ben istudiate potranno guidare l'industriale a farne scelta e potrà il naturalista tecnologo indicare quali sono i mezzi che potranno rendere questo combustibile più utile nelle arti. Vaste ed estese sono le nostre torbiere, non tutte però il naturalista le riconosce di ottima qualità e può il suo studio indicare quali saranno i mezzi di migliorarle, quali delle torbiere meriteranno di essere profondamente scavate e quali invece possono dare poca speranza all'industriale»[41].

Le convinzioni di Balsamo Crivelli, che peraltro riprendevano in maniera più concreta e puntuale quanto Cattaneo aveva esposto nella premessa del suo «Politecnico», affondavano le loro radici nei decenni dell'assolutismo illuminato, quando la scienza era stata posta al servizio dello Stato «per il benessere e la felicità dei sudditi». Non diverse erano infatti state le riflessioni di Pini, quando nel 1771 aveva ufficialmente aperto presso le Scuole Arcimbolde il suo insegnamento naturalistico con una prolusione sull'utilità dello studio della Storia Naturale. Egli aveva infatti sottolineato «i vantaggi che da essa ridondano in altre scienze e arti, e precipuamente negli studi dell'architetto ingegnere, dell'estimatore di terreni /.../ e del fisico filosofo che dalla storia naturale può trarre le prove più convincenti di moltissime delle sue più probabili osservazioni e delle sue più felici applicazioni all'agricoltura e al commercio»[42].

Questo aspetto pratico delle Scienze Naturali, questo loro allontanarsi progressivamente dalla tradizione culturale classica per essere trascinate invece verso campi di attività più proficui e più direttamente legati alla sfera dell'economia, è alla base della nascita dell'Istituto di insegnamento della Geologia, fondato dall'ingegner Ambrogio Robiati nei primi anni Cinquanta con lo scopo di dare ai giovani milanesi la possibilità di acquisire le conoscenze di base in campo geo-

41) Archivio del Museo Civico di Storia Naturale di Milano (d'ora in poi AMCSNM), 1840, b. 3.

42) E. Pini, *Introduzione allo studio della Storia Naturale*, Milano 1773, citato in Rovida, *Elogio*, cit., p. 35.

logico. Vi tennero regolarmente le loro lezioni Balsamo Crivelli e inoltre Giovanni Omboni, che, grazie alle competenze acquisite, venne incaricato nel 1863[43] dell'ordinamento delle collezioni geologiche del Museo di Storia Naturale dopo il trasferimento di esso a Palazzo Dugnani.

A partire dagli anni Cinquanta cambiava radicalmente la posizione dell'Austria nei riguardi della Geologia. E non più tanto per fini diplomatici, come era avvenuto nel 1838, quanto piuttosto per la sentita l'esigenza da parte dello Stato di conoscere le proprie risorse e sfruttarle a scopi produttivi.

Va detto a questo proposito che fin dal 1832 i naturalisti austriaci avevano deciso, nel corso del Nono Congresso degli Scienziati di lingua tedesca tenutosi a Vienna in quell'anno, di abbandonare il sistema werneriano, sul quale si erano fondati fino ad allora per la costruzione di mappe particolari, relative soprattutto alle zone minerarie, e di mettersi in contatto con i Francesi[44] per stabilire i criteri e i simboli da adottare per l'esecuzione di una carta geologica generale dell'Impero. In vista di tale obiettivo era stato fondato nel 1849 a Vienna l'Istituto Geologico dell'Impero austriaco, avente il compito di perlustrare il territorio di tutta la Monarchia e di studiarne la costituzione geologica; di determinare i minerali, le rocce, i fossili raccolti nel corso delle perlustrazioni geologiche; di sottoporre ad analisi chimica tutte le terre, le miniere, i minerali e i prodotti metallurgici; di rivedere le carte geologiche esistenti, correggerle e compilarne di nuove. Alla direzione dell'Istituto era stato posto il consigliere Wilhelm Haidinger, mentre primo geologo era nominato Franz Hauer. Già nel 1850 Hauer aveva visitato il Lombardo Veneto per ottenere la collaborazione dei geologi locali e per accordarsi con loro allo scopo di istituire una Società Geologica in quelle due provincie[45]. Ma non ne era scaturito nulla.

I rapporti tra Austria e Lombardia diedero risultati migliori a partire dal 1855, quando Haidinger inviò in dono all'Istituto Robiati una

43) L'incarico venne assegnato a lui e ad Antonio Stoppani dal Consiglio Comunale di Milano con delibera 18 marzo 1863 (AMCSNM, 1863-64, b. 17).

44) Fin dal 1823 il Governo francese aveva affidato a ai due geologi Ours-Pierre-Armand Petit Dufrénoy e Jean-Baptiste-Armand-Louis-Léonce Elie de Beaumont l'incarico di stendere una carta geologica generale della Francia a scala 1:500.000. Essa fu pubblicata nel 1841 in sei fogli con il titolo di *Carte géologique de la France* (A. Visconti, *Le carte geologiche tra Settecento e Ottocento: dalla rappresentazione descrittiva al documento scientifico*, in *L'Europa delle carte*, a cura di M. Milanesi, Milano 1990, p. 65).

45) A. Senoner, *L'I.R. Istituto geologico dell'Impero d'Austria e rivista degli studi di Mineralogia, Geologia e Paleontologia nella Monarchia austriaca*, Bologna 1854. pp. 12-13.

raccolta di opere e di periodici accompagnata dalla seguente richiesta: «in interesse della scienza e nominatamente delle Geologia la sottoscritta Direzione si rivolge a Lei colla preghiera di voler porre in opera ogni forza onde istituire una Società colla tendenza di esaminare in via geognostica la Lombardia.»

Robiati era consapevole dei limiti delle istituzioni milanesi, legate all'iniziativa di pochi e prive di quel carattere ufficiale, saldo, durevole e pubblico di cui la Geologia avrebbe ormai avuto bisogno. Egli accolse così la richiesta di Haidinger e, nel corso di vari incontri tenutisi nel 1856 nelle sale del suo Istituto, riuscì ad attirare su di essa l'attenzione di parecchi naturalisti lombardi, che il 23 luglio dell'anno successivo si costituirono ufficialmente in Società Geologica residente in Milano[46]. Alla fondazione, la nuova Società contava 153 soci, tra i quali vi erano non solo geologi e naturalisti, ma anche industriali interessati alla ricerca dell'energia e più in generale alle problematiche relative alla produzione manifatturiera. Un esempio di tale presenza è la figura di Carlo Tinelli, proprietario dello stabilimento di S. Cristoforo per la fabbricazione di porcellane lombarde, che già nel marzo del 1859 aveva espresso il desiderio che «la Società si occupasse di un'analisi completa delle argille e delle marne allo scopo di migliorare i prodotti e togliere il bisogno di far venire dai paesi oltremontani ciò che abbiamo qui»[47].

Dal punto di vista scientifico la Società consentì ai geologi milanesi di uscire definitivamente dalla ristretta, se pur talvolta vivace e attiva dimensione privata o semipubblica che aveva fino ad allora caratterizzato il loro lavoro.

Nel frattempo, e cioé mentre Haidinger e Robiati cominciavano a lavorare alla costituzione della Società Geologica, iniziava la sua attività Antonio Stoppani. Da solo, senza essere in contatto nè con Curioni, nè con Balsamo Crivelli, nè con Cornalia, nè con Omboni[48]: quasi a indicare i limiti e lo stato di dispersione che caratterizzava le attività private milanesi.

Egli aveva cominciato a raccogliere minerali e fossili per passione, affascinato dal paesaggio della natia Lecco, «il più bello del mondo », come egli stesso diceva, quando non sapeva ancora che esistesse una scienza chiamata Geologia[49] e nel 1853 aveva pubblicato i

46) Su di essa e sulle vicende legate alla sua fondazione si vedano gli «Atti della Società geologica residente in Milano», I (1859), pp. 3-21.

47) Seduta 20 marzo 1859, «Ibid.», p. 125.

48) Così Giovanni Omboni, «Ibid.», seduta 27 febbraio 1859, p. 98.

49) Così in S. Nosotti, *La Paléontologie lombarde ou déscription des fossiles de Lombardie: ricerche geologiche e paleontologiche di Antonio Stoppani in Lombardia*, in *Antonio Stoppani*

suoi *Studi geologici e paleontologici sulla Lombardia*. Grazie ad essi egli aveva stretto amicizia con Cornalia, insieme al quale aveva in seguito avviato, a proprie spese, la pubblicazione della *Paléontologie Lombarde*[50], che si proponeva un'illustrazione generale degli animali e dei vegetali fossili della regione.

Tali lavori valsero a Stoppani la possibilità di entrare a far parte della Società Geologica, di cui fu nominato segretario e della quale redasse, insieme con Robiati e Cornalia, il programma iniziale. Esso consisteva nella costruzione di una carta geolgica di ampia scala della Lombardia; nell'esplorazione delle sostanze utili all'industria, in particolare, i metalli, le sostanze terrose, e i fosfati; nello studio delle rocce cristalline, dei graniti, dei serpentini; nello studio dei fossili soprattutto a Esino, Induno e S. Colombano[51].

Questo programma fu attuato solo in minima parte. Con la proclamazione dell'Unità d'Italia, a soli due anni di distanza, la Società cessava infatti di essere «geologica residente in Milano» e allargava, sotto il nome di Società Italiana di Scienze Naturali, il suo campo d'azione ad altri rami delle discipline naturalistiche, lasciando nel contempo al nuovo Stato il compito della descrizione geologica non solo della Lombardia, ma dell'intera penisola.

tra scienza e letteratura. Atti del Convegno Nazionale di studi. Lecco 29-30 novembre 1991, a cura di G.L. Daccò, «Materiali Monografie Periodiche dei Musei Civici di Lecco», 1, VI (1991), p. 9.

50) Stesa tra il 1858 e il 1881, la *Paléontologie lombarde ou déscription des fossiles de Lombardie* si compone di diversi fascicoli, ognuno dei quali dato alle stampe separatamente.

51) Seduta 23 gennaio 1859, «Atti della Società geologica residente in Milano», I (1859), pp. 70-80.

Hugh Torrens

THE BRITISH «MINERAL ENGINEER» JOHN WILLIAMS (1732-1795), HIS WORK IN BRITAIN FROM 1749 TO 1793 AND AS A MINERAL SURVEYOR IN THE VENETO AND NORTH ITALY BETWEEN 1793 AND 1795.

I dedicate this paper to Virgilio Giormani of Venice

Introduction

The history of the applications of geology to the «real» worlds of mineral exploration and prospection has been much less studied than the history of academic and other more theoretical aspects of geology (Torrens 1988). As a result the assumption is often made that the British, who largely failed to give any formal national training to their «mineral engineers» until about 1850, must have made rather little contribution to the establishment of mineral exploration skills, when compared for example with the Germans, who, in institutions like the Bergakademie in Freiberg, Saxony, had had formal State encouragement of mineral instruction nearly a century earlier (Porter 1973, p. 333).

On the other hand, we must remember that the century 1750-1850 was an Age of Revolutions. Germany's was Intellectual. That in France was Political (as John Williams was to discover!) whilst Britain's was Industrial. This last «Revolution» had been entirely fuelled by the native natural resources of the British Isles. As John Williams, the subject of this study, noted in 1787, «Britain receives more benefits from the bowels of the earth than perhaps any other nation» (Williams 1787). But such resources, however beneficial, had to have been located in the first place, however empirically. Since so many of the results of these experiments never reached paper (or at least paper which has survived), the historian can be easily misled and so is tempted to assume little such activity took place. The truth has to have been that there was much such activity.

To examine this problem, it is vital to uncover what «raw» archival or printed materials do survive of the careers of these, often unrecorded «mineral prospectors» (Torrens 1984) and especially those relating to men who were thought competent enough to be invited to work abroad in search of mineral deposits. Most often this was in search of coal, seen as *the* fuel which had allowed the British to gain such a long industrial lead, as in Russia (Torrens 1991) and other parts of Europe. But others later went much farther afield, like South America, in search of metals (Torrens 1995).

One of the earliest and most important of such men is the long forgotten Welsh-born John Williams (1732-1795), who went out to Italy to search for coal and other minerals in Dalmatia and the Veneto in 1793, but who died there in 1795, under rather tragic circum–stances. Williams' reward since his death has been a near-silence, like that shown by the entry in a standard work of 1971 (Challinor 1971, p. 208) that his «biography is unknown» except that he was «a director of mines».

When trying to investigate Williams' long-forgotten past, we face three major historiographic problems. The first is that he was a doer, not a thinker. Much of his 'practical' work will have suffered the normal 'papyrophobia' of such activities (Torrens 1994a, pp. 24-5). The second problem is that any Williams from Wales will have suffered the same historical fate as any English Smith or any North Italian Rossi or Bianchi. The sheer commonplaceness of his name in its original contexts means that there can be, and must remain, real confusion with others of this name.

The third problem is the most intractable. Williams spent different periods of his life in three different cultures; Welsh, Scottish and Italian. All were in part separated, at least potentially, by language and thus sadly separate history. The small amount of primary printed material uncovered about Williams has quite separate Welsh, Scottish, and Italian origins. From these it becomes clear how much better informed our single Welsh source was about Williams' origins and early years than any of the Scottish ones. Any Italian sources have remained ignorant of both.

The single Welsh source on Williams is due to his nephew, another John Williams of Kerry in Montgomeryshire, who informed Walter Davies (1761-1849) (Davies 1814, volume 2, pp. 323-5). Two of the Scottish sources, instead, rely on either Williams' son Mark Antony, a surgeon based in 1814 in Haddington, east of Edinburgh who informed Patrick Neill (1776-1851), then Secretary of the Wernerian Natural History Society in Edinburgh (Neill 1814a & 1814b) or on his maternal grandson William Anderson (1805-1866) (Anderson 1863, 1865). Anderson was a son of the marriage at Libberton, Midlothian on 29 August 1788 of Elizabeth Williams, one of John's daughters, to James Anderson. A third Scottish source, by James Millar (1762-1827) (Millar 1810, volume 1, pp. vii-viii), did not acknowledge any sources.

These four notices have very differing biasses and reliabilities. Gordon Herries Davies, who only knew of two (Millar 1810 & Neill 1814b), astutely noted (Davies 1969, p.138) how «sharply contradictory [they were] on many points».

Williams' Welsh origins

John Williams, according to the most reliable, Welsh, source was born in the parish of Ceri or Kerry, Montgomeryshire in «about 1732» (Davies 1814, volume 1, p. 324). Davies had been informed of this and other matters by Williams' nephew, yet another John Williams who still lived there. Scottish claims that Williams was the son of a Glamorgan clergyman (Neill 1814a, p. 255 & 1814b, p. 81) are incorrect. Kerry lay in a predominantly agricultural region of the Welsh borders. It is now a place famous for its sheep. Sadly, the prevalence of the name Williams means that 'our' John Williams can have been either the «son of Edward Williams [of] Gwernescob baptised 5 October 1731» or «ye son of John Williams of Weeg baptised 27 December 1732» (Anon. 1919, pp. 44 & 47). Since the Kerry parish registers give no names of the mothers of children (until the 1760's), no ages at death for people when buried there and fail to record any places of residence for those marrying, further genealogical exploration from this source is ruled out. Weeg and Gwernescob are neighbouring hamlets to the south west of the town of Kerry and the high probability is that both of the above families were already related.

Davies tells us only that Williams' «education went no higher than reading and writing a little English in the village school», but he was perhaps also bilingual in Welsh. Davies continues; «the operations of husbandry not being adapted to his innate genius, he quitted his native country before he was full grown, and was no more heard of there, until he had settled as a mineral surveyor in Scotland». This shows that he came from a farming family and had not been «bred a miner», as one Scottish source claimed (Millar 1810, volume 1, p. vii and has been repeated since by Cotterell 1985, p. 22).

But Williams clearly did spend some further time in Wales and as a miner. In his 1789 book *The Natural History of the Mineral Kingdom*, Williams refers to the following metal mines in Mid-Wales with which he was familiar.

1) Llangunog (Lead) (Williams 1810, volume 1, p. 228, 249; see Bick 1978, V, p. 25).

2) Darenfawr, Cardiganshire (Lead) (Williams 1810, volume 1, 230, pp. 350-1; see Bick 1978, III, pp. 10-15).

3) Cwmsymlog (Lead) (Williams 1810, volume 1, p. 349; see Bick 1978, III, p. 19).

4) Cwmystwyth (Lead) (Williams 1810, volume 1, p. 301, 349; see Bick 1978, I, p. 19).

From his further reference to the Duke of Powis' ownership of these mines and his note that «about forty years ago... I was pretty well informed of the mineral history» of Cardiganshire (Williams 1810, volume 1, p. 350), it is clear that Williams must have worked at all, or some, of these mines, for some period about 1749, when aged about 17 (Davies 1814, volume 2, pp. 509-18). Williams' first mining experiences were thus with veiniform minerals, not stratiform materials – like coal. No credence can be given to a much later, but Welsh, claim that «he is stated to have had a good deal of information from Iolo Morganwg [Edward Williams 1747-1826]» (Wilkins 1888, p. 335).

Williams next worked for some time in North Wales, where there were then large and important copper mines in Snowdonia and Anglesey, since his later Scottish patron, the 11th Earl of Buchan (David Stuart Erskine 1742-1829: see Lamb 1963), noted that Williams had «worked originally in Wales in the Copper Mines, and became an overseer there» (NLS MSS 996). This is confirmed by Neill (1814a, p. 255) who wrote that «while a boy he resided a good deal at the copper-mines of Anglesea». These mines were those visited by the geologist James Hutton (1726-1797) in 1774, a few years later (Jones et al. 1994-5). Davies (1814, volume 1, p. 324) also noted that Williams had «passed through Derbyshire» [another famous metal mining region] on his way into Scotland, but gave no other details.

Williams moves to Scotland

Williams' Scottish beginnings are badly recorded. One Scottish claim «that he was some time a soldier in the Dutch service» (Millar 1810, vii), simply cannot be confirmed. Printed records of the Scots Brigade in Holland (Ferguson 1899-1901) contain no reference to him and there seems little time available in which he could have so served in Holland.

The mystery surrounding Williams' earliest years in Scotland must be partly solved by the news (to which Charles Withers kindly drew my attention) that among the six surveyors and draughtsmen employed on the famous Military Survey of Scotland between 1747 and 1755 under General William Roy (1726-1790), "who have faded into obscurity", was a surveyor called John Williams (Whittington & Gibson 1986, p. 62). This seems certain to have been our John Williams.

As far as Williams' mining career in Scotland is concerned, James Millar stated, in a notice claimed by Williams' grandson as «incorrect in many respects and not sanctioned by his family» (Anderson 1863, volume 1, p. 133), that Williams «was engaged at [the famous lead mines at] Leadhills to superintend the process of extracting silver from lead» (Millar 1810). Some confirmation of this is given by Williams' own later references to these mines, which are near Wanlockhead in the South of Scotland (Williams 1810, volume 1, pp. 249-50 & 327). In addition Williams also noted his visits to a mine on the Isle of Islay (Williams 1810, volume 1, p. 344) and to the more famous mines at Strontian, in Ardnamurchan (Williams 1810, volume 1, pp. 227 & 249), which later yielded the element Strontium (Weeks 1948, pp. 302-5). Maybe all or some of these visits took place at this early stage in Williams' career?

Millar further claimed that Williams did not long remain at Leadhills, but that «soon after he came to Scotland, [he] was employed by some proprietors in the vicinity of Edinburgh to search for lead ore. He then became tacksman [a form of tenant in Scotland] of the coal of Carlops on the estate of Newhall [near Penicuik]..., unsuccessful in this undertaking, it was probably soon relinquished for an engagement with the Earl of Moray, to search for coal on his estate of Dunrobin, in the north of Scotland» (Millar 1810). These last estates belonged instead to the Earls of Sutherland (see below). This error must cast doubt on the reliability of the chronology given by Millar.

To add to the confusion with Williams' early years in Scotland, Neill (1814a, p. 256) instead placed Williams' time at the lead mines of Wanlockhead and at the silver mines of Silver Hills, West Linton (which are those noted above as 'in the vicinity of Edinburgh') *after* 1774. This was the same year to which Neill wrongly dated Williams' departure from Sutherland (see below)! So there must remain considerable doubt over the timing of Williams' early veiniform mining experiences in Scotland.

Williams' work for the Commissioners for the Forfeited Annexed Estates

This body, which Millar does not mention, became the main driving force behind Williams' next activities in Scotland. The Commissioners for the Forfeited Annexed Estates (hereafter CFAE) in Scotland were appointed in 1755 (Smith 1975). Their estates were those of the Jacobites, forfeited to the Crown after the political upheavals of the mid 18th century in Scotland, mainly in the Scottish Highlands (Wills 1973). Williams' first involvement with the CFAE came in 1763, when George Clerk-Maxwell (1715-1784), James Hutton's close friend and collaborator, sent Williams to Stobhall in Perthshire to search for coal and minerals there (SRO E 727/46/1, see Smith 1975, p. 53 & 1982, p. 32). Williams found an abundance of rock marle, lime and marble here (SRO E 777/138) and also made a trial for coal (SRO E 727/46/1). Williams was next sent by the Commissioners, who included Clerk-Maxwell, to look for coal in the North of Scotland, in Cromarty. Little was found, but by 16 June 1764 Williams had instead found coal in Sutherland (SRO E 727/45/6). He noted that «it was said there was plenty of coal on the Earl of Sutherland's estate» and, if the Earl did not intend to work this coal, proposed to ask the Earl for a lease and the Commissioners for an interest free loan of £1,000 for three years to help him work it (SRO E 727/45/6 & E 730/28). It was these early coal exercises at Dunrobin, in Sutherland, prospecting for and then working coals (now known to be of Jurassic age), which established Williams' career as a «mining surveyor» especially of coal and other stratified minerals.

His reports to the CFAE seem to have aroused Clerk-Maxwell's interest for he and James Hutton set off, in 1764, on an important fact-finding geological and mineralogical tour to the North of Scotland. This started from Edinburgh, and passed through the centre of Scotland via Loch Ness, to Inverness ending at Caithness. They returned south along the coast via Aberdeen back to Edinburgh (Playfair 1805, p. 45).

Williams and coal mining at Brora 1764-1769

Williams' hoped-for Sutherland coal mining lease was duly granted and as his grandson Anderson recorded, Williams now

> «took the coal-mines of Brora, in the parish of Golspie, from the Earl of Sutherland, and a farm near them called Waterford. His daughter, Elizabeth,

[Anderson's mother] was born at Brora, 13th April 1765... The farm proved a bad speculation, as Mr Williams lost a large sum of money in improving it to no purpose». As for the coal mine, «after he had put up an engine at the coal mine, [it] took fire, by which he lost a considerable sum, indeed nearly all that he possessed» (Anderson 1863, p. 132).

Two surviving letters describe Williams' activities at Brora in 1765-1766 (EUL La.II 82/4 ff 362 & 365). They are to Mrs Cummyng, wife of the keeper of Lyon records and the first Secretary to the Society of Antiquaries of Scotland, James Cummyng (1732-1793). They are some of the earliest manuscripts by Williams to have survived. The first is dated 1 May 1765, just after Williams' return from Edinburgh. It noted their delightful situation close by the sea at Brora and that «we are now at the coal, and raise as much as serves my own house & have an excellent fire. I hope to be raising some little for sale in about three months». The second dated 25 March 1766, from Brora, discusses Williams' two families! Williams' also noted that a too sanguine friend of Mrs Cummyng had hoped to find a Gold mine «by no other symptom than hazle [hazel] bushes» growing on it. Williams then gives his own views of how Gold occurs in nature and what «marks and indications» of it he would accept. He was clearly already regarded as something of an expert in mineral prospecting. Other details of Williams' work at Brora, and that £80 was paid to him for subsistence, are given by Smith (1982, p. 32). The records of Williams' other work for the CFAE for the period 1765-1767 also survive (SRO E 728/42). Williams continued to work for the CFAE while involved in coal mining at Brora. In 1767 he submitted his report on the lime quarry at Englishtown in the parish of Kirkhall in Southern Scotland (SRO E769/132).

More personal details of Williams' time at Brora are given by a later geologist, John Farey (1766-1826), sent to Brora to report on the coal workings there early in the next century. He noted that Williams' activities here had started in about 1764 and ceased in 1769. Farey also observed the low quality of the coal seams there and «how little Williams then knew of collierying» (Farey 1815a, pp. 448-9 & 1815b, p. 9). Farey alone also recorded that Williams had been threatened by the Kirk Officers at Brora «on account of a natural [illegitimate] child who had been born to him» there (hence the two families above), whom Farey met in 1812, still living at Brora.

This threat, and his financial problems, caused Williams to give up his Brora coal lease in 1769 after five years. The crisis had arisen when Williams suffered two major financial failures at Brora. These were while «the earl and countess [of Sutherland] were at Bath, on account of the health of the earl who died there. The young countess, their daughter, on succeeding to the Sutherland title and estates, was an infant scarcely a year old. The Earl's factor [at Brora], a Mr Campbell Combie, was a very harsh and arbitrary person, and would not do anything for Mr Williams. He refused even to entertain his claim either for the loss he had sustained by the coal mines, or for the money he had expended in improvements on the farm» (Anderson 1863, p. 132).

The Earl, William Sutherland (1735-1766) and his wife both died at Bath in June 1766 and Elizabeth, their daughter who was born on 24 May 1765, had to succeed on 16 June 1766 (Gibbs 1953, volume 12, part 1, pp. 562-3) in a very disputed minority.

Farey noted that in 1769 Williams now supposedly «removed to East Lothian». This, if true, must have been the home base for the very itinerant lifestyle which Williams now adopted. William Anderson instead wrongly claimed that Williams only worked for the CFAE *after* the debacle at Brora and then only for only eighteen months (Anderson 1863, p. 132). Neill proves equally unreliable, wrongly stating that Williams was at Brora between 1770 & 1774 (Neill 1814a, p. 256)! In any case the Brora coal-works were abandoned, in 1777, not long after Williams' departure, amid the usual stories of their failure having been due to bribery (Adam 1972, pp. lxi & 222).

After 1769 Williams now became an itinerant mining surveyor for the CFAE all over Scotland. The historical trail of such people is often hard to follow but in this case good records survive of his work for the CFAE over the summers of 1769 to 1775 (Wills 1973, p. xiv & SRO E 730/27 and SRO E 730/46). These show that Williams was, by April 1769, back mineral prospecting for the CFAE at Elgin in the North of Scotland. Here he found a promising lime quarry (Adams 1979, pp. 147-8). His 1770 Report (SRO E730/27) is on a mineral survey of Stratherig and Delleathich. 1771 saw his mineral survey of Perth. 1772 and 1773 found him in Cromarty, Forres & Appin (SRO E 727/46/28 (1-3). In 1773 Williams discovered the slates at Ballachulish (SRO E 730/27), which were later to be much exploited. In 1774 Williams was busy in the Fort William area, and working on the excavation of vitrified forts he had discovered (see below). Williams' last survey for the CFAE, in 1775, was at Nairn (SRO E 730/27).

Williams' entire career with the CFAE in Scotland, deserves further study, to uncover his working methods as a surveyor & prospector (SRO E 727/41). Full summaries, over 1770-1775, together with

Clerk-Maxwell's responses to Williams' reports, still survive (SRO E 727/46/28-49). These contain the final recommendation by George Clerk-Maxwell, on 21 February 1776, that Williams' work on Scottish mineral trials be abandoned.

The Parallel Roads of Glenroy

During the first summer after Williams had departed from Brora, he had also been busy for the CFAE in the Highlands near Ben Nevis. A letter he wrote, in September 1769 (but not published until 1903), shows that he had been busy examining the later famous «Parallel Roads of Glen Roy», whose debated origins have since made them «one of the chief geological curiosities of the British isles». They are claimed to have been first described by the Scottish tourist, Thomas Pennant (1726-1798), in 1776 (Davies 1969, p. 279). Williams' description is earlier. It is in the form of a letter to the Earl of Findlater (James Ogilvy 1714-1770) who was to commit suicide the following year. Williams' letter recorded that were three such «roads» along Glen Roy, along each of which he had walked on their north sides. Williams, perhaps not surprisingly, thought these were old military roads built to oppose Norse invasions. But, baffled by why there should have been three of them, he imagined that some were for outgoing and some for ingoing troops etc (Cramond 1903). Williams concluded that they were «evidently more modern» than the forts and castles which he had also started to study in this region.

His discovery of the Vitrified Forts of northern Scotland

In March 1774 James Watt (1736-1819), the steam engineer, wrote a report on an intended canal between Fort William and Inverness (SRO CFAE MSS 1/53/1/4), in the north of Scotland. He too had been appointed by the CFAE, in August 1773, to survey this wild, rough country (Dickinson & Jenkins 1927, p. 38 & Bryden 1994). The route he chose was much the same as that later used when the Caledonian Canal was completed in 1822 (Cameron 1972). The route passed an ancient fort at Craig Patrick which Williams had also come across while working for the CFAE.

In a letter dated 18 June 1774 to George Clerk-Maxwell from Fort William, Williams described his detailed excavation of another fort at Knockfarril, Strathpeffar, Ross-shire.

«I wrote you from Inverness concerning the mineral appearances in the estate of Argaur & I then purposed writing to you again from Rosshire which I found I could not do to my satisfaction, till I had finished the sections of the old ruins; & when I had done, I made all possible haste to Appin to see the work there, from where I am just now returned. Upon the 20th ulto I began to dig into the old ruins on the top of Knockfarril, south side of Strathpeffar in Rosshire. The full name of the place, is... I began with 8 labourers to dig into the South Side of a high heap of ruins without the west end of the inclosed area, which seems to have been an outwork». He then describes the details of the excavation and the vitrification of the fort's fabric which he had discovered. «The rock it is built on, is a strongly coagulated beech, or what is commonly called, plumb pudding rock, in which is a considerable mixture of Lime, which would help to facilitate the vitrification. I hope to explain matters more fully, when I have the pleasure to wait upon you in winter, meantime, the favor of your commands will very much oblige Sir Your most obedt & most humble sert. John Williams» (SRO GD 18, Clerk of Penicuik MSS, vol 2, GD 18/5071).

George Clerk-Maxwell's response to this letter also survives. It noted that John Williams «seems to be the first man that noticed the stones [of these vitrified forts] being run together & apparently cemented by vitrification», which Williams thought had been manmade (SRO E 727/46/44). In 1777, when Williams no longer worked for the CFAE, he published his book on these forts (in two versions). The first, in quarto, was entitled *Letters from the Highlands of Scotland* (Williams 1777a), and was published in Edinburgh. According to Gough (1780, volume 2, p. 574), Williams thought Clerk-Maxwell, to whom the 13 letters he published had been addressed, «had taken too great liberties with his style». So Williams then issued another, now commoner, version in octavo, «with all its grammatical inaccuracies» as written. This (Williams 1777b) appeared by August (*Scots Magazine*, pp. 39, 442, August 1777). The work was even translated into Russian (Kulichin 1797). Both versions included letters, from James Watt to Clerk-Maxwell about Watt's visit to, and survey of, Craig Patrick fort, with Watt's sketch and section, and from Joseph Black (1728-1799), the Edinburgh chemist, to Williams about the «vitrification».

The first English observer of such forts, in 1769 Thomas Pennant, had only questioned whether the fort at Tor-down, near Fort Augustus (another of Williams' original «vitrified» sites) «was the antient site of some forge, or whether the stones which form this fortress had [instead] been collected from the strata of some *Vulcano*» (Pennant 1772, p. 185). Pennant hoped that «farther enquiry» would follow. This soon came, when reports from France that ancient volcanoes had been recognised there (Ellenberger 1979 & Torrens 1994b, pp. 50-3), reached England. Sir Joseph Banks' visits to Staffa and Iceland in 1772 were two of the most significant English reactions to this news from France.

One aspect of the fierce debate which now developed about these vitrified forts must have had a significant effect on Williams' later geological work. For some denied that such Scottish «vitrifications» could ever have been man-made. They thought instead that these forts must have been the sites of former volcanoes. This, at least, was the opinion of Thomas West (1720-1779), whose 1776 «account of a Volcanic Hill near Inverness» was published by the London Royal Society (West 1778). This hill was the same Craig Patrick fort that Williams had described the previous year. Another response to Williams' discoveries came from Dr James Anderson (1739-1808) who, in 1777, read a study of these fortifications, as a result of Williams' work (Anderson 1779). Anderson called them «the most remarkable of all the Scottish antiquities». He had heard about them direct from Williams, nearly three years before.

Williams' own response, by 1782, was to write an additional 14th letter which remains unpublished. A copy was donated to the Scottish Society of Antiquarians on 2 April 1782 (Smellie 1782, part 1, p. 95) but it now seems to be preserved only as a modern transcript (NLS MSS 996), bound in a copy of the octavo version of Williams' 1777 *Account*. In this 14th letter Williams hoped that his 1777 publications would have «prompted others to make such enquiries as would have thrown light upon the ancient history of... the Highlands». It confirmed Williams' failure to find any such vitrified forts south of the River Forth. But he had now found otherwise very similar, but *un*vitrified, forts at Duntarf in West Lothian and Dundonald in Ayrshire. He described these in this 14th letter, and emphatically concluded that no volcanic action could ever have been involved in the vitrification of such forts.

Williams' view that the vitrification was man-made, and never volcanic in origin, may have made him less inclined than many then to perceive volcanic evidence elsewhere in Scotland (see review by Kirwan 1799, pp. 263-280). By the time Williams came to Italy, the abate Tommaselli could note of him, in February 1794, «sento che Williams non riconosce per vulcanizzati gli Euganei. Gli ho fatto scrivere per la [signora] Treves a Udine una fortiss[im]a lettera, che l'obbligava ad esibirmi la prova, ma che siano prove e non parole. Costui venne a rovesciarci in capo l'idee» (Giormani 1996, footnote 99). Maybe Williams' later resistance to such volcanic ideas was one result of his experiences with these forts in Scotland?

The debate on vitrification proved both intense and country-wide, with Daines Barrington publishing a paper in London in 1782 (Barrington 1782). The debate was particularly strong in Scotland where those pillars of the Scottish Enlightenment, the economist Adam Smith (1723-1790) and the geologist James Hutton were also involved, in 1778 and 1786 (see Mossner & Ross 1977, p. 292, Eyles and Eyles 1951, p. 336 & Jones 1984, p. 231). Alexander Fraser Tytler (1747-1813), Professor of Civil History at Edinburgh University, read a detailed paper in 1783 (Tytler 1790) but not published until 1790. This concluded that the vitrification must have been both destructive and accidental, not constructive. But Robert Riddell (died 1794), friend of the Scottish poet Robert Burns, soon came down strongly in favour of their having been constructive and man-made in 1790 (Riddell 1792).

Williams' original book had discussed the origins of the forts which he had discovered in several parts of the Highlands (Piggott 1976, pp. 148-50 & 174). Williams seems to have been the first to have considered their origin and the first to have suggested that such vitrified walls had been purposefully, and constructively, «vitrified» by their creators. The intense debate on their origin is still not resolved. A first resolution had come in 1938 when V.G. Childe & W. Thorneycroft (Childe & Thorneycroft 1938) published a study showing how such effects could indeed be produced experimentally. They thought it was clear that «only rocks containing a suitable mixture of minerals in addition to silica» could be so fused. The mixed Old Red Sandstones which had been used at Finavon, Knock Farril and Craig Phaidrick (all forts originally recognised as «vitrified» by Williams in 1777) proved to be made of just the right materials for such vitrification (see reviews by Cotton 1955, pp. 94-101 and Cunliffe 1991, pp. 13 & 328). But a recent «experiment» for Yorkshire Television now at full scale produced only «limited localized vitrification» in 1980. This encouraged the old view that vitrification was originally a destructive act, one used to destroy such forts (Ralston 1986). It is little wonder that a historian of the Society of Antiquaries of Scotland (Stevenson 1981, p. 38) should have commented that vitrified forts are «a subject liable to excite controversy to this day»...

Williams and the Society of Antiquaries of Scotland (SAS)

The warmth of this Scottish debate on these forts, from 1777 onwards, must also have helped the highly political foundation of the Society of Antiquarians of Scotland in 1780 (Shapin 1974 & Emerson 1988). Its inaugural meeting was held on 14 November 1780 in Edinburgh, and was attended by 14 people, of the 37 whom the Earl of Buchan had invited to discuss the new Society. Among these 14 was Williams, a mineral surveyor elected to the Society that day, as «an associated artist» (a category of membership abolished in 1815; Smellie 1782, part 1, p. v & *Archaeologia Scotica*, 1831, 3, Appendix I, p. 75). He is noticed as an «early active member», by the Society's recent historian (Stevenson 1981, p. 38). The evidence that Buchan may have intended to inaugurate the Society in 1778 (Cant 1981, p. 27), suggests that Williams' 1777 *Vitrified Fort* publications were a greater stimulus to the Society's foundation than is obvious today.

Williams first surviving letter concerning the SAS was written to Buchan on 23 April 1781 (SAS letters in NMS). It discusses Williams' recent composition of «a few practical lectures upon the natural history of the mines, minerals and fossils of Scotland... and the utility of this branch of knowledge». This clearly relates to the early gestation of what later became Williams' published *magnum opus* (Williams 1789), but the proposed lectures seem never to have been delivered to the SAS. Williams next gave a geological specimen to the SAS on 2 October 1781 (Smellie 1782, part 1, p. 69) and his covering letter donating this «curiously marked stone», from his new home Gilmerton, also survives (SAS letters in the NMS).

Williams also read four papers to the SAS (Williams 1781, on Petrifications, 1782 on Marbles, 1783 on Volcanoes & 1792 on a Royal Forest) but only the last was ever published. Williams's second paper, on «marbles and ornamental stones» does at least survive in MSS, in NLS, where it is now headed

«for the Edinburgh Magazine – Notes concerning marbles and other fossils in Scotland communicated to the Earl of Buchan by the late Mr John Williams, mineral surveyor». The pages are numbered, in MSS, 180-183 and are probably survivals from the original copy books of the SAS, which must have passed back to Buchan. Williams' notes relate to:–

1. The Parian marble of Assint [Assynt] in the Highlands 2. A Limestone as white as snow north of Blair Gowrie

3. The «most beautiful Granites in the world» in the Base of Bineves and the hills to the east and on Jasper at Portsoy

4. Agate at Rothes of which the Countess of Finlater had had a snuff box made [Williams' earlier letter on the Parallel Roads of Glen Roy had been to her unfortunate husband]

5. On Porphyrie 3/4th of the way up the ascent of Bineves

6. A Flowered marble near Fort William

7. A Stratum of composite Granite up the shore opposite Kinedore in Moray

8. Another grey grained marble found on the north side of the ferry of Balaihylish [Ballachulish] with specks of lead ore

9. A Stratum of fine white clay on the shore of Sutherland of a «cleansing quality».

Williams ended this paper; «I have many times thought that if large and perfect specimens of these and many other curious and valuable stones found in the Highlands and North of Scotland were collected and made known they would have a tendency to the encouragement and improvement of the arts in Britain. In the course of time, the Highlands might be resorted to from all corners of the polite world for ornamental stones». This essay was apparently never published in the *Edinburgh Magazine*.

The topics of Williams' other two unpublished papers make one wish that they had survived, especially the first. We would then be able to discover what Williams thought of the significance of true fossils in the 1780's. This is a matter of real historical debate today, as far as the work of James Hutton in Scotland and, later, William Smith (1769-1839) in England are concerned. The papers on forests, and on marbles, both clearly relate to Williams' work for the CFAE, on which he had been active until 1776. Williams' view that forests had been too long neglected in the Highlands can be dated back to at least 1771 (Smith 1982, p. 98).

A second long letter to Buchan, dated 17 July 1783 (SAS letters in the NMS), was inspired by the news that «the noise of war will now cease», with the ending of the American War of Independence, but that it would instead bring the new necessity of «emigration from the Highlands». The letter gives Williams' ideas on «how the Highlanders may be kept at home». This was by improving the fishing industry on the west coasts of the area. This was the subject of the paper he later presented to the HAS, as we shall see, but which was only published in 1799 (Williams 1799a), after his death. Williams' other two papers to the SAS, on fossils and volcanoes, probably relate more to his new career as a mining surveyor and overseer, especially at Gilmerton Colliery near Edinburgh. This had started in about 1778 and to which we now turn.

Williams' work as a Scottish mineral surveyor 1776-1793

Williams' work for the CFAE had been abandoned on 21 February 1776. Anderson noted that Williams, after this, now took «a coal mine at West Calder», a town now in West Lothian, west of Edinburgh. Williams's later connection with Gilmerton Colliery then supposedly dated after this, from «about 1775» (Anderson 1863, p. 132). Clearly both dates are too early. Further information comes from some MSS writings of the Earl of Buchan. Buchan lived at Kirkhill, near Broxburn from 1768 to 1788. Kirkhill was a place about which Williams had submitted a report to the CFAE in 1767, on a lime quarry there. Buchan noted that Williams

«coming down into Scotland he there married and becoming attached to the country engaged himself in some coal projects in my neighbourhood at Kirkhill on the Coallieries of Sr W. Cuninghame of Livingstone. Finding him a well informed man I had him often with me & recommended him to Mr Erskine of Dux as overseer of Gilmerton Coallery where he was placed & did great credit to himself by his conduct» (NLS MSS 996), adding «I found him [Williams] employed in working a coal belonging to Sir William Cuninghame of Levingstone» (NLS MSS 1810 f 148). Livingstone lies to the south-west of Kirkhall.

The name of the first mine that Williams worked at, after his work for the CFAE, is recorded by Neill (1814a, p. 256) who noted that Williams had first «superintended the coal-works at Blackburn near West Calder». It seems that Williams must have been here over the years 1776-7, since Neill (probably more accurately than Anderson) wrote that Williams next «became overseer and factor at Gilmerton Colliery, belonging to Mr [Robert] Baird [died 1828] in 1778» and that he remained here «above thirteen years» i.e. until 1791 (Neill 1814a, p. 256). Since Baird was later the dedicatee of Williams' most important publication, in 1790, it becomes clear that Williams' years at Gilmerton were the most significant of his Scottish coal-mining career.

Gilmerton is much nearer Edinburgh than Blackburn. Indeed it was a colliery which supplied that city with coal. This proximity had helped Williams develop the connections with the learned and antiquarian circles of Edinburgh that we have, and will again, note. Williams' appointment to Gilmerton in the first place had probably been helped through his CFAE work, since we find that Williams' old CFAE partner, the engineer James Watt, also shared a mutual connection. Watt's personal archive (now in Birmingham City Library) contains a sketch of the «Levels of Gilmerton Coal Mines» dated 1774.

But the main impetus for the Gilmerton appointment had clearly come from his new patron, the Earl of Buchan, David Stuart Erskine, who further recorded that

«Mr John Williams, Mineral Surveyor, made himself known to me first at Kirkhill in W[est] Lothian where I resided from the year 1768 to 1788, I found him employed in working a coal belonging to Sir Will[ia]m Cuninghame of Livingstone & as he seemed to me a worthy man and possessed of a great deal of practical knowledge in Geology tho' without much Science I invited him to reside some little time with me at Kirkhill & put such books into his hands as I thought might be usefull to him.–afterwards I recommended him thro' Mr Erskine of Dux, to the family of Baird of Newbyth by which he was appointed overseer on the Coal of Gilmerton where he resided many years & conducted himself with satisfaction to his employer. During this period of his employment at Gilmerton he came occasionally to Kirkhill where I encouraged him to commit his observations to paper and to make farther research in the Coal Country adjoining to Gilmerton» (NLS MSS 1810 f 148-149).

After Williams' varied work with the SAS he seems to have plunged more and more into the world of coal and mining, from his new base at Gilmerton. Here the limited patronage of the Earl of Buchan was to be crucial, as Buchan's own MSS confirm. With such encouragement, Williams was able to issue, late in 1780 and probably after his election to the SAS, his first printed *Proposals for executing by Subscription a TOPOGRAPHICAL ENGRAVED MAP of the coal country in Scotland*, at a scale of one inch to a mile, with a to-be-printed *Tract with Observations and a Journal of his intended Survey* (Williams 1780). These *Proposals* were presented to the Members of the SAS on 16 January 1781, not by Williams, «too modest to call the attention of the Society to the project», but by his old friend, the secretary James Cummyng. Cummyng noted how «remarkable [it was], that amidst all the attentions to natural history, since the days of Lord Bacon, in Britain beyond all other countries, nothing has been written on the subject of coal, except by a native of this country Mr Sinclair» [George Sinclar (died 1696)]. Despite Cummyng's patriotic call noting the importance of Williams' enquiries to Scotland (*Scots Magazine* 43, p. 51, January 1781), neither this map nor its *Tract* were ever published, through lack of sufficient subscribers. The one hundred needed, at 3 guineas each, never came forward.

Williams' next mining project was to have been different. It was to have an intended concentration on the technology of mining. This was the subject of an undated appeal to the Earl of Buchan (NLS MSS 1810 f 148), and must date from between 1781 and 1787. This appeal has been annotated by Buchan: –«Proposals by John Williams, Mineral Surveyor, for a Coal Progress thro' Scotland». It carries MSS numbers 394-396 and reads

«It gives me pleasure that you think the small treatise I have begun upon the Theory of Coal may be of use, when it is so far compleated as my poor abilities are cabable [sic]. When I began to write that paper, I proposed giving some hints about the practice but when I began to enter upon that branch, I found it was impossible for me to go any farther with matter of fact, than the few works I had seen or been concerned in, which I thought too confined for a matter of such importance[,] as circumstances required the practise to vary considerably in different places.

This reflection strongly suggested to me, that in order to [write] a generally useful treatise upon the Theory and practice of Colliery, a Tour or progress through all the coal works great and small in the South & North East and West of Scotland is neccessary – and a distinct account should be given of all the seams of coal in each work. Their quality and thickness &c their method of working and conveying the Coals to the Bank and the success of these methods. – To give a particular history of the interruptions or troubles in each work such as dykes, gashes, slips &c, and their method of getting the better of them. – The history of the roof and pavement of each seam, with other remarkable concomitant Strata, their method of securing the Roof if tender, and of guarding against the bad effects of a swelling pavement.

To give a compleat history of all the Machinary [sic] about each work, for drawing water and Coals, and their success. – Their method of conveying fresh Air and of guarding against the pernicious effects of damps or wild fire. – The price of the coal, noting the weight or measure and the quality of the comodity [sic] and every other circumstance relating to each work, useful or curious. The more I reflected upon this thought the more I was perswaded [sic] of the real utility of such a progress, and therefore I resolved to set about it, so soon as it is in my power. – but this would be attended with considerable expence, as it might be necessary to go down two or three days into some large and complicated works and would take some time to note down accuratly [sic] everything above ground. – I am convinced that such a Tour faithfully performed, and the history sensibly wrote would be of great use to Society, as every Coalmasters in any immergency [sic] could look into the book and see what is the practice or method used in other places in such a case. – And if the book was wrote with any spirit and taste it would not be void of entertainment, as it would when joined with the theoratical [sic] parts be a compleat history of that material branch of the mineral kingdom.

The first part would be an amusement and a guide to the Country Gentleman who wishes to know if there is Coal in his Estate, and your Lordship hath seen already that great care is taken that he is not amused by false appearances.

The second part will be more immediatly useful for Coalmasters and such as are going to open coalworks, as they can take a view of the practice in other works, compare it with their own in similar cases, and judge which is best – and it may be a pleasant amusement for some to have a compleat view of the internal wealth of the Country in this instance especially now when coal is become so great an article of commerce.

It may be proper in this progress to get the best history that can be procured of deserted works, which may be of singular use in future, when posterity would wish to know if such coals are worth opening and the circumstances which are for, or against it, and I cannot help thinking the Book in general would be of considerable utility in this respect; as there are but few Coalowners that keep a Journal or history and that book would be an universal printed history or record which may be examined at any time».

Williams' wish to then record details of «deserted coal works» for posterity addressed a real problem, and one by which British coal mines have been bedeviled ever since. It shows again how much of a pioneer in such matters Williams was. This seems to be the first such suggestion. But, as Williams' new *Prospectus* issued in 1787 noted, this second project had had to be abandoned by then as well, again through lack of patronage. Williams then wrote of his having

> «once thought of a treatise of the practice of mining and coalery; but [that]... this would be a work of great labour which cannot be properly executed without an expensive progress to collate everything necessary»

But Williams was nothing if not persistent and at least his major *Treatise upon Coal*, noted as already in progress in 1780 and 1781, *was* finally published in 1790. It had been helped into print by another of the enlightened Societies which so characterised Scotland at this time, the Highland and Agricultural Society (HAS).

Williams & the Highland and Agricultural Society (HAS)

In 1785 the HAS, newly founded in 1784, offered its first premiums of 5 Gold Medals, one of which was to be for «supplying the want of coal» in the Highland region (Ramsay 1879, pp. 102-3). At least two entries were received in the competition for this medal (itself a significant fact), of which extracts or the complete essay were both eventually published. This may indicate that both were awarded Gold Medals, but the Society's records are defective. One of the gold medals was certainly awarded to Williams' «Essay on Coal», which seems likely to have been that presented to the HAS by Dr [Robert] Grant [whose Edinburgh University M.D. had been awarded in 1783], on 3 June 1785. This Essay was certainly awarded a HAS Premium on 2 December 1785 (Sederunt Book of the HAS). This «Essay» (Williams 1799b) was a foundation for Williams' much expanded two volume work, *The Natural History of the Mineral Kingdom*, dated 1789. But as his HAS prize essay of 1785 was not published until 1799, well after his death in 1795, it can have had hardly any influence, by comparison with his book (Williams 1789 [recte 1790]).

In a letter in Venetian archives (A.S.V. Inquisitori di Stato, b. 1248, fasc. III, c. 398, Alvise Zenobio a Lorenzo Marzari, 17 giugno 1794) his later Italian patron records that Williams had by then won «ripetuti premi che ebbe dalla Società delle Arti in Scozia» and so clearly more than the one for this «Essay on Coal». The Scottish Society of Arts here is clearly only an Italian confusion for the HAS. So Williams must have won a second Premium and/or Gold Medal for his other essay, which the HAS again only published in 1799 in the same volume of *Prize Essays* (Williams 1799a). This was his «Suggestions for promoting and improving the Fisheries upon the coasts of the Highlands». As we have seen, this had been the topic of a long letter to the Earl of Buchan in July 1783 (SAS letters in the NMS). So it is likely that this too had been read to the HAS in its early years. Jean Dunlop's history of such Scottish Fishery improvements hardly mentions Williams' pioneering part in their development (Dunlop 1978, p. 230).

Perhaps inspired by the fact that his HAS Coal Essay still remained unpublished, Williams issued, from Gilmerton, his new *Prospectus and Proposals for publishing an Essay towards a Natural History of the Mineral Kingdom in Two Parts* in January 1787 (Williams 1787). This was for the same *Treatise upon Coal*, which had been reported as in «great forwardness» in 1780 (Williams 1780). Apart from its new title, which gives further evidence that Williams was the author of the earlier HAS Prize Essay, this *Prospectus* listed the intended contents of his planned two volume work. It was then to be in only two parts, not the three later published in 1790. Part 2 of the latter, «on the natural history of mineral veins», was clearly a post-1787 addition. Part 1 was also then to have included a reprint of «Sinclair's *Treatise upon Coal*», supposedly published in 1762. The correct date is 1672, when George Sinclar who died in 1696, had published his book *The Hydrostaticks*. This included a short *History of Coal* among the *Miscellany Observations* (see Briggs 1925). The fact that Sinclair's work was already over a hundred years old in 1789, was perhaps the real reason it was not eventually reprinted by Williams. But its omission has since misled Briggs into thinking Williams had been unaware of Sinclar's work!

Williams's 1787 *Prospectus* noted that «Britain receives more benefits from the bowels of the earth than perhaps any other nation» and that he had «spent more of my time in the mines, and among rocks and mountains, glens and precipices, than perhaps any other mineral man on earth». His aims in publishing the book were

1) to help «gentleman of landed property... by guarding them against imposition from ignorance or craft» and

2) to improve the knowledge of the mineral kingdom, because «Britain is a great mineral country, and yet mineralogy is not taught in our universities, which I presume would be a very useful branch of learning».

Williams duly sent a copy of his 1787 *Prospectus* to the HAS, «requesting the aid and countenance of the Society in reference to a publication proposed by him related to Mines and Minerals». The Society's Board of Directors on 2 February 1787 only «resolved that presentation of this work shall be taken into consideration when published» (Sederunt Book of the HAS).

Williams' book The Natural History of the Mineral Kingdom *of 1790.*

The Earl of Buchan noted the partial genesis of this book:

> «Williams had been formerly employed on a Coalliery in Sutherland [at Brora] and had made an extensive mineral survey in the Highlands of Scotland of which he had kept a Journal. From the whole mass of his Journals kept for 30 years Mr Williams drew up his history of the Mineral Kingdom which he published in the year 1789» (NLS MSS 1810 f 149).

This work was published in two volumes, and in 1789 according to its Title Pages. It is Williams' major and most geological work. It filled a real vacuum in English and European geological and mining literature. It was dedicated to Robert Baird (who died 1828) of Newbyth, East Lothian. But it actually appeared only in 1790. Williams' MSS letters in the NLS (MSS 996), separately presenting copies of volume 1 and 2 to Lord Buchan (one of his most important patrons), are dated 18 February and 19 March 1790. The first of February to the Earl notes: –

> «the 1st volume of my natural history of the mineral kingdom is now printed & I have got a dozen copies put together one of which I beg leave to send to your Lordship herewith. The 2d vol is in the press and I expect will be soon ready».... The 1st is «sent now before the work is published». Williams notes that he is a «rustic philosopher» and asks Buchan to «recommend it to your very extensive acquaintance». A Post Script notes «I am anxious for yr Lord's opinion of my refutation of Dr Hutton's Theory of the Earth in my Preface».

In the second letter, of 19 March 1790 to the Earl, Williams again calls himself «a rustic philosopher» when sending volume 2 of *Natural History*, hoping it «deserves your approbation and patronage». Williams notes that «the inferences deduced from my observations, relating to the universal deluge are a little uncommon but I trust you will find they agree with the phenomena of nature». He concludes «I had your Lordship's promise long ago to aid me in the success of this work and I now entreat your countenance and patronage. I think it should be of utility to country gentlemen and you have a very extensive neighbourhood of them».

Williams' donation of his work to the SAS on 9 February 1790, must, from the above, relate only to the first volume (*Archaeologia Scotica*, 1831, 3, Appendix II, p. 30). Notices of the general availability of both volumes further afield, like that in the *Derby Mercury* of 8 July 1790, record it was only available «this day». But one gets the impression from its availability today that the book did achieve wide sales.

A short addition to the book had been made in 1788, just before publication, because of the first extended appearance of James Hutton's later famous *Theory of the Earth* (Hutton 1788), to which Williams took exception, largely on theological grounds. Williams, as we have seen, was an enthusiastic adherent of the Universal Deluge as a geological agent and cause of stratification. This new section of this book was in any event somewhat of a diversion, as Williams had rather little interest in such theoretical matters and was clearly more interested in his «observations». His attack against Hutton had been inspired because Williams was «more happy to live in a full persuasion... of admiring God in his works», than he thought Hutton was. To deny God, as he thought Hutton had done, brought his final outburst «let us turn our eyes from [this] horrid abyss»; the abyss of Hutton's imagination (Williams 1789, Preface). This outburst later earned Williams a small place in the battles between Huttonian and Neptunian geologists which took place early in the next century. The leading British mineral surveyor of the next generation, William Smith also criticised Williams' diluvial explanation of how strata had originated (Cox 1942, p. 89).

Williams' 1790 work deserves a fuller analysis elsewhere (a short summary is given by Cotterell 1985), but one modern historian has been less than enthusiastic, noting it only as «the one exception to the unhelpful empiricism of [British] mining guides... [but] which through sheer thoroughness almost bridges the gap between a mining treatise and a work of geology» (Porter 1973, p. 337). But Porter here revealed his own lack of historical awareness, when complaining that «Williams has no clear idea of the order of strata or general geology even of [Scotland]», when in 1789/1790 all such knowledge still remained to be uncovered! To demonstrate how very embryonic the state of knowledge of the stratigraphy of all the British Coal Measures then was, one has only to look at Richard Kirwan's almost contemporary paper «Observations on Coal Mines», read in 1789 (Kirwan 1790).

More recently Dennis Dean has correctly claimed that Williams misrepresented Hutton's theory. He also noted that, of the eleven pages that the *Monthly Review* had devoted to reviewing Williams' book (Chisholme and De Luc 1791), the first six concerned Williams' analysis of Hutton. This suggested to Dean that this «may have been the most influential portion of the [Williams] book» (Dean 1992, pp. 50-1 & 240). But, since one of the authors of the *Monthly*'s review – Jean André De Luc (1727-1817) – was then involved in a bitter polemic with Hutton, he had his own reasons for giving, in this response, such an emphasis in a review of Williams' book.

Russian overtures to Williams

Williams, according to his grandson William Anderson, duly sent copies of *Mineral Kingdom* to

> «George the Third [1738-1820], the unfortunate Louis the Sixteenth of France [1754-1793] and... the Empress Catherine of Russia [1729-1796]. The two former never acknowledged receipt. The Empress was the only one of these potentates who took any notice of the gift.., it is worthy of note that she patronized literary and scientific men, and invited them to her court. Mr Williams received a communication from St Petersburg, requesting him to proceed to Russia to survey minerals for that Empire» (Anderson 1863, p. 132).

The lack of response from English and French quarters is, however, very understandable! George III was busy recovering from his first illness of 1788-1789 (Macalpine & Hunter 1969) and Louis XVI was busy trying to save his head, which was duly removed, by the guillotine, on 21 January 1793 (Hardman 1993).

Williams' Welsh nephew adds that the Empress of Russia also «rewarded him with a gold medal of four ounces weight, with an appropriate inscription» in 1792 (Davies 1814, volume 1, p. 324). This arrived while Williams was in Italy, according to his new Italian patron, Alvise Zenobio,

> «Credete ch'egli è uno dei più eminenti soggetti d'Inghilterra [sic!] in

questa materia, in prova di che vi è il suo libro e i ripetuti premi che ebbe dalla Società delle Arti in Scozia, vi è una medaglia d'oro del valore di 60 zecchini [che] ricevè in questi giorni dall'Imperatrice di Russia...» (A.S.V. Inquisitori di stato, b. 1248, fasc. III, c. 398, Alvise Zenobio a Lorenzo Marzari, 17 giugno 1794).

This delayed receipt of Williams' prized Russian medal, while in Italy, must have helped to cause William Anderson's later confusion about Williams' true connection, or lack of one, with Russia. For Anderson incorrectly assumed, as another example of the ignorance that some members of the Williams family already had about their ancestor, that John Williams had taken up the invitation from the Empress to go to survey for minerals in Russia. Thus Anderson claimed that his grandfather had «accordingly left Scotland for that purpose [surveying in Russia] about the end of 1792, or early in 1793». But in order to equate this episode with other facts, as then known, Anderson was then forced to claim that Williams must have been on his way home to Scotland, after a supposed two and a half year stay in Russia, when he was «seized with a fever and died at Verona» in Italy in 1795 (Anderson 1863, p. 132 & 1865, p. 357)! Chronological evidence shows that Williams could never even have set off for Russia. The geographical evidence of his supposed return from Russia to Scotland via Italy-through a Europe seized with revolutionary fear – shows it as equally impossible. Williams had instead got trapped in a spider's-web world which then surrounded the Venetian Count Alvise Zenobio (1757-1817), in Britain.

Williams' departure from Scotland for Italy, via England

Williams, according to the slightly better informed Earl of Buchan, «having given displeasure to his employers or their agents [at Gilmerton]... was engaged by Count Zenobio to survey his lands in Italy where he died in the year 1791-2» (NLS MSS 996). The reasons for the «displeasure» here are as unclear as the date of Williams' death is wrong. But two possible causes for his departure can be revealed. One is that Williams might have absented himself from his work at Gilmerton without permission. We certainly find that in «1790 he visited his native parish in Wales» [after an absence of at least 40 years] bringing «with him his newly published *Mineral Kingdom*» (Davies 1814, volume 1, p. 324).

Another possible reason might be because «about the year 1791, he left Gilmerton and became engaged, along with the late Dr James

Anderson, in conducting *The Bee*, a periodical work then publishing at Edinburgh, and which acquired considerable reputation» (Neill 1814a, p. 257). The standard study of *The Bee*, a literary and scientific periodical published from December 1790 to 1794, makes no mention of Williams' part (Mullett, 1967), but we do know that Anderson and Williams had been in contact since at least 1774, when Anderson had learnt of Williams' discovery of the ancient Highland «vitrified» fortifications, on which Anderson read two papers to the SAS (Mullett 1968, p. 105). The *Prospectus* for *The Bee*, issued in Edinburgh in August 1790, is equally silent about any part Williams was intended to play (copy in BL).

Neill (1814a, p. 257) in his turn, claimed that Williams, after leaving Scotland, «spent nearly two years in travelling through England with Count Zenobia [sic], visiting all the great manufactures and mines of that country». The timing of this claim is impossible for we know that Williams was still working in Scotland for the Member of Parliament for Linlithgow, Sir William Augustus Cunynghame (1747-1828) Bart, well into 1793. This is the same man as one of Williams' earliest employers in Scotland, as noted above by the Earl of Buchan. We know of these final activities in Scotland from Williams' printed *Journal* of Cunynghame's commission which was published late in 1793 (Williams 1793). This gives daily details of Williams' activities on his Mineral Survey of Cunynghame's southern Scottish estates, from 18 March 1793 to 29 April 1793. Only when this had been finished, and written up, could Williams have been free to accompany Zenobio anywhere in England.

Our single Welsh source proves much more reliable on this stage of Williams' complex life. Davies noted that it only was for two *months*, «in July and August 1793, [that Williams] accompanied Count Zenobio, a Venetian, through the counties of Derby and York, inspecting manufactures, machineries, and especially mine works» (Davies 1814, volume 1, p. 324). The accuracy of these dates, which so exactly follow the end of Williams' 1793 work in Scotland, can be confirmed from other sources. For, in June 1793, a newly married couple from Dorset reported having recently met Count Zenobia [sic] at Matlock in Derbyshire (Anon 1903, p. 143). Then on 10 August 1793, Zenobio, now with Williams, called on the Derbyshire geologist White Watson (1760-1835) at Bakewell in Derbyshire. Watson's Common Place Book records that «Count Zenobio and Mr Williams, author on Mineralogy, called on W.W. and [they] stayed some time in the neighbourhood» (Watson MSS in private hands). Williams had clearly spent the months of July and August 1793 touring with his new Italian sponsor, Count Alvise Zenobio. It had been the *Mineral*

Kingdom, with Williams' prizes and medals, that had established Williams' credentials with Zenobio as such an «eminent» mineral surveyor.

Davies concludes that «under an engagement with [Zenobio], [Williams], perhaps inconsiderately, at this period of life [he was aged 61] undertook a journey in September, 1793, through Flanders, Germany and the Tyrolese, into the Venetian territory, to give his opinion of the mineral wealth of the Count's estates» (Davies 1814, volume 1, pp. 324-5). To this sad (mis)adventure we now turn.

Count Alvise Zenobio (1757-1817) and coal mining

The same Dorset couple who had noted Zenobio's visit to Matlock also recorded how Zenobio

> «is so well known everywhere that you must have heard of him; he is continually writing and never receives less than a dozen letters in a day, he reads them only once and burns them all immediately... He is a Venetian nobleman and is banished Venice for having made himself too busy in political affairs. He is soon to be recalled to give an account of himself... He is a very pleasant, well informed man and has travelled all over the world» (Anon 1903, pp. 143-4).

Zenobio's destructive habit may have been because he was liable to be regarded as some sort of industrial spy at this time, which was «revolutionary» both in industrial and political terms, in a Britain highly sensitive to how much it was being spied on industrially. The scale of such «industrial espionage» from just the Venetian perspective is wonderfully revealed in Paolo Preto's new book (Preto 1994). Whatever the reason, the apparent lack of any Zenobio archive in England has certainly made this historian's task more difficult.

The history of attempts for coal in Italy deserves more attention than can be given here. Tuscany provided an early focus, as described by Mori (1976). Later the Tuscan Giovanni V. M. Fab[b]roni (1752-1822) became heavily involved in further attempts to find coal in the Tuscano from 1791 on, using English expertise and tools supplied through Sir Joseph Banks and the Wedgwood family of Staffordshire, whose archives yield new light on this episode (see Fabroni 1790). These earlier Tuscan activities coupled with British efforts to encourage proper Mineral Surveys of British Counties «ever since 1793» (Farey 1814, p. 335 & Kirwan 1811), the same year that Williams left for Italy, may have inspired both Zenobio's involvement in

Italian mineral surveying and his invitation to Williams to go out to Italy.

Count Alvise Zenobio was a nobleman of a famous Venetian family. He is a fascinating, if badly known, character. He is the «Carlo Zenobio» referred to by Giormani (1990, p. 221). Some short biographical details are given by Cicogna (1824-53, volume 3 (1830), pp. 274-5 & volume 4 (1834), pp. 633-4) and by Maggiolo (1983, p. 372). Virgilio Giormani and I hope to publish a longer study of his extraordinarily political Anglo-Italian career in due course, with special emphasis on his «revolutionary» activities, both in France and Britain. It was these which caused his eventual imprisonment by the British legislature and forced Williams' Italian mineral surveying commission to end in such disaster.

Zenobio had been based in, or was a frequent visitor to, England from at least 1783 (see Dawson 1958, pp. 214 & 843), so he had a long connection with that country. The revolutionary leanings for which he was expelled from Britain in 1795, did not stop him later publishing his work *Idea di una perfetta repubblica di David Hume* in 1798/9 in Milan (in addition to his other political tracts listed by Cicogna and in the North American *National Union Catalog*) or later returning to live in Britain once more. David Hume (1711-1776)'s *Idea of a Perfect Commonwealth* had been first published in 1752, as part of his *Political Discourses* (Hendel 1953, pp. 145-158). The original Venetian edition had been issued with a letter to Zenobio's mother's brother Alvise Emo (Venturi 1983, p. 352), so there were already family connections. John Williams was as much a product of the Scottish Enlightenment as Hume, and perhaps such early Italian-Scottish connections may even explain some of the later links between Zenobio and Williams?

Zenobio seems to have settled in England in 1782. In 1788, he was elected, as a resident of Pall Mall in London, a «perpetual member» of the Royal Society of Arts there (*teste* letter from Susan Bennett, RSA archivist, 27 March 1995). Zenobio was greatly interested in restoring the Venetian Empire and saw himself as allied politically with Britain against Napoleonic ambition, even if others did not. Zenobio was particularly interested in applying such «Useful Arts» as Williams possessed, to advance these Venetian aspirations.

We know of Zenobio's movements in Britain from a number of sources. Late in November 1791 he had returned to London from another visit to Paris (see B.M.C.V., Alvise Pisani a Giuseppe Albrizzi, 14 novembre 1791). By 1 April 1792 he was in «Judburg in Iscozia» [Jedburgh, Roxburghshire in the Scottish Borders] (A.S.V., Inquisitori di stato, b. 1248 fasc. III, c. 355, Zenobio a Lorenzo Marzari, 1 aprile 1792). On 10 July the Venetian resident in London, Orazio Lavezari, reported on «la absenza del predetto [Zenobio] da questa Capitale, il quale si ritrova da due settimane nella vasta e distante provincia del Yorkshire» (A.S.V., Inquisitori di stato, b. 444, Orazio Lavezari agli Inquisitori). By 24 July 1792 Lavezari could now report of him that «continuate le più diligenti ricerche, vengo di rilevare in oggi, che da alcuni giorni se n'era partito da quella provincia e se n'era andato in Iscozia fino ad Eidemburgo» (A.S.V., Inquisitori di stato, b. 444, dispacci, Orazio Lavezari agli Inquisitori).

By 26 July 1792 Zenobio had duly reached Edinburgh (A.S.V., Inquisitori di stato, b. 1248 fasc. III, c. 354, Zenobio a Lorenzo Marzari, 26 luglio 1792). By 31 July 1792 Zenobio had arrived at Taymouth, in Perthshire where he must have been staying with the new Earl of Breadalbane, John Campbell (1762-1834), at Taymouth Castle. That same day he wrote to Sir John Sinclair (1754-1835), the soon-to-be President of the British Board of Agriculture, about all the various agricultural improvements he wished to introduce into his Venetian territories. Sinclair rather ambiguously described Zenobio as «lively and good humoured and... impressed with such high ideas of the British character, as rendered him extremely unpopular in his own country» (Sinclair 1831, volume 2, pp. 395-7).

In an important letter of 8 August 1792, «dalla campagna in Inghilterra», Zenobio notes

> «Ho terminato sollecitamente il mio giro nella Scozia;.... Ho pure ritrovato un superintendente di miniere tanto di carbon fossile come di metalli, ma siccome l'oggetto è sopratutto per publico benefizio e la spesa è grande, così attendo risposta da alcuni signori a cui ho scritto prima d'impiegarlo» (A.S.V., Inquisitori di stato, b. 1248 fasc. III, c. 357, Zenobio a Lorenzo Marzari, 8 agosto 1792).

The unusual qualifications of the «superintendente» here must refer to John Williams. This would mean that he had already been chosen for the Italian post Zenobio now had in mind. They must have met while Zenobio was in Edinburgh in the previous month. By 11 September 1792, Zenobio had returned to London (A.S.V., Inquisitori di stato, b. 156, lettera n. 220, Zenobio a Orazio Lavezari). On 18 September 1792 Pisani's letter to Giuseppe Albrizzi notes that «il nostro parente Zenobio è ritornato in campagna dove credo resterà qualche tempo, e non mi pare già tanto disposto al ritornare a Venezia» (B.M.C.V., ms. P.D., 261 b II, fasc. VIII, lettera n. 43, Alvise Pisani a Giuseppe Albrizzi, 18 settembre 1792).

On 2 October 1792 the owner of the Privilege for Searching and

Extracting Coal in the Venetian State, in a clear response to the letter that Zenobio must have written him on 8 August 1792 (as noted above), notified the Chiefs of the «Consiglio dei Dieci» that, in hopes of decreasing the cost of extracting coal from «the local mountains», he had sent letters both to England and to Germany, seeking a skilled person and that perhaps a person from England and another from Germany had set off for Italy already (A.S.V., Deputati alle miniere: suppliche e notifiche dal 1786 al 1796). From this it sounds as if Zenobio's activities had already resulted in a semi-official invitation being extended to John Williams? But it is equally clear that Williams would certainly not yet have been able to set out for Italy.

In April [1793] Zenobio informed Lorenzo Marzari

> «Conduco meco una famosa persona per lavorare le miniere di carbone ed altre di metalli e intendo di farli visitare le montagne che si trovano nel Tirolo,... poi farle esaminare tutte le miniere dello Stato Veneto che siano in pessima condizione dall'ignoranza di chi le lavora ma il grande oggetto è quello del carbon fossile» (A.S.V., Inquisitori di stato, b. 1248 fasc. III, Zenobio a Lorenzo Marzari, 12 aprile [1793]. His letter continued «la ricchezza dell'Inghilterra viene sopratutto dalle immense miniere di questo carbone... Il carbon fossile quì in Inghilterra fa il più bel fuoco che imaginar si possa e va meno alla testa del fuoco delle nostre legne forti. Condurrò meco un giardiniere inglese...»

The end of 1792 and the beginning of 1793 had seen, in the wake of the now «revolutionary» activities taking place in France, the introduction of a new British «Act for establishing Regulations respecting Aliens arriving in this Kingdom or resident, in certain cases» (Goodwin, 1979, pp. 266-7 & *Gentleman's Magazine*, January 1793, pp. 83-5). The outbreak of the long war which was declared by France on Britain and Holland on 1 February 1793 found Zenobio still in London. By April/May 1793 Zenobio was again back touring «in the English country» (B.M.C.V., ms. P.D., 261 b II, fasc. IX, lettere n. 16, 17 & 22, Alvise Pisani a Giuseppe Albrizzi, 2 aprile a 14 maggio 1793).

By July and August 1793, as we have seen, Zenobio was touring in company with John Williams «through the counties of Derby and York, inspecting manufactures, machineries, and especially mine works». On 16 June 1793 Zenobio and Williams were together at Buxton in Derbyshire, and the former was writing

> «Vi confermo che fra poche settimane certamente partirò per Venezia e prenderò lá strada di Germania ed il Tirolo..» and that «questa macchina a fumo è una delle più belle invenzioni di mecanica in questo secolo... il mi-

neralogista che viene con me [Williams] ne ha credo qualche cognizione. In quanto a questo mineralogista la spesa è grande, ma sono danari ben impiegati. È mia intenzione di andar seco a fare una visita di tutte le miniere nello Stato Veneto... In quanto alle montagne del Tirolo, non so persuadermi che non vi siano vari minerali e sopra tutto di carbone fossile, che sono... e nelle valli tra le montagne sopra tutto ove vi siano boschi; nel mio passagio dunque farà questo Mineralogista una visita» (A.S.V., Inquisitori di stato, b. 1248, fasc. III, c. 374, Zenobio a Lorenzo Marzari, 16 giugno 1793).

In this same latter Zenobio notes

«Condurrò... come vi dissi un giardiniere, ma desidero che questi sia pure agricoltore onde introdurre alcuni metodi di migliorare i terreni sopra tutto col mezzo di varie sorta di marne, che pur credo sinora poco conosciute in Italia.... [un] coltivatore inglese fece ultimamente un viaggio in Italia e in Francia per esaminarne lo stato dell'agricoltura e non potete credere quante sfavorevoli relazioni ne dice».

This last must be a reference to Arthur Young (1741-1820), the new Secretary of the Board of Agriculture in Britain, with whom Zenobio must also have been in touch. Young had started travelling in Italy in September 1789. The later publication of his *Travels* there provided a fascinating insight into the state of the country then, as viewed through English eyes (Young 1915 & Gazley 1973, pp. 246-255).

On 29 June 1793 Zenobio and Williams were now in Matlock, Derbyshire (A.S.V., Inquisitori di stato, b. 1248, fasc. III, Zenobio a Lorenzo Marzari, 29 giugno 1793). The next of Zenobio's letters is dated 1 August 1793 and is from Bakewell, also in Derbyshire, where as we have seen, he and Williams were visiting the English mineralogist White Watson. He notes

«In quanto alle mie intenzioni per il lavoro delle miniere, mi pare che vi trovate in un grosso inganno. Non è per cercar oro o altri preziosi metalli, che conduco meco a grossa spesa un professore inglese egli è per il carbon fossile che faccio... intrapresa, mentre questo materiale è il primo mobile delle manifatture che gl'inglesi devono la loro superiorità in ogni genere di lavori; che perisca in Inghilterra il carbon fossile e addio le loro manifatture, addio le loro ricchezze» (A.S.V., Inquisitori di stato, b. 1248, fasc. III, c. 378, Zenobio a Lorenzo Marzari, 1 agosto 1793)

On 19 September 1793 Pisani could report to Albrizzi that «il Zenobio è ora a Londra» (B.M.C.V., ms. P.D., 261 b II, fasc. IX, lettera n. 48, Alvise Pisani a Giuseppe Albrizzi, 19 settembre 1793). So Zenobio and John Williams must by then have travelled down to London from Derbyshire together. Later in that same month Williams set off, with only a coachman, through Flanders, Germany and the Tyrol to survey the Count's Italian estates, in expectation that his patron would follow him there shortly. Williams' departure from England would soon prove to have been most unfortunately timed.

A new letter from Zenobio dated 14 November 1793 now reveals that Zenobio was suffering problems in financing his many «schemes» (A.S.V., Inquisitori di stato, b. 1248, fasc. III, c. 383-384v, Zenobio a Lorenzo Marzari, 14 novembre 1793). Then on 23 November 1793 one of his fellow Venetian Procurators was the subject of an exciting letter from the temporary Consul in charge of British affairs in Venice, John Watson. The letter was to William Wyndham Grenville (1759-1834), who had introduced the Aliens Bill the year before and who was now the British Secretary of State for Foreign Affairs. It notes that Venetian Procurator Giorgio Pisani

> «who was a very popular Man in this [Venetian] Government about 13 years ago, suspected together with several of his adherents, of entertaining principles of subverting this Government was with the others sent to separate places in this State in confinement, some are since dead». It continued that Pisani having been confined in Verona 10 years «was taken yesterday under military escort to the Castle of St Andrew awaiting transport to Cattaro... in perpetual banishment... all are suspected of having correspondence with the Jacobins of Paris» (PRO FO 81/9, p. 123). Giorgio's end was duly noted in a second letter from Worsley to Grenville from Venice, dated 18 September 1795: – «On Sunday last another Procurator Cavalier Giorgio Pisani died at his country house where he had been banished near two years... for taking too openly a part in favour of the French... Cavalier Pisani a relation of this one lately deceased has returned [here] from London. He has represented the present situation of Great Britain as alarming to a high degree & that a general discontent prevailed on account of the [Napoleonic] War» (PRO FO 81/10, p. 207).

This net of «discontent» next closed on Zenobio, still based in England and in January 1794 the «Zenobio Affair» duly exploded. He was, at first, asked to leave Britain. A description of this crisis (but which ignores any of the consequences for poor John Williams who had left for Italy months before) is available (Darmano 1872). Zenobio immediately he received the news of his expulsion, wrote to the «Resident de Venise» [Richard Worsley] on 28 January 1794, asking that the King's order demanding he leave Britain within days be revoked or rescinded (PRO FO 81/10 p. 13). Zenobio said he had now been established in Britain for 12 years, i.e. since 1782, and «if forced to leave suddenly it will nearly be his ruin». But, on 31 January 1794, Henry Dundas (1742-1811), the new British Home Secretary, wrote to Lord Grenville that the order for Zenobio to leave Britain before 3 February 1794 «could not be rescinded» (PRO FO 81/10, p. 9). The Venetian resident in London, Orazio Lavezari, also wrote to Grenville pleading on Zenobio's behalf but again without success (PRO FO 81/10, p. 15).

On 31 January 1794 Zenobio inserted the following notice in English newspapers

> «Count Zenobio thinks it is his duty to inform his TRADESMEN and [etc]... that being suddenly ordered by government to quit the Kingdom in Five Days time, it is not in his power to settle in so short a period all his accounts...» (A.S.V., Inquisitori di stato, b. 1248, fasc. II, c. 86, ritaglio azzurro di giornale da Zenobio, Piccadilly, [London], 31 January 1794).

These financial problems now became the basis for a new charge against Zenobio. By 3 February 1794 he was imprisoned for debt to «i suoi creditori» (B.M.C.V., ms. P.D., 261 b II, fasc. X, lettera n. 6, Alvise Pisani a Giuseppe Albrizzi, 11 febbraio 1794 & B.M.C.V., ms. P.D., 261 b II, fasc. X, lettera n. 5, Giovani Valle [console veneto a Londra] ad Alvise Pisani, 3 febbraio 1794). This imprisonment «sospende la esecuzione dell'ordine della di lui partenza» (A.S.V., Inquisitori di stato, b. 1244, fasc. 230, c. 88, Orazio Lavezari agli Inquisitori, Londra, 28 febbraio 1794).

The British resident in Venice, Richard Worsley soon wrote to Grenville from Venice on 8 March 1794, to report that «a kind of apology of Count Zenobio's addressed to the people of Great Britain, has been handed about here, a more impudent attack upon the country I think is scarce possible. This Government [here in Venice] is so much irritated against Count Zenobio that I am strongly inclined to believe that they will strike him off the list of Patricians and confiscate his Estates which are considerable» (PRO FO 81/10, p. 19). This «Address» must be the manuscript «Protesta» noted by Cicogna (1834, p. 633).

Probably as a result of this news from Worsley, on 15 March 1794, «un messaggero del re si è portato alla casa di arresto del Conte Zenobio, intimando... di consegnarlo onde fosse trasportato a Dover per esser mandato fuori del Regno» but «il Ceriffo rispose che... non poteva farlo, essendo egli responsabile di tutto il debito del Conte Zenobio e garante presso i suoi debitori e che poteva soltanto consegnarlo in una prigione dello Stato». This was the infamous Newgate prison. But «è permesso ai prigioneri di dimandare altra prigione» (B.M.C.V., ms. P.D., 261 b II, fasc. X, lettera n. 12, Alvise Pisani a Giuseppe Albrizzi, 21 marzo 1794) «e ricercare quella di Kings Bench, carcere più dolce e meno soggetta ad infamia. Il diritto di scegliere questa prigione deve essere deciso dalli giudici della Contea di Middlesex, alli quali appartiene la giurisdizione civile e criminale di una parte della Città di Londra». But the judges being «nel presente nel Suffolkshire a Bury [St Edmonds], distante 60 miglia da Londra, colà adunque ha dovuto condursi il N[obil]. H[omo]. Zenobio accompagnato da guardie e da un Sceriffo» (A.S.V., Inquisitori di stato, b. 1244, fasc. 230, cc. 89v-90, Orazio Lavezari agli Inquisitori, 21 marzo 1794). According to a letter of Alvise Pisani (B.M.C.V., ms. P.D., 261 b II, fasc. X, lettera n. 13, Alvise Pisani a Giuseppe Albrizzi, 28 marzo 1794) on the «sabato passato [22 marzo 1794] egli è ritornato dal suo viaggio ed'ha ottenuto dal giudice d'essere collocato alla prigione di King['s] Bench, [London]».

These crises in the unsettled affairs of Zenobio (see also Giormani 1990, p. 221) was just as Williams was writing home from Italy of his being «embarrassed at the Count's conduct towards him, in not following him [out to Italy] according to his contract, nor supplying him with necessary means and instructions» (Davies 1814, volume 1, p. 325). Williams had now been over six months away in Italy. But dealing with Williams' complaints was quite impossible, as Zenobio was now still imprisoned in the King's Bench Prison in London! (B.M.C.V., ms. P.D., 261 b II, fasc. X, segue lettera n. 21, Alvise Zenobio a Alvise Pisani (copia), 28 maggio 1794).

Finally, to cut a very long story short here, on 13 March 1795 Zenobio, having now paid all his debts, was expelled, both from prison and from Britain, according to a letter from Alvise Pisani. This reads

> «questa mattina è partito da Londra il signor conte Zenobio, condotto da un Messaggero del re, al porto di Jarmuth [Yarmouth] per essere imbarcato con altri cacciati dal Regno e tradotti al continente per un pachebote» (B.M.C.V., ms. P.D., 261 b II, fasc. X, lettera n. 72, Alvise Pisani a Giuseppe Albrizzi, 13 marzo 1795).

This expulsion was under the terms of the Aliens Act (see Giormani 1990, p. 221). By 8 May 1795 «Zenobio non ho nulla di più e so ch'è ancora ad'Hamburgo» as a political refugee in Germany (B.M.C.V., ms. P.D., 261 b II, fasc. X, lettera n. 79, Alvise Pisani a Giuseppe Albrizzi, 8 maggio 1795). It thus becomes finally and tragically clear that Zenobio, whose movements are now very uncertain, would have been unable to get back to Italy in any time to help Williams, who died alone at Zenobio's house in Verona late in that same month.

But Zenobio himself *was* eventually able to return to London, where he remained very active politically and where he died during the night of 31 December 1817 – 1 January 1818 (see *Gentleman's Magazine* January 1818, p. 88 & *Staffordshire Advertiser*, 10 January 1818). The former obituary noted, with some hostility, that «the political bias of the Count is well known. As a man of fashion and gallantry he took the lead at Versailles, when under the antient [sic] *regime*; at Baxters Club about the year 1790, he usually risked 5000£ every night». This was a gaming club then in St James Street, Piccadilly, London (Sheppard, 1960, volume 30, pp. 462-3).

Williams' final years in Italy 1793-1795

Williams had arrived in Italy in November 1793, after a journey through Germany and the Tyrol. Davies notes that Williams had at first «seemed to be in raptures of admiration at the stupenduousness, magnificent scenery, and stratification of rocks, in the Tyrolese Alps» as he passed through. He was also «in sanguine expectation of a plentiful harvest of mineral wealth in the states of Venice» (Davies 1814, volume 1, p. 325). He wrote a number of sadly now lost letters to his nephew in Wales but Davies directly quotes only from one; on the subject of the great durability of wood in underground mines there, a topic in which, as a mining engineer, Williams would have had a long interest. «It is the *Spanish Chestnut*, which I have found here in an old Roman mine, and the wood is now as sound as when first put in, about 2000 years ago».

The letter from Zenobio dated 14 November 1793, quoted above to reveal Zenobio's financial problems (A.S.V., Inquisitori di stato, b. 1248, fasc. III, c. 383-384v, Zenobio a Lorenzo Marzari, 14 novembre 1793), also gives news of Williams' activities in Italy.

«Non voglio decidere cosa alcuna prima del mio arrivo, mentre ho grande speranza che le scoperte del signor Williams e li piani che verranno suggeriti per l'organizzamento dei beni soggetti all'inondazioni dell'Adige [noi] possiamo molto aumentare il prezzo di quei beni. Mi scrive di già il signor Williams che vi sono traccie di carbone vicino a Egna e le terre sulle montagne sono ricche di ottima pietra a calce, la quale, oltre il suo valore essendo tanto utile come per fabbricare, come per fertilizzare i paesi incolti, è un sicuro indizio che vi sono miniere di piombo, rame, ferro, argento. Ho scritto sopra questo oggetto al signor Dalla Torre onde prendere le misure che se io fò dell'utile scoperte, ne deva pure avere parte nel vantaggio. Ma sopra questo importantissimo punto delle miniere di carbone e metalli il primo oggetto è quello nelli nostri Stati... infinito benefizio dunque potrebbe rendere la visita di un'uomo così esperto come il signor Williams... Intesi pure con piacere che in Istria vi sono gran miniere di carbone, mi metterò a farne la visita come pure in Dalmazia con il signor Williams, sono questi paesi inesplorati, dalla loro posizione molto promettenti. Vedete bene quanto motivi ho di affrettare il mio ritorno».

More news of Williams is then given in a letter of 17 December 1793 from Zenobio to Marzari (A.S.V., Inquisitori di stato, b. 1248, fasc. III, Zenobio a Lorenzo Marzari, 17 dicembre 1793). He notes

«mi riesce pure di sorpresa che non mi date alcuna nuova del signor Williams, avendo io già ricevuto 3 lettere da esso, una da Venezia e 2 dalli [Signor] Reck. Queste contengono le migliori notizie delle sue scoperte in Italia ed anche in parte del Tirolo. Le miniere di carbone in Arzignano sono abbondanti e di buona qualità, quelle di piombo nel Vicentino sono superiori alle più belle d'Inghilterra e basta ritrovar persone capaci di ben lavorarle, per renderle di gran profitto tanto publico come privato. Il signor Williams ha pur ritrovato delle miniere di Carbon fossile nel Veronese, superiori a quelle di Arzignano. Ho scritto al mio cognato e al cavalier [Giacomo] Nani onde ottenere dal Publico l'investitura e subito che sarò sicuro di questo, accorderò persone qui esperte per mettere in esecuzione i piani del signor Williams. Questo è una persona di eminente abilità e perfetta onestà e mi scrive che vede un vasto campo di publico e privato vantaggio nel lavoro delle miniere di carbon fossile e metalli nel nostro paese. Mi scrisse che nel Tirolo vi sono favorevoli apparenze ed essendo informato dal signor Dalla Torre che secondo le investiture, il Dinasta à un diritto a tutte le miniere...».

Further news of Williams' Italian activities, and Zenobio's intentions, comes in a letter of 31 December 1793 from Zenobio to Marzari (A.S.V., Inquisitori di stato, b. 1248, fasc. III, cc. 386-9, Zenobio a Lorenzo Marzari, 31 dicembre 1793). He announces that

«al principio della primavera o al finir dell'inverno partirò certamente per Venezia... [c. 389] Non vi posso dir niente intorno all'affare delli N.N.H.H. Gritti della loro miniera di carbone, mentre fino a che non ho le informazioni del signor Williams ed una mia visita personale, non posso decider niente sopra questo articolo. Intanto ricevo dal signor [Williams] le nuove più soddisfacenti delle sue scoperte ed ho ragione di lusingarmi che la visita di un uomo eminente nel suo terreno torni di gran vantaggio tanto publico che privato».

But in January 1794 the «Zenobio Affair» had suddenly exploded as we have seen, leaving John Williams in an impossible situation. We have already seen, from an Italian source, how the abate Giuseppe Tommaselli (1733-1818) had written on 16 February 1794, «sento che Williams non riconosce per vulcanizzati gli Euganei»

(Giormani 1996, footnote 99). These are the small hills just west of Padova, about whose origins there was then an intense debate (see Kirwan 1799, p. 273). Tommaselli continued «gli ho fatto scrivere per la [Signora] Treves a Udine una fortiss[im]a lettera, che l'obbligava ad esibirmi la prova, ma che siano prove e non parole. Costui venne a rovesciarci in capo l'idee». It would be nice to learn something of the Italian woman, Signora Treve or Treves, who so befriended Williams in Italy.

The last letter that John Williams wrote from Italy to his native Kerry was dated Easter Monday, [20 April] 1794. In this Williams now «seemed embarrassed at the Count's conduct towards him, in not following him [out to Italy] according to his contract, nor supplying him with necessary means and instructions» (Davies 1814, p. 325). These comments agree with the news of Williams given by Zenobio in a letter to Marzari of 27 April 1794 (A.S.V., Inquisitori di stato, b. 1248, Zenobio a Lorenzo Marzari, 27 aprile 1794), in which Zenobio says that

> «ho ricevuto lo stesso venerdì [25 aprile] 3 lettere del signor Williams, due da Schio ed una da Venezia: tutte significano le più favorevoli viste, ma sì con varie spese indispensabili. Io gli rispondo che quantunque è ben giusto che le sue spese vengagli pagate, pure egli veda di andare con la possibile economia. Siccome trovo necessario di prolungare la dimora in Italia del signor Williams per sei mesi, così se sia a lui aggradevole, stipulerete una scrittura alle stesse condizioni di quella che scrisse in agosto».

Marzari's request to the Inquisitori to renew Williams' contract for a further six months was dated 21 May 1794 (A.S.V., Inquisitori di stato, b. 1248, supplica di Lorenzo Marzari agli Inquisitori, per conto di Alvise Zenobio, Venezia, 21 maggio 1794). It reveals that Williams' original contract had been at a salary of £300 a year with all travel and subsistence costs also paid. This request was for a new six-month contract to run from 1 August 1794 at the same rate. But the request is annotated «NON SI RINNOVI». Williams' problems in Italy were now to increase dramatically!

These are revealed by Zenobio in a letter to Marzari (A.S.V., Inquisitori di stato, b. 1248, Alvise Zenobio a Lorenzo Marzari, Londra, 6 giugno 1794)

> «Ricevei ultimamente una lettera del signor Williams, il quale mi informa con molta mia sorpresa che avendovi ricercato di somministrargli il necessario per i suoi viaggi, gli avete scritto che non avevate da me tali ordini. Questo deve essere uno sbaglio, mentre chiaramente vi scrissi che i patti della nostra scrittura sono di pagargli servitù, alloggio e viaggi per le sue

osservazioni ed un assegno di lire [sterline] 300 per un anno, con libertà dopo la espirazione del anno a ciascun parte di continuare a terminare l'accordo, cosa per... del signor Williams che desidero egli continui il suo impegno con me per altri sei mesi, in conseguenza del mio ritardo; e la stessa mia intenzione a voi comunico onde... p. ire l'accordo con esso».

Further problems are revealed in a letter of 17 July 1794 from Zenobio to Marzari (A.S.V., Inquisitori di stato, b. 1248, fasc. III, c. 398, Alvise Zenobio a Lorenzo Marzari, Londra, 17 giugno 1794)

«Mi riesce poi ancora inesprimibile mortificazione il divieto di continuare al signor Williams, tanto più quanto le ultime sue lettere, una delle quali vi accludo [this is now sadly missing!], mi dà le più giuste lusinghe di successo. Credete ch'egli è uno dei più eminenti soggetti d'Inghilterra in questa materia, in prova di che vi è il suo libro e i ripetuti premi che ebbe dalla Società delle Arti in Scozia [the HAS], vi è una medaglia d'oro del valore di 60 zecchini [che] ricevè in questi giorni dall'Imperatrice di Russia, vi è una pratica ch'ebbe di 40 anni nelle miniere di Scozia, vi è finalmente la più grande di tutte le prove: questa è che, dopo essersi impegnato con una persona venuta d'Irlanda per impegnarlo ad andare ad esplorare le miniere in quel paese, vedrete dalla sua lettera ch'egli intende lui stesso esborsar somme per lavorar le miniere e conta di costì stabilirsi; dunque non – bisogna siano tutte immaginazioni». The letter ends «Vi ripeto gli ordini che il signor Williams sia fornito del necessario siccome i termini della scrittura fra noi segnata l'esprimono; è pure tempo che riceva le tre cento sterline accordate».

Zenobio repeated these points in an application to the «Tribunale Supremo» of Venice (A.S.V., Inquisitori di stato, b. 1248, Supplica del Alvise Zenobio, Londra, 17 giugno 1794) and concluded

«che perciò tempo e la sua presenza sono necessari. Che in conseguenza se non viene permesso al supplicante che venga prolungato l'accordo col signor Williams per sei mesi (tempo nel quale si lusinga di essere rimpatriato) tutte le fatiche sono... inutili, tutto il denaro impiegato, di nessun uso, tutti i prospetti di Pubblico e privato benefizi intieramente svaniti». The accounts for Zenobio's Venetian estate duly show that the sum of 1000 lire venete was paid to «signor Williams, mineralogista» during June and July 1794 from the estate (A.S.V., Inquisitori di stato, b. 1248, Carte avute da copiare nel Processo Zenobio).

Such contractual and financial problems must have put serious limitations on Williams' work in Italy. These are best revealed by the following, most poignant, description of Williams' problems in Italy (which all had a simple, if «revolutionary», explanation back in London) as given by Carlo De Rubeis in 1795. De Rubeis describes how the zoologist, the abate Giuseppe Olivi (1769-1795) – for whom see Gibin 1994 – just before his own death in the same year as Williams

«Stava egli per raccogliere da moltissime lettere un *Saggio intorno allo stato mineralogico di tutte le Venete Provincie*: furono queste scritte in questi ultimi tempi da un Inglese Mineralogista, il Signor *Williams*, il quale da un ricco bizarro Patrizio Veneto [Zenobio] fu da Londra spedito e pagato generosamente, onde percorrendo la Dalmazia, e tutto lo Stato Veneto insegnasse a noi quali nascosti tesori per avventura possediamo. Era lo strano Inglese ignaro affatto della nostra lingua e della Francese; e quindi, come un muto, pellegrinò, osservò, e raccolse quanto di raro e di apprezzabile giudicava, mandando in deposito i vari saggi mineralogici appresso al Console di sua Nazione a Veneto» (De Rubeis [1795], pp. 17-8).

This Consul was the same Sir Richard Worsley, Baronet (1751-1805), British resident there from 29 November 1793 until the Revolution on 15 May 1797 (Bindoff 1934, 193), who had been so busy informing the British authorities of Zenobio's activities in Venice!

De Rubeis then continued

«Fatal avvenimento! Morì quasi all'improvviso il Mineralogista a Verona pochi mesi sono, e per' secolui il risultato delle sue cognizioni, e l'intento del suo mecenate. L'unica persona, che dallo straniere fu fatta consapevole di quanto andava scoprendo, era una gentil Giudea, onor del suo sesso che ama e conosce il sistema Botanico di Mr. *Lamarque* [Lamarck], ed a cui è famigliare la lingua Inglese. Non poteva codesta colta donna, amante della Storia Naturale, ignorare il nome dell'*Olivi*, e non coltivare la di lui amicizia. Per la qual cosa affidò a lui le moltiplici Lettere dell'Inglese Mineralogista, delle quali l'*Olivi* era in procinto di donarne un *Saggio*».

At least the name of the «Giudea», Signora Treve or Treves, has been revealed by Giormani (1996). But sadly neither Williams' letters nor Olivi's *Saggio* seem to have survived the 200 years since both died in Italy (Giormani 1996, note 99 & Gibin 1994). This was within three months of each other as Olivi died on 24 August 1795.

Williams' death in Verona and its aftermath

Davies recorded that «soon after the date of this last letter [April 1794, Williams] was supposed to have died in Venice». Neill (1814a, p. 258) instead stated that he had died at the end of the year 1797 and was aged 67! In fact Williams had died in Verona on 29 May 1795, not at the Count's house in Venice as his Welsh relatives supposed

(Davies 1814, volume 1, p. 325), and must have been at most 64 years old. Scottish newspapers, like the *Edinburgh Advertiser* (July 14 to 17 1795 p. 38) and the *Edinburgh Evening Courant* (Saturday July 18 1795, p. 3), first reported that

«letters from Verona in Italy, mention the death, on 29th May last, of Mr John Williams, Mineral Surveyor, author of the History of the Mineral Kingdom, 2 vols, 8vo, and of several essays: It is reported that he has discovered coal in Italy after a very minute search».

Other obituary notices appeared, but only copying the above, as the *Derby Mercury* (30 July 1795), p. 1); the *Scottish Register* (1795, vol. 6, p. 358); the *Gentleman's Magazine* (vol. 65 (2), July 1795, p. 614, and the *Scots Magazine* (vol. 57, August 1795, p. 545).

Neill (1814a, pp. 257-8) stated that Williams, while in Italy, had «set on foot the working of limestone, coal and ironstone on some of the Count's estates near Verona and was going on well with these improvements, when he was unfortunately seized with a typhoid fever, which proved fatal». This records at least a cause of death (Neill 1814a, p. 258), and reveals a little of what Williams had achieved before his premature death so far from home, although we must note that Neill had been two years out in dating Williams' death, and may once again not be wholly reliable.

At least we can now reveal that Williams's financial affairs were put into some sort of order after his death. An agreement of December 1795 records

«Ogni e qualunque differenza insorta o che insorger potesse per occasione dei conteggi e pretese spiegate dalla signora Margherita Williams erede, testamentaria del quondam Gio[vanni] Williams suo padre a motivo dell'accordo stabilito tra il N.H. ser conte Alvise Zenobio da una ed il detto fu signor Gio: Williams dall'altra, cogl'articoli d'accordo stabiliti in Londra 23 luglio 1793 e ratificato per altri sei mesi colla susseguente sua lettera 27 aprile 1794, scritta dal detto N.H. da Londra al detto fu signor Williams, resta con la rispettabile mediazione del nobile signor Giovanni Watson...».

The agreement further noted

«A saldo e totale compimento d'ogni e qualsisia pretesa di detta signora Margherita erede ut supra, nessuna eccettuata, s'obbliga il signor Lorenzo Marzari come procurator di detto N.H. ser conte Alvise Zenobio d'esborsare nel termine di sei mesi computabili dal giorno presente al suddetto nobile signor console Britannico, come procuratore della detta signora Margherita la somma di zecchini novecento veneti, sono piccole lire diecinove mille ottocento, da cui dovrà essere rilasciata la corrispondente ricevuta a saldo e compito pagamento d'ogni pretesa di detta erede» (A.S.V., Inquisitori di Stato, b. 1248, copia della convenzione (di... Giuseppe Camerata, sopraintendente alla Facoltà Zenobio, agli Inquisitori, 31 dicembre 1795) tra il console d'Inghilterra e Lorenzo Marzari... 15 dicembre 1795).

A later note of the same date adds

«Fu poi trovato e definito coll'unita [no. 5] convenzione 15 cadente col signor Console d'Inghilterra, come procuratore dell'erede di certo Villiams mineralogista, ch'era stato accordato dal N.H. Zenobio colla qual Carta fu concluso di pagarsi entro 6 mesi zecchini 900, ribassando di molto le pretese intavolate dall'erede suddetta, ch'erano di zecchini 1200 circa...» (A.S.V., Inquisitori di Stato, b. 1248, relazione per il trimestre di agosto, settembre e ottobre agli Inquisitori, di Giuseppe Camerata, fedel ragionato (e destinato sopraintendente della Facoltà Zenobio), 31 dicembre 1795.

If this matter was finally settled, it has not proved possible to locate the will that Williams must have made. Nor has it proved possible to locate Williams' burial record in Verona, or any grave. Another serious loss is that of Williams' portrait, recorded by Anderson (1863, p. 132) as then in the «Scotch Antiquarian Society Institution in Edinburgh». This institution's collections have had a very chequered career (Bell 1981) and the portrait is now unknown to the SAS, the National Museums or to the National Portrait Gallery in Edinburgh. The founder of the SAS, the Earl of Buchan, had commissioned an early series of portraits of members of the SAS. To these were added, on 2 April 1782 an additional series of six more portraits, «in black lead as large as life». All had been done by the Scottish artist John Brown (1749-1787), corresponding member of the SAS (Smellie 1782, part 1, p. 91).

Sadly today, of these additional six portraits, only that of Williams cannot be identified. One's frustration is heightened by the fact that the Scottish National Portrait Gallery does still possess nine unidentified John Brown portraits from this SAS series, of which one is of a woman (Smailes 1990, pp. 351-2 & 388). Of the remaining eight, Williams seems most likely to be that today numbered PGL 58, in terms of his dress and likely age in 1782 etc. One must hope some further documentation may come to light.

Williams post-mortem reputation

Two years after his death a mysterious Russian translation of Williams' book on the Vitrified Forts of Scotland, made by V. Kulichkin, was published in St. Petersburg, Russia (copy in BL – 867 i 30). Princess Dashkova (1743-1810), the close confidante of the Empress Catherine of Russia, had been living in Scotland in 1777 and travelling through the Highlands (Hyde 1935, pp. 140-7 & Cross 1980, pp. 131-3 & 238), just as Williams' results were published. She may well have been the inspiration for its eventual translation. Princess Dashkova had been, as another result, party to one of the finest, and earliest, expositions of the new Huttonian Theory of the Earth in 1787 (Craig 1978, pp. 3-5). But published claims that the Empress Catherine II (1729-1796) of Russia herself visited Britain in 1776 prove as unfounded (Tomkeieff 1950) as the claim that Williams had journeyed to Russia!

Part one of the first edition of Williams' *Mineral Kingdom* was translated into German by Adolph A. F. W. Danckelman and published at Dresden in 1798. A copy of this rarity is at the University of Illinois library (Ward & Carozzi 1984, p. 527). Danckelman, who attended the Freiberg Bergakademie in 1795 (Gottschalk 1867, p. 237), also added many notes to Williams' original text. That even part of this work was chosen for translation indicates the value then placed on the work by those involved in teaching coal mining in Saxony. By 1809, «nearly the whole work has [now] been translated into the German at the request of [Abraham] Werner, and is accompanied by many valuable notes by the [new] translator Heinrich Meuder, [another] pupil of Werner» (Anderson 1809, pp. 243-4). Meuder, who had earlier translated Jameson's *Mineralogische Reisen durch Schottland* in 1802 (Meuder 1802) had also attended Werner's Bergakademie in 1798. Meuder rose to become a Bergamtsassessor in Freiberg, but he died in 1811 (Gottschalk 1867, p. 239) and so this project to publish a new complete translation of Williams' book was abandoned. But again it demonstrates the value placed on Williams' work in Saxony twenty years after its publication.

In England the next commentator on Williams' book was the English mineralogist John Mawe (1766-1829) (Torrens 1990). Mawe's 1802 book *The Mineralogy of Derbyshire* contained a critical «account of Mr. Williams's Book, called the Mineral Kingdom» (Mawe 1802, pp. 176-199). Mawe called the book «prolix and confused» but still considered it to have sufficient value for the detailed analysis he gave of it to be of value.

A wish for a new English edition was also expressed in 1805, when Gilbert Laing reported to John Pinkerton (1758-1826) that

«friends of Williams... have offered Longman [the London publisher] a new and enlarged edition from the author's manuscripts. It is a pity that this book should not fall into the hands of some good editor, who had travelled through Scotland, and has mineralogical knowledge enough to enlarge the book with personal observations, Dr [John] Murray [1778-1828] of this place [Edinburgh] would be well qualified» (Pinkerton 1830, volume 1, p. 325).

This note helps to date one of the MSS notes by the Earl of Buchan in the NLS (MSS 1810 f 149), since this had noted that «a second edition of [Williams *Mineral Kingdom*] has been prepared by Mr Murray, Lecturer in Chemistry with additional matter and remarks» and so must date from 1805 or just after. But, in the end, it was not John Murray, who had written the 1802 response *A comparative view of the Huttonian and Neptunian Systems of Geology* to John Playfair's *Illustrations of the Huttonian Theory of the Earth* (1802), who undertook the second edition of Williams' book which was to appear in 1810.

In 1808 the leader of the Scottish Wernerians, Robert Jameson (1774-1854), commented that «Williams was an excellent observer who made many useful observations on the independent coal formation» but he now wrongly claimed Williams as «our country-man» (Jameson 1808, p. 41). Another Edinburgh Wernerian geologist, Dr Charles Anderson (1793-1855) noted in 1809 that Williams' book was «by a miner of great sagacity and skill» (Anderson 1809, p. 245).

When Williams' book appeared in its second edition in English in 1810, it was with Williams' original anti-Huttonian preface removed and instead a long supplement by its new editor, Dr. James Millar (1762-1827), added. The removal of the preface which had attacked Hutton was highly geo-political, within the strained politics of the warfare between Huttonians and Neptunians then so rife in Edinburgh (Wawn 1982 & Dean 1992, pp. 144-162). The suppressed preface of 1810, was however soon reprinted, through the agency of John Farey in 1817 (Williams 1817). Farey had just visited Edinburgh to report on a new water supply for the city and had discovered the value of Williams' book. Farey first published an anonymous note, by «A Correspondent» or «An Engineer», in 1817 about the suppression of Williams' Preface in 1810 ([Farey] 1817), before arranging for its reprinting in London. But Farey must have had his own geo-political reasons for wishing to reveal the value of Williams' work and its anti-Huttonian preface. This seems to have been because of the amount of stratigraphic data he found in Williams' book. Farey wished such data to be highlighted, as part of his crusade to improve stratigraphic knowledge and attention to it at this time, and to lessen attention to the sort of theorizing that Hutton had indulged in.

The section of Williams' original book (Williams 1810, volume 1, pp. 133-155) «of the Indications of Coal, and Methods of searching for it» was reprinted in North America in 1814 (Bruce 1814, pp. 167-182). But perhaps the most interesting comment on Williams' book is that it was still being recommended as a text by both practical (i.e. Thomas Tredgold 1788-1829) and academic geologists (i.e. William Buckland (1784-1856), as late as 1817 and 1822, over thirty years after its first publication (see Tredgold 1817, p. 127 & Melmore 1942, p. 323).

Later writers, by now historians, commented on Williams' book. Charles Lyell in 1830 noted that «it was a work of great merit for that day [1790] and of practical utility, as containing the best account of the coal measures» (Lyell 1830, p. 67). Rev. John Fleming also noted that this book had «greatly advanced the study of practical geology, not only in Edinburgh, but throughout Scotland» (Fleming 1859, p. 9). The German historian of geology Karl Zittel called the book «remarkably complete» (Zittel 1901, p. 109). E.B. Bailey & D. Tait of the Geological Survey of Scotland (Bailey & Tait 1921, p. 83) called it «an exceptionally full account of the Coal Formation». More modern appraisals of the book by historians of geology are given by Davies 1969, Challinor 1971, pp. 65, 70-2 & 76-83, Porter 1977 pp. 136, 153-4 & 178, Huggett 1989, pp. 65-7 & Huggett 1990, p. 68). The literature on the history of Scottish coal mining, on the other hand, strangely ignores it (Duckham 1970). It remains the best memorial of an enthusiastic, energetic, and remarkably competent man, who was clearly regarded as the best mineral surveyor of his generation in Britain but whom history has otherwise since sadly forgotten.

The Earl of Buchan well summed up John Williams

> «in the 2d volume of Williams' book are many things worthy of deep attention for tho the worthy Man was deficient in learning commonly so called he was by no means so in what related to the subject of his discussions» and «considering poor Williams as an illiterate miner his work is wonderful & it certainly does contain a vast variety of useful matter drawn from actual observation in the course of more than 40 years experience» (NLS MSS 996)

Abbreviations

ASV	Archivio di Stato, Venezia
BL	British Library, London
BMCV	Biblioteca del Museo Correr, Venezia
CFAE	Commissioners for the Forfeited Annexed Estates

EUL	Edinburgh University Library
HAS	Highland and Agricultural Society, Edinburgh
NLS	National Library of Scotland, Edinburgh
NMS	National Museums of Scotland, Edinburgh
PRO	Public Record Office, Kew & London
SAS	Society of Antiquaries of Scotland
SRO	Scottish Record Office, Edinburgh

Acknowledgements

These are due first to the *Istituto Veneto* for making this first attempt to appraise the work of John Williams possible. Many have helped me, like Fionna Ashmore (Edinburgh), Jan Ballard (Philadephia), Susan Bennett (London), David Bick (Newent), Roy Boud (Leeds), Norman Butcher (Edinburgh), Luca Ciancio (Rovereto), Pat Crichton (Hopetoun), Roger Emerson (London, Ontario), Roger Flindall (Nottingham), Jane Hill (Edinburgh), Jean Jones (Edinburgh), Dorothy Laing (Edinburgh), Rosalind Marshall (Edinburgh), Rosalind Mitchison (Ormiston), Renato Pasta (Firenze), Martin Phillips (Keele), Paolo Preto (Padova), Marion Ramsay (Edinburgh), Raffaello Vergani (Padova) & Charles Withers (Edinburgh). But above all I thank Ezio Vaccari (Verona) for his constant encouragement in these stupid times for scholars like us when all research expenses have had to be met from my own pocket.

To Virgilio Giormani (Venezia), whom I had never met, I owe an enormous debt for showing how generously the spirit of the enquiring mind still exists in Italy. Without his wonderful assistance in ransacking Venetian archives for information for me, I would have known very little about what had actually happened to Williams in Italy and would have remained in real ignorance of the English causes of his problems there. I dedicate this paper to him with real thanks and my best wishes for his happy and active retirement from academic life.

BIBLIOGRAPHY

R.J. Adam, *Papers on Sutherland Estate Management 1802-1816*, Scottish History Society, series 4, volumes 8 & 9. Edinburgh, 1972.

I.H. Adams, *Papers on Peter May – Land Surveyor 1749-1793*. Edinburgh, 1979.

C. Anderson, (translator), *Abraham Werner's New Theory of the Formations of Veins*. Edinburgh, 1809.

J. Anderson, *An account of ancient Monuments and Fortifications in the Highlands of Scotland*, «Archaeologia», 5, pp. 241-266, 1779.

W. ANDERSON, *The Scottish Nation*. Volume 1. Edinburgh, 1863.

W. ANDERSON, *Genealogy and Surnames*. Edinburgh, 1865.

ANON., *The Diaries & Correspondence of Anna Catherina Bower*. London, 1903.

ANON., *The Registers of Kerry, part 3 [1708-1760]* in *Collections historical & Archaeological relating to Montgomeryshire and its borders*. Volume 39. Welshpool, 1919.

E.B. BAILEY & D. TAIT, *Geology* pp. 63-99 in *Edinburgh's Place in Scientific Progress*. Edinburgh, 1921.

D. BARRINGTON, *Observations on the vitrified walls in Scotland*, «Archaeologia», 6, 1782, pp. 100-103.

A.S. BELL, *The Scottish Antiquarian Tradition*. Edinburgh, 1981.

D.E. BICK, *The Old Metal Mines of Mid Wales*. Parts 1-5, Newent, 1978.

S.T. BINDOFF, *British Diplomatic Representatives 1789-1852*. (Publications of the Camden Society, series 3, volume 50). London, 1934.

H. BRIGGS, *Sinclar's Treatise of Coal Mines 1672*, «Transactions of the Institution of Mining Engineers», 69, 1925, pp. 132-14.

D.J. BRYDEN, *James Watt, merchant: the Glasgow years 1754-1774* in D. SMITH (editor), *Perceptions of Great Engineers: Fact and Fantasy*. London, 1994, pp. 9-22.

A. BRUCE, *Publications Coal*, «American Mineralogical Journal», 1, 1814, pp. 166-182.

A.D. CAMERON, *The Caledonian Canal*. Lavenham, 1972.

R.G. CANT, *David Steuart Erskine, 11th Earl of Buchan, Founder of the Society of Antiquaries of Scotland*, in A.S. BELL, 1981, (q.v.), pp. 1-30.

J. CHALLINOR, *The History of British Geology: A Bibliographical Study*. Newton Abbot, 1971.

V.G. CHILDE & W. THORNEYCROFT, *The Experimental Production of the Phenomena distinctive of Vitrified Forts*, «Proceedings of the Society of Antiquarians of Scotland», 72, 1938, pp. 44-55.

A. CHISHOLME & J.A. DE LUC, *Review of «The Natural History of the Mineral Kingdom»*, «The Monthly Review», 6, 1791, pp. 121-131.

E.A. CICOGNA, *Delle Iscrizioni Veneziane*. Volumes 1-6. Venezia, 1824-1853.

M. COTTERELL, *The Natural History of the Mineral Kingdom», «The Edinburgh Geologist»*, no 18, 1985, pp. 21-25.

M.A. COTTON, *British Camps with Timber-laced Ramparts*, «Archaeological Journal», 111, 1955, pp. 26-105.

L.R. COX., *New Light on William Smith and his Work*, «Proceedings of the Yorkshire Geological Society», 25, 1942, pp. 1-99.

G.Y. CRAIG, (editor) *James Hutton's Theory of the Earth: The Lost Drawings*. Edinburgh, 1978.

W. CRAMOND, *The parallel roads in Glenroy*, «Transactions of the Banffshire Field Club», 1902/3, pp. 18-22.

A.G. CROSS, *«By the Banks of the Thames»: Russians in Eighteenth Century Britain*. Newtonville, 1980.

B. CUNLIFFE, *Iron Age Communities in Britain*. Third edition. London and New York, 1991.

D. DARMANO, *Inediti documenti sulle vicende di Alvise Zenobio*, «Archivio Veneto», 3, 1872, pp. 278-300.

G.L. DAVIES, *The Earth in Decay*. London, 1969.

W. DAVIES, *General View of the Agriculture & Domestic Economy of South Wales*. Two volumes. London, 1814.

W.R. DAWSON, *The Banks Letters*. London, 1958.

D.R. DEAN, *James Hutton and the History of Geology*. Ithaca, 1992.

C. DE RUBEIS, *Elogio amichevole dell'abate Giuseppe Olivi*. Padua, [1795], [also in «Nuovo Giornale d'Italia», 7, no 25 (10 ottobre 1795), pp. 193-9].

H.W. DICKINSON & R. JENKINS, *James Watt and the Steam Engine*. London, 1927.

B.F. DUCKHAM, *A History of the Scottish Coal Industry*, Volume 1 1700-1815. Newton Abbot, 1970.

J. DUNLOP, *The British Fisheries Society 1786-1893*. Edinburgh, 1978.

F. ELLENBERGER, *Précisions nouvelles sur la découverte des volcans de France*, «Histoire et Nature», 12/13, 1979, pp. 3-42.

R. EMERSON, *The Scottish Enlightenment and the End of the Philosophical Society of Edinburgh*, «British Journal for the History of Science», 21, 1988, pp. 33-66.

V.A. EYLES & J.M. EYLES, *Some Geological Correspondence of James Hutton*, «Annals of Science», 7, 1951, pp. 316-339.

G.V.M. FABRONI, *Dell' Antracite o Carbone di cava detto volgarmente Carbone Fossile, compilazione fatta per ordine del Governo*. Firenze, 1790.

J. FAREY, *Notes and Observations on part of the Eleventh and the Twelfth Chapters of Mr Robert Bakewell's "Introduction to Geology..."*, «Philosophical Magazine», 43, 1814, pp. 325-41.

J. FAREY, *On certain accidents to which Coal-works are liable...*, «Philosophical Magazine», 45, 1815a, pp. 436-52.

J. FAREY, *On the coal works in Sutherland*, «Monthly Magazine», 40 (2), 1815b, pp. 9-11.

J. FAREY, *On the causes of injustice which authors sometimes suffer from other writers... particularly the late Mr Williams...*, «Philosophical Magazine», 50, 1817, pp. 116-121.

J. FERGUSON, (editor), *Papers illustrating the History of the Scots Brigade in the Service of the United Netherlands*. (Publications of the Scottish History Society nos 32, 35 & 38). Edinburgh, 1899-1901.

J. FLEMING, *The Lithology of Edinburgh*. Edinburgh, 1859.

J.G. GAZLEY, *The Life of Arthur Young 1741-1820*. Philadelphia, 1973.

V. GIBBS, and others (editors), *The Complete Peerage*. 13 volumes. London, 1910-1959.

C. GIBIN, *La Geometria della Natura*. Padova, 1994.

V. GIORMANI, *La mancata introduzione della Macchina a Vapore nelle bonifiche dello Stato veneto nell'ultimo Decennio del '700*, «Studi Veneziani», 17, 1990, pp. 157-224.

V. GIORMANI, *1793-1795: La breve stagione concorsuale di Giuseppe Olivi tra Padova e Venezia*, «Studi Veneziani», 30, 1996, pp. 269-318.

A. GOODWIN, *The Friends of Liberty*. London, 1979.

C.G. GOTTSCHALK, *Verzeichniss Derer, welche seit Eröffnung der Bergakademie und bis Schluss des ersten Saculum's auf ihr studirt haben*, in Band 2, *Festschrift zum hundertjährigen jubiläum der Königl. sächs. bergakademie zu Freiberg am 30 juli 1866*. Dresden, pp. 221-95, 1867.

R. GOUGH, *British Topography*. Two volumes. London, 1780.

J. HARDMAN, *Louis XVI*. New Haven & London, 1993.

C.W. HENDEL, *David Hume's Political Essays*. Indianapolis & New York, 1953.

R.J. HUGGETT, *Cataclysms and Earth history*. Oxford, 1989.

R.J. HUGGETT, *Catastrophism: systems of earth history*. London, 1990.

J. HUTTON, *Theory of the Earth...*, «Transactions of the Royal Society of Edinburgh», 1, 1788, pp. 209-304.

H.M. HYDE, *The Empress Catherine and Princess Dashkov*, London, 1935.

R. Jameson, *System of Mineralogy*. Volume 3. Edinburgh, 1808.

J. Jones, *The Geological Collection of James Hutton*, «Annals of Science», 41, 1984, pp. 223-244.

J. Jones, H.S. Torrens & E. Robinson, *The Correspondence between James Hutton (1726-1797) and James Watt (1736-1819), with two letters from Hutton to George Clerk-Maxwell (1715-1784)*, «Annals of Science», 51, 1994 & 1995, pp. 637-653 (part one) & 52, pp. 357-382 (part two).

R. Kirwan, *Observations on Coal-mines*, «Transactions of the Royal Irish Academy», 2, 1790, pp. 157-70.

R. Kirwan, *Geological Essays*. London, 1799.

R. Kirwan, *Proposed Mineral Surveys of the British Counties [in 1793]*, «Tilloch's Philosophical Magazine», 37, 1811, pp. 8-10.

V. Kulichin, (translator) of John Williams' book on the Vitrified Forts of Scotland, published in St Petersburg, 1797, (copy in British Library – press mark 867 i 30).

J.G. Lamb, *David Steuart Erskine, 11th Earl of Buchan: A study of his Life and Correspondence*. Ph.D. thesis, St Andrews University.

C. Lyell, *Principles of Geology*. Volume 1. London, 1830.

I. Macalpine & R. Hunter, *George III and the Mad-Business*. London, 1969.

A. Maggiolo, *I Soci dell'Accademia Patavina dalla sua fondazione (1599)*. Padova, 1983.

J. Mawe, *The Mineralogy of Derbyshire*. London, 1802.

S. Melmore, *Letters in the Possession of the Yorkshire Philosophical Society*, «North Western Naturalist», 17, 1942, pp. 317-332.

H.W. Meuder, (translator) *Herrn R. J[ameson]'s mineralogische Reisen durch Schottland*. Leipzig, 1802.

J. Millar, *Biographical notes on Mr Williams*, in J. Williams, 1810 (q.v.), Volume one, Preface, pp. vii-viii.

G. Mori, *L'estrazione dei minerali nel Granducato di Toscana durante il periodo di riforme (1737-1790)*, «Studi di storia dell'industria», Roma, 1976, pp. 83-141.

E.C. Mossner & I.S. Ross, *Correspondence of Adam Smith*. Oxford, 1977.

C.F. Mullett, *The «Bee» (1790-1794): a tour of Crotchet Castle*, «South Atlantic Quarterly», 66, 1967, pp. 70-86.

C.F. Mullett, *A Village Aristotle and the Harmony of Interests: James Anderson (1739-1808) of Monks Hill*, «Journal of British Studies», 8, 1968, pp. 94-118.

P. Neill, (translator of J.F. D'Aubuisson's) *An Account of the Basalts of Saxony*, Edinburgh, 1814a. (Williams *the mineralogist* on pp. 255-258).

P. Neill, *Biographical Account of Mr Williams, the Mineralogist*, «Annals of Philosophy», 4, 1814b, pp. 81-3.

T. Pennant, *A Tour in Scotland 1769*. Second edition. London, 1772.

S. Piggott, *Ruins in a Landscape*. Edinburgh, 1976.

J. Pinkerton, *The Literary Correspondence of....* Two volumes. London, 1830.

J. Playfair, *Biographical Account of the late Dr James Hutton*, «Transactions of the Royal Society of Edinburgh», 5, 1805, pp. 39-99.

R. Porter, *The Industrial Revolution and the Rise of the Science of Geology*, in M. Teich & R. Young (editors) *Changing Perspectives in the History of Science*, London, 1973, pp. 320-43.

R. Porter, *The making of geology: Earth science in England, 1660-1815*. Cambridge, 1977.

P. Preto, *I Servizi Segreti di Venezia*. Milano, 1994.

I. Ralston, *The Yorkshire Television vitrified wall experiment at East Tullos, City of Aberdeen District*, «Proceedings of the Society of Antiquarians of Scotland», 116, 1986, pp. 27-40.

A. RAMSAY, *The History of the Highland and Agricultural Society of Scotland*. Edinburgh, 1879.

R. RIDDELL, *Observations on Vitrified Fortifications in Galloway*, «Archaeologia», 10, 1792, pp. 147-150.

S. SHAPIN, *Property, Patronage, and the Politics of Science: The Founding of the Royal Society of Edinburgh*, «British Journal for the History of Science», 7, 1974, pp. 1-41.

F.H.W. SHEPPARD, (editor) *Survey of London*, volume 30, *The Parish of St. James, Westminster*. London, 1960.

J. SINCLAIR, *The Correspondence of the Right Honourable Sir John Sinclair*. Two volumes. London, 1831.

H. SMAILES, *The Concise Catalogue of the Scottish National Portrait Gallery*. Edinburgh, 1990.

W. SMELLIE, *An historical account of the Society of Antiquaries of Scotland*, «Archaeologia Scotica», part 1 (1782), part 2 (1784).

A.M. SMITH, *The Forfeited Estate papers: a study of the work of the Commissioners for the Forfeited Annexed Estates 1755-1784*. Ph.D. thesis, St Andrews University, 1975.

A.M. SMITH, *The Jacobite Estates of the Forty-Five*. Edinburgh, 1982.

R.B.K. STEVENSON, *The Museum, its Beginnings and its Development*, in A.S. BELL, 1981, (q.v.), pp. 31-85.

S.I. TOMKEIEFF, *The Empress Catherine and Matthew Boulton* «The Times Literary Supplement», 22 December 1950, p. 815.

H.S. TORRENS, *The history of coal prospecting in Britain 1650-1900*, in *Energie in der Geschichte* (Proceedings of the 11th Symposium of ICOHTEC (International History of Technology) Symposium), Dusseldorf, Germany, 1984, pp. 88-95.

H.S. TORRENS, *Hawking History*, «Modern Geology», 13, 1988, pp. 83-93.

H.S. TORRENS, *Under Royal Patronage: the early work of John Mawe (1766-1829) in geology and the background of his travel in Brazil in 1807-10*, in M. LOPES & S. FIGUEIROA (editors), *O Conhecimento Geologico na America Latina*. Campinas, Brazil, 1990, pp. 103-113.

H.S. TORRENS, *J.B. Longmire (1785-1858), a Lakeland Geologist and his work as a Coal Prospector in Russia 1817-1822*, «Proceedings of the Westmorland Geological Society», 5, 1991, pp. 12-14.

H.S. TORRENS, *Jonathan Hornblower (1753-1815) and the steam engine: A historiographic analysis*, in D. SMITH, (editor) *Perceptions of Great Engineers: Fact and Fantasy*. London, 1994a, pp. 23-34 & pls 1-3.

H.S. TORRENS, *Patronage and problems: Banks and the Earth Sciences*, in R.E.R. BANKS, and others (editors) *Sir Joseph Banks: a global perspective*. Kew, 1994b, pp. 49-75.

H.S. TORRENS, *Joseph Harrison Fryer (1777-1855): geologist and mining engineer, in England 1803-1825 and South America 1826-1828. A Study in Failure*, in S. FIGUEIROA and M. LOPES, (editors) *Geological Sciences in Latin America: Scientific Relations and Exchanges*. Campinas, Brazil, 1995, pp. 29-46.

T. TREDGOLD, *On the advantages that may be expected to result, from the study of the principles of Stratification*, «Philosophical Magazine», 50, 1817, pp. 124-7.

A.F. TYTLER, *An Account of some Extraordinary Structures on the Tops of Hills in the Highlands...*, «Transactions of the Royal Society of Edinburgh», 2, 1790, pp. 3-32.

F. VENTURI, *Scottish echoes in eighteenth-century Italy*, in I. HONT & M. IGNATIEFF, (editors) *Wealth and Virtue*. Cambridge, 1983, pp. 345-362.

D.C. WARD & A.V. CAROZZI, *Geology Emerging*. Urbana, 1984.

A. Wawn, *«Gunnlaugs saga ormstungu» and the Theatre Royal Edinburgh: melodrama, mineralogy and Sir George Mackenzie*, «Scandinavica», 21, 1982, pp. 139-151.

M.E. Weeks, *Discovery of the Elements*. Easton, Pennsylvania, 1948.

T. West, *An Account of a Volcanic Hill near Inverness*, «Philosophical Transactions of the Royal Society of London», 67 (2), 1778, pp. 385-7.

G. Whittington & A.J.S. Gibson, *The Military Survey of Scotland 1747-1755: A Critique*, «Historical Geography Research Series» no. 18, (1986) pp. 1-66.

C. Wilkins, *The South Wales Coal Trade*. Cardiff, 1888.

J. Williams, *Letters from the Highlands of Scotland addressed to G.C.M. Esq*. Edinburgh (copies in NLS & Bodleian library, Oxford), 1777a.

J. Williams, *An Account of some remarkable Ancient Ruins lately discovered in the Highlands... of Scotland*. Edinburgh, 1777b.

J. Williams, *Proposals for executing by subscription a topographic engraved map of the coal country*, 1780. Copies in NLS and Bodleian Library, Oxford (the latter among the MSS additions for the third edition of Gough 1780 – volume 4 – f. 383).

J. Williams, *On petrifactions; with an Account of the Fossil Oak found in the Coal-pits at Gilmerton near Edinburgh*, read to the SAS on May 1 1781 (see List of Communications in «Archaeologia Scotica», 1831, 3, p. 150), but never published.

J. Williams, *Discourse concerning Marbles and other Stones in Scotland, useful for the purposes of Sculpture and Ornamental Architecture*, read to the SAS on June 12 1782 (see List of Communications in *Archaeologia Scotica*, 1831, 3, p. 152), but never published. Williams' original MSS survives in NLS (MSS 996).

J. Williams, *Hints respecting Volcanoes*, read to the SAS on June 12 1783 (see List of Communications in «Archaeologia Scotica» 1831, 3, p. 154), but never published.

J. Williams, *Prospectus and Proposals for publishing an Essay towards a Natural History of the Mineral Kingdom*. Edinburgh, 1787 (copies in NLS & Princeton University Library, USA).

J. Williams, [recte 1790] *The Natural History of the Mineral Kingdom*. Two volumes. Edinburgh, 1789.

J. Williams, *Plan for a Royal Forest of Oak in the Highlands of Scotland*, read to the SAS on June 19 1781 (see List of Communications in «Archaeologia Scotica», 1831, 3, p. 150), published in 1792 in «Archaeologica Scotica», 1, 1792, pp. 28-38.

J. Williams, *Journal of a Mineral Survey upon the Estates of Sir W.A. Cunynghame Bart from Mid Calder to Polkemmet*. Edinburgh 1793 (copies in the Hopetown Papers, ref NRA (S) 2717 bundle 147, and NLS – LC 1282 (18)).

J. Williams, *Suggestions for promoting & improving the Fisheries upon the coasts of Highlands and isles*, «Prize Essays and Transactions of the Highland and Agricultural Society», 1, 1799a, pp. 250-274.

J. Williams, *Excerpts from «An Essay on the Means of supplying the want of Coals, and of providing Fuel upon a Highland Estate with the smallest loss of time and trouble»*, «Prize Essays and Transactions of the Highland and Agricultural Society», 1, 1799b, pp. 313-323.

J. Williams, *The Natural History of the Mineral Kingdom*. Second edition, edited by James Millar. Two volumes. Edinburgh, 1810.

J. Williams, *Preface to «the Natural History of the Mineral Kingdom by John Williams, Mineral Surveyor, F.S.S.A»*, «Philosophical Magazine», 50, 1817, pp. 189-200 & 274-287.

V. WILLS, *Reports on the Annexed Estates 1755-1769*. Edinburgh, 1973.
A. YOUNG, *Travels in France and Italy during the years 1787, 1788 & 1789*, London, 1915.
K. ZITTEL, *History of Geology and Palaeontology*. London, 1901.

Loris Santomaso

L'ISTITUTO MINERARIO DI AGORDO E I SUOI ALLIEVI

Premessa

Si può dire che l'analisi storica sulla formazione dello Stato unitario e sull'evoluzione del nostro Paese da arretrato a moderno non ha sempre approfondito il problema dell'istruzione in relazione alla preparazione di tecnici e amministrativi da inserire nella conduzione aziendale dei settori agricolo, industriale e della pubblica amministrazione.

Tale analisi può risultare invece utile alla comprensione delle scelte operate dalla classe politica e imprenditoriale nella creazione di figure professionali secondo un preciso modello di sviluppo agrario o industriale, e offrire la chiave di lettura dei motivi da cui sono dipesi ritardi o corse nel cambiamento.

Questa breve indagine non ha né potrebbe avere la pretesa di un simile taglio scientifico, ma si limiterà a fornire dei dati e delle considerazioni attorno ad una realtà scolastica, tuttora operante, che fin dai primi anni della seconda metà dell'800 ha rivestito un ruolo importantissimo a livello nazionale nella formazione di quadri tecnici di prim'ordine, sia di tipo dirigenziale che esecutivo, nel settore minerario. Un fatto fondamentale nello sviluppo socio-economico non solo di un comprensorio relativamente vasto come l'Agordino, ma anche della più estesa provincia veneta quale è quella di Belluno.

Prima dell'Unità d'Italia si aveva una preparazione di ingegneri in forme molto diversificate, a seconda della gestione del territorio e delle sue risorse, con particolare riguardo al settore civile e agronomico. All'inizio dell'800 (1811) – come riferisce il Chiaramonte (dalla cui ricerca ho attinto a piene mani) – il governo francese aveva fondato a Napoli una Scuola di Applicazione riservata agli ingegneri per la creazione di 23 dirigenti da impiegare nella costruzione di ponti, strade, acquedotti, impianti di irrigazione e navigazione di fiumi, sulla scorta delle esperienze dell'«Ecole des ponts et chaussées» francese. Con il *Motu Proprio* del 23 ottobre 1817, nello Stato Pontificio, a Roma, venne fondata la Scuola d'ingegneria civile e scuole simili vennero istituite anche a Ferrara e a Bologna; a Milano, per iniziativa di Napoleone I, e quindi con l'influenza dell'Ecole Polytechnique di Parigi, prese avvio la Scuola d'Ingegneria Civile.

La riforma della legge Casati del 13 novembre 1859, a cui diedero il proprio qualificato apporto uomini di scienza quali Briaschi, Cibrario, Ricotti e Quintino Sella, riguardò, assieme all'istruzione primaria e secondaria, anche gli studi tecnici superiori. Con l'Unità, in effetti, si pose con sempre maggior urgenza il problema della riorganizzazione di tali studi. Sorsero così le Scuole di Applicazione per ingegneri di Torino e l'Istituto Tecnico Superiore di Milano, analogo a quelli di Berlino e Vienna, allo scopo di incentivare la cultura tecnica superiore e gli studi speciali di ingegneria. Venne prevista una figura meno superficiale dell'ingegnere, attraverso una formazione più differenziata, comprendente fra gli altri anche la creazione di ingegneri minerari.

Ma mentre l'ingegneria civile e industriale prima e quella meccanica, navale e chimica poi, acquisivano continuo impulso, determinato anche dalle scelte del ceto politico e dell'utenza e influenzato dai cicli produttivi ed economici del momento, nel settore minerario, a causa anche della convinzione che il nostro fosse un paese povero di materie prime, non si ebbe altrettanta attenzione e gli studi relativi segnarono fortemente il passo.

Nel 1872 si ebbe l'approvazione dello statuto della Scuola superiore degli zolfi di Palermo, una scuola speciale, non facoltà universitaria, alla quale si accedeva con la laurea in ingegneria e che aveva lo scopo di promuovere, con opportuni insegnamenti e con la formazione di tecnici, lo sfruttamento e la coltivazione delle miniere di zolfo siciliane. Tale scuola non ebbe felice riuscita e stessa sorte toccò ad un corso di perfezionamento in mineralogia a Torino; entrambe le iniziative dimostrarono comunque che la classe politica italiana sembrava avere almeno compreso, come i francesi, che la specializzazione mineraria e la formazione professionale nel settore minerario potevano venire da corsi extra universitari, in «scuole speciali» o autonome, o dopo la laurea, oltre che soprattutto con la pratica diretta di miniera.

Molti giovani ingegneri, in assenza di una laurea «mineraria» si recarono nelle varie e affermate scuole speciali estere per perfezionarsi in mineralogia, facendo fronte così alle necessità presenti nel settore minerario del nostro Paese e attuando, nel contempo, un legame culturale di grande importanza con altre esperienze europee. Fra i tanti ingegneri minerari che studiarono in università o scuole speciali estere e che diedero un considerevole contributo all'evoluzione dell'industria nazionale, troviamo anche Quintino Sella, la cui azione, come vedremo, sarà determinante anche nell'istuituzione della scuola agordina in esame. Era stato insomma evidenziato, in questo modo, il diverso ruolo scientifico svolto dalle università, rispetto a quello professionale delle scuole speciali che attendevano specificatamente alla formazione di «capi o sott'ufficiali dell'industria». Appartenenti alla borghesia del tempo e dotati di un ottimo curriculum, tali ingegneri, ritornati in patria, furono impiegati dal Ministero di Agricoltura Industria e Commercio nel settore minerario e nei nove distretti minerari italiani nel frattempo attivati; alcuni insegnarono anche nelle università e i dirigenti di distretto insegnarono e organizzarono in seguito scuole minerarie o istituti tecnici.

Vediamo ora brevemente le cause che determinarono le scelte politiche italiane e che rinviarono così a lungo la soluzione del problema della formazione dei dirigenti minerari. A parte la già citata convinzione sulla limitata influenza economica del settore minerario, proprio Sella, ingegnere minerario e uno degli esperti più prestigiosi di allora, si oppose sempre all'istituzione di una scuola di ingegneri delle miniere, sostenendo che era meno costosa e più qualificata la formazione dei giovani all'estero. Ma c'era anche la consapevolezza dell'arretratezza del nostro sistema industriale, che giustificava la necessità di instaurare proficui legami internazionali con le più avanzate tecnologie d'oltr'Alpe. Tale situazione fu ancor più evidenziata dall'inizio dei lavori dei trafori alpini: la formazione scientifica dei nostri ingegneri applicata al settore minerario non poteva competere con le grandi imprese straniere e con l'alta specializzazione posseduta dai loro ingegneri minerari. Più tardi, l'arrivo di capitali esteri nelle nostre regioni di maggior tradizione mineraria mise in evidenza da un lato la nostra incapacità imprenditoriale e dall'altro, con l'affermazione di un capitalismo industriale di tipo coloniale, offrì nuove possibilità di lavoro nel settore. Ma neppure questo riuscì a far comprendere appieno ai politici il bisogno di adeguare la preparazione dei dirigenti minerari e a sollecitarli ad agire di conseguenza.

Si può dire insomma che la causa dell'assenza di studi specialistici in campo mineralogico e minerario dipendesse anche dalla precaria situazione tecnologica e produttiva del Paese, oltre che dalla dimostrata mancanza di idee in proposito da parte della classe politica.

Di ciò si prese maggiormente coscienza molto più tardi, alla fine della prima guerra mondiale, quando la politica coloniale richiese un numero sempre più consistente di ingegneri minerari.

La scuola secondaria superiore

Diversa e più concreta fu invece l'attenzione del ceto politico verso la creazione di quadri intermedi minerari. La legge Casati prevedeva infatti la formazione di capi-minatori e l'apertura di scuole speciali nella Padania e in Valle d'Aosta, ma tali iniziative naufragarono subito, forse per una non opportuna collocazione geografica delle stesse, come dimostra il fallimento delle Scuole di Aosta, Bergamo, Firenze e Val Camonica. Invece ebbe sorte migliore il progetto con il quale lo studio veniva collegato direttamente alle reali esigenze delle attività minerarie del territorio, come è dimostrato dalle scuole di Caltanissetta, Carrara, Agordo, Iglesias e Massa Marittima, istituite a cominciare al 1862.

L'istituzione della Scuola mineraria di Agordo va peraltro inquadrata in un'ottica più vasta e ha come base l'antica tradizione mineraria della zona, rappresentata soprattutto dalla miniera di Valle Imperina (menzionata fin dal 1482 per il suo ricco giacimento di pirite cuprifera e attiva fino al 1962, dopo aver inciso in modo determinante nella vita socio-economica della vallata agordina lungo il corso di ben cinque secoli), così come la necessità di disporre sul luogo di tecnici adeguatamente preparati per il suo sfruttamento.

La storia della Scuola mineraria di Agordo, oggi Istituto tecnico industriale minerario «Umberto Follador», è infatti strettamente collegata alle vicende della citata miniera (pirite di ferro e rame) di Valle Imperina, situata a tre chilometri circa da Agordo, e all'esigenza di preparare personale esperto e qualificato da impiegare nel lavoro di miniera, che costituiva allora la principale occupazione per la popolazione maschile di Riva (oggi Rivamonte Agordino) al cui territorio comunale apparteneva il bacino minerario. L'influenza economica della miniera, peraltro, travalicava questi confini e interessava, per mezzo delle attività indotte, anche Agordo e tutto il Sottochiusa agordino. A quel tempo Agordo rappresentava uno dei centri principali del Bellunese, essendo capoluogo di un distretto con 13 comuni e con una popolazione attorno ai 23 mila abitanti, in continua crescita (oggi il comprensorio conta 16 comuni, ma la popolazione raggiunge appena 22 mila unità). Situata in un'ampia conca circondata da splendide cime dolomitiche, è percorsa dal Cordevole, principale affluente del fiume Piave.

Fig. 1. Prima sede della Scuola Mineraria, in via Fadigà ad Agordo.

Come tutta la provincia di Belluno, l'Agordino registrò in passato molte e importanti manifestazioni minerarie, che furono una fonte non trascurabile di materie prime per la vita dell'industria e dell'arsenale della Serenissima. Ciò è particolarmente vero per Valle Imperina, che verso la fine del Settecento forniva alla Repubblica circa il 50 per cento del suo fabbisogno di rame. Le altre miniere agordine (valle di S. Lucano, Vallalta, Colle S. Lucia, Garès) diedero ferro, rame e pirite, argento, piombo argentifero e mercurio in varia quantità a seconda delle epoche. Da un censimento del 1666 risulta che delle 17 investiture concesse nel Bellunese, ben 15 erano nell'Agordino.

La storia

Ma in Agordo si cominciò a parlare concretamente di «Scuola montanistica» sul finire del 1775, a seguito della *Terminazione regolativa di tutti i lavori appartenenti alle pubbliche miniere di Agordo* del Consiglio dei Dieci del 26 settembre (letta nella Chiesa Arcidiaconale di Agordo nella prima domenica d'ottobre). La «Terminazione» (divisa in due parti, la prima di 25 articoli sulle discipline dei lavoratori del sotterraneo, la seconda di 13 articoli per le fonderie e la-

Fig. 2. Attuale sede dell'Istituto Minerario, in fase di progettazione nell'anno 1918.

vori sopra terra), seguiva le precedenti del 13 maggio 1488 e del 14 marzo 1670. Come queste era una legge mineraria vera e propria, assai particolareggiata per quei tempi nella regolamentazione delle attività. In particolare, essa progettava di formare in Agordo «un istituto, sotto la scorta di abile professore, di giovani per le scienze teoretiche, e pratiche minerali e metallurgiche». Infatti il deputato veneziano alle miniere, Giacomo Nani, nella relazione stilata al termine di un'ispezione compiuta quell'anno ad Agordo, aveva sostenuto con forza l'urgenza di disporre di giovani preparati da adibire ai lavori minerari di Vallimperina.

Nella Terminazione del 1775, ai capp. 22 e 23, si stabiliva «perché l'escavazioni nelle pubbliche miniere vengano eseguite nelle forme più regolari e sicure... di procurare che si traducano in Agordo quattro giovani di civile condizione, di età non minori di anni 16, ed istrutti nelle trigonometrie, ad oggetto che, sotto la pubblica protezione e disciplina possano meglio ammaestrarsi nei minerali esercizj».

E dovevano «essi giovani esercitarsi nella distribuzione degli studj, osservazioni, e discipline nei modi, che ad essi additerà il Sopraintendente», oltre che «esercitarsi due ore al giorno nello studio delle geometrie sotterranee, e disegni, per il che il Magistrato di sue Eccellenze si prenderà cura di fornirli di quanto potrà occorrere in tale proposito».

Il corso di studi e di applicazioni aveva la durata di quattro anni e del loro profitto gli alunni dovevano rendere edotto il Sopraintendente il quale, alla fine, se meritevoli, li abilitava «ai due carichi di geometra montano, e di direttore delle fonderie, uffizj importantissimi in tutti i bene regolati Dipartimenti, e che in presente mancano per difetto di persone capaci».

«Per alleggerire alle respettive famiglie di detti giovani il loro mantenimento in Agordo resta ad essi assegnato il salario di ducati dieci al mese per cadauno, dal che, oltre il ritrarre un atto di pubblica liberalità d'incamminamento dei loro studj, vengono eccitati a distinguersi per rendersi utili al pubblico servigio, e per conseguenza degni negli uffizj sopradetti di maggiore provvedimento».

Come si vede, il salario era generoso. In compenso, però, il programma era severo e certo non inferiore a quello odierno degli istituti minerari, in rapporto alle conoscenze della scienza e della tecnica di quel tempo. Non era fatto cenno allo studio di lingua e letteratura, essendo molto probabilmente sottinteso che i giovani, provenendo da famiglie di «civil condizione», fossero sufficientemente preparati.

Si può opinare che la fatica di tale preparazione gravasse sui parroci ed in special modo sul reverendo curato di Riva al quale la Repubblica riconosceva annualmente «migliaia due di vetriolo» incaricandolo di «promuovere nei Canopi una esatta osservanza delle pubbliche Leggi e di sovraintendere all'avanzamento dei fanciulli che impareranno a leggere, scrivere, e far conti per renderli capaci di fungere, come si conviene il carico di Ajutanti» (capitolo 21). Povero curato di Riva! Oltre all'improba fatica della dottrina cristiana, anche l'insegnamento! Ciò durò fino a quando, non potendone più, dovette presentare una supplica di passare il suo emolumento a un maestro elementare.

Gli uffici della sopraintendenza e quindi anche l'aula degli studenti ebbero quasi certamente sede in un fabbricato piuttosto grosso, sito in via Rova, ad Agordo, di proprietà dei fratelli Del Din e di altri.

Ad ulteriore conferma dell'intendimento della Serenissima, dai pubblici registri del tempo risulta che qualche anno più tardi fu compiuto un altro passo avanti, nel tentativo di attivare l'istituto d'istruzione, con l'affidamento dell'incarico ad Angelo Gualandris, docente di storia naturale e botanica officinale (autore delle *Lettere Odeporiche*, Venezia 1780 – che confermano la sua venuta ad Agordo – e morto nel 1788, a soli 38 anni, mentre insegnava a Mantova), il quale, appunto, «era stato contemplato come professore». Non meno significativo, a tal riguardo, appare il fatto che l'ingegnere cadorino Bartolomeo Toffoli, dell'Università di Padova, avesse ideato per la miniera di Valle Imperina una «macchina pompatoria, e di estrazione», poi perfezionata da Melchiorre Zanchi che, figlio del sopraintendente Niccolò, era certo uomo di studio e di grande preparazione professionale.

È molto probabile che, con la morte prematura del Gualandris e con la caduta di Venezia (1797), sia caduto definitivamente anche il progetto di istruzione previsto dalla Terminazione del 1775, progetto verosimilmente mai realizzato in concreto se non a distanza di un secolo.

Caduta la Serenissima, la miniera di Valle Imperina passò all'Imperial regio governo del Lombardo Veneto che ne continuò lo sfrutta-

Fig. 3. Le miniere di Vallimperina verso la fine dell'800.

mento ed emanò un editto col quale bandiva ai regolieri di Riva e di Tiser il godimento dei frutti del suolo del monte Imperina, allo scopo di proteggere le lavorazioni di fondo valle.

Che Agordo e le sue miniere fossero oggetto di grande interesse, anche da parte di studiosi di fama internazionale, è altresì confermato dal fatto che Federico Mohs, nato a Gernrode (Harz) il 29 gennaio 1773, morì ad Agordo il 29 settembre 1839 durante lo svolgimento di studi e ricerche minerarie. Insegnante a Graz, Freiberg e Vienna, egli fu autore di importanti trattati, fra cui il *Grundrisse der Mineralogie*, e il suo nome è legato soprattutto al notissimo metodo di classificazione della durezza dei minerali, la *Scala di Mohs*.

Durante la dominazione austriaca, nel 1847 e nel 1857, i maggiorenti di Agordo tentarono di ottenere la riapertura della scuola e la cosa aveva già avuto il benestare di Vienna (il cui governo per la verità aveva più volte espresso la volontà d'istituire ad Agordo una scuola a totale carico dello Stato), ma vi si oppose sempre un funzionario, l'ispettore delle miniere di Valle Imperina, Franz Lürzer, con motivazioni di vario genere che fecero comunque naufragare l'iniziativa.

Nel 1863, l'anno dopo l'apertura della Scuola mineraria di Caltanissetta (le altre sorsero a Bergamo nel 1864, a Iglesias nel 1871 e a Carrara-Massa Marittina nel 1872), e quando il Lürzer aveva ormai lasciato Agordo, giunse da Vienna una commissione che su proposta di Antonio Sommariva, geometra del sottosuolo di Valle Imperina, ordinò la formazione del museo geo-mineralogico e la preparazione del materiale didattico per l'istituzione della «Montanistica». Ma non se ne fece nulla fino all'annessione dell'Agordino all'Italia.

La richiesta di una Scuola montanistica ad Agordo venne riproposta allora al Ministero di Agricoltura Industria e Commercio (d'ora in avanti MAIC) dalle forze politiche locali alla fine della terza guerra d'indipendenza; ma occorse l'autorevole interessamento di Quintino Sella, grande amico degli agordini, presente nelle province venete, nel 1866, quale commissario del re, perché il governo italiano decretasse il 20 marzo 1867 la fondazione della Scuola per capi minatori, col titolo di «Istituto Montanistico», a condizione che gli enti locali sostenessero le spese di gestione, dell'edilizia e del materiale scientifico.

Appare davvero significativo il fatto che, a dispetto della scarsa considerazione di cui godevano i nostri ingegneri minerari, i periti minerari abbiano acquistato presto fama internazionale e siano stati richiestissimi in tutto il mondo, e anche singolare, per certi versi, il lungimirante atteggiamento di Quintino Sella, lui stesso ingegnere minerario il quale, inizialmente scettico sull'istituzione di scuole minerarie a livello universitario, ha poi dato il suo determinante contributo alla fondazione dell'Istituto minerario di Agordo.

Alla buona riuscita della richiesta contribuirono anche il nobile Giovanni Antonio de Manzoni e il citato Antonio Sommariva, del Corpo delle miniere (aveva tre lauree: Fisica, Ingegneria Civile e Ingegneria Mineraria), direttore della miniera di Valle Imperina, che fu incaricato di predisporre i programmi e i materiali didattici. Egli vi insegnò per alcuni mesi, fino a quando dovette lasciare la miniera e la scuola perché inviato a mettere ordine e predisporre i piani di vendita delle miniere già proprietà del governo borbonico. Riprese i due posti nel 1875 e li tenne fino alla morte, avvenuta ad Agordo il 30 gennaio 1889.

«Scopo della Scuola – si legge in Brentari, *Guida storico-alpina*, pag. 252 – era d'istruire giovani dotati di talento e mancanti di mezzi per procurarsi una educazione superiore completa e più specialmente giovani lavoratori delle miniere ed officine metallurgiche, i quali per la loro speciale abilità e zelo dessero speranza di poter diventare buoni capi-minatori, capi-fonditori, macchinisti, sorveglianti etc.»

L'atto di fondazione prevedeva la corresponsione dello stipendio a due professsori preposti all'insegnamento. Considerata subito l'esiguità del numero di docenti per poter insegnare tutte le materie e avuto riguardo dell'eccessivo carico finanziario per il comune di

Agordo, dovuto ai costi del materiale scientifico, l'8 novembre il governo aggiungeva un terzo insegnante, approvava i programmi e provvedeva a fornire parte del materiale. La scuola aprì i battenti domenica 15 dicembre 1867 in un modesto locale di Via Fadigà, ad Agordo; passò poi all'ultimo piano del Municipio e, dopo la prima guerra mondiale, nell'attuale sede, già caserma dell'artiglieria, e si evolse rapidamente.

Il corso era inizialmente articolato su due anni, con l'obbligo di esami semestrali; quasi subito, però, fu trasformato in triennale per esigenze didattiche segnalate da Nicolò Pellati, subentrato al Sommariva nella direzione e nell'insegnamento, che ravvisò l'eccessivo numero di materie e il poco tempo a disposizione per il loro svolgimento; al termine gli allievi conseguivano il diploma di capo-minatore. Per lo più gli studenti accedevano al corso dopo aver compiuto 16 anni e aver dimostrato di saper leggere, scrivere e fare i conti correntemente e di aver «lodevolmente percorso almeno la 4ª elementare».

Comincia così l'ultrasecolare «avventura» di questa nobile istituzione scolastica, vanto e prestigio per Agordo e l'intera provincia bellunese, autentica fucina in cui si sono forgiati uomini e tecnici di valore che le hanno dato grande rinomanza, con la serietà, con il sacrificio e le doti proprie della gente di montagna. Un'avventura proseguita non sempre senza difficoltà, come quando i corsi vennero sospesi dal 1895 al 1904 per mancanza di posti presso l'industria nazionale e per mancanza di finanziamenti adeguati da parte del governo.

La vita

Già i primi studenti potevano disporre di validi insegnanti e di ottimi sussidi didattici: carte geografiche e modelli di disegno, strumenti e utili collezioni per lo studio della mineralogia e geologia, come la raccolta di Antonio Sommariva e quella delle rocce dell'Agordino e del Bellunese.

Ma in buona sostanza si trattava sempre di una scuola a carattere professionale volta a formare un «proletariato specializzato» nelle ricerche della pirite di ferro e della calcopirite: gli operai migliori avrebbero comunque potuto avanzare di grado nella professione. E nonostante il corposo programma qui sotto riportato, essa non perdeva le sue caratteristiche di scuola «inferiore» perché, per l'ammissione ai suoi corsi, si prescindeva dal possesso del titolo di studio delle elementari: bastava, come detto, aver compiuto l'età di 16 anni e aver frequentato con profitto almeno la 4ª elementare; era importante insomma essere minatori e saper almeno leggere e scrivere.

Fig. 4. Attilio Monticolo, ideatore della «tavoletta Monticolo» o «tavoletta di campagna».

Con decreto del 21 ottobre 1867 il MAIC aveva approvato anche il relativo regolamento che specificava meglio, fra l'altro, le materie d'insegnamento e la divisione del corso in preparatorio e pratico, ciascuno della durata di un anno scolastico, per 10 mesi d'insegnamento. Nel definire gli scopi, gli oggetti e i modi d'insegnamento, oltre alle modalità delle iscrizioni, degli esami, delle classificazioni, dei doveri, delle assenze, delle punizioni, ecc., il regolamento interno teneva però opportunamente conto del livello degli alunni e invitava i docenti, provenienti dal mondo del lavoro, ad applicare metodi ripetitivi e pratici, evitando di insistere troppo sulla teoria.

Nell'avviso di apertura del primo corso «della Scuola Inferiore di Miniere in Agordo«, a firma del sindaco Probati, in data 12 novembre 1867, sono riportate le materie d'insegnamento:

Anno I:

1° semestre – *Aritmetica, Algebra, Geometria, Meccanica, Fisica, Chimica generale inorganica, Disegno geometrico.*

2° semestre – *Trigonometria, Cristallografia, Mineralogia, Geognosia, Geologia, Paleontografia, Chimica analitica, Docimasia, Saggi colorimetrici e volumetrici, Disegno di costruzioni civili e di macchine.*

Anno II:

1° semestre – *Arte di coltivare le miniere ed architettura sotterranea rischiarata con casi pratici; Geodesia con rilievi pratici e formazione dei piani superficiali; Metallurgia generale con disegno degli apparati metallurgici più importanti.*

2° semestre – *Meccanica applicata alle macchine per miniere, Principi di costruzione delle macchine, Teoria e descrizione delle macchine che trovano maggior applicazione nelle miniere, Metallurgia speciale dei metalli e metalloidi formanti specialmente oggetto d'industria, Geometria sotterranea con rilievi pratici e formazione dei piani delle miniere, Contabilità montanistico-metallurgica.*

Un programma decisamente intenso!

È il caso di ricordare che gli alunni bocciati non potevano ripetere, ma dovevano attendere il termine del 3° anno per reiscriversi al primo anno. Dei dodici alunni iscritti nel 1867-68, che apriva il primo triennio, di età fra i 15 e i 28 anni, provenienti in gran parte da Rivamonte, ne furono licenziati 9. Tutti gli alunni, eccetto uno, appartenevano a famiglie di minatori, ed erano essi stessi già avviati al lavoro di miniera.

I primi insegnanti furono, nell'anno di prova 1867-68, Antonio Sommariva, direttore, per Matematica, Fisica e Mineralogia; Luigi De Hubert per Chimica e Giacomo Schwinger per Disegno; nel successivo triennio 1868-71 il primo, come abbiamo detto, fu sostituito da Nicolò Pellati il quale, oltre a Fisica, insegnò anche Geologia e Coltivazione delle miniere, mentre gli altri due furono confermati, il De Hubert anche per Metallurgia e lo Schwinger per Matematica, Meccanica e Topografia, oltre al Disegno. Ma a fianco di quelli che gettarono le basi della scuola, non vanno neppure dimenticati i nomi di Alessandro Bonacossa, Lucio Mazzuoli, Alberto Rovello, Luigi Paganin, Martino Gnech e Giuseppe Zoppi che «con fede e passione affermarono l'importanza degli studi minerari con la loro esperienza di tecnici e di istruttori».

Nel 1868, come si è precedentemente accennato, si ha già una prima riforma, sancita dalla nota ministeriale del 12 novembre, con l'estensione del corso a tre anni, la revisione dei programmi e una diversa, più organica e razionale divisione delle materie:

Fig. 5. Celerimetro polare per rilievi rapidi in miniera, ideato da Ettore Moretti.

1° anno: *Matematica elementare e disegno geometrico. Chimica generale. Elementi di fisica e di storia naturale.*

2° anno: *Coltivazione delle miniere e Geometria sotterranea con disegni relativi. Chimica analitica con esercizi pratici di laboratorio. Mineralogia e Geologia.*

3° anno: *Meccanica generale ed applicata specialmente alle miniere ed alle fusine con disegni relativi. Mineralurgia. Principi di costruzione.*

Nel 1870, con nota del 7 luglio, il MAIC approvava anche un corso trimestrale di lettere italiane e il 9 dicembre dell'anno successivo anche l'insegnamento della geografia, elevando a quattro il numero dei docenti.

All'apertura del 5° corso triennale del 1880 (avviso del direttore Sommariva in data 5 ottobre), per la cui ammissione si doveva sostenere un esame per dimostrare di saper, al solito, «leggere scrivere e far conti correntemente», si ha un'ulteriore riforma, questa volta in senso più umanistico. Le materie sono così ripartite:

Anno I: *Aritmetica, Algebra, Geometria piana e solida, Chimica generale, Fisica sperimentale, Disegno geometrico, Lingua italiana e geografia.*

Anno II: *Mineralogia e Geologia, Trigonometria piana, rileva-*

mento dei piani, e geometria sotterranea. Chimica analitica con esercizi pratici di laboratorio. Disegno topografico, Lingua italiana e Storia d'Italia.

Anno III: *Coltivazione delle miniere, Metallurgia, Meccanica applicata, Disegno di macchine, Lettere italiane.*

L'avviso concludeva con l'informare che al termine del triennio, previo un esame di licenza, gli allievi potevano conseguire il diploma di capo-minatore.

Nella seduta del 3 ottobre 1886, il consiglio comunale di Agordo manifestava piena soddisfazione per i risultati, utili e proficui, raggiunti dalla Scuola, che aveva permesso l'occupazione di molti giovani nelle miniere del regno e in quelle private, oltre che in uffici provinciali e nelle ferrovie. Rilevava poi il civico consesso, come fatto negativo, la triennalità del corso che impediva l'iscrizione sia a nuovi allievi che ai bocciati prima della conclusione del corso stesso e auspicava la sua trasformazione in annuale, cosa che avverrà solo nel 1921.

Tuttavia, i vari mutamenti intervenuti non potevano evitare la chiusura della scuola, drasticamente decretata dal Ministero che sospese il finanziamento nel 1893; l'intervento degli enti locali permise agli alunni del terzo anno di concludere il corso (il nono dalla fondazione) nel 1894-95, poi la scuola chiuse i battenti. I corsi, anche per mancanza di posti presso l'industria nazionale (la miniera di Valle Imperina era intanto passata in mano privata ed aveva visto diminuire la sua importanza), restarono sospesi – e la Scuola chiusa – dal 1895 al 1903 per riprendere poi nel 1904.

Dagli *Annali di agricoltura* del 1884, 1887 e 1896 si possono ricavare una serie di utili dati, riportati in chiare tabelle, sul funzionamento della Scuola agordina nell'iniziale periodo della sua attività.

In sintesi si può constatare che dal 1869 al 1895, quindi in 27 anni, ci furono 128 licenziati, circa 5 all'anno: 92 provenivano dal distretto di Agordo e 28 dal restante Bellunese, mentre 8 erano da fuori provincia. Quanto alla composizione sociale degli iscritti, 50 (pari al 39%) erano figli di benestanti, professionisti e commercianti; 27 (il 21%) figli di minatori; 28 (11,87%) figli di artigiani e operai; 6 figli di maestri elementari e 17 di disoccupati e scritturali.

Ed ancora, a conferma che l'utenza scolastica era per lo più interessata alla specializzazione mineraria, si possono condividere le conclusioni del Chiaramonte: «Dei 128 licenziati, tenendo conto che negli ultimi 5 anni 23 alunni erano in attesa di occupazione e non contando i 13 allievi ormai defunti, 48 (oltre il 50%) trovarono occupazione in miniera e gli altri si dedicarono alle libere professioni di perito».

«In rapporto al modesto numero di addetti nelle miniere

dell'Agordino (circa 150 in media, per anno) e alle possibilità di impiego specializzato, si può dire che la scuola montanistica riuscì a formare alcuni quadri intermedi di tecnici e periti che però non riuscirono ad incidere sulla continuità del settore minerario quando fu minacciato dalla crisi».

Va detto tuttavia che negli ultimi anni, con le modifiche apportate ad alcune materie nonché con l'accresciuta dotazione scientifica in senso sia numerico che qualitativo (apparecchi di chimica, fisica, topografia), si cercò di elevare l'istruzione dei giovani per renderla più corrispondente alle tecniche più avanzate e alle esigenze dell'industria.

La riapertura

Nel 1904, dunque, in concomitanza con la ripresa delle ricerche nelle maggiori miniere agordine di Valle Imperina e di Vallalta, la scuola riaprì i battenti con una nuova riforma degli studi che prevedeva l'ampliamento del curricolo disciplinare, l'istituzione di un anno preparatorio e una migliore, perché più professionalizzata, formazione dei futuri tecnici minerari. Ciò avvenne perché il Governo, ravvisando un concreto risveglio delle attività minerarie nella zona, ritenne di dover accogliere le richieste e le sollecitazioni delle autorità locali, restituendo ad Agordo la sua scuola e i suoi insegnamenti, resi definitivi con relativi decreti legislativi. Fin dal 1909, come vedremo, al triennio normale venne aggiunto un corso preparatorio annuale che era frequentato dagli allievi che chiedevano l'ammissione alla Scuola.

Da allora, salvo il triste periodo dell'invasione del novembre del 1917, la Scuola Mineraria di Agordo non ha più conosciuto soste, continuando a svilupparsi e a migliorarsi. Oggi, con la chiusura delle miniere e la crisi del settore, la specializzazione sopravvive grazie a un continuo sforzo di adeguamento dei programmi e del profilo professionale alle moderne esigenze tecnologiche e ai nuovi campi operativi, specialmente quelli cantieristico e geotecnico.

Lo sforzo della Scuola, in questo tenacemente sostenuta dalla benemerita Associazione dei periti minerari agordini, sorta nel 1904 e di cui si fa cenno a parte, è ultimamente rivolto anche all'istituzione di un corso di diploma universitario ad indirizzo ambientale e cantieristico, sulla scorta di quanto avviene nei paesi più avanzati della Comunità europea. Dal 1867 all'anno scolastico 1994-95 sono usciti dall'Istituto minerario di Agordo complessivamente 1769 periti minerari.

CARRIERA ABBRACCIATA DAGLI ALLIEVI LICENZIATI DAL 1871 AL 1895

Trienni		Licenziati																	
			Luogo di nascita			Loro condizione sociale e delle famiglie					Carriera abbracciata e stato attuale								
Numero d'ordine	ANNI	Numero	Distretto di Agordo	Provincia di Belluno	Altre provincie	Minatori	Artigiani e operai	Benestanti, industriali, commercianti, professionisti ed impiegati	Maestri elementari	Scritturali e disoccupati di varie classi sociali	Aiutanti nel Corpo delle Miniere	Direttori, vicedirettori, geometri ed impieghi diversi nelle miniere	Geometri nel Catasto e verificatori di pesi e misure	Impiegati nelle ferrovie, costruzioni stradali ed uffici tecnici diversi	Periti agrimensori ed occupati in impieghi diversi	Esercitano la professione privatamente	Continuarono gli studi	In attesa di occupazione e militari per obbligo di leva	Defunti al 1865
I	**1869-71**	**9**	**9**	**-**	**-**	**7**	**1**	**-**	**1**	**-**	**2**	**(1) 3**	**-**	**-**	**1**	**1**	**-**	**-**	**2**
II	**1872-74**	**9**	**7**	**2**	**-**	**4**	**-**	**2**	**-**	**3**	**-**	**4**	**-**	**-**	**(2) 1**	**-**	**-**	**-**	**4**
III	**1875-77**	**9**	**7**	**2**	**-**	**-**	**1**	**3**	**-**	**5**	**-**	**6**	**-**	**1**	**-**	**-**	**1**	**-**	**(3) 1**
IV	**1878-80**	**11**	**5**	**5**	**1**	**1**	**1**	**3**	**-**	**6**	**1**	**3**	**-**	**4**	**2**	**-**	**-**	**-**	**1**
V	**1881-83**	**16**	**11**	**3**	**2**	**2**	**4**	**8**	**2**	**-**	**3**	**5**	**1**	**1**	**3**	**1**	**-**	**-**	**(4) 2**
VI	**1884-86**	**24**	**17**	**5**	**2**	**4**	**8**	**8**	**1**	**3**	**1**	**10**	**4**	**1**	**2**	**-**	**1**	**5**	**-**
VII	**1887-89**	**10**	**7**	**3**	**-**	**2**	**3**	**5**	**-**	**-**	**-**	**5**	**2**	**1**	**-**	**-**	**-**	**1**	**1**
VIII	**1890-92**	**26**	**17**	**8**	**1**	**5**	**4**	**15**	**2**	**-**	**-**	**5**	**3**	**1**	**2**	**2**	**-**	**(5) 11**	**(6) 2**
IX	**1893-95**	**14**	**12**	**-**	**2**	**2**	**6**	**6**	**-**	**-**	**-**	**-**	**-**	**-**	**-**	**1**	**1**	**(7) 12**	**-**
	Totali	**128**	**92**	**28**	**8**	**27**	**28**	**50**	**6**	**17**	**7**	**41**	**10**	**9**	**11**	**5**	**3**	**29**	**13**
	Carriera abbracciata da 9 licenziati, ora defunti										1	7	-	-	-	-	1	-	
	Fonte: ***Annali di Agricoltura***									**Totali**	**8**	**48**	**10**	**9**	**11**	**5**	**4**	**29**	

(1) Pensionati: due sorveglianti nella miniera di Vall'Imperina ed uno amministratore del sotterraneo della stessa e professore della Scuola mineraria di Agordo. – (2) Segretario della direzione del locale Stabilimento Montanistico, ora addetto all'intendenza di Finanza di Belluno. – (3) Poco tempo dopo licenziato. – (4) Uno dopo non molto compiuto il servizio militare. (5) Militari (6) Durante il servizio miliatre. – (7) Militari 3.

Prospetto degli insegnanti nella Scuola Mineraria di Agordo a datare dall'epoca della sua istituzione fino al 1877

Trienni	**Anni scolastici**	**INSEGNANTI**	**MATERIE PROFESSATE**
Anno di prova	**1867-68**	Sommariva D. Antonio, Direttore De Hubert Nob. Luigi Schwinger Giacomo	Matematica, Fisica e Mineralogia Chimica Disegno
I	**1868-69 1869-70 1870-71**	Pellati Cav. Nicolò, Direttore De Hubert Nob. Luigi Schwinger Giacomo	Fisica, Geologia e Coltivazione delle Miniere Chimica e Metallurgia Matematica, Meccanica, Topografia e Disegno
II	**1871-72**	Bonacossa Alessandro, Direttore De Hubert Nob. Luigi Schwinger Giacomo Scaglia Avv. Giov.Battista	Fisica Chimica generale Matematica e Disegno Lettere Italiane e Geografia
	1872-73	Mazzuoli Lucio, Direttore De Hubert Nob. Luigi Schwinger Giacomo Fontanive Giusto	Mineralogia e Geologia Chimica analitica Topografia, Rilevamento dei piani e Disegno Geografia e Lettere Italiane
	1873-74	Mazzuoli Lucio, Direttore De Hubert Nob. Luigi Zoppi Giuseppe Fontanive Giusto	Coltivazione di miniere Metallurgia Meccanica e disegno di macchine Geografia e Lettere Italiane
III	**1874-75 1875-76 1876-77**	Mazzuoli Lucio, Direttore De Hubert Nob. Luigi Contarini Giov.Battista Fontanive Giusto	Fisica, Mineralogia, Geologia e Coltivazione delle Miniere Chimica generale, analitica e metallurgia Matematica, Topografia, Rilevamento dei piani, Meccanica e Disegno Geografia e Lettere Italiane

Fonte: *Annali di Agricoltura*

SCUOLA MINERARIA DI AGORDO MATERIALE SCIENTIFICO E BIBLIOTECA *Acquisti e doni dal 1886 al 1895*		
	NUMERO	
	degli apparecchi ed accessori	delle opere
Fisica	48	
Chimica	1.727	
Coltivazione di Miniere	70	
Biblioteca:		
Letteratura		24
Storia e geografia		15
Storia naturale		14
Fisica		13
Chimica		12
Arte mineraria e metallurgia		30
Costruzioni e meccanicas		11
Topografia e disegno		12
Legislazione		5
Pubblicazioni periodiche		20
Miscellanea		98
Disegni, carte, ecc.		vari

Fonte: *Annali di Agricoltura*

La riapertura della Scuola non fu comunque cosa facile da raggiungersi, soprattutto a causa dei problemi finanziari riguardanti il funzionamento dell'istituzione.

Il sindaco di Agordo, Paganini, in una lettera del settembre 1903, chiedeva ai privati cittadini e specialmente a coloro che dalla scuola avevano tratto vantaggi, di contribuire in concreto per raggiungere la somma necessaria a garantire il completo finanziamento in aggiunta alle 2000 lire stanziate dal comune, alle 1000 della provincia e della camera di commercio, alle 5000 del MAIC e alle 150 dei comuni agordini. Di tutto ciò si ha notizia da una circostanziata relazione inviata all'ispettore capo del Corpo delle miniere, in data 30 maggio 1904, dal funzionario Gabet del Distretto minerario di Vicenza, incaricato di recarsi ad Agordo per rendersi conto dell'«esatto stato delle cose in ordine alla possibilità di ottenere pel prossimo mese di ottobre la progettata riapertura della Scuola mineraria«. Fin dal 1902 il comune di Agordo aveva chiesto, a tale scopo, il concorso di Provincia, camera di commercio, dei comuni dell'Agordino, degli ex allievi e delle principali aziende minerarie del Regno, ricevendo riscontri favorevoli. Nella relazione, oltre all'aspetto economico, venivano dettagliatamente analizzati anche gli altri problemi relativi al corpo insegnante, alle esercitazioni pratiche di miniera, ai locali e al materiale scientifico, all'organizzazione dell'insegnamento e al regolamento.

Le positive conclusioni del Gabet, decisamente favorevole all'iniziativa, devono aver sicuramente fornito al Ministero gli elementi utili a decretare la riapertura della scuola, avvenuta nell'ottobre 1904 con l'avvio del decimo corso triennale. Il regio decreto del 10 giugno 1906 approvava il nuovo statuto in cui si stabiliva, fra l'altro, che i corsi annuali avevano inizio il 15 ottobre e termine il 31 luglio successivo e che lo scopo dell'istituzione era «fornire un'istruzione teorico-pratica che abiliti gli allievi all'esercizio della professione di capi-minatori e periti minerari».

L'insegnamento si basava sulle seguenti materie:

I° anno: *Lettere italiane, storia e geografia, algebra, geometria piana e solida, fisica elementare, chimica generale, lingua francese, disegno geometrico e ornamentale.*

II° anno: *Lettere italiane, storia e geografia, trigonometria, topografia con esercitazioni pratiche, mineralogia e geologia, chimica analitica quantitativa con esercitazioni di laboratorio, meccanica elementare, elettrologia, geometria descrittiva, lingua francese, disegno topografico.*

III° anno: *lettere italiane, arte mineraria, meccanica razionale e applicata, topografia con esercitazioni pratiche, chimica quantitativa e industriale con esercitazioni, metallurgia, costruzioni, elettrotecnica, lingua francese, disegno di macchine.*

Completava il grado d'istruzione anche un corso, ripartito in tre anni, di igiene e soccorso d'urgenza. Inoltre, ogni anno gli allievi compivano un periodo di addestramento pratico di almeno 20 giorni nelle miniere di Valle Imperina o altre, durante i periodi di vacanza.

Singolare, a proposito delle discipline insegnate, l'osservazione della giunta municipale che in data 6 aprile 1905 proponeva la modifica del regolamento, invitando la direzione a «risparmiare» ore dello studio della storia e della geografia a favore dell'elettrotecnica e a considerare sufficiente, per la letteratura italiana, la sola esercitazione del comporre riferita alle materie attinenti all'industria mineraria. D'altronde, i programmi stessi prevedevano maggior spazio alla letteratura solo nel terzo anno. Ovviamente più sviluppate erano le discipline tecniche e scientifiche.

Per l'ammissione bisognava aver più di 15 anni, aver fatto la quinta elementare e aver superato un esame di idoneità.

Al decimo corso furono accolte 38 domande di ammissione di altrettanti allievi provenienti per lo più dall'Agordino, ma alcuni anche dai centri veneti come Venezia, Padova e Montebelluna. Di questi solo 24 superarono l'esame, a conferma della serietà e della severità dell'impostazione della Scuola. Venti furono gli allievi diplomati periti-minerari e capi-minatori alla conclusione del corso. Analogo regolare svolgimento si registrò per il corso successivo.

Nel 1910 il consiglio di perfezionamento della Scuola otteneva dal superiore ministero l'autorizzazione ad istituire un corso preparatorio e lo spostamento della durata da marzo a dicembre, anziché da ottobre a luglio; il primo per poter ovviare alla constatata deficienza di cultura personale degli alunni oltre che per la necessità avvertita anche dalle altre Scuole minerarie italiane di aggiungere un 4° anno d'insegnamento, e il secondo in considerazione della collocazione geografica in zona di montagna e delle difficili condizioni climatiche, specie nella stagione invernale.

Nell'avviso del settembre del 1910, il direttore della Scuola, Aldo Bibolini, indicava la data dell'apertura del corso preparatorio al primo giorno di ottobre; l'esame di ammissione consisteva in una prova d'italiano e una di aritmetica e geometria.

Con il R. decreto 6 aprile 1911 fu approvato il nuovo statuto che conteneva le due suddette innovazioni. Le materie del Preparatorio erano: Lingua italiana, storia, geografia, matematica, disegno, scienze naturali: un programma abbastanza vasto che doveva cancellare le carenze della scuola elementare e dare una buona preparazione di base per il proseguimento degli studi. Inoltre si confermava l'appartenenza del direttore della Scuola al Corpo delle miniere, già sancita dal decreto 10 giugno 1906.

Con l'inizio dell'anno scolastico 1910-11 e quindi del 12° corso triennale, si apre una nuova fase della storia della Scuola e per l'introduzione del corso preparatorio e per l'approvazione del nuovo statuto. Nel 1911 gli allievi dell'Istituto presero parte con successo alla Mostra internazionale di Torino, dove ottennero una medaglia d'argento per i disegni, le bacheche coi minerali e un plastico di Valle Imperina ivi presentati. Venivano anche intensificati gli studi della topografia e della geologia, secondo metodi avanzati.

Il sopraggiungere della guerra portò inevitabilmente qualche disagio: alcuni alunni dovettero abbandonare lo studio perché chiamati alle armi, le esercitazioni pratiche dell'estate 1915 non poterono svolgersi, furono impedite le consuete escursioni geologiche e vennero rinviati i viaggi d'istruzione, ritenuti utilissimi alla formazione professionale degli allievi. Anche il corso successivo risentì dei disagi del conflitto e nell'anno 1918 l'attività scolastica fu interrotta. In una relazione inviata al ministero si legge che la Scuola si «trovava in condizioni pietose, per il saccheggio, le devastazioni, il luridume». Ciò nonostante, il 4 gennaio 1919 vennero pubblicati gli avvisi di riapertura.

In questo periodo si registra anche un calo nelle iscrizioni, dovuto sia all'istituzione di nuove scuole in provincia, sia al persistere della triennalità dei corsi, problema rimasto sempre aperto al quale si adeguavano ormai solo i giovani che per mancanza di mezzi erano costretti a scegliere comunque la scuola di Agordo.

Il Consiglio di perfezionamento, nell'affrontare nuovamente la questione, poneva mente anche al possibile rischio che un eccessivo numero di diplomati creasse dei disoccupati, mentre finora i licenziati erano sempre stati assorbiti dall'industria mineraria nazionale o estera. Per questo si valutò la opportunità di affiancare al francese anche lo studio della lingua inglese, così da agevolare l'inserimento nel mondo produttivo; venne pure chiesta, sempre ai fini dell'occupazione, l'equiparazione del titolo di perito minerario a quello di agrimensore e, per facilitare la prosecuzione degli studi e l'acquisizione di una cultura superiore, si prospettò un'integrazione dei programmi tale da permettere l'accesso alle facoltà universitarie.

Ma tutti questi provvedimenti, tesi al miglior funzionamento della scuola e alla miglior preparazione degli allievi, poterono trovare attuazione solo con la riforma del 1921. Con i decreti 31 agosto e 20 settembre di quell'anno venivano approvati e resi pubblici il nuovo statuto e il regolamento interno.

In breve, la vita della Scuola in questa seconda fase può essere riassunta nei seguenti sintetici dati. Nei 4 trienni dal 1904 al 1917 i licenziati furono 56 (su 79 iscritti), circa 5 ogni anno, il che conferma la media dei 9 trienni precedenti dal 1867 al 1895. 45 provenivano dal distretto di Agordo, 4 dal Bellunese, 5 da fuori provincia e 2 dall'estero. Appartenevano a famiglie di minatori, di benestanti, di professionisti, di artigiani e operai, di maestri e di disoccupati; nel frattempo 5 erano deceduti, 38 lavorarono in miniera con incarichi di direzione o presso cave e stabilimenti minerari, 6 furono i liberi professionisti, 4 andarono nell'industria e 3 nel Corpo delle miniere.

Dal 1904, ad indicare la volontà di ripresa in atto attorno alla Scuola mineraria, fu fondata anche l'Associazione dei Periti minerari avente lo scopo di affiancare la direzione dell'Istituto nella risoluzione dei problemi della categoria e in special modo nella ricerca di posti di lavoro oltre che nel mantenimento di proficui contatti col mondo accademico della scienza e della cultura.

L'APIM (Associazione Periti Industriali Minerari di Agordo)

In concomitanza con la riapertura della scuola nel 1904, gli ex allievi diedero vita ad un'Associazione (il primo e quindi più vecchio sodalizio del genere in Italia), con lo scopo di potersi riunire e di tenere vivi i legami di amicizia e solidarietà fra loro e con gli alunni del Minerario, ma avendo anche di mira il problema del collocamento al lavoro dei diplomati.

Così recitava l'art. 2 di uno schema di statuto inviato ai licenziati con lettera del 20 dicembre 1904, a firma del presidente Martino Gnech e del segretario Emilio Tazzer: «Scopo di questa associazione si è d'istituire un ufficio d'informazioni per offerte e richieste d'impieghi con raccolta di dati e notizie di qualsiasi genere in quanto essi possano interessare i singoli membri. Sarà cura di ogni componente nell'interesse comune di tenere al corrente l'ufficio di presidenza di ogni cambiamento si avesse a verificare nel rispettivo domicilio, residenza e posizione».

L'Associazione perseguiva anche scopi culturali e ricreativi, grazie all'impegno del piccolo nucleo iniziale che tirò avanti con costanza e tenacia fino al 1922, quando venne sciolta per carenza di soci. Ciò era dovuto al fatto che i periti minerari, fin da allora richiestissimi, trovavano facilmente lavoro sia in Italia che all'estero.

Nel frattempo il sodalizio, sempre nel rispetto dello statuto, aveva puntualmente pubblicato per diversi anni il bollettino informativo, mantenendo frequenti contatti con le associazioni di Iglesias e Caltanissetta e preoccupandosi di agitare i problemi di categoria per un più equo riconoscimento dei diritti dei periti minerari in relazione alla specificità del titolo di studio. Nella relazione stilata dal presidente Martino Gnech sui primi tre anni di attività, in data 15 gennaio 1908, leggiamo che i licenziati aderenti all'Associazione furono 56 e «qualcuno seguì con crescente interesse le pratiche in corso per ottenere dal governo quella quarentigia sulla Professione del perito minerario che giustamente va estesa con nuovo Progetto di legge dell'On.le De Seta». Tali pratiche erano iniziate nell'aprile del 1907 in sintonia con le consorelle di Iglesias e Caltanissetta e furono prese in seria considerazione dal Ministero di A.I.C.

Si trattava di richieste tese al miglioramento della condizione dei diplomati, con l'equiparazione del titolo a quello dei licei e della sezione fisico-matematica degli Istituti tecnici per poter accedere all'università, e alla tutela della loro professione alla pari di quelle d'ingegnere, architetto e perito agrimensore. Si leggeva infine che «i licenziati della nostra Scuola nei passati trienni, eccezione fatta per alcuni pochissimi (7 o 8) che essendo ben provvisti di patrimonio

Fig. 6. Periti minerari agordini a Kosseir (Egitto) all'inizio del secolo XX.

personale attendono ai loro interessi particolari, sono tutti bene e onorevolmente impiegati presso ragguardevoli Ditte o presso Amministrazioni Pubbliche».

Come già detto, i periti minerari sono stati sempre tecnici richiestissimi: le società minerarie, geologiche o petrolifere li «prenotavano», contattando l'Associazione o l'Istituto, addirittura ancora durante gli anni di scuola, cosa che invogliava i giovani a scegliere tale specializzazione. Molti, specie nei primi anni, fecero delle brillanti carriere anche nel Servizio geologico e nel Corpo delle miniere, come avrò modo di dire più avanti.

A titolo puramente informativo va ricordato che l'APIM, dopo la pausa forzata del 1922, si ricostituì nel 1946 e attualmente opera con rinnovato vigore, facendo sentire la sua voce in campo nazionale. Da rammentare infine l'autentico spirito di solidarietà che ha animato l'associazione e l'impegno disinteressato ed esclusivamente volontaristico prestato da chi ne ha gestito le sorti. La sua azione ha dischiuso le porte del lavoro in vari campi produttivi, in Italia e nel mondo, ottenendo nel tempo pure importanti riconoscimenti per la valorizzazione del titolo nei pubblici concorsi; pertanto, si può dire che l'APIM è riuscita a rendere sempre meno pesanti ai suoi aderenti i momenti di crisi occupazionale che, per la verità e per loro fortuna, i periti minerari hanno conosciuto molto di rado.

Gli allievi: i periti minerari

È indubbio che i periti minerari in genere hanno dato un apporto considerevole alle discipline geologiche e minerarie, affermandosi, nel corso di oltre un secolo, come figure di tecnici di prim'ordine, richiesti ed apprezzati in tutto il mondo, e non solo nello specifico settore minerario, ma anche in quelli dell'ingegneria, della cantieristica, della dirigenza, con la realizzazione di grandi opere e con l'attuazione di nuove tecnologie di perforazione e di abbattimento della roccia (in sotterraneo ed a cielo aperto). Perciò, dopo aver parlato dell'origine e dell'evoluzione della Scuola mineraria di Agordo, non può essere sottaciuto il contributo dato dai suoi allievi all'affermazione ed al prestigio della Scuola stessa, oggi Istituto Tecnico Industriale Statale Minerario «Umberto Follador».

Non si tratta solo di alcuni nomi di periti minerari, noti a tutti, che hanno lasciato un segno durevole e che potrebbero apparire come una specie di élite professionale e culturale contrapposta a una categoria di tecnici «minori» relegati nell'anonimato; abbiamo invece un elenco lunghissimo di periti che si sono distinti nelle ricerche geologiche, nello studio dei giacimenti e nelle varie applicazioni della geologia. Uomini che hanno perfezionato la tecnica delle coltivazioni e quella dei metodi d'arricchimento dei minerali, ed ancora inventori di strumenti, apparecchi ed impianti che hanno avuto e continuano ad avere diffusione e applicazione in campo internazionale.

La formazione di questi quadri si deve anzitutto alla «particolarità» dei direttori e degli insegnanti delle scuole minerarie italiane: un corpo dirigenziale e docente, per tradizione costituito in gran parte dai migliori ingegneri del Corpo delle miniere, come Mottura, Zoppi, Bibolini, Testa, Gatto, per citarne solo alcuni. Altri motivi di stimolo per lo sviluppo della preparazione professionale e culturale di tali tecnici possono essere ricercati anche al di fuori della Scuola: sono le «palestre d'insegnamento pratico» costituite dai centri minerari in cui hanno operato, da dove si sono sviluppati rapporti costanti con professionisti di alto livello ed è stata possibile la partecipazione a convegni, dibattiti e discussioni promossi dalle associazioni minerarie regionali e nazionali. Da non trascurare, infine, l'appartenenza dei periti minerari, una volta entrati nel Corpo delle miniere, ai Distretti minerari e al Servizio geologico, con la possibilità loro offerta di divulgare i risultati dei propri studi sulle riviste specializzate.

Un contributo tanto qualificato continua anche al giorno d'oggi, anche se va ammesso che gli studi più rilevanti dei periti minerari si collocano soprattutto in passato ed in particolare a cavallo tra Otto e Novecento. Ciò è dovuto anche al fatto che allora, stante la limitata consistenza delle conoscenze geominerarie, era considerato geologo chiunque si impegnava nello studio dei fenomeni naturali come le formazioni affioranti: «con la mente e con il martello», secondo il motto corrente. Bastava quindi un certo amore per la terra, anche rude, da «naturalista viaggiante», un buono spirito d'osservazione e una certa pratica nel riconoscimento sul terreno delle rocce e dei caratteri giaciturali e tettonici delle formazioni, per avere degli elementi nuovi ed a volte di grande interesse scientifico in un campo finora prerogativa di «pionieri». Per questo fra i geologi dell'epoca si trovano spesso anche diversi periti minerari che hanno lasciato una traccia della loro operosità. Non di meno troviamo nomi noti fra gli ingegneri di quegli anni: diplomati divenuti tali o che hanno conseguito l'abilitazione all'esercizio di tale professione in età avanzata.

Guardando ora direttamente alla scuola agordina, si rileva che anche qui il contributo scientifico dei suoi allievi si sviluppa specialmente negli ultimi trent'anni dell'800 e nei primo decennio del '900. La concentrazione di tale qualificata presenza in quegli anni è da collegare all'esistenza, allora, dei famosi, difficili «trienni», che prevedevano l'attivazione di una sola classe per ciascun anno d'insegnamento (dalla prima alla terza), con una conseguente severissima selezione che assegnava il diploma solo ai più preparati. Con l'aiuto di preziose ricerche svolte in occasione del centenario della Scuola da Attilio Moretti, Antonio Favretti e Ferdinando Tamis, e del materiale dell'archivio APIM, è possibile tracciare almeno una sintesi di quella «gloriosa pagina di storia del lavoro italiano scritta nel mondo dai periti minerari, che in patria e all'estero hanno lasciato i segni della loro abilità professionale ed hanno reso onore (e fama) alla Scuola di Agordo e all'Agordino».

Impossibile ricordare tutti i diplomati che si sono distinti nei più svariati campi e che meriterebbero comunque una menzione per l'apporto dato alla cultura, alla scienza, alla tecnica, al lavoro in genere. Ci limitiamo pertanto solo ad alcuni nomi che hanno lasciato un ricordo e un «segno» nella storia mineraria italiana:

MARTINO GNECH, nato a Rivamonte nel 1840, da padre minatore. Quando si iscrisse alla scuola (1° triennio, diplomandosi il 1° agosto 1871) esercitava il mestiere di minatore nella miniera di Valle Imperina. Entrò nel Corpo delle miniere e fu direttore di Valle Imperina. Fu insegnante per vari anni alla Scuola mineraria dal 1879 in poi, e ricoprì varie cariche pubbliche: sindaco di Rivamonte, membro a vario titolo di Deputazione provinciale, Sezione agordina del CAI, Latterie agordine.

Pietro Fossen (1848-1915), di Rivamonte, uno dei primi ad essere utilizzato in un'attività scientifica, ha dato un importante contributo alla conoscenza della geologia regionale e alla cartografia geologica nazionale. Fa parte del novero dei vecchi aiutanti del Corpo delle miniere, assegnati all'Ufficio geologico ed utilizzati nella realizzazione della carta geologica d'Italia. Prezioso collaboratore, tra il 1877 e il 1890 dello Zaccagna e del Lotti nel rilevamento delle Apuane, del foglio «Lucca» e dell'isola d'Elba (dove morì dopo essere stato R.Commissario di quelle miniere), si deve a lui, oltre alla carta degli agri marmiferi del Carrarese (rilevata in collaborazione con un altro agordino, Enrico Tissi), anche una nota circa la costituzione geologica dell'isola di Cerboli.

Fedele Tazzer (1898-1965), di Rivamonte. Si dedicò alla valorizzazione mineraria dell'Eritrea quale membro del Corpo delle miniere; incaricato di missioni varie nel Mar Rosso e nella penisola arabica, esplorò la parte centrale dello Yemen. Concluse la sua carriera come insegnante all'Istituto minerario di Agordo.

Enrico Tissi, nato a Vallada nel 1854, pure aiutante del Corpo delle miniere, va ricordato in particolare per l'azione svolta nella redazione della Bibliografia geologica italiana, uscita dal 1910 al 1920 nel «Bollettino dell'Ufficio Geologico».

Esaminando il contributo dei periti minerari in campo più strettamente professionale, vanno ricordati gli studi compiuti nel settore geo-minerario, a cominciare dal perito

Antonio Bressan, nato a Gosaldo nel 1886, che ha lasciato un importante scritto sui giacimenti minerari dei Peloritani.

Eugenio Tissi, nato a Vallada nel 1888, funzionario del Corpo delle miniere, ricoprì, fra gli altri, tra il 1934 e il 1944, l'incarico di delegato governativo alle miniere dell'Elba, dove fu anche direttore delle locali ricerche minerarie sfociate nell'individuazione del giacimento «Le Conche». Da non dimenticare le missioni ufficiali di studio svolte in Eritrea nel 1927-28, che lo portarono a raccogliere elementi sui filoni auriferi e a scoprire il grande giacimento di ferro lateritico di Hamsen, presso Asmara. Compì pure prospezioni di giacimenti di combustibili fossili in Italia, Francia, Grecia, Albania, Jugoslavia e nel Dodecaneso. Tissi è divenuto peraltro famoso anche per essere stato artefice e protagonista di un episodio di guerra leggendario, vale a dire la mina del Castelletto, sul Col di Lana, nel 1916.

Nel campo della tecnica estrattiva si distinsero in particolare:

Attilio Monticolo, nato ad Agordo nel 1865. Conseguito il diploma nel 1883, entrò nei ruoli del Corpo delle miniere (1888) e fu quindi nei distretti di Caltanissetta, Carrara, Vicenza e Firenze. Durante il servizio nel capoluogo toscano, conseguì per merito l'abilitazione all'esercizio della professione d'ingegnere; quindi venne trasferito nei ruoli degli ingegneri, concludendo la brillante carriera quale ingegnere capo del distretto fiorentino. Di lui si ricordano, oltre alla «puleggia penetrante» e alla «tavoletta» che porta il suo nome, i contributi dati nei processi di estrazione dello zolfo dal minerale con la fusione e nel metodo di coltivazione del giacimento lignitifero di Valdarno. Il suo impegno si è anche rivolto alla soluzione di vari problemi, disgiunti dalla tecnica mineraria. Va perciò ricordato il «ciclosigrafo», strumento ideato nel 1893 che «serve per descrivere con linee continuate, archi di circolo di qualunque raggio che superi la portata degli usuali compassi», e poi un metodo di pesatura dei galleggianti, per la determinazione del peso del minerale di ferro imbarcato dall'isola d'Elba. Anch'egli, come il Moretti, si adoperò al perfezionamento delle tecniche usate nel centro marmifero apuano: la «puleggia penetrante», un dispositivo davvero geniale, permette di eseguire tagli con il filo elicoidale nella roccia in posto, evitando l'escavazione di grandi trincee o pozzetti. La notorietà di questo apparecchio, applicato nelle cave italiane ed estere, fu superata dalla sua «tavoletta», largamente diffusa anzitutto quale strumento, agile e molto approssimato, nella topografia sotterranea, ma più avanti divenuto di uso abituale anche nei rilievi speditivi di superficie ed entrato a far parte della comune dotazione strumentale da campagna del geologo.

Ettore Moretti, nato a Taibon nel 1876. Nel 1895 si diplomò perito minerario, quindi, dopo una breve parentesi nell'industria privata (miniera di zolfo di Trabonella in Sicilia), entrò a far parte del Corpo delle miniere nel 1901, lavorando nei distretti di Caltanissetta, Carrara, Padova e concludendo la carriera quale perito capo alla Direzione generale delle miniere. Fu presto considerato fra i migliori aiutanti del Corpo, e gli vennero affidati compiti speciali (ricerche idriche in Puglia, studio dei giacimenti di pomice di Lipari, campionature e consegna dello stock di minerale piombo-zincifero della miniera di Raibl, passata all'erario italiano alla fine della prima guerra mondiale). Quand'era a Carrara, fu ideatore di un brevetto per la lizzatura meccanica dei marmi apuani che registrò grande sucesso; inventò ancora un apparecchio topografico da miniera, il «celerimetro polare Moretti» realizzato in uno stabilimento ottico di Milano, e la «puleggia frenata», un dispositivo in sostituzione degli argani nella lizzatura meccanica, nei piani inclinati e nei pozzi di miniera. È autore di una ventina di pubblicazioni in cui trattò, oltre ai suoi ritrovati, le ligniti della Garfagnana, la legislazione mineraria, le ricerche geofisiche e rabdomantiche nel giacimento di Valle Imperina, la possibile ripresa della miniera di mercurio di Vallalta-Sagron, l'oro del Pasubio, le manifestazioni ferrifere e petrolifere delle Alpi dolomitiche, il bacino idrotermale euganeo, i marmi veronesi, del Bellunese e dell'Abruzzo. La redazione delle dieci annate della Rivista del Servizio minerario alla quale si dedicò per lungo tempo da solo e con grande cura, è senz'altro la sua opera più consistente. Tanta attività gli meritò, nel 1932, il titolo di ingegnere abilitato da parte del Ministero dell'Educazione Nazionale.

Significativo anche l'impegno profuso dai periti minerari nei settori metallurgici, mineralurgici e della preparazione meccanica dei minerali.

Raimondo Conedera, nato a Rivamonte nel 1859, ideatore del processo che porta il suo nome, per l'estrazione del rame dai minerali poveri. Fu direttore della miniera di Capanna Vecchia e delle raffinerie di zolfo di Cesena.

Riccardo Decima (1888-1945), di Taibon, pur non avendo accresciuto la letteratura geomineraria, ha lasciato un segno tangibile della sua operosità nella realizzazione di una grande impresa mineraria del lavoro italiano all'estero; per lunghi anni, infatti, diresse la miniera di fosfati a Kosseir, in Egitto.

Non si può dimenticare infine:

Cornelio Leone Sagui, nato a Montagnana nel 1878. Diplomatosi giovanissimo alla scuola agordina, fu direttore di miniere e consulente minerario in America (dove ultimò i suoi studi all'Università di Chicago), in Grecia, in Medio Oriente, in Francia (dove fu collaboratore del servizio per la carta pedologica). La sua versatilità gli permise di spaziare in ogni ramo geo-minerario e di occuparsi di problemi di fisica terrestre e financo di fisica teorica, lasciando testimonianza dei suoi studi in varie note e memorie. Socio della Società Geologica italiana, della Società Lunigiana di scienze naturali, della Society of Economic Geologists e della Physical Society americana, i suoi principali lavori sono pubblicati nei periodici di tali sodalizi e in varie altre riviste internazionali. Di rilievo anche il suo studio sulla storia delle tecniche minerarie presso gli antichi.

Durante la guerra 1914-18 diversi periti minerari si distinsero per atti di valore. Uno, l'abilitato ingegnere Eugenio Tissi, è stato insignito della massima decorazione al valor militare: l'Ordine Militare d'Italia; un altro, Umberto Follador, alla cui memoria la scuola è stata intitolata, cadde in eroica azione di guerra sul Piave, il 27 febbraio 1918, ciò che gli valse due medaglie al valore.

I Direttori e i Presidi dalla fondazione al 1917:

1867-68	Antonio Sommariva		
1868-71	Nicolò Pellati (capo del Corpo delle miniere)		
1872-77	Lucio Mazzuoli (del Corpo delle miniere)		
1878-88	Antonio Sommariva	"	"
1889-90	Enrico Gabet	"	"
1891-95	Michele Colalè	"	"
1904-08	Luigi Monetti	"	"
1909-17	Aldo Bibolini	"	"

NOTA:

Desidero ringraziare l'amico Raffaello Vergani per la fiducia dimostratami nel propormi quale relatore in questo Seminario. Forse il compito affidatomi è stato superiore alle mie obiettive capacità, ma l'ho accettato e ho cercato di assolverlo con impegno per due ragioni: anzitutto per un atto d'amore alla mia città, ai minatori e ai periti minerari agordini e all'Istituto Minerario di Agordo, un'istituzione in cui ho lavorato per quasi 30 anni e alla quale sono particolarmente legato da vincoli affettivi profondi. Quindi per un senso d'amicizia e di gratitudine verso il prof. Vergani il quale ha dedicato molti dei suoi studi alle miniere di Valle Imperina e alla secolare tradizione mineraria agordina. Se oggi quel sito minerario, al quale sono legati ben cinque secoli di storia dell'Agordino, è oggetto di continue ricerche da parte di studenti universitari, nonché di attenzione da parte dell'ente pubblico che ne ha iniziato il recupero, lo dobbiamo a lui che ancora parecchi anni fa ci sollecitò a non lasciare disperdere un così ingente patrimonio di storia, di lavoro e di umanità.

Sono altresì grato agli amici Graziano Ronchi dell'APIM per la collaborazione datami e a Giorgio Fusina, presidente dell'APIM di Agordo e della Fe.Na.P.I. (Federazione Nazionale Periti Industriali) che mi ha cortesemente sostituito nella presentazione della mia relazione il 21 ottobre 1995 a Venezia.

BIBLIOGRAFIA E FONTI

Annali di agricoltura, 1884, 1887, 1896, *Notizie e documenti sulle Scuole Minerarie del Regno*, Roma 1885, 1887, 1896.

Archivio APIM, Agordo, documenti vari a stampa e manoscritti.

A. Bibolini, *A proposito di Scuole minerarie*, estratto da «Rassegna mineraria, metallurgica e chimica», 28 (1912), n. 8.

O. Brentari, *Guida storico-alpina di Belluno, Feltre, Primiero, Agordo, Zoldo*, Bassano 1887.

U. Chiaramonte, *Sviluppo e scuole minerarie dopo l'Unità*, «Ricerche Storiche», 22 (1992), pp. 89-130.

R. Conedera, *Processo Conedera*, estratto dalla «Rassegna Mineraria e della Industria Chimica», 12 (1905), n.13.

M.A. Corniani degli Algarotti, *Dello stabilimento delle miniere e relative fabbriche nel distretto di Agordo*, Venezia 1823.

G. Fusina, *Le miniere agordine sotto il governo della Serenissima*, Venezia 1942.

G. Girolami, *L'Istruzione tecnica per la formazione dei periti industriali italiani*, in *1860-1960, Centenario del Corpo delle Miniere*, Roma 1960, pp. 76-77.

U. Giuffré, *Agordo e le sue scuole minerarie*, Agordo 1939.

A. Gualandris, *Lettere odeporiche*, Venezia 1780.

Maic, *Notizie e documenti sulle Scuole minerarie del regno, Scuola Mineraria di Agordo*, Roma, 1906.

A. Moretti, *Il contributo dei periti minerari allo sviluppo delle scienze geo-minerarie in Italia*, in *Atti della Giornata di Studi Geominerari, 7 ottobre 1967*, Trento 1968, pp. 29-30.

F. Mossa, *La tavoletta Monticolo*, Cagliari 1907.

P. Mugna, *Dell'Agordino, cenni storici, statistici, naturali*, Venezia 1858.

M.C. Pellegrini, *Contributo alla storia della Scuola Mineraria di Agordo*, Tesi di laurea, Università degli Studi di Padova, Facoltà di Magistero, a.a.1982-83.

R. Scuola Mineraria di Agordo. Cenni illustrativi, Agordo 1912.

V. Rosson, E. Cesco, A. Rosson, L. Fossen, A. Pedandola, *Rivamonte nel centenario della Parrocchia*, Belluno 1972.

L. Sagui, *Per il rilevamento con la Tavoletta Pretoriana*, estratto dalla «Rassegna Mineraria», 17 (1902), n. 3.

F. Tazzer, manoscritto inedito, scritto presuntivamente a metà degli anni '50.

F. Tamis, *Centenario dell'Istituto Minerario di Agordo*, Belluno 1967.

F. Tamis, *Storia dell'Agordino*, vol. III, Belluno 1981.

R. Vergani, *Valle Imperina, Otto secoli di attività mineraria e metallurgica*, «Rivista Bellunese», 2 (1975), pp. 371-83.

R. Vergani, G. Laveder, *Riva de na òlta: paés de cónze e de canòp, un ricordo in 66 foto*, Belluno 1983.

Raffaello Vergani

L'INDUSTRIA MINERARIA E METALLURGICA: TECNICHE, ECONOMIE, SOCIETÀ

Premessa

Verso la fine del Settecento il campo delle attività minerarie e metallurgiche nell'area veneta in senso stretto, dal Mincio al Friuli orientale, è assai più ridotto di quanto fosse due o tre secoli prima. Il solo centro di importanza nazionale, nel quadro della Repubblica di Venezia, è quello di valle Imperina presso Agordo nell'alto Bellunese, attivo fin dal secolo XV, dove opera un'azienda pubblica per la produzione del rame fondata nel 1669 e tuttora abbastanza vitale. L'altro centro, di rilievo soltanto locale, è quello di Auronzo in Cadore, dove il comune è concessionario di due piccole miniere piombo-zincifere, in località Argentiera e Pian da Barco, gestite prevalentemente da imprenditori d'oltralpe. Dell'antica area del ferro che s'era sviluppata secoli prima tra alto Agordino, Zoldo e Cadore occidentale non resta più che una piccola metallurgia rurale dedita al riciclaggio di rottami e ferrovecchio. Nell'alto Vicentino, infine, un tempo rinomato per la produzione di piombo e argento, ogni attività è stata sospesa fin dal 1747[1]. Al di là dei mutamenti di regime portati

1) Poca la letteratura che si occupa, in tutto o in parte, del mondo minerario veneto nella seconda metà del Settecento. Invecchiato ma sempre utile A. Alberti – R. Cessi, *La politica mineraria della Repubblica veneta*, Roma 1927. Per valle Imperina sono ora da aggiungere i contributi di chi scrive *Una comunità mineraria di montagna: Riva d'Agordo*, in *Storia d'Italia. Annali*, 6: *Economia naturale, economia monetaria*, a cura di R. Romano e U. Tucci, Torino 1983, pp. 611-48; *Technology and Organization of Labour in the Venetian Copper Industry (16th-18th Centuries)*, «Journal of European Economic History», 14 (1985), pp. 173-86; *Scienza e lavoro nel Settecento: un tentativo di modernizzazione nelle miniere di stato veneziane*, «Quaderni storici», 24 (1989), pp. 123-41; *Progressi e ritardi nelle tecniche venete: l'estrazione minera-

dall'età rivoluzionaria e napoleonica la situazione rimane, per alcuni decenni, sostanzialmente immutata. Una ripresa di ricerche e di iniziative di un certo rilievo si avrà soltanto, come vedremo, a partire dal 1835. In linea generale, da una considerazione complessiva delle esperienze minerarie e metallurgiche che hanno luogo in area veneta durante l'Ottocento si può osservare che quelle che costituiscono la prosecuzione di esperienze precedenti – è il caso sia di valle Imperina che di Auronzo – conservano per gran parte del secolo una fisionomia tradizionale se non nettamente pre-industriale, mentre quelle attività che nascono ex novo – anche se, come nel caso della lignite di monte Pulli nel Vicentino, sfruttano risorse minerarie già note – assumono più facilmente caratteristiche di modernità. E questo sia sotto il profilo tecnico e organizzativo, sia per l'aspetto economico e di mercato.

Sono osservazioni generali, che si basano sull'esame delle poche fonti a stampa, della pubblicistica coeva e di una letteratura tecnica talora abbondante – come nel caso di valle Imperina – ma sempre datata. Su questi materiali si fonda del resto, oltre che su qualche sparso documento d'archivio, tutto quel che segue. Non esistono infatti, con qualche rara e parziale eccezione, studi moderni e aggiornati sulla storia mineraria e metallurgica dell'Ottocento veneto[2]. Su questi temi, d'altro lato, gli studi sono pochi anche pel resto d'Italia, e tutti a carattere regionale. La storiografia internazionale trascura del tutto il nostro paese, decisamente periferico nel XIX secolo sia sotto il profilo tecnico che per l'aspetto economico[3]. Ma ci offre, almeno, il quadro generale entro il quale calare le nostre vicende.

ria e la metallurgia dal XV al XVIII secolo, «Atti dell'Istituto Veneto di Scienze, Lettere ed Arti», 149 (1990-91), Classe di scienze morali, lettere ed arti, pp. 209-37. Per le miniere di Auronzo cfr. le notizie raccolte da G. FABBIANI, *Auronzo di Cadore. Pagine di storia*, Belluno 1973, pp. 157-68.

2) Utile, per un primo orientamento, la sintesi di F. SQUARZINA, *Notizie sull'industria mineraria nel Veneto e nel Friuli-Venezia Giulia*, «L'industria mineraria», s. 2, 14 (1963), pp. 211-20, 327-37, 517-23. Ben informato M. ORLANDI, *Una miniera veneta. Valle Imperina dal 1866 al 1962*, Belluno 1980, anche perché costituito per l'80 per cento da un abile *collage* di scritti altrui, editi e inediti, conservati nella biblioteca e nell'archivio del Distretto minerario di Padova. Spunti originali si trovano in L. CANEVE, *Storia delle miniere e della distillazione del mercurio a Vallalta (Agordino)*, «Le Dolomiti bellunesi», 14 (1991), n. 26, pp. 72-87. Di quest'ultimo autore è anche da ricordare il contributo *Arte mineraria e metallurgica in Val Imperina*, «Dolomiti», 10 (1987), n. 4, pp. 21-32, costruito su parte della letteratura tecnica ottocentesca.

3) Ci riferiamo in particolare alla ben nota *Storia della tecnologia*, a cura di CH. SINGER a altri, vol. 4, *La rivoluzione industriale*, Torino 1964, con i contributi di J.A. RITSON, *Miniere metallifere e carbonifere dal 1750 al 1875* (pp. 64-99), H.R. SCHUBERT, *Estrazione e produzione dei metalli: ferro e acciaio* (pp. 100-19) e F.W. GIBBS, *Estrazione e produzione dei metalli: metalli*

Per quanto riguarda le attività estrattive, la letteratura storico-tecnica pone l'accento principalmente sulle fonti di energia. Il punto di svolta, la chiave della rivoluzione industriale sono costituiti qui dalla sostituzione dell'energia umana, animale, idraulica con quella del vapore: dall'applicazione cioè della macchina di Newcomen prima, di quella di Watt e Boulton poi, a tutta una serie di operazioni che vanno dall'eduzione delle acque al sollevamento del minerale, dalla ventilazione delle gallerie al movimento di uomini e materiali. Si tratta, in realtà, di un modello costruito sull'esperienza del paese – o dei paesi – *first comer* della prima rivoluzione industriale, nei quali si realizza il circolo virtuoso fra estrazione di carbon fossile e applicazione della macchina a vapore che di questo si alimenta. Un modello, quindi, legato in ultima analisi alla presenza di importanti risorse di carbon fossile. Alla fine del Settecento, in effetti, l'Europa è nettamente divisa in due parti quanto alla effettiva presenza, diffusione e ruolo della macchina a vapore nelle miniere: da un lato Inghilterra, Paesi Bassi meridionali e la regione carbonifera della Francia settentrionale hanno optato decisamente per il vapore; dall'altro l'Europa centrale, dotata di corsi d'acqua abbondanti e gratuiti e di una forte tradizione in tema di macchine idrauliche, si mantiene, almeno per il momento, sostanzialmente fedele a queste ultime[4]. L'Italia, e il Veneto in particolare, al di là del discorso generale sulla loro arretratezza relativa sono certamente più vicini all'Europa centrale che a quella nord-occidentale. Nella nostra regione la prima miniera, e anche la sola, a

non ferrosi (pp. 120-51); e vol. 5, *L'età dell'acciaio*, Torino 1965, con i contributi di H. R. SCHUBERT, *L'industria dell'acciaio* (pp. 58-76) e R. CHADWICK, *Nuovi processi di estrazione dei metalli* (pp. 77-106). Oltre che alla *Histoire générale des techniques*, publié sous la direction de M. DAUMAS, III, *L'expansion du machinisme*, Paris 1968, con i contributi di A. BIREMBAUT, *L'industrie minière* (pp. 562-84) e B. GILLE, *L'évolution de la métallurgie* (pp. 585-616); e V, *Les techniques de la civilisation industrielle. Transformation. Communication. Facteur humain*, Paris 1979, con il contributo di M. DAUMAS, *L'extraction des métaux* (pp. 3-46).

4) J. SANCHEZ GOMEZ, *La lenta penetración de la máquina de vapor en la minería del ámbito hispano*, «Arbor», 149 (1994), 586-587, pp. 204-10. E questo anche a prescindere dalla precocità con la quale la macchina di Newcomen appare nell'area in questione. Nelle miniere della Slovacchia, dove la prima macchina inizia a funzionare nel 1722 ed entro il 1758 se ne contano già cinque, esse assolvono a un ruolo solo ausiliario rispetto alle tradizionali macchine idrauliche (G.J. HOLLISTER-SHORT, *The Introduction of the Newcomen Engine into Europe*, «Transactions of the Newcomen Society», 48, 1976-77, pp. 15-20). Nella stessa Repubblica veneta, dove, secondo una scoperta recente, una macchina di Newcomen viene costruita nel 1718 in una miniera di Schio, la cosa rimane del tutto priva di seguito nella storia mineraria successiva. Cfr. G. GULLINO, *L'anomala ambasceria inglese di Nicolò Tron (1714-1717) e l'introduzione della macchina a vapore in Italia*, in *Non uno itinere. Studi storici offerti dagli allievi a Federico Seneca*, Venezia 1993, pp. 185-207 e spec. 203-07.

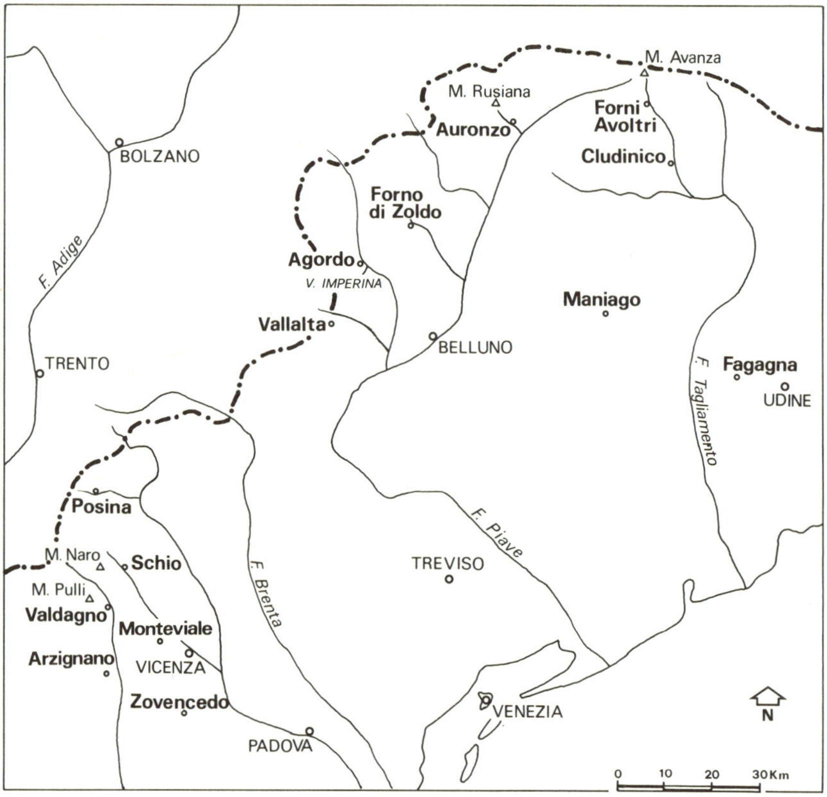

Fig. 1. Centri minerari e metallurgici attivi tra il 1797 e il 1915.

dotarsi stabilmente di una macchina a vapore è quella, verso il 1874, di monte Pulli presso Valdagno: si tratta non a caso di una miniera di carbon fossile e più precisamente di lignite, che va in parte ad alimentare la macchina stessa. Il vapore, invece, non farà mai la sua apparizione in valle Imperina, dove la ruota ad acqua resta l'unica fonte di energia meccanica inanimata fino al 1910. Alla fin fine, di una vera rivoluzione industriale nelle miniere venete non si può parlare che nel primo Novecento, con l'avvento dell'energia idroelettrica.

L'evoluzione delle tecniche metallurgiche durante il secolo XIX si differenzia non solo per spazi geografici, come accade per quelle estrattive, ma anche per settore. Nella metallurgia del ferro l'invenzione del convertitore Bessemer (1856) e quella del processo Martin-Siemens (1864) segnano una forte discontinuità col passato anche recente e aprono l'età dell'acciaio. Nei metalli classici non ferrosi, invece, la metallurgia progredisce per piccoli passi, più per evoluzione delle apparecchiature che per una rivoluzione nei metodi[5]. A sua volta, la ricezione delle novità nelle aree periferiche avviene non solo, com'è ovvio, con più o meno forte ritardo, ma con modalità e ritmi diversi per adattarsi alle singole situazioni locali. In Inghilterra, ad esempio, una innovazione significativa era stata dopo la metà del secolo XVIII quella dei cilindri soffianti per la ventilazione dei forni fusori, azionati prima da ruote ad acqua e poi, a partire dal 1776, dalla macchina a vapore[6]. In valle Imperina, le vecchie trombe idroeoliche vengono sostituite con la soffieria a cilindri solo nel 1849-51, contestualmente alla costruzione dei nuovi forni da rame che si effettua in quegli anni; ma l'energia motrice rimane quella idrica, fornita dal torrente che percorre la valle. Quanto al settore della siderurgia, già dalla prima metà del Settecento nel territorio veneto non viene più estratto minerale di ferro in quantità apprezzabile; per cui, accanto al permanere, come dicevamo, di piccole attività tradizionali dedite al riciclaggio di rottami, si assiste dopo la metà del secolo XIX alla nascita di qualche fonderia urbana tecnicamente aggiornata che usa materia prima e combustibili importati dall'esterno. Le maggiori di queste fonderie, che sorgono per lo più nei capoluoghi di provincia, usano l'energia della macchina a vapore, ma in nessuna compare, prima del 1927, la conversione diretta ghisa-acciaio secondo i metodi più recenti.

Sono, queste, linee provvisorie di una sintesi che, per diventare più affidabile, avrebbe bisogno di fondarsi su materiali ben più ricchi ed elaborati di quelli che abbiamo avuto a disposizione. È ora, quindi, di passare a una prima organizzazione degli elementi analitici che abbiamo raccolto, nella speranza di suscitare interesse e nuove ricerche in questo settore così poco praticato della storia veneta ottocentesca.

Valle Imperina

1. *L'estrazione*

Le attività di estrazione del rame in valle Imperina, come è noto, datano dal primo Quattrocento, e fin dall'inizio sono presenti in loco in maniera integrata sia lo scavo del minerale che la sua trasformazio-

5) GILLE, *L'évolution de la métallurgie*, cit., pp. 615-16.

6) SCHUBERT, *Estrazione e produzione* cit., p. 104.

ne in metallo. Verso la fine del Settecento quasi tutte le attività sono riunite nell'azienda di stato veneziana, che mantiene il proprio carattere pubblico anche sotto i regimi successivi e che tra 1835 e 1843 acquista gli ultimi diritti già appartenenti a privati. Sotto il profilo tecnico e organizzativo è lecito affermare, in via generale, che l'azienda mantiene fino all'ultimo decennio del secolo un carattere sostanzialmente pre-industriale, dove gli elementi di continuità rispetto ai secoli XVII e XVIII prevalgono nettamente su quelli di rottura.

L'unico vero processo di ristrutturazione in senso lato «moderno» riguarda i lavori nel sottosuolo e si svolge grosso modo tra il 1787 e il 1815. Inizia, quindi, ancora in età veneziana, nel quadro di quella spinta produttivistica che anima la politica mineraria della Repubblica nel suo ultimo trentennio di vita, ed è reso possibile dal fatto che col 1787 pressoché tutto il sottosuolo della valle è stato acquisito all'azienda di stato. Tra 1787 e 1790 viene costruito al centro della zona mineralizzata un pozzo principale o «capitale», chiave di volta della razionalizzazione dell'attività di scavo di contro all'anarchia estrattiva che aveva regnato nell'età precedente. E nel 1790 si ricostruisce, all'interno del pozzo, una macchina idraulica per l'eduzione delle acque profonde azionata dal torrente Imperina. Una macchina del genere esisteva già in passato, fin dal 1733, ma era andata distrutta nei crolli del 1774-76. Negli anni successivi si cerca di estenderne l'azione anche al sollevamento in superficie del minerale estratto, ma la portata irregolare del torrente consiglia piuttosto di ricorrere a una seconda macchina idraulica, che viene infatti costruita nel 1800[7]. Il pozzo capitale, secondo dati che risalgono al secondo decennio del secolo, è foderato parte in pietra e parte in legno ed è profondo complessivamente circa 124 metri; la ruota idraulica per l'elevazione del minerale è collocata in superficie e il luogo di carico si trova 75 metri sotto, al piano S. Francesco. L'altra ruota, invece, è alloggiata in una nicchia a lato del pozzo capitale, ad una profondità di 35 metri, e aziona una serie di pompe che sollevano le acque dai piani inferiori fino al livello S. Francesco; da questo le acque stesse vanno a scaricarsi nel fiume Cordevole attraverso una lunga galleria di scolo scavata già durante il XVII secolo.

Ma la costruzione del pozzo capitale è anche il mezzo per spostare parte dei lavori verso una zona meno sfruttata del giacimento e per

7) ARCHIVIO DI STATO DI VENEZIA, *Magistrato Camerale 1798-1803*, b. 258, fasc. 258, marzo 1800; N. DA RIO, *Osservazioni minerologiche su la miniera d'Agord*, «Nuovi saggi della cesareo-regia Accademia di Scienze Lettere ed Arti di Padova», 1 (1817), p. 101; M. A. CORNIANI DEGLI ALGAROTTI, *Dello stabilimento delle miniere e relative fabbriche nel distretto di Agordo. Trattato storico, mineralogico, disciplinare*, Venezia 1823, pp. 54, 122-24.

Fig. 2. Il sotterraneo di valle Imperina in una incisione del primo Ottocento. Al di là dell'immagine stilizzata si può notare la struttura a pilastri abbandonati che risulta dallo scavo «a cappelle» (M. Corniani degli Algarotti, La metallurgia. Poema in canti dieci, Venezia 1816, tavola f.t. tra le pp. 173 e 174).

rinnovare sensibilmente le tecniche di estrazione. Che fin dalla prima metà del Seicento, occorre ricordarlo, erano basate essenzialmente sul lavoro a mina. In passato la maggior parte dei lavori erano stati condotti nella parte sud-ovest del giacimento, quella relativamente più vicina alla superficie, secondo il sistema di escavo detto a «cecche» (o «zecche»). Era questo un lavoro intensivo a franamento nelle zone più ricche, che a lungo andare si era tradotto nella formazione di grandi cavità sotterranee spesso prive di sostegno (le «cecche», appunto) e quindi, prima o poi, nei crolli che avevano funestato le miniere specie durante il Settecento. Uno sfruttamento sostanzialmente di rapina, assai poco preoccupato del futuro dell'estrazione. A partire dal 1798, invece, si inaugura nel settore di sud-ovest un nuovo sistema di scavo più ordinato e sicuro, mediante lavori longitudinali e trasversali che vengono subito dopo riempiti di sterile; ma soprattutto ci si orienta verso lo sfruttamento del settore di nord-est, che si trova a profondità maggiore ma presenta terreni finora poco o punto frequentati. Si scavano anche qui gallerie longitudinali e trasversali, senza tuttavia riempire i vuoti e lasciando agli incroci delle colonne di minerale; una specie, insomma, di coltivazione per pilastri abbandonati, che una parte della letteratura tecnica coeva chiama lavoro a «cappelle»[8]. Così facendo si va molto a fondo con gli scavi, attivando, uno dopo l'altro, dei piani di lavoro paralleli a sempre maggior profondità, e ci si avvicina gradualmente al termine estremo dell'ammasso minerale di valle Imperina, là dove esso si divide in più rami che si assottigliano fino a perdersi nella roccia sterile. Già nel 1813 il pozzo di esplorazione più profondo, intitolato a Napoleone, era giunto a toccare i 175 metri sotto il livello dell'edificio di estrazione[9].

L'avanzare degli scavi rende a un certo punto indispensabile l'approfondimento e il potenziamento del pozzo capitale. I lavori, iniziati nel dicembre 1839, si concludono nel 1846. Il pozzo viene portato fino a una profondità di 145 metri, al di sotto di quello che costituiva

8) G. Bauer, *Stabilimento montanistico di Agordo. Notizie sulla storia geognosia e tutto ciò che concerne le miniere di rame del medesimo*, Belluno 1852, pp. 9-11; N. Haton, *Mémoire sur les établissements d'Agordo (Haute Vénétie)*, «Annales des mines», s. 5, 8 (1855), pp. 416-17. C'è una certa discordanza tra i due scrittori. Mentre, infatti, il Bauer distingue nettamente lavoro a zecche e lavoro a cappelle, lo Haton dà un resoconto sommario dei mutamenti che intervengono tra la fine del Sette e la metà dell'Ottocento e sembra confondere zecche e *chapelles*. Preferiamo attenerci a quanto dice il primo, che sembra il più attendibile anche perché in quel momento è direttore dei lavori in valle Imperina. Giuseppe (o Joseph) Bauer, ingegnere montanistico governativo, proviene da Raibl allora in Carinzia.

9) Da Rio, *Osservazioni minerologiche* cit., p. 100.

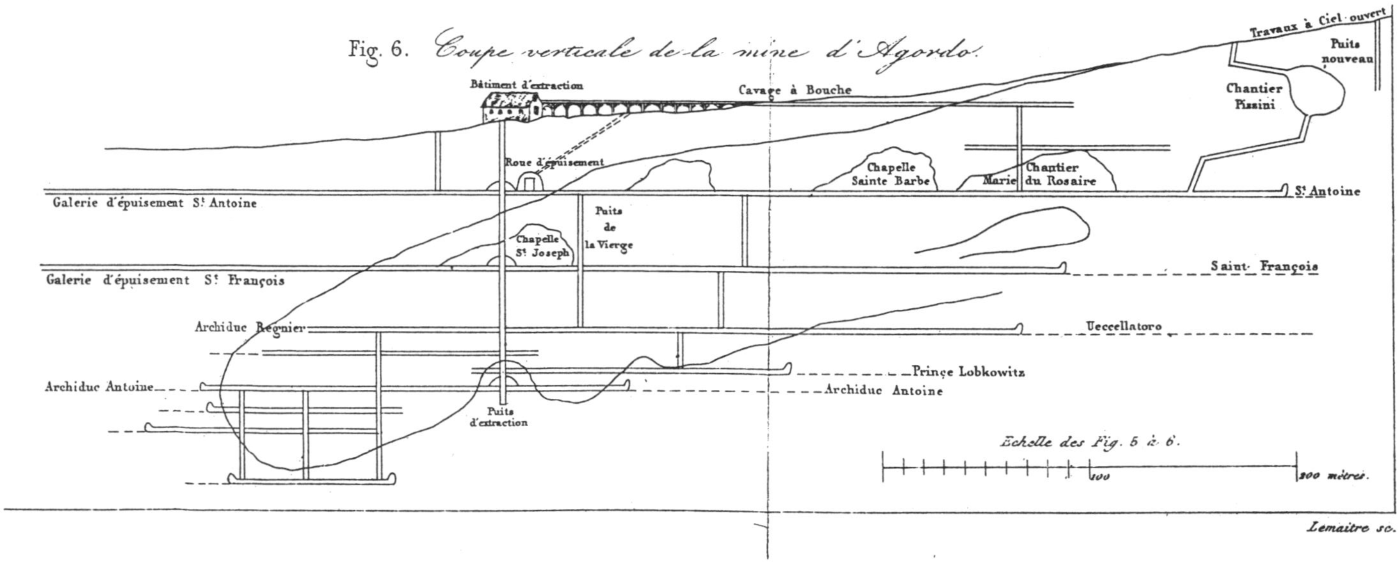

Fig. 3. Sezione longitudinale delle miniere di valle Imperina, 1855. N. Haton, Mémoire sur les établissements d'Agordo (Haute Vénétie), «Annales des mines», s. 5, 8 (1855), planche VIII.

allora il terzo piano dei lavori, e foderato interamente in muratura. Le pompe per l'eduzione dell'acqua sono prolungate in conseguenza verso il basso, mentre si attrezzano ai diversi livelli tre piazze di estrazione del minerale alla superficie. Altri piani di lavoro vengono rapidamente attivati al di sopra e al di sotto del terzo, tanto più che l'approfondimento del pozzo capitale ha rivelato la presenza di minerale di una certa potenza e ricchezza. Nel frattempo, a partire dal 1845, si avvia nella parte nord-est del giacimento un'altra piccola rivoluzione estrattiva, che incontra «grandi difficoltà» – lo dice un testimone diretto, il direttore del sotterraneo Giuseppe Bauer – ad affermarsi tra i minatori di valle Imperina. Il precedente lavoro a cappelle, che lasciava sul posto una fitta rete di colonne di sostegno, permetteva l'estrazione solo di un quarto o al più di un terzo del minerale disponibile. Ora l'amministrazione promuove una diversa tecnica, lo scavo totale con ripiena, molto più redditizia per l'azienda ma anche, potenzialmente, assai più rischiosa per i minatori, che consente il recupero del minerale residuo[10]. Il giacimento è diviso in piani orizzontali che vengono sfruttati contemporaneamente. L'estrazione del minerale avviene per trance spesse circa due metri e procede dal basso verso l'alto, mentre i minatori che abbattono uno strato poggiano sulle ripiene dello strato inferiore. Le ripiene si effettuano con sterile dapprima proveniente dagli scavi del pozzo capitale, poi fatto scendere dalla superficie per lo stesso pozzo e infine ottenuto con i così detti mulini sotterranei, appositi scavi praticati a questo scopo all'interno della miniera. Nel 1851 il sotterraneo di valle Imperina è diviso in sette piani di lavoro, che scendono verticalmente per circa 170 metri e distano tra loro da 12 a 38 metri[11]. Verso il 1855 i piani sono diventati nove e sono collocati per la maggior parte nel settore di nord-est. È questo, con ogni probabilità, il momento di massimo sviluppo delle attività estrattive. L'ammasso di minerale è stato ormai raggiunto in tutte le sue parti. Il confronto tra una sezione della miniera redatta allora da un tecnico francese in visita sul posto, Napoléon Haton, e una sezione del 1922 dimostra senza possibilità di dubbio che in quel settantennio non vi è stata alcuna significativa espansione dei lavori[12].

10) BAUER, *Stabilimento montanistico* cit., pp. 11-16; HATON, *Mémoire* cit., pp. 417-19. Il metodo è sostanzialmente quello illustrato nel vecchio manuale Hoepli di S. BERTOLIO, *Coltivazione delle miniere*, Milano 1914, pp. 180-84.

11) P. MUGNA, *Dell'Agordino. Cenni storici, statistici, naturali*, Venezia 1858, p. 46.

12) Cfr. HATON, *Mémoire* cit., planche VIII, fig. 6, e ARCHIVIO DEL DISTRETTO MINERARIO DI PADOVA, *Vall'Imperina*, b. 2, *Sezione longitudinale dell'ammasso piritoso di Vall'Imperina*, 1922.

Fig. 4. Chiesa Arcidiaconale di Agordo. Santa Barbara, dipinto di autore ignoto della prima metà dell'Ottocento, particolare dello sfondo raffigurante attività metallurgiche. Cfr. S. Claut, Dipinti dell'antica foranìa di Agordo (Secc. XV-XX), Agordo 1991, p. 44.

Quello che si effettua intorno al pozzo capitale nel primo ventennio dell'Ottocento è, ripetiamo, il solo processo di modernizzazione che nel corso del secolo interessa l'azienda; ma il suo significato non si deve sopravvalutare, se si tien conto che analoghe razionalizzazioni degli scavi si affermano in altre miniere europee anche uno o due secoli prima. Per il resto, le modalità del lavoro sotterraneo rimangono statiche per tutto il secolo e oltre. Nessuna innovazione, ad esempio, né sul piano degli strumenti né per quanto riguarda la natura degli esplosivi, nella tecnica delle mine, che resta sostanzialmente identica a quella che si era configurata nel corso del Seicento[13]. La ventilazione delle gallerie è puramente naturale; la circolazione degli uomini in discesa e in salita avviene esclusivamente a mezzo scale, in parte ricavate sul terreno e in parte a pioli; i trasporti sotterranei in piano si fanno a mano, con carriole e cani da miniera che scorrono su semplici tavole appoggiate sul pavimento delle gallerie, mentre solo i trasporti in superficie tra i vari stabilimenti e servizi saranno attrezzati, dopo la metà del secolo, con binari e carrelli; l'elevazione del minerale da un piano all'altro si fa pure a mano, con verricelli azionati ciascuno da due uomini[14]. Quanto all'eduzione delle acque e al sollevamento del minerale in superficie, essi continuano ad essere effettuati con macchine idrauliche fino al primo Novecento, quando l'energia dell'acqua cadente sarà sostituita direttamente dall'energia idroelettrica.

2. *La metallurgia*

Fermamente tradizionale rimane, in superficie, il trattamento metallurgico, secondo modalità che si sono definite nel corso del Seicento e che sono uscite intatte da un tentativo di innovazione condotto, e fallito, negli anni 1764-66. La sua originalità consiste nella presenza, accanto al metodo per via secca di più antica tradizione, di un metodo per via umida il quale, pur vantando precedenti anche lontani nel tempo in area spagnola e in quella austro-ungherese, a metà del secolo XIX è praticato solo in valle Imperina e in un centro minerario del

13) Cfr. Corniani degli Algarotti, *Dello stabilimento* cit., pp. 233-37, 260-67, e per il quadro generale R. Vergani, *Gli inizi dell'uso della polvere da sparo nell'attività mineraria: il caso veneziano*, «Studi veneziani», n. s. 3 (1979), pp. 97-140.

14) Haton, *Mémoire* cit., pp. 421-23; R. Volpe, *La provincia di Belluno. Notizie economico-statistiche*, Belluno 1871, p. 105.

Fig. 5. L'edificio dei forni ottocenteschi in valle Imperina. Foto di Raffaello Vergani, 1982.

Sudtirolo[15]. Gran parte della letteratura tecnica ottocentesca insiste sul fatto che il sistema di valle Imperina, costituitosi per integrazioni successive e convalidato dalla prassi di un secolo e mezzo, si sia dimostrato alla fine il migliore, o addirittura l'unico possibile, per trattare un minerale, come il nostro, particolarmente povero di metallo. La pirite cuprifera di valle Imperina, infatti, contiene in media l'1,50 per cento di rame[16]: e fin dalla fine del Seicento è sottoposta a un doppio processo, per via secca e per via umida, il cui obiettivo è quello di «spremere», per così dire, fino in fondo il minerale, senza badare a spese né di lavoro né di combustibile né di altri materiali.

15) Lo HATON, (*Mémoire* cit., p.426) parla di Mühlbach in Sudtirolo, forse l'attuale Rio di Pusteria. Ma probabilmente si riferisce al non lontano Prettau (Predoi), nelle cui miniere di rame è stato introdotto nel XVII secolo un processo per via umida analogo a quello agordino e che continua ad essere praticato fin verso la fine del XIX. Cfr. K. FOLIE, *Silber, Kupfer, Blei... Bergbaugeschichte und Mineralien in Südtirol*, Bozen 1987, pp. 62-63.

16) Nel Galles ad esempio, uno dei maggiori produttori di rame durante il secolo XIX, il più povero dei minerali aveva un tenore del 5 per cento (CHADWICK, *Nuovi processi* cit., p. 82). Secondo un manuale della seconda metà dell'Ottocento il tenore minimo che doveva avere un minerale cuprifero per essere utilmente coltivabile era allora dell'1 per cento (V. ZOPPETTI, *Arte mineraria*, Milano 1882, I, p. 123).

Fig. 6. I forni ottocenteschi di valle Imperina, particolare dell'interno. Foto di Raffaello Vergani, 1982.

Si dispone di tre descrizioni del processo per la prima metà del secolo XIX, lunghe e particolareggiate ma non del tutto coincidenti, il che la dice lunga sulla complessità del processo stesso[17]. Non c'è alcun tipo di preparazione meccanica del minerale, dopo un tentativo in tal senso avviato, e abbandonato, tra 1775 e 1777. Una volta uscito dalla miniera, il minerale viene spezzato e cernito a mano in tre parti: ricco, medio, povero. Il ricco – una piccolissima frazione, valutata intorno al 2 per cento del totale – viene avviato direttamente alla prima fondita, mentre gli altri due sono torrefatti con carbone e legna in cumuli all'aperto denominati «roste». Durante questo trattamento si sviluppa una grande quantità di zolfo che viene in parte recuperato e che costituisce uno dei coprodotti dell'azienda di stato. Il prodotto dell'arrostimento viene spezzato e diviso a mano in due parti: i nuclei interni («tazzoni»), nei quali la tradizione ritiene si sia concentrata la maggior parte del rame, sono avviati alla prima fondita insie-

17) T.A. Catullo, *Memoria metallurgica*, «Giornale dell'italiana letteratura», 55 (1821), pp. 10-48, 185-215; Corniani degli Algarotti, *Dello stabilimento* cit., pp. 273-398, 406-24; Haton, *Mémoire* cit., pp. 424-71.

Fig. 7. Ex-voto dedicato da un minatore a S. Antonio per lo scampato pericolo in valle Imperina, 1881. Centro per la documentazione della cultura montana feltrina, Feltre.

me alla pirite ricca, mentre la crosta esterna («terre vergini») è destinata al processo per via umida del quale diremo più oltre. La prima fondita avviene in un forno a manica e il prodotto di questa, una metallina arricchita in rame, viene nuovamente arrostito prima di passare alla seconda fondita, quella «a rame nero», che si effettua in un forno analogo al primo. La seconda fondita, in realtà, è duplice, perché vi si rimette, dopo una ulteriore torrefazione, anche la parte di metallina meno arricchita prodotta nel ciclo precedente. Il rame nero, infine, viene passato al forno di affinazione, più piccolo e basso dei precedenti, fino all'ottenimento del rame metallico («rame rosetta»). Un processo, insomma, di arricchimento a fusioni e arrostimenti alternati, non diverso nella sostanza da quelli praticati tre secoli prima e tuttora in uso anche negli altri paesi per quanto riguarda i solfuri metallici. Solo che mentre in Europa, durante il secolo XIX, si afferma una certa tendenza alla semplificazione di esso con la riduzione di fasi e tempi[18], nulla di tutto ciò sembra avvertirsi in valle Imperina. E i tempi restano straordinariamente lunghi, a cominciare dalla prima torrefazione che dura, a seconda dei casi, dai sei ai dieci mesi.

Accanto e intrecciato a questo, il processo per via umida riguarda le terre vergini, le materie più ossidate nel corso dalla prima torrefazione, composte in gran parte da solfato di ferro e in molto minor misura da solfato di rame. Il processo, chiamato dapprima «sramazione» e poi, nel corso dell'Ottocento, «cementazione», consiste nella loro lisciviazione con acqua, nella concentrazione della soluzione così ottenuta e nel suo trattamento a caldo con rottami di ferro. Il quale, sostituendosi al rame presente in un processo di ossido-riduzione, fa precipitare quest'ultimo e ne consente la separazione. Il rame impuro così ottenuto («grassure» e «brunini») viene quindi inserito nel processo per via secca. E qui le nostre fonti si dividono, perché c'è chi lo avvia alla prima fondita e chi alla seconda previo arrostimento. Può essere una svista, ma è altrettanto probabile che ci si trovi qui di fronte a una pluralità di pratiche metallurgiche che vengono adottate caso per caso in base a criteri empirici. Quanto al solfato di ferro residuo, esso viene ricavato per evaporazione e costituisce insieme allo zolfo l'altro coprodotto dell'azienda di stato, anche se rispetto a quello di assai più difficile smercio.

Un processo, quindi, come nota nel 1881 il direttore dell'azienda di stato, Antonio Sommariva, estremamente costoso: un trattamento metallurgico lungo e complicato, spostamenti ripetuti di ingenti masse di minerale e di altri prodotti intermedi, un enorme consumo di combustibile in termini di legna e di carbone di legna[19]. E, naturalmente, moltissimo lavoro. Le finalità del processo complessivo, del resto, sono abbastanza evidenti: si tratta di sfruttare il minerale fino

18) Gibbs, *Estrazione e produzione* cit., pp. 128-33.

19) A. Sommariva, *Miniera e stabilimento metallurgico di Vall'Imperina presso Agordo (in provincia di Belluno). Memoria*, Belluno 1881, p. 8.

Fig. 8. Un ingegnere del Corpo minerario in posa nei pressi di valle Imperina, seconda metà dell'Ottocento. Archivio del Distretto minerario di Padova.

in fondo, di ricavare da ogni singola frazione di esso, senza badare a spese, quanto più metallo possibile. Una sorta, vorremmo dire, di «accanimento» metallurgico, che, se trova delle giustificazioni sul piano mineralogico e tecnico, si radica almeno in egual misura in una serie di fattori economici e istituzionali, sociali ed umani.

3. *Economia e società*

Non bisogna dimenticare, infatti, che l'azienda di stato è inserita in un sistema, quello dell'impero d'Austria, che almeno fino alla metà dell'Ottocento mantiene un carattere rigorosamente mercantilistico e protezionistico. E un sistema, per di più, nel quale la preoccupazione principale non è quella della bilancia dei pagamenti, ma una sorta di autosufficienza economica che si basa sulla divisione del lavoro tra regioni complementari. Una visione in qualche modo organicistica, che comporta come corollario una precisa sensibilità verso le particolarità regionali e locali così come una genuina preoccupazione – di tipo «paternalistico» – per la sorte dei ceti più poveri[20]. Raccogliendo in ciò, almeno in parte, atteggiamenti che erano stati propri anche della Repubblica veneta.

In questo quadro – ma qui le nostre informazioni sono parziali e imperfette – l'azienda di valle Imperina presenta molti tratti di un'industria «protetta», largamente sottratta all'alea del mercato sia sul fronte delle risorse che su quello degli impieghi. Il legname locale – abete e faggio –, che scende per fluitazione dall'alto Agordino, è destinato alle armature delle miniere e al riscaldamento dei locali di servizio, mentre il combustibile fondamentale, il carbone di legna, proviene da alcune foreste erariali, soprattutto dal Cansiglio in area veneta e dal bosco di Paneveggio nel Tirolo italiano[21]. Quanto alla ghisa per il processo di cementazione, essa è fornita dalle ferriere della vicina Primiero pure nel Tirolo italiano, che appartengono agli eredi dell'antica famiglia feudale dei Welsperg e che già in età veneta contribuivano almeno in parte al fabbisogno di valle Imperina. Nel 1858 esse vengono acquistate dall'erario austriaco che le pone alle

20) N. T. Gross, *The Industrial Revolution in the Habsburg Monarchy, 1750-1914*, in *The Fontana Economic History of Europe*, ed. C.M. Cipolla, IV, *The Emergence of Industrial Societies*, Glasgow 1973, pp. 237-47.

21) Corniani degli Algarotti, *Dello stabilimento* cit., p. 445; Haton, *Mémoire* cit., p. 476; O. Brentari, *Guida storico-alpina di Belluno Feltre Primiero Agordo Zoldo*, Bassano 1887, p. 150.

Fig. 9. Il complesso minerario e metallurgico di valle Imperina. Foto di Giovanni Battista Unterweger, 1888. Archivio fotografico Bepi Pellegrinon, Falcade.

dipendenze dell'ispettorato minerario di Agordo[22]. Il rame prodotto, che viene commerciato a Treviso e a Trieste, è assai richiesto in particolare per la foderatura delle carene delle navi. Anche lo zolfo è apprezzato dal governo austriaco, dato che per il restante fabbisogno si deve ricorrere alla produzione siciliana. Meno facile lo smaltimento del vetriolo di ferro, che si vende all'industria tintoria e alle fabbriche di acido solforico[23].

Ma importante, soprattutto, il tipo di rapporto che si è configurato nei secoli XVII e XVIII fra il centro minerario e metallurgico di valle Imperina e la società circostante. L'azienda di stato – diciamo così per semplicità, anche se all'inizio le aziende sono più d'una e confluiscono interamente in questa solo dopo il 1780 – occupa direttamente oltre il 90 per cento della popolazione attiva maschile del paese di

22) Catullo, *Memoria metallurgica*, cit., p.112; J. Facen, *Primiero e le sue miniere. Cenni storici*, Venezia 1867, p. 13.

23) Haton, *Mémoire* cit., pp. 477-78.

Riva d'Agordo; ma coinvolge anche, con le attività indotte, una parte cospicua dell'intera popolazione del medio Agordino. Nell'estate 1795 lavorano nel o per il centro di valle Imperina 1293 persone: una metà sono fissi, l'altra metà è occupata nella buona stagione in lavori di bosco e di carbone. Se si tiene presente che, secondo il censimento veneto del 1780, il territorio di Agordo Sottochiusa è abitato da 6154 persone raggruppate in 1388 famiglie, si vede come gran parte di queste fosse interessata direttamente nell'industria del rame[24]. Dal canto suo Marco Antonio Corniani degli Algarotti, direttore dell'azienda di stato dal 1808 al 1814, ritiene che questa potesse dar sostegno allora, oltre che ai 728 salariati e pensionati, a un numero di boscaioli, carbonai, conduttori di legname, carbone e altre merci, trasportatori e imbottatori dei prodotti valutabile in 1600 per il dipartimento del Piave e in altri 600 per i dipartimenti contigui, per un totale quindi di quasi 3000 persone[25].

In questo quadro i lavoranti di valle Imperina, che provenivano per la quasi totalità dal paese di Riva, godevano quasi di uno statuto «speciale» benché non scritto. Assunti fin da fanciulli, essi percorrevano le gerarchie interne all'azienda e avevano buone probabilità di approdare prima o poi alla cosiddetta «compagnia insolidata», costituita da coloro che avevano diritto alla conservazione del posto e ad una forma di pensione di invalidità o di vecchiaia. Erano retribuiti con un salario misto, dove la porzione in merci era costituita da granturco e tendeva pertanto a fornire direttamente alla forza lavoro i mezzi per la sua riproduzione. Nella grandissima parte dei casi, essi possedevano un fazzoletto di terra che apportava una utile integrazione in natura al reddito familiare.

I governanti veneziani avevano ben presente il ruolo svolto dal centro di valle Imperina nell'economia della regione agordina. Dopo i disastrosi crolli del 1774-76, in particolare, alla decisione di mantenere in piedi l'azienda non erano state estranee, accanto alla volontà di non rinunciare a una produzione nazionale di rame, delle preoccupazioni di carattere «sociale». A partire dal 1787, tuttavia, in una coll'affermarsi nell'azienda di stato di una linea produttivistica e modernizzante, queste preoccupazioni sembrano appannarsi. Si favoriscono in misura crescente i rapporti di lavoro precari e indiretti finché, nel 1796, un decreto del Consiglio dei dieci non abolisce da un

24) Cfr. rispettivamente ARCHIVIO DI STATO DI VENEZIA, *Deputati alle miniere, Relazioni*, b. 1765-90, quadro del personale 18 luglio 1795, e BIBLIOTECA CIVICA DI BELLUNO, *Stampe*, 5, *Descrizione generale della città, territorio e capitaniati di Belluno...*, Anno 1780.

25) CORNIANI DEGLI ALGAROTTI, *Dello stabilimento* cit., pp. 429-31.

Fig. 10. Minatori dell'Agordino, primo Novecento. Archivio Loris Santomaso, Rivamonte Agordino.

lato la «compagnia insolidata» – ovverossia il lavoro in pianta stabile – e dall'altro ogni forma di retribuzione in natura. È un provvedimento radicale, che avrà, negli anni immediatamente successivi, conseguenze destabilizzanti sulla comunità mineraria. Nel giro di un ventennio, tuttavia, si assiste al graduale ritorno in valle Imperina sia della distinzione tra lavoranti stabili e avventizi, sia di forme più o meno dirette di retribuzione in natura: e ciò, almeno per quel che riguarda questo secondo aspetto, senza che si possano avvertire differenze sensibili tra prima dominazione austriaca, regime napoleonico e seconda dominazione austriaca[26]. Nella prima metà dell'Ottocento, quindi, si rafforzano e si consolidano i rapporti di interdipendenza economica e istituzionale tra l'azienda di stato da un lato e la popolazione del luogo dall'altra. «Gli stabilimenti», scrive nel 1855 Napoléon Haton, «occupano circa settecento e talora fino a mille operai; sono considerati dallo Stato come un mezzo per far vivere la popolazione di valle Imperina, che senza di essi sarebbe priva di risorse»[27]. L'Austria vi impiega pressoché tutta la popolazione maschile di Riva d'Agordo in età lavorativa: lo affermerà più tardi Martino Gnech, sindaco del luogo, in una relazione presentata nell'ambito dell'inchiesta Jacini che illustra anche efficacemente il rapporto speciale che legava il paese alla «sua» miniera. Gli abitanti di Riva, egli dice, sono sempre stati preferiti nei lavori di valle Imperina sia per la vicinanza geografica, sia per l'intelligenza e predisposizione che vien loro dalla lunga consuetudine familiare con queste attività, sia, infine, a titolo di risarcimento per i danni inferti dall'inquinamento industriale alla produttività agricola dei loro terreni[28]. Stabilità e sicurezza del lavoro, quindi: che essi pagano, tuttavia, con un salario ai limiti di sussistenza e con la necessità di ricorrere, loro e le loro famiglie, a varie forme di pluriattività per far quadrare i magri bilanci. Sopravvive qui, in pieno XIX secolo, l'antica figura del contadino-minatore. «Finora», scrive un funzionario del regno d'Italia verso la fine dell'Ottocento, «gli operai del luogo, veramente ottimi per secolare adattamento al mestiere delle proprie famiglie, si sono acconciati a mercedi

26) A partire almeno dal 1808 riappare tra gli addetti alle operazioni sopra terra la figura del lavorante «stabile». Lo attesta il *Ruolo maestro del personale stabile dei salariati settimanali e lavoranti semplici addetti al servizio delle I. R. Miniere di Rame in Agordo presso l'Amministrazione delle Fucine di Vall'Imperina* [1808-1892], registro manoscritto conservato nell'Archivio comunale di Agordo. È tuttavia probabile che un completo ritorno alla figura del lavorante stabile, che fruirà di congedo per malattia, assistenza medica e pensione, si abbia solo in età austriaca, contestualmente alla nascita dell'Ispettorato delle miniere con la sovrana risoluzione del 3 marzo 1817. Cfr. V. GUAZZO, *Enciclopedia degli affari, ossia guida universale...*, Padova 1853, voce *Ispettorato delle miniere di Agordo*, pp. 321-22. Per quanto riguarda le forme di retribuzione in natura si rinvia a VERGANI, *Una comunità mineraria* cit., pp. 645-47.

27) HATON, *Mémoire* cit., p. 472.

28) M. GNECH, *Sui lavoratori della miniera di Agordo. Relazione del sindaco di Rivamonte*, in *Atti della giunta per la inchiesta agraria e sulle condizioni della classe agricola*, IV, parte prima, *Le condizioni dei contadini nel Veneto*, Roma 1882, p. 222.

ridottissime pur di non emigrare dai loro monti, dove quasi tutti possiedono una casa di abitazione ed un campo ch'essi medesimi coltivano nel tempo non devoluto alla miniera»[29]. È un complesso di valori e di sentimenti, di costumi e di norme non scritte che costituiscono nel loro insieme quella che potremmo chiamare l'«economia morale» dei minatori di valle Imperina[30].

Uno sguardo alle cifre di cui si dispone – anche se, in assenza di ricerche sistematiche, esse non sono distribuite regolarmente nel periodo in questione – conferma comunque che la politica dell'azienda non segue strade rigorosamente produttivistiche. Tra il 1810 e il 1865 la produzione più pregiata, quella del rame rosetta, è stazionaria intorno ai 2000 quintali annui[31]; il numero totale degli occupati in valle Imperina, invece, ha margini di oscillazione assai più ampi, tra i 650-700 e il migliaio a seconda delle necessità contingenti. Ma se facciamo riferimento agli occupati in pianta stabile, per i quali abbiamo qualche dato solo a partire dal 1837, appare evidente un trend ascendente, dai 379 di quell'anno ai 470 del 1851 ai 497 del 1865[32]. Se si confrontano infine questi dati con l'andamento della popolazione di Riva d'Agordo, poco meno che stazionaria dal 1766 al 1821 e in forte ascesa da allora al 1871, non si sfugge all'impressione che sia questo fattore, e non quello della produttività, ad orientare in prevalenza la politica occupazionale dell'azienda. Nel 1865 le spese di manodopera – salari e pensioni – ammontano a oltre il 74 per cento delle spese totali, mentre verso il 1814 esse erano di poco inferiori al 60 per cento[33].

29) *Rivista del servizio minerario nel 1898*, p. 380. La *Relazione sul servizio minerario* (1877-1882), poi, dal 1883, *Rivista del servizio minerario* è una pubblicazione annuale del Ministero di Agricoltura, Industria e Commercio all'interno della più ampia serie degli «Annali di agricoltura» a cura dallo stesso Ministero. A partire dal 1891 esce con lo stesso titolo in veste autonoma. Cfr. *Pubblicazioni edite dallo stato o col suo concorso (1861-1923)*, a cura del MINISTERO DELLE FINANZE, Roma 1924, pp. 431-37, 467.

30) Nel senso stabilito da E.P. THOMPSON, *L'economia morale delle classi popolari inglesi nel secolo XVIII*, in ID., *Società patrizia, cultura plebea. Otto saggi di antropologia storica sull'Inghilterra del Settecento*, Torino 1981, pp. 59-60.

31) Cfr. CORNIANI DEGLI ALGAROTTI, *Dello stabilimento* cit., p. 445; HATON, *Mémoire* cit., p. 477; N. PELLATI, *Miniera e stabilimento metallurgico di Agordo*, «Il Politecnico», s. 4, parte tecnica, 3 (1867), p. 262.

32) G. VALLENZASCA, *Della Falcadina. Trattato patologico-clinico con cenni statistici e topografia delle R. Miniere di Agordo, loro prodotti e malattie proprie di que' minerarj*, Venezia 1840, pp. 245-46; MUGNA, *Dell'Agordino*, cit., p. 46; PELLATI, *Miniera e stabilimento* cit., p. 261.

33) Cfr. rispettivamente PELLATI, *Miniera e stabilimento* cit., pp. 256-62, e CORNIANI DEGLI ALGAROTTI, *Dello stabilimento* cit., pp. 425-44, con calcoli ed elaborazioni nostre. Nel 1865 le pensioni coprivano verso il 10 per cento delle spese totali, ma non è possibile un confronto perché

4. *La crisi e l'Austria*

Già dalla prima metà dell'Ottocento il progresso tecnico nei trattamenti metallurgici oltre alla scoperta e all'attivazione di nuovi giacimenti cupriferi nel continente americano avevano impresso un forte impulso alla produzione mondiale del rame; è assai probabile che fin da allora il prezzo del metallo abbia cominciato a scendere in modo significativo sul mercato internazionale – anche se i dati di cui disponiamo si riferiscono solo alla seconda metà del secolo –, tanto più che si trattava spesso di minerali notevolmente più ricchi di quelli finora sfruttati in Europa[34]. Ci possono essere ben pochi dubbi sul fatto che, verso il 1850, il rame prodotto in valle Imperina costasse in termini di lavoro e di materie prime di più, e forse assai di più, di quello prodotto ad esempio in Cile. Ma ciò non aveva allora alcun peso, dato che tutto si svolgeva all'interno delle ben protette frontiere dell'impero d'Austria. Le cose cambiano dopo il 1848, quando la classe dirigente dell'impero imprime alla politica economica una svolta liberista senza precedenti e nel giro di un decennio porta il paese, tramite l'abolizione di dazi e tariffe protettive e la stipulazione di nuovi trattati di commercio, a un regime assai vicino al libero scambio[35].

Non abbiamo notizie sull'andamento economico dell'azienda agordina prima della metà del secolo. Non può essere, tuttavia, del tutto casuale il fatto che essa, negli anni 1852-1857, chiuda in forte passivo ben quattro volte su sei[36]. Vi è un altro indizio che induce a ritenere il sesto decennio del secolo come quello in cui diviene manifesta, almeno sul piano contabile, una crisi che fino ad ora era soltanto latente. Ed è il fatto che in questo periodo l'azienda promuove una fitta serie di investimenti e di innovazioni tecniche volti a economizzare sulle materie prime e ad accrescere la resa del minerale in termini di rame e di altri prodotti. Ma senza toccare in alcun modo l'occupazione, che anzi, come abbiamo visto, viene seppur di poco aumentata.

il Corniani non distingue tra personale in attività e personale in quiescenza. Secondo i dati del VOLPE, *La provincia di Belluno*, cit., p. 104, le spese del personale ammontavano verso il 1870 al 63 per cento delle spese totali: se, com'è probabile, egli si riferisce al solo personale in attività, le cifre si accordano abbastanza bene con quelle del Pellati.

34) CHADWICK, *Nuovi processi* cit., pp. 81-82; F. SQUARZINA, *Vicende dell'industria mineraria del rame in Italia*, «L'industria mineraria», s. 2, 1 (1950), pp. 342-43.

35) GROSS, *The Industrial Revolution* cit., pp. 254-55.

36) A. ERRERA, *Storia e statistica delle industrie venete e accenni al loro avvenire*, Venezia 1870, p. 171.

A dire il vero già nel secondo decennio dell'Ottocento, sotto la direzione del Corniani degli Algarotti, erano stati fatti dei tentativi del genere. S'era cercato, ad esempio, di ricavare anche del piombo dalla pirite piombifera che si trovava qua e là interclusa nel minerale principale di valle Imperina[37]. S'era avviato, ancora, un processo di cementazione a freddo delle acque di scolo della miniera per ricavare, mediante contatto con pezzi di ghisa, il rame che si era in esse spontaneamente disciolto in forma di solfato[38]. Iniziative, ambedue, presto abbandonate perché poco o punto vantaggiose per l'azienda.

Più importanti e durevoli invece, almeno in gran parte, le novità degli anni Cinquanta. Tra il 1849 e il 1851 viene ricostruita completamente secondo moduli tecnici parzialmente nuovi la fonderia «al Canal», situata presso la confluenza del torrente Imperina nel Cordevole. Una volta a regime, essa è destinata a sostituire sia la locale «fusina» ora demolita, sia la «fusina vecchia» situata più a monte in valle Imperina. Essa è costituita da due altiforni per la prima fondita, un terzo altoforno per la fondita a rame nero, due forni bassi per rame rosetta e un forno di affinazione. Il sistema di ventilazione, esemplato su quello degli altiforni da ferro allora in funzione nell'area tedesca meridionale, comprende tre cilindri a doppio effetto azionati da una ruota ad acqua e un apparato di pre-riscaldamento dell'aria. Alcuni inconvenienti emersi nel primo periodo di funzionamento, come l'altezza eccessiva del forno per rame nero e la resa imperfetta dell'apparato di pre-riscaldamento, vengono corretti negli anni successivi[39].

È negli anni Cinquanta, inoltre, che a fini di risparmio di combustibile e in particolare di legna si inizia ad impiegare la torba estratta in alcune località del Bellunese, a Landris, a Sedico e più avanti nella zona paludosa del Rai a nord del lago di S. Croce[40]. Il suo uso, che a causa del modesto potere calorifico resta limitato alla cementazione e

37) DA RIO, *Osservazioni minerologiche* cit., pp. 102-03.

38) *Ibid.*, pp. 104-05; CATULLO, *Memoria metallurgica*, cit., pp. 206-08; CORNIANI DEGLI ALGAROTTI, *Dello stabilimento* cit., pp. 398-406.

39) HATON, *Mémoire* cit., pp. 445-47, 450, 463; *Das Aerarial-Kupferwerk Agordo*, von K.K. FINANZ-MINISTERIUM, Wien 1860, pp. 14-15. I forni in muratura allora costruiti sono gli stessi ancora oggi esistenti, mentre il tetto dell'edificio, crollato nel 1907 a causa di una forte nevicata, è stato rifatto diversamente dall'originale. Cfr. R. VERGANI, *I forni di valle Imperina*, «Il coltello di Delfo», n. 9 (1989), pp. 17-22.

40) HATON, *Mémoire* cit., p. 477; VOLPE, *La provincia* cit., pp. 149-50; H. HOERNES, *I dintorni di Belluno, Feltre ed Agordo*, Torino 1879, p. 38; BRENTARI, *Guida storico-alpina di Belluno* cit., p. 263.

all'arrostimento delle metalline povere, proseguirà fino all'ultimo decennio del secolo.

Un'altra innovazione introdotta verso il 1853 è quella della torrefazione delle piriti in forni chiusi in muratura (i cosiddetti forni stiriani o alla stiriana), allo scopo di risparmiare sul combustibile e di raccogliere nel contempo una maggior quantità di zolfo – prodotto pregiato –, che nelle tradizionali roste aperte era altrimenti soggetto a una forte dispersione nell'atmosfera[41]. Da notare che un tentativo analogo era stato intrapreso in valle Imperina quasi un secolo prima, ma assai presto abbandonato, tra il 1764 e il 1766. Questa volta invece esso dura molto di più, ma non risponde, tuttavia, alle aspettative iniziali. Se la produzione di zolfo, infatti, quasi raddoppia, la torrefazione è più incerta che nelle roste aperte e quindi soggetta a un'alterazione del rapporto fra tazzoni e terre vergini che si ripercuote negativamente sul processo metallurgico successivo; né i vantaggi complessivi sembrano compensare i costi di ammortamento e di manutenzione dei forni[42]. Con gli anni Settanta i forni alla stiriana sembrano completamente abbandonati a vantaggio delle vecchie roste aperte.

Ma l'innovazione forse più importante è quella del recupero del tritume di minerale («slicco», dal tedesco *schlich*), che viene avviata dopo il 1855 riprendendo una vecchia idea concepita, ma mai realizzata, dall'amministratore della miniera Melchiorre Zanchi ancora all'inizio del secolo. La pratica della torrefazione in pezzi, infatti, comportava da sempre l'abbandono sul posto di una grande quantità di minerale minuto, che veniva usato come materiale di riempimento ma che poteva essere, e spesso era, abbastanza ricco in rame. Ora esso viene raccolto, impastato con le acque acide che si formano spontaneamente nella miniera e ridotto in formelle le quali, una volta asciugate, sono arrostite e quindi immesse nel consueto processo di cementazione[43]. In tal modo si utilizza una maggiore quantità di minerale e si accresce la produzione complessiva di rame; ma, si noti, si aggiunge una ulteriore manipolazione con relativo aumento anche della quantità di lavoro impiegato. Rafforzando, o quanto meno confermando, il carattere *labour-intensive* del sistema produttivo vigente.

41) HATON, *Mémoire* cit., pp. 431-33.

42) MUGNA, *Dell'Agordino*, cit., p. 47 e nota; PELLATI, *Miniera e stabilimento* cit., p. 252; A. SOMMARIVA, *Alcuni cenni topografico-geologici sull'Agordino con una breve descrizione della sua miniera di rame e del rispettivo trattamento metallurgico*, «Il Tempo» (di Venezia), 16 aprile 1868.

43) MUGNA, *Dell'Agordino*, cit., pp. 47-48 nota; PELLATI, *Miniera e stabilimento* cit., p. 252.

Non sembra, nell'insieme, che queste innovazioni riescano a incidere in modo sensibile sull'equilibrio produttivo dell'azienda di stato. Esse, d'altro lato, costituiscono solo dei ritocchi marginali, che non intaccano l'architettura complessiva del sistema metallurgico di valle Imperina. Negli anni 1860 e 1861, forse in conseguenza di un maggior impegno sul fronte del recupero del minerale minuto, la produzione di rame si avvicina ai 3000 quintali annui, per tornare successivamente intorno ai valori standard di 2000-2200 quintali. Nel 1865 il bilancio si chiude in passivo, cosa che del resto, come scrive più avanti l'ingegnere del corpo delle miniere Nicolò Pellati, «in più o men grande misura era avvenuto già da parecchi anni»[44].

5. *La crisi e l'Italia*

Il regno d'Italia, che eredita nel 1866 un'azienda già passiva, pensa assai presto a disfarsene, in coerenza del resto con gli orientamenti allora prevalenti di politica finanziaria. A un occhio modernizzante, certo, quello di valle Imperina, fondato sullo sfruttamento di una materia prima assai povera, su una grande massa di lavoro sottopagato e sul ristagno delle tecniche, non poteva non apparire come il sistema dell'arretratezza. «Una specie di opera pia ereditata dal governo austriaco», definirà l'azienda verso il 1880 un funzionario del nuovo Regno[45]. Ma anche, aggiungiamo, il risultato di un contratto secolare tra governanti e governati, fondativo di una «economia morale» che le forze del mercato tendono ora ad attaccare e a infrangere. Col 1868 si adotta la linea di non assumere più alcun nuovo lavorante, linea che verrà mantenuta rigorosamente per gli anni a venire. È una prima, rilevante frattura del sistema di valle Imperina, che costringerà un numero crescente di abitanti di Riva d'Agordo (ribattezzata Rivamonte a partire dal 1867) a rivolgersi all'emigrazione, prima temporanea e più tardi definitiva. Dopo di allora il numero dei lavoranti stabili – coloro, cioè, che avevano acquisito in precedenza e conservano tuttora il diritto a mantenere il posto – comincia gradualmente a diminuire a causa di pensionamenti e decessi, mentre è lecito supporre che gli avventizi, un tempo molto numerosi, tendano a scomparire. Tra il 1868 e il 1879, secondo le fonti ufficiali, i lavoran-

44) Pellati, *Miniera e stabilimento* cit., pp. 262-63.

45) *Notizie statistiche sulla industria mineraria in Italia dal 1860 al 1880*, a cura del Ministero di Agricoltura, Industria e Commercio, Roma 1881, pp. 62-63.

ti di valle Imperina si riducono da 467 a 288[46]. Si tratta, con ogni probabilità, dei soli lavoranti stabili, che erano di regola i più anziani. Mentre in paese, come lamenta verso il 1880 Martino Gnech, sindaco di Rivamonte, oltre 200 giovani compresi tra i 12 e i 26 anni sono ora costretti ad emigrare altrove per la maggior parte dell'anno, chi all'estero per lavori ferroviari e chi in pianura e in altre regioni d'Italia come seggiolai[47].

Ciononostante le passività dell'azienda, che già nel 1865 avevano superato il 22 per cento delle spese complessive, perdurano e anzi si accrescono nel quindicennio successivo in conseguenza del continuo deprezzamento del rame sul mercato internazionale. Negli anni Settanta il regno d'Italia mette in vendita l'azienda, ma, benché s'impegni ad assumere a proprio carico il peso delle pensioni, non trova per ora acquirenti. Dopo il 1875, da parte sua, l'azienda compie un grosso sforzo – è allora direttore Antonio Sommariva – per conservare e incrementare la produzione di rame pur in presenza di una diminuita forza lavoro e riducendo nel contempo le spese – sempre rilevanti – in termini di combustibile, torba e carbone di legna[48]. Una partita difficile, che si gioca essenzialmente sul fronte dell'estensione e del perfezionamento del processo di cementazione. Innanzitutto si applica su grande scala il recupero del minerale minuto (lo «slicco»), accrescendo il peso di questo nell'estrazione complessiva. E si introduce un processo di triturazione e vagliatura meccanica, per mezzo di un meccanismo azionato da ruota ad acqua[49], al fine di ottenere uno «slicco» di grana pressoché uniforme e quindi di miglior resa sia nella confezione delle formelle che nella loro successiva torrefazione. Quest'ultima, diversamente che nel caso della pirite in pezzi, si effettua a temperatura moderata e costante, nelle condizioni cioè più favorevoli alla solfatizzazione del rame.

Sul fronte più specifico del processo di cementazione si adotta la pratica, già sperimentata in loco, di trattare i liscivi con anidride solforosa: ciò riduce fortemente la formazione di sali basici di ferro, che prima precipitavano insieme al rame, e comporta quindi sia un risparmio di ghisa che un prodotto della cementazione più ricco di

46) *Ibid.*, p. 281.

47) GNECH, *Sui lavoratori* cit., pp. 222-23.

48) SOMMARIVA, *Miniera e stabilimento* cit., pp. 4-5, 8-11.

49) Un «motore idraulico» della potenza di 16 cavalli che aziona la trituratrice è menzionato in *Rivista del servizio minerario nel 1886*, pp. 293-94.

metallo[50]. Un'altra migliorìa apportata in questo settore è quella che permette di utilizzare, nel corso della cementazione, il calore che si sviluppa dalla reazione chimica stessa. Si tratta, in sostanza, di una serie di scelte produttive e di piccole innovazioni che cercano di intervenire sui fattori più costosi e tendono a un riequilibrio del bilancio aziendale. Cosicché, scrive il Sommariva nel 1881,

> Minorate oggidì le perdite metalliche, ridotto sensibilmente il consumo di combustibile e diminuito di molto il lavoro è lecito argomentare che la crisi sia ormai a considerarsi come cosa finita e per poco che migliori il prezzo del rame, sorga un'era compensatrice di un recente passato poco proficuo[51].

Il prezzo del rame, in realtà, non migliora affatto, e l'azienda continua inevitabilmente a seguirne le sorti. Si parla anche, in quegli anni, di una possibile chiusura della miniera[52]. Dall'altro lato, guardando a un futuro non proprio prossimo, c'è chi prospetta la possibilità di introdurre in valle Imperina un processo elettrolitico per la separazione del rame[53]. La salvezza – una parziale salvezza – verrà invece da un'altra direzione, dai primi sviluppi di un'industria chimica nella regione.

6. *La rivoluzione industriale*

Alla fine del 1885 infatti l'azienda agordina, per la prima volta nella sua storia, vende un buon carico di pirite povera (2000 tonnellate) a un cliente esterno. Si tratta dell'imprenditore vicentino Magno Magni, proprietario dall'anno precedente di una fabbrica di acido solforico nel capoluogo berico e uno dei pionieri nel settore[54]. La ten-

50) L. MAZZUOLI, *Note sur l'emploi de l'acide sulfureux comme gaz réducteur dans le traitement par voie humide des minerais de cuivre à l'usine d'Agordo*, «Annales des mines», s. 7, 9 (1876), pp. 190-200.

51) SOMMARIVA, *Miniera e stabilimento* cit., p. 4.

52) T. TARAMELLI, *Note illustrative alla carta geologica della provincia di Belluno rilevata negli anni 1877-81*, Pavia 1883, pp. 178, 181.

53) *Rivista del servizio minerario nel 1886*, pp. 298-302, 320-25 (relazione di P. Toso). La raffinazione del rame per via elettrolitica era stata brevettata in Inghilterra nel 1865 e applicata per la prima volta industrialmente a Swansea, in Galles, nel 1869 (CHADWICK, *Nuovi processi* cit., pp. 89-90).

54) *Rivista del servizio minerario nel 1885*, p. 273. Sul Magni, che si andrà poi specializzando nella produzione di fertilizzanti chimici e sarà il fondatore dell'Unione concimi, uno dei primi

denza si rafforza negli anni successivi, sia per l'incremento della domanda di pirite e altri materiali che proviene dalla nascente industria chimica, sia per il fatto che nel 1886 viene portata a termine la ferrovia «del Piave», che collega Treviso a Belluno e riduce quindi in misura sensibile i costi di trasporto verso la pianura[55]. Negli anni 1889 e 1890 la produzione annua di rame in valle Imperina è addirittura dimezzata rispetto al 1881, perché non solo una grande quantità di pirite ma anche molte «grassure» – quest'ultime destinate alla produzione di solfato di rame – sono state vendute alla ditta Magni e ad altre industrie chimiche operanti a Milano[56].

Il destino dell'azienda è ormai tracciato. È lo stesso Magni che, nel 1893, ne assume l'affitto e sei anni dopo, nel 1899, la piena proprietà. L'abbandono del processo metallurgico locale, che avviene in questo periodo, segna la fine di una esperienza plurisecolare e determina una seconda, rilevante frattura di quel rapporto di complementarietà che aveva legato fino allora il medio Agordino, e il paese di Rivamonte in particolare, alla «sua» miniera. Da azienda produttrice di rame quella di valle Imperina diventa una semplice miniera di pirite da destinare all'industria chimica che opera nella pianura. Vengono solo trattate per qualche anno le rimanenze di minerale torrefatto, dopo di che, nel 1898, i forni «al Canal» si spengono definitivamente. E i posti di lavoro si riducono a quelli richiesti dalla sola attività estrattiva.

Il periodo dell'affitto Magni vede peraltro la ripresa dell'estrazione anche ai piani più profondi, che erano rimasti in gran parte abbandonati per lungo tempo dopo un grave incendio avvenuto tra 1866 e 1867. La coltivazione, tuttavia, è condotta in questi anni a mo' di saccheggio delle zone più ricche, compromettendo la statica generale del sotterraneo e facilitando le infiltrazioni d'acqua dal soprastante torrente Imperina. Una coltivazione più razionale e ordinata riprende a partire dal 1899, dopo l'acquisto della miniera in proprietà. Vengono scavati allora, tra 1902 e 1904, una lunga galleria-canale (la galleria «Toso») che raccoglie le acque dell'Imperina a monte della mi-

cartelli nazionali nel settore, si veda il bel profilo di E. FRANZINA, *Tra Otto e Novecento*, in *Storia d'Italia. Le regioni dall'Unità a oggi. Il Veneto*, a cura di S. LANARO, Torino 1984, pp. 779-83. E cfr. anche, dello stesso FRANZINA, *Le origini vicentine dell'industria chimica*, «Industria vicentina», 8 (1989), 5, pp. 52-60.

55) B. BERSAGLIO, *Il treno per le valli del Bellunese*, Belluno 1975, pp. 31-61.

56) *Notizie sulle condizioni industriali della provincia di Belluno*, a cura del MINISTERO DI AGRICOLTURA, INDUSTRIA E COMMERCIO, «Annali di statistica», s. 4, 50 (1891), pp. 20-21; *Rivista del servizio minerario nel 1890*, p. 848.

niera per scaricarle a valle, e un nuovo pozzo dove far passare lo sterile per il riempimento dei vuoti determinati dall'estrazione precedente[57]. Nel 1904 la titolarità della miniera passa dall'impresa Magni all'Unione concimi fondata dallo stesso Magni. Sul piano dell'occupazione, pur in mancanza di una serie più completa di dati analitici, si direbbe che l'allargamento dell'estrazione sia giunto a compensare nel primo decennio del Novecento la perdita dei posti di lavoro prima legati all'attività metallurgica. Nel 1889, infatti, erano al lavoro in valle Imperina 310 uomini, dei quali 194 in miniera e 116 in superficie[58], mentre una rilevazione del 1906 conteggia 339 operai, tutti evidentemente impiegati nell'attività estrattiva[59].

Nel 1909 la miniera viene ceduta alla Società anonima miniere piriti, che l'anno successivo è assorbita dalla Montecatini. È la rivoluzione industriale in valle Imperina. Che vi giunge, naturalmente, in forma di energia elettrica. In meno di due anni la società costruisce una nuova centrale che, ultimata nel 1912, è mossa dalle acque del Cordevole e costituisce la base per la completa elettrificazione dei servizi. Nel sotterraneo, dove i lavori vengono concentrati sui livelli medi e superiori, si promuove una coltivazione sistematica con esaurimento progressivo del minerale e ordinato riempimento dei vuoti. Poco a monte dell'antico pozzo capitale si scava tra il 1912 e il 1914 un nuovo pozzo d'estrazione (il pozzo «Donegani»), munito di due gabbie per il movimento dei minatori e di argano elettrico, mentre l'eduzione delle acque si farà d'ora in avanti con elettropompe installate al livello più basso. I trasporti interni nelle gallerie e nei cantieri sotterranei, infine, vengono attrezzati con binari *decauville* e vagonetti metallici, sostituendo definitivamente le vecchie carriole e cani da miniera ancora in uso. In superficie, tra 1913 e 1914, si costruisce un impianto per il trattamento del minerale (macinazione, cernita e sfangamento) oltre a una teleferica per il trasporto dello stesso ai silos di carico presso il Cordevole[60].

La ristrutturazione, naturalmente, investe anche i minatori. Con l'ingresso della Montecatini si aggravano fortemente le condizioni di

57) ARCHIVIO DEL DISTRETTO MINERARIO DI PADOVA, *Vall'Imperina*, b. 2, relazione luglio 1922, cc. 8-10. Sulla galleria Toso in particolare cfr. *Rivista del servizio minerario nel 1902*, pp. 422-23, e *nel 1905*, p. 469.

58) *Notizie sulle condizioni industriali della provincia di Belluno*, cit., pp. 20-21.

59) *I lavoratori delle miniere*, a cura del MINISTERO DI AGRICOLTURA, INDUSTRIA E COMMERCIO. Ufficio del lavoro, Parte I, Roma 1907, p. 10.

60) ARCHIVIO DEL DISTRETTO MINERARIO DI PADOVA, *Vall'Imperina*, b. 2, relazione tecnica della Montecatini, ottobre 1962, cc. 5-6; *Rivista del servizio minerario nel 1913*, pp. 193-95.

lavoro rispetto alla gestione paternalistica e «sociale» che era stata propria di Magno Magni. Pochi mesi dopo il passaggio alla società milanese la direzione d'impresa abbassa i cottimi e allunga gli orari di lavoro e di permanenza in miniera. I minatori reagiscono e, di fronte alla resistenza dell'impresa, l'11 marzo 1911 abbandonano in massa le gallerie. Lo sciopero, nel corso del quale non mancano manifestazioni di solidarietà da parte dell'intero paese di Rivamonte, durerà ben tre mesi, apportando un danno notevole alla miniera con l'allagamento dei piani inferiori. Le trattative, che da parte dell'impresa vengono condotte personalmente da Guido Donegani, si concludono con una soluzione di compromesso; ma la ristrutturazione procede negli anni successivi in modo strisciante attraverso ritorsioni, licenziamenti, espulsioni. Nel marzo 1912, in particolare, vengono licenziati «per riduzione dei lavori» circa tre quarti del personale[61]. Anche se prima o poi gran parte di loro verrà riassunta (ma quando?), ogni lavorante è ormai perennemente in bilico tra stabilità ed emigrazione. Il rapporto tra il minatore e la «sua» risorsa, tra il paese e la «sua» miniera è ormai spezzato definitivamente. La stessa risorsa, del resto, ha gli anni contati. Nel 1917 si cavano dal sottosuolo 25.000 tonnellate di pirite, oltre il doppio di quanta se ne estraeva annualmente intorno al 1890. Sono cinque secoli esatti dalla prima attestazione di un'attività mineraria in valle Imperina, cinque secoli in cui l'ammasso di minerale è stato raggiunto in ogni sua parte e traforato dagli scavi in ogni direzione. Fino a ridursi, come nota un tecnico nello stesso anno 1917, «ad uno scheletro deforme»[62]. Una coltivazione, quindi, sempre più difficoltosa, che tuttavia la Montecatini abbandonerà definitivamente solo quando, verso il 1960, si profilano ben più fruttuose opportunità di investimento nel nuovo settore della petrolchimica.

Auronzo di Cadore

Mentre nel Sottochiusa agordino, e in particolare a Rivamonte, noi troviamo quasi una sorta di monocoltura mineraria, ben diverso è il caso di Auronzo, dove l'attività estrattiva, pur presente da secoli, a partire almeno dalla seconda metà del Cinquecento è relegata al terzo

61) Cfr. la lettera del 25 marzo 1912 della Cassa soccorso operai – organismo creato nel 1894 – riprodotta in ORLANDI, *Una miniera veneta* cit., pp. 48-50. E inoltre *Rivista del servizio minerario nel 1911*, p. 172, ed E. FRANZINA, *Operai, braccianti e socialisti nel Veneto bianco*, in *Storia d'Italia. Le regioni dall'unità a oggi. Il Veneto*, cit., pp. 710-16.

62) ARCHIVIO DEL DISTRETTO minerario di Padova, *Vall'Imperina*, b. 1, 31 gennaio 1917.

Fig. 11. L'Argentiera di Auronzo, pianta degli edifici e delle installazioni di superficie (A. Guernieri, Carta topografica della provincia di Belluno, Belluno 1866, tav. IV).

posto nel quadro delle pluriattività sulle quali si regge l'economia del distretto. Auronzo, infatti, pur essendo collocata nella fascia «mineraria» che percorre in maniera pressoché rettilinea l'area dolomitica da sud-ovest a nord-est, dal Primiero a Sappada, è tuttavia a stretto contatto col Comelico superiore: con la fascia, cioè, che trova nell'«economia del fieno», nell'abbondanza di praterie e di pascoli ad alta quota e nelle connesse attività agro-pastorali, prima fra tutte l'allevamento, le sue ragioni primarie di insediamento e di sopravvivenza. E poi c'è il bosco: coltivazione, taglio, preparazione e vendita del legname costituiscono da secoli l'altra grande risorsa del Cadore, anche se la fase della commercializzazione è in gran parte colonizzata dai veneziani e rimarrà prevalentemente in mani urbane anche dopo la caduta della Repubblica[63]. Per rendersi conto del rilievo limitato assunto dall'attività estrattiva basterà ricordare che la massima occupazione che si registra nel settore nel corso del secolo è quella di 120-150 tra uomini e donne, e solo nei periodi 1886-1889 e 1891-

63) E. Gellner, *Il territorio storico della montagna alpina*, in *I centri storici del Veneto*, a cura di F. Mancuso e A. Mioni, I, Milano 1979, pp. 72-74; E. Concina, *Problemi di acculturazione: forme urbanistiche di una comunità alpina. Il Cadore*, «Comunità», 28 (1974), 171, pp. 355-58; Id., *Alpi e Rinascimento. Questioni di storia del territorio e della cultura nel Cinquecento veneto*, in *Titianus cadorinus. Celebrazioni in onore di Tiziano, Pieve di Cadore 1576-1976*, Vicenza 1982, pp. 68-75.

Fig. 12. L'Argentiera di Auronzo negli anni Settanta. La foto è tratta dalla Relazione sulla miniera Argentiera dedicata al X Congresso del Club Alpino Italiano (XXV agosto MDCCCLXXVII) dallo Stabilimento montanistico in Sagor (Austria), Zara 1877.

1906, mentre gli abitanti del comune ammontano a 4000 circa[64]. Ciò non toglie che, a livello di microstoria, si svolgano all'ombra delle miniere delle vicende significative. Come quella di Enrico Monti, già garibaldino dei Mille nel 1860, nel 1872 contabile presso la maggiore delle miniere auronzane, licenziato nel 1874 per riduzione del personale. Si arrangia vendendo commestibili agli operai fino al 1879, quando l'attività viene sospesa ed egli emigra in Argentina insieme a una trentina di compaesani. Nel 1880, invitato a riprendere il suo posto nella miniera che ha riaperto i battenti, torna in patria, ma di nuovo nel 1882 una riduzione dei lavori lo costringe a ripartire per l'Argentina: dove, stavolta, si trattiene stabilmente, fa arrivare anche la famiglia nel 1884 e pochi anni appresso è proprietario di una libreria. Ma tornerà in patria nel 1906[65].

64) FABBIANI, *Auronzo di Cadore*, cit., pp. 163-64.

65) E. MONTI, *Memorie della mia vita*, con introd. e note di G. FABBIANI, Belluno 1960 (estr. dai nn. 3-9 de «Il Cadore», 8, 1960), pp. 26-27.

I giacimenti minerari «storici» di Auronzo sono costituiti principalmente da galena (solfuro di piombo) e «gellamina» (cioè calamina o più esattamente smithsonite, carbonato di zinco). La miniera più ricca, la ben nota «Argentiera» – così chiamata perché, con ogni probabilità, coltivata agli inizi soprattutto per la galena argentifera – si trova una decina di chilometri a monte del paese, nella valle dell'Ansiei, alle pendici occidentali del monte Rusiana. È stata sfruttata per secoli per la sola galena, mentre la calamina veniva scartata in fase di cernitura in quanto se ne ignoravano i possibili usi né si conosceva, fino al secolo XVIII, la metallurgia dello zinco. Solo a partire dal 1741 comincia a profilarsi – ma si affermerà assai lentamente – un certo interesse per l'estrazione della calamina. Nella seconda metà del Settecento l'Argentiera, della quale è investito fin dal 1675 il comune di Auronzo, è gestita da imprenditori austriaci e dà lavoro intorno al 1761 a una cinquantina di persone. Da qualche decennio, inoltre, sono state aperte altre due miniere, in località Grigna e Pian da Barco, alle falde del monte Aiarnola nei pressi dal paese[66]. I minerali di base sono gli stessi che nell'Argentiera, che resta in ogni caso il centro estrattivo di gran lunga più importante.

Nel 1804 il comune di Auronzo cede l'Argentiera in affitto per dodici anni alla fabbrica di ottone di Schwaz (Tirolo), che evidentemente si serve della calamina quale materia prima per la produzione della lega rame-zinco. Le informazioni, di carattere sia tecnico che economico, che abbiamo per la prima metà dell'Ottocento sono molto scarse e non sempre attendibili. Quel che è certo è che nel secondo decennio del secolo l'estrazione della calamina ha ormai soppiantato, come interesse e come quantità, quella della galena[67]. Allora, stando a una dichiarazione resa nel 1813 dal sindaco di Auronzo, la produzione del minerale di zinco si aggira tra i 1000 e i 2000 quintali annui[68]. In seguito, spirato il contratto con la fabbrica di Schwaz, la gestione dell'Argentiera è assunta direttamente dalla direzione montanistica del Tirolo. Sembra che in questi decenni l'attività sia stata piuttosto fiacca, finché a partire dal 1860 l'Argentiera non riprende nuova vita con l'avvento della metallurgia dello zinco. Delle due miniere minori, ancora attive nel 1806, la Pian da Barco segue dopo il

66) Alberti-Cessi, *La politica mineraria* cit., pp. 384, 428-29; Fabbiani, *Auronzo di Cadore*, cit., pp. 160-61.

67) Come assicura un testimone attendibile, il Corniani degli Algarotti, *Dello stabilimento* cit., p. 21.

68) Fabbiani, *Auronzo di Cadore*, cit., p. 162 e nota 31.

1860 la stessa trafila dell'Argentiera, mentre della Grigna non si sente più parlare per tutto il resto del secolo.

La gestione da parte dell'imprenditore privato Baldassarre Tommaso Angerer, di Rattenberg (Tirolo), che comincia nel 1860, segna un punto di svolta nello sfruttamento dell'Argentiera; anche se non siamo del tutto certi, allo stato della ricerca, che le novità che s'incontrano nel decennio che segue siano dovute esclusivamente alla sua iniziativa o non costituiscano almeno in parte anche lo sviluppo di esperienze precedenti. Quel che è certo, comunque, è che si cominciano ora a ripassare in grande scala le discariche dei lavori trascorsi al fine di ricavarne, con tecniche aggiornate, i minerali di piombo e soprattutto di zinco che vi erano rimasti inclusi. Il grosso della materia prima, pertanto, è fornito dalle discariche esistenti alle bocche delle gallerie e da alcuni scavi a giorno, mentre la vera e propria coltivazione nel sottosuolo viene alquanto trascurata: anche perché la costituzione del giacimento, con vene di calamina e arnioni di galena dispersi nella roccia, rende gli scavi sotterranei estremamente onerosi[69].

Il minerale, una volta cernito a mano tra galena e calamina, viene avviato a due percorsi metallurgici diversi. La galena è prima arricchita in un impianto di lavaggio meccanico con pestoni e tavole a scosse azionato da una ruota idraulica, poi trattata in un forno a riverbero con carbone di legna fino a ridursi a piombo metallico. La calamina è invece calcinata preventivamente in un forno a riverbero, poi macinata e quindi passata ad un impianto a canne (o storte) per la distillazione dello zinco. Vi sono due di questi ultimi impianti, entrambi del tipo «belga» introdotto a Liegi all'inizio del XIX secolo: uno più grande all'Argentiera, l'altro a Ligonto, a mezza strada fra quest'ultima e Auronzo, che tratta anche il minerale di Pian da Barco[70]. Parte dei due metalli, piombo e zinco, vengono su richiesta laminati in fogli nell'apposito stabilimento di proprietà comunale esistente in Auronzo[71].

Nel decennio 1860-1870 la produzione mineraria complessiva si aggira mediamente sulle 250 tonnellate annue, costituite per l'80 per cento da calamina e per il 20 per cento da galena. Nello stesso perio-

69) N. Pellati, *Miniera di Auronzo*, in *Statistica del regno d'Italia. Industria mineraria. Relazioni degl'ingegneri del Real Corpo delle miniere*, Firenze 1868, pp. 147-48.

70) Sul forno di distillazione belga (il così detto *Vieille Montagne*) cfr. Gibbs, *Estrazione e produzione* cit., p. 135, e per maggiori dettagli M. Giua e C. Giua Lollini, *Dizionario di chimica generale e industriale*, III, Torino 1950, pp. 771-72.

71) Volpe, *La provincia di Belluno*, cit., p. 104.

do il numero degli occupati è andato soggetto a notevoli oscillazioni intorno a un valore medio di 30-35 lavoranti[72]. Non si dispone invece di una serie di dati relativi alla produzione dei due metalli: possiamo tuttavia calcolarne l'ordine di grandezza in base al fatto che nel 1864 le rese dei minerali sono state del 25 per cento per la calamina e del 32 per cento per la galena[73]. Come dire che la produzione annua si sarà aggirata presumibilmente sui 500 quintali di zinco e sui 160 di piombo.

Un insediamento minerario e metallurgico, quello dell'Argentiera, piccolo ma funzionale, così come emerge non solo dai dati appena esposti ma anche dalla pianta che ne appare in un atlante della provincia bellunese pubblicato nel 1866: con le case dei lavoranti e l'abitazione del direttore, il magazzino e la tettoia, l'officina e l'edificio per la preparazione del minerale, infine i forni distillatori[74]. E tuttavia la metallurgia locale dello zinco dura ancora solo per pochi anni: certo per il fatto che essa è molto costosa in termini di carbone di legna e rende più conveniente trattare il minerale altrove[75], ma forse anche perché il recente avvento della frontiera austro-italiana ha mutato per l'imprenditore Angerer le condizioni del suo agire.

Nel 1872 il comune di Auronzo, dopo l'abbandono dell'Angerer, affitta l'Argentiera alla società montanistica (Gewerkschaft am Savestrome) di Sagor, la quale opera non a caso nel bacino carbonifero di Sagor-Trifail allora in Stiria (oggi Zagorje-Trbovlje in Slovenia). Il primo passo della società è quello di riattare a proprie spese, nello stesso 1872, la strada montana che congiunge Misurina a Carbonin in direzione di Dobbiaco. Da allora in poi il minerale zincifero, una volta arricchito e calcinato sul posto utilizzando la legna locale, sarà avviato sistematicamente agli stabilimenti della casa madre, prima con carri o slitte fino a Dobbiaco e quindi a mezzo ferrovia di qui a

72) *Notizie statistiche sulla industria mineraria* cit., pp. 282-85. I dati relativi ai due minerali, di piombo e di zinco, si presentano in due quadri separati e senza indicazione del nome o della localizzazione della miniera. Non c'è tuttavia possibilità di equivoco, visto che l'Argentiera di Auronzo è in questi anni la sola produttrice di tali minerali nell'ambito del distretto minerario veneto.

73) A. Guernieri, *Carta topografica della Provincia di Belluno*, Belluno 1866, tavola III. Il Volpe (*La provincia di Belluno*, cit., p. 104), con riferimento generale alla gestione dell'Angerer parla, probabilmente arrotondando un po' le cifre, di 50 lavoranti e di una produzione annua di 600 quintali di zinco e 200 di piombo.

74) Guernieri, *Carta topografica* cit., tavola IV. Così vede l'insediamento il geologo Taramelli, che lo visita per la prima volta nel 1867 (Taramelli, *Note illustrative* cit., p. 190).

75) Come si sostiene in *Notizie statistiche sulla industria mineraria* cit., p. 29.

Sagor[76]. Resta ad Auronzo oltre alla preparazione della calamina la metallurgia completa del solo piombo, la quale però, come vedremo, si riduce presto a ben poca cosa.

La Sagor effettua anche qualche lavoro nel sotterraneo, facendo riprendere nel 1876 la galleria Santa Barbara, posta al livello superiore, allo scopo di recuperare a mezzo lavori trasversali i blocchi di minerale più ricco rimasti al di sopra di essa[77]. Ma lo sforzo maggiore è diretto al riciclaggio delle antiche discariche, che viene spinto a livelli sconosciuti al decennio precedente. Nel 1876, ad esempio, si ripassano ben 9000 tonnellate di scarti ricavandone 1300 tonnellate di calamina e 35 di galena. Poiché la produzione totale di calamina nello stesso anno è di 1565 tonnellate, ciò significa che solo 265 tonnellate sono state estratte dal sottosuolo[78]. Negli anni 1873-1879 la produzione media di calamina si aggira intorno alle 1200 tonnellate – sei volte quella del decennio 1860-1870 – e quella della galena sulle sei tonnellate annue. Il numero di lavoranti nello stesso periodo è come al solito piuttosto oscillante, ma corrisponde comunque a una media di 90-95 uomini[79].

Nel 1879 la Sagor sospende l'attività e cede l'anno successivo la miniera alla consorella società carbonifera di Trifail (Trifailer Kohlenwerks Gesellschaft). Questa riprende i lavori sulla falsariga del predecessore e nello stesso anno 1880 ricava dall'Argentiera 1625 tonnellate di minerale zincifero e 11 tonnellate di quello piombifero[80]. Nel 1884, tuttavia, la Trifailer richiude la miniera, in quanto divenuta passiva, e cede al comune di Auronzo le attrezzature e il minerale residuo. Nel 1886 la miniera viene riaperta sempre dalla Trifailer, che s'impegna con il comune ad utilizzare nei lavori tutta gente d'Auronzo, 80-100 uomini e 40-60 donne. Ma nel 1889 l'attività viene nuovamente sospesa[81]. Sembra che questo andirivieni sia stato dovuto, in sostanza, alle oscillazioni sul mercato del prezzo dello zinco; certo esso è ben lontano dal garantire al paese una fonte di occupazione che presenti un minimo di stabilità. Nel 1891 la Tri-

76) TARAMELLI, *Note illustrative* cit., p. 192; FABBIANI, *Auronzo di Cadore* cit., pp. 162-63.

77) TARAMELLI, *Note illustrative*, cit., pp. 193-94.

78) FABBIANI, *Auronzo di Cadore*, cit., pp. 162, 164-65.

79) *Notizie statistiche sulla industria mineraria* cit., pp. 282-83. Nel 1878, su 112 lavoranti vi sono 77 maschi (10 dei quali di età inferiore ai 14 anni) e 35 donne (di cui 10 al di sotto dei 14 anni). *Ibid.*, p. 348.

80) SQUARZINA, *Notizie sull'industria mineraria* cit., p. 333.

81) FABBIANI, *Auronzo di Cadore*, cit., pp. 163-64.

failer riapre la miniera impiegando circa 150 persone e producendo, almeno nel primo periodo di attività, 1700 tonnellate annue di calamina e 200 di galena. Si riprendono in questi anni anche i lavori sotterranei, che si articolano in dodici piani distanti quattro metri l'uno dall'altro[82]. Nel 1903 la produzione è di 1393 tonnellate di minerale zincifero e 76 di piombifero[83]. Ma nel 1905 la miniera langue nuovamente perché non più redditizia e l'anno seguente la Trifailer l'abbandona in via definitiva.

Spremute a fondo le antiche discariche, l'Argentiera sarà riattivata ancora nel primo dopoguerra, tra il 1921 e il 1928, e poi di nuovo a partire dal 1941, con la ripresa degli scavi in profondità e l'adozione di metodi più avanzati di separazione e arricchimento del minerale. L'ultimo periodo di sfruttamento, condotto dalla società mineraria della Pertusola, si chiude nel 1971 con il virtuale esaurimento del minerale utile.

La Società veneta montanistica

1. *Il carbon fossile*

La Società veneta per la ricerca ed escavo di prodotti minerali – così si chiama all'inizio, mentre la denominazione di Società veneta montanistica sarà assunta più tardi – nasce a Venezia nel 1838 in un contesto di iniziative economiche sul quale non da molto hanno cominciato a gettar luce alcuni studi innovativi dell'ultimo venticinquennio[84]. Fra il 1835 e il 1840, in effetti, la nuova borghesia veneziana da' segni di notevole vitalità imprenditoriale e s'impegna in una serie di progetti commerciali e industriali di tutto rispetto, dei quali il più ambizioso è quello della ferrovia Venezia-Milano. È una borghesia composta essenzialmente, almeno all'inizio, da commercianti e banchieri, e arricchitasi di recente dei possessi fondiari che

82) G. Boccalaro, *Cadore minerario*, «L'industria mineraria», s. 3, 6 (1985), 5, p. 40.

83) G. Chiesi, *Provincie di Udine, Belluno, Treviso, Rovigo, Trieste e l'Istria, Gorizia* (La Patria. Geografia dell'Italia, a cura di G. Strafforello, VI/3), Torino 1905, p. 106.

84) A. Bernardello, *Un'impresa ferroviaria nel Lombardo-Veneto. La Società Ferdinandea da Milano a Venezia*, «Rivista storica italiana», 85 (1973), pp. 186-99; Id., *Burocrazia, borghesia e contadini nel Veneto austriaco*, «Studi storici», 17 (1976), pp. 127-52; Id., *Investimenti e industrializzazione nella Venezia austriaca della prima metà dell'800. Il caso della fabbrica di panni feltrati*, «Storia urbana», n. 55 (1991), pp. 87-120. Alle pp. 116-20 di quest'ultimo contributo il quadro delle società commerciali e industriali fondate a Venezia tra 1830 e 1848.

molti di loro, approfittando della crisi della nobiltà, hanno acquisito in età napoleonica e negli anni immediatamente successivi[85]. E che ora, in un periodo di congiuntura favorevole, dispone di notevoli capitali ed è orientata ad investirli a fini concreti di profitto e di espansione capitalistica. Nascono così, nel giro di un quinquennio o poco più, imprese ferroviarie, società commerciali a raggio internazionale, qualche iniziativa industriale e, appunto, la società mineraria di cui parliamo. In forma, quest'ultima, di società anonima, con venti soci fondatori e un capitale iniziale di due milioni di lire austriache[86].

La Società ferdinandea per la ferrovia Venezia-Milano viene fondata nello stesso anno 1838, ed è importante notare che alcuni grossi nomi figurano allora tra i soci fondatori di ambedue: sono quelli di Giuseppe Reali, Spiridione Papadopoli, Giacomo Treves de Bonfili, Pietro Bigaglia, Francesco Zucchelli. I Papadopoli e i Treves, ricordiamolo, erano considerati allora le due più ricche famiglie di Venezia[87]. A questi va aggiunto, tra i soci della società mineraria, il nome di Federico Oexle, poi cofondatore nel 1840 insieme a Bigaglia e Reali di tre nuove imprese industriali a Venezia.

Come si legge nel primo articolo dello statuto, scopo della nuova società è la ricerca e lo scavo «specialmente del carbon fossile», forse con un occhio anche al futuro consumo della ferrovia lombardo-veneta. È un periodo, del resto, in cui la preoccupazione per l'alto costo del carbone di legna e l'interesse per il carbon fossile sono molto avvertiti nelle province venete, come prova un'apposita inchiesta promossa verso il 1840 dal comando generale militare residente in Verona[88]. La scarsità di combustibile era già stata uno dei fattori di crisi delle manifatture (e in particolare della metallurgia) della Repubblica veneta, la quale tuttavia non aveva mai manifestato un soverchio interesse alle risorse, ancorché modeste, presenti nel proprio territorio. Qualche affioramento di lignite esistente nel Vicentino si sfruttava sul piano locale già dal Settecento, destinando il prodotto agli usi domestici e alle fornaci da calce, ma sempre a livello artigianale e senza che mai si sia promossa una estrazione sistematica e in grande scala del combustibile fossile. Uno di questi giacimenti,

85) R. Derosas, *Aspetti del mercato fondiario nel Veneto del primo Ottocento*, «Quaderni storici», 22 (1987), pp. 549-78.

86) *Statuto fondamentale della Società veneta per la ricerca ed escavo di prodotti minerali*, Venezia 1838, pp. 3, 11.

87) M. Berengo, *L'agricoltura veneta dalla caduta della Repubblica all'Unità*, Milano 1963, pp. 152, 165, 170.

88) R. Fabiani, *Le risorse del sottosuolo della provincia di Vicenza*, Vicenza 1930, pp. 46-48.

sul quale la società appunta il proprio interesse all'indomani della sua costituzione individuando in esso, e non a torto, il più promettente, è quello di monte Pulli presso Valdagno. Così, nel 1841, essa subentra nell'investitura a un imprenditore locale, che nel 1835 aveva ripreso a sfruttare il giacimento con un certo impegno sia sul piano tecnico che su quello economico, facendo scavare un pozzo inclinato e una prima galleria (la «Federica») sotto la direzione di un ingegnere tedesco[89].

Il bacino carbonifero di monte Pulli, che risale all'Eocene medio superiore, è formato da banchi di lignite alternati a strati di scisti bituminosi e di marne; la formazione lignitifera vera e propria ha una potenza di circa 100 metri, unica per questo tipo di giacimento non solo nel Vicentino ma nell'intera regione veneta[90]. La conformazione a conca – resto di un'antica laguna – rende il bacino particolarmente esposto a infiltrazioni e inondazioni, facendo di quello dell'eduzione delle acque il problema principale della sua futura gestione produttiva. La società prosegue i lavori di buona lena, impiegando un'ottantina di uomini[91], e nel 1843 apre una nuova galleria, la «Ercole», 43 metri al disotto della galleria Federica, iniziando in tal modo lo sfruttamento dei banchi lignitiferi inferiori. Con la metà degli anni Cinquanta viene impostata una coltivazione ordinata e razionale del giacimento. Nel 1856 ha luogo la scavo della galleria «Papadopoli», più bassa della Ercole di quasi 25 metri, che attraversa il giacimento lungo la linea di massimo sviluppo in senso orizzontale. Sarà, questa galleria, la via principale di transito e di ventilazione, il centro nevralgico dell'organizzazione interna della miniera almeno fino al primo Novecento. Nel 1858 viene costruito il piazzale di carico con relative tettoie[92].

L'impresa del Pulli, produttiva dal 1844, comincia a rendere i primi utili nel 1846. Da allora al 1854 essa frutta ai soci quasi il 20 per cento annuo sul capitale investito. Col 1854 cessano gli utili ed anzi si chiedono nuovi apporti di capitale per finanziare gli investimenti

89) A. Fornasa, *Il colle Panissaco (Pani-Sacrum)*, Valdagno 1904, p. 40.

90) Fabiani, *Le risorse del sottosuolo* cit., pp. 51-52.

91) G. Mantese, *Storia di Valdagno*, Valdagno 1966, p. 355.

92) Fornasa, *Il colle Panissaco* cit., p. 41. Il Fabiani, *Le risorse del sottosuolo* cit., pp. 53-54, riporta dati cronologici parzialmente diversi e sembra su questo punto meno attendibile. È probabile che la nuova impostazione dei lavori si debba a Giuseppe (o Joseph) Bauer, già amministratore del sotterraneo di valle Imperina, poi direttore delle miniere di Bleiberg in Carinzia e ora, dal 1855, direttore tecnico generale della Società montanistica. Cfr. L. Tomè et al., *Notizie di Vallalta e della sua miniera di mercurio*, Belluno 1856, pp. 9, 17.

che la società va allora facendo nel campo dei minerali metalliferi[93]. Nel frattempo essa aveva esteso le indagini ad altre possibili fonti di carbon fossile, fermando l'attenzione sui giacimenti di litantrace a Cludinico (Carnia) e di lignite a Zovencedo di Barbarano vicentino. Mentre la miniera di Zovencedo, già attiva nel 1856, viene abbandonata in capo a una decina d'anni a causa della mediocre qualità e quantità del prodotto, più durevole si dimostra quella di Cludinico, di cui la società dopo due anni di ricerche riceve l'investitura nel 1855. Si tratta, in effetti, dell'unico giacimento di carbon fossile di qualche entità esistente in Carnia. Si lavora con tre gallerie su tre piani diversi e, dato tecnico da rilevare, i trasporti interni si fanno con vagoncini scorrenti su binari: questo, almeno, negli anni Settanta, quando i lavoranti si aggirano intorno alla cinquantina. Del primo periodo di attività si sa solo che tra 1853 e 1865 la produzione annua è stata in media di 2500 tonnellate, 500 delle quali erano ridotte a coke nei forni annessi alla miniera[94]. Le difficoltà di smercio, che si devono a vari fattori quali la non eccelsa qualità del prodotto, la carenza della domanda locale e il costo dei trasporti, consigliano in seguito di ridurre e quindi di sospendere i lavori. Ripresa nel 1873, l'attività prosegue stancamente e in modo saltuario, in relazione ai movimenti dei prezzi del carbon fossile sul mercato, finché non viene abbandonata stabilmente nella seconda metà degli anni Ottanta[95].

Più fortunata la miniera del Pulli, la quale, anche se neppur essa offre un combustibile di alta qualità, gode della rendita di posizione costituita dalla vicinanza del polo tessile alto vicentino. Non si dispone di dati analitici relativi all'estrazione nel primo ventennio di attività, ma solo di una indicazione secondo la quale le miniere della società – Pulli, Cludinico e Zovencedo – avrebbero dato nel loro insieme dal 1843 al 1858 circa 94000 tonnellate di carbon fossile[96]. Sembra un dato abbastanza attendibile, visto che la miniera di Cludinico è attiva solo dal 1853 e che il contributo di quella di Zovencedo dev'essere stato assai scarso se non trascurabile. Nel 1865 la miniera

93) *Relazione della Società veneta montanistica in appoggio alla memoria presentata ai Sig.i ministri ed ai sig.i deputati al parlamento*, Venezia 1867, pp. 5-6.

94) Su Zovencedo solo qualche cenno in Tomè et al., *Notizie di Vallalta* cit., p. 17, e F. Molon, *Sugli scisti bituminosi dell'Alta Italia sotto tutti i rapporti scientifici ed industriali*, «Atti dell'Istituto Veneto di Scienze, Lettere ed Arti», s. 3, 11 (1865-1866), p. 63. Assai più ricche le notizie che su Cludinico si leggono in C. Marinoni, *Sui minerali del Friuli*, in *Annuario statistico per la provincia di Udine*, III, Udine 1881, pp. 93, 94, 159-65.

95) *Rivista del servizio minerario nel 1888*, p. 410.

96) G. Rossettini, *Le industrie estrattive vicentine attraverso i secoli*, Vicenza s. a. [ma 1938], p. 36.

del Pulli produrrà, da sola, 5772 tonnellate di lignite e 293 di scisto bituminoso[97]. Ma già da sei anni, nel 1859, era stata data in affitto per un quindicennio ad Alessandro Rossi, il noto imprenditore laniero di Schio.

2. *Vallalta*

Nel frattempo, una volta avviata positivamente l'attività nel campo del carbon fossile, la Società montanistica aveva rivolto la propria attenzione ai minerali metalliferi, promovendo indagini e ricerche nelle zone mineralizzate storiche dell'area veneta: per piombo argentifero nelle valli di Agordo e Zoldo, per mercurio a Vallalta, per rame argentifero a monte Avanza. Scartate le prime due, s'impegnerà attivamente, in due fasi distinte e successive, nelle seconde[98].

Il giacimento di cinabro (e in piccola parte anche di mercurio nativo) di Vallalta in alta val del Mis, nel medio Agordino, era stato scoperto nel 1735 ed era stato oggetto, sia durante il secolo XVIII che nella prima metà del successivo, di taluni sfruttamenti che ne avevano toccato solo gli strati superiori. Nel 1852 la Società montanistica, ottenuto il permesso d'indagine, inizia lo scavo di una galleria di esplorazione (la «O'Conor») sotto la direzione di Giuseppe Bauer, ingegnere minerario governativo che sarà poi assunto dalla società come proprio direttore tecnico. In capo a due anni la galleria, dopo un percorso di 196 metri, raggiunge il nucleo principale del giacimento, che sembra assai promettente. La società acquista l'investitura e l'anno seguente, nel 1855, inizia lo scavo di una nuova galleria (la «Berti»), una trentina di metri al di sotto della precedente, per aprire un altro livello d'estrazione e procurare lo scolo delle acque che impedivano altrimenti i lavori[99]. L'attività prosegue intensa negli anni successivi, portando a sviluppare i lavori d'estrazione su sei piani, tre inferiori e tre superiori all'orizzonte O'Conor, fino a una profondità dalla superficie di 140 metri.

Il lavoro si effettua scavando dei pozzi verticali al centro delle masse mineralizzate, estraendo il materiale d'intorno a partire dalla

97) N. PELLATI, *Miniera di Valdagno*, in *Statistica del regno d'Italia. Industria mineraria*, cit., p. 148.

98) B. L., *La Società veneta montanistica*, «Gazzetta Uffiziale di Venezia», n. 91 del 23 aprile 1863, pp. 361-62.

99) TOMÈ et al., *Notizie di Vallalta* cit., pp. 8-11; L. TOMEI, *Miniera di Vallalta*, in *Statistica del regno d'Italia. Industria mineraria*, cit., pp. 134-37.

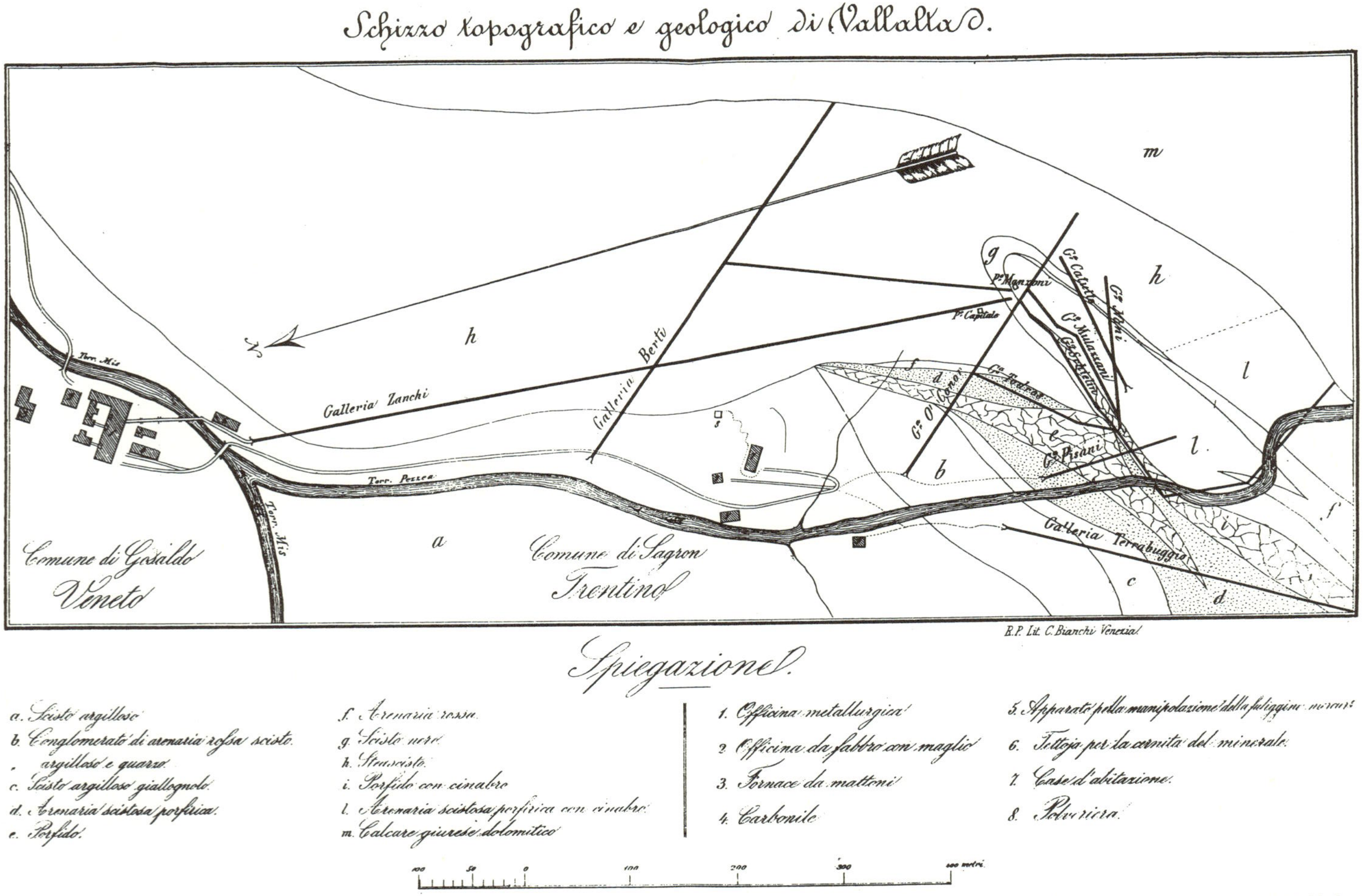

Fig. 13. Pianta topografica e geologica della miniera di Vallalta (G.A. De Manzoni, *Note sullo stabilimento montanistico di Vallalta*, Venezia 1871, tav. alla fine dell'opuscolo).

base, per strati orizzontali, e riempiendo gradualmente di sterile i vuoti che si formano[100]. L'abbattimento del minerale si esegue con mine a polvere nera e micce di sicurezza, e il suo sollevamento di piano in piano con verricelli a mano; i trasporti sotterranei in galleria, come a monte Pulli e a differenza che in valle Imperina, si fanno con carri scorrenti su guide di ferro[101]. L'eduzione delle acque, infine, resta limitata alle gallerie di scolo e al lavoro manuale.

Il trattamento preliminare del minerale è completamente manuale: frantumazione, cernita, lavaggio, quest'ultimo effettuato da donne. Lo stabilimento metallurgico, eretto in Vallalta nel 1855 su progetto del Bauer e parzialmente ricostruito nel 1856, si compone di due forni a manica e un forno a riverbero con relativi apparati di condensazione. Il processo di base è ben noto: il cinabro (solfuro di mercurio), sotto l'effetto del calore, si decompone in zolfo, che bruciando dà anidride solforosa, e vapori di mercurio che vengono poi condensati in tubi di ghisa raffreddati ad acqua. Il minerale in pezzi è trattato nei forni a manica mentre quello minuto e in polvere è destinato al forno a riverbero al fine di evitarne la dispersione[102]. Questo, almeno, il processo metallurgico praticato inizialmente, che però è soggetto negli anni seguenti, sotto la direzione di Luigi Tomè (o Tomei), ad alcune innovazioni di vario rilievo. La prima, che viene adottata tra il 1858 e il 1860, è la soppressione del forno a riverbero, che si era rivelato estremamente costoso in termini di combustibile oltre che nocivo alla salute dei lavoranti per i vapori di mercurio che facilmente ne fuoriuscivano. Da allora il minerale minuto, analogamente a quanto si pratica in valle Imperina, sarà impastato con acqua acidulata e confezionato in formelle da avviare poi ai forni a manica insieme al minerale grosso. La seconda novità, ideata nel 1861 da un Decima guardiano ai forni e poi accettata dalla direzione, è la sostituzione dei tubi di condensazione in ghisa con quelli in legno, assai meno costosi e ben più resistenti all'azione degli acidi[103]. L' ultimo e più rilevante perfezionamento, adottato anch'esso nel 1861, è quello della costruzione all'esterno del camino di una sorta di tromba

100) TOMEI, *Miniera di Vallalta*, cit., pp. 139-40.

101) G.A. DE MANZONI, *Note sullo stabilimento montanistico di Vallalta*, Venezia 1871, pp. 17-18, 19.

102) MUGNA, *Dell'Agordino*, cit., p. 52; TOMEI, *Miniera di Vallalta*, cit., pp. 140-43; DE MANZONI, *Note sullo stabilimento* cit., pp. 19-25.

103) J. BAUER, *Gusseiserne und hölzerne Röhren bei den Quecksilber-Condensationsapparaten der Destillations-Hochöfen und Stöckel-Formung zu Vallalta in Venetien*, «Oesterreichische Zeitschrift für Berg- und Hüttenwesen», 12 (1864), pp. 322-24.

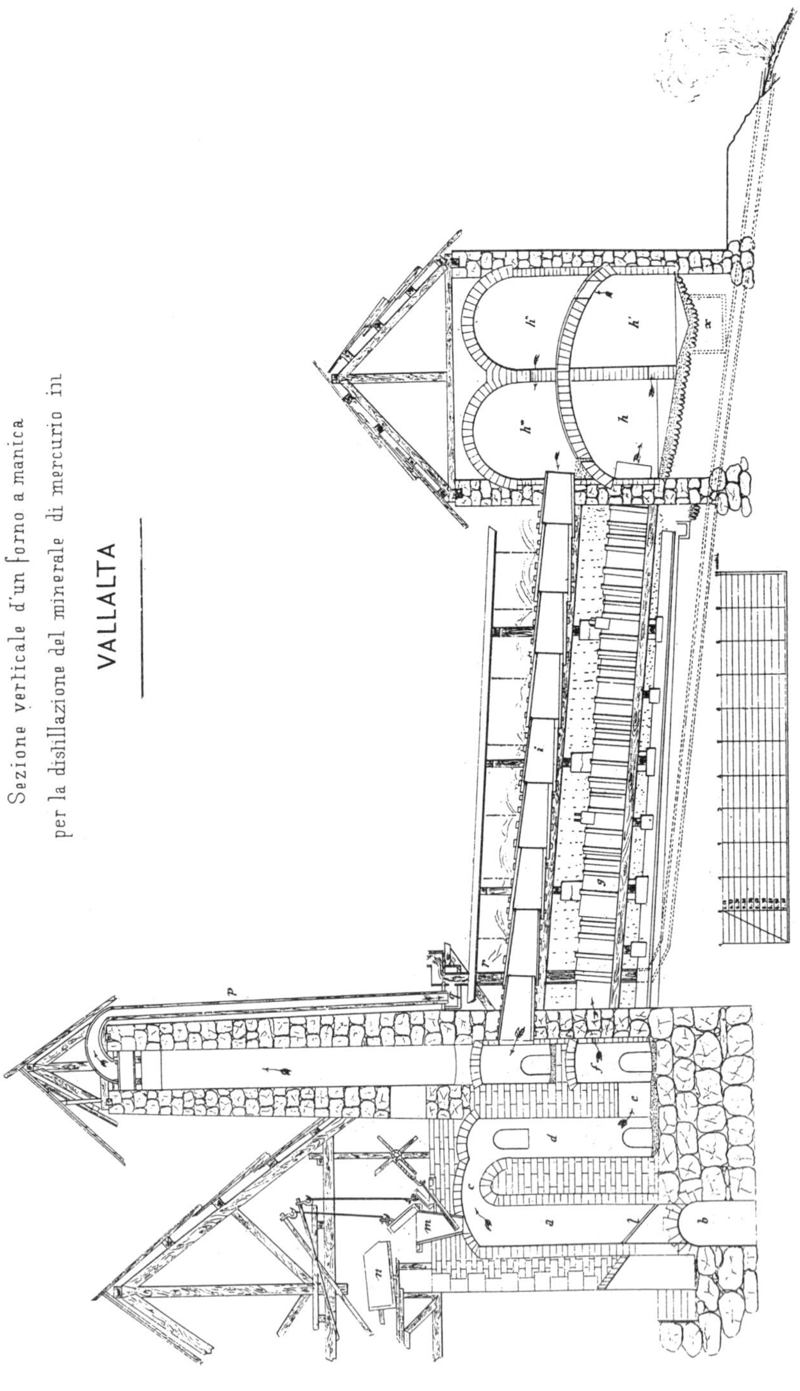

Fig. 14. I forni di Vallalta in un disegno del 1867 (L. Tomei, Miniera di Vallalta, in Statistica del regno d'Italia. Industria mineraria, Firenze 1868, tav. II tra le pp. 140 e 141).

idroeolica, che consente da un lato il tiraggio forzato dei forni con conseguente aumento delle rese, dall'altro lo scarico nel terreno dei gas residuali (anidride solforosa, vapori di mercurio, altri), che si liberavano in precedenza nell'atmosfera apportando danni sensibili alla salute dei lavoranti e alla vegetazione circostante.

Quello di Vallalta è un impianto di tutto rispetto, di livello tecnico europeo. Per l'originalità, in specie, del suo apparato di condensazione è passato alla storia della metallurgia del mercurio con la denominazione di «forno Vallalta». Esso desta l'interesse dei tecnici anche stranieri e nel 1868 viene adottato nelle celebri miniere di Idria in Carniola, dove resterà in funzione per un decennio[104].

Benché il minerale non sia dei più ricchi – il tenore medio in mercurio è di circa lo 0,50 per cento –, nei primi anni a regime la produzione balza subito a livelli ragguardevoli, toccando, nel 1858, il massimo storico delle 41 tonnellate di metallo[105]. Sono cifre che ne fanno, intorno al 1860, la sesta miniera europea per l'estrazione del mercurio. Nel periodo di massima espansione dell'attività vi operano sei capi minatori con 300 lavoranti, dei quali 15 donne addette al lavaggio del minerale da aprile a ottobre. Ma anche dopo il 1860, e fino al 1870, il numero dei lavoranti rimane rilevante, aggirandosi tra i 150 e i 200[106]. La crescita dell'azienda ha un impatto notevole sull'alta val del Mis, fino allora a economia prevalentemente agro-silvo-pastorale e toccata solo in parte dall'attività industriale che si svolge nella pur vicinissima valle Imperina. Nel 1862 il comune di Gosaldo, che con le sue frazioni – la maggiore delle quali è Tisèr – occupa la testata della valle, conta 2643 abitanti, il che significa che l'attività della miniera ha coinvolto direttamente un 25-40 per cento della popolazione maschile in età lavorativa. «A Tisèr», scrive un contemporaneo nel 1858, «venne da pochi anni un utile insperato dai lavori nella miniera di mercurio... Così Vallalta deserta e tristamente taciturna da pochi anni si rallegra dell'operosità dell'uomo, di fabbricati diversi; è divenuta come un paesello, un prodigio in piccolo di ciò che fa l'industria, che fa il commercio»[107]. Molto diffusa, come del resto anche in valle Imperina, la figura del contadino minatore. I la-

104) Gibbs, *Estrazione e produzione* cit., pp. 136-39; Giua e Giua-Lollini, *Dizionario di chimica* cit., II, Torino 1949, pp. 752-53; Caneve, *Storia delle miniere* cit., pp. 80-86.

105) De Manzoni, *Note sullo stabilimento* cit., p. 29.

106) Mugna, *Dell'Agordino*, cit., p. 53; *Notizie statistiche sulla industria mineraria* cit., p. 288. Nel 1878, ultimo anno di attività, vi sono 98 lavoranti di cui otto donne. *Ibid.*, p. 352.

107) Mugna, *Dell'Agordino*, cit., pp. 49, 51. Cfr. anche Caneve, *Storia delle miniere* cit., pp. 72-73.

voranti abitano nella quasi totalità vicino alla miniera e possiedono un pezzo di terra per quanto piccolo che provvedono a coltivare nel tempo che gli resta disponibile. Da ciò deriva al loro reddito una integrazione in natura che consente all'imprenditore – lo afferma lui stesso – di mantenere le retribuzioni a un livello inferiore a quello di altre industrie consimili. C'è una cassa di confraternita che provvede al servizio medico, ai congedi per malattia e alle pensioni, oltre a una dispensa che fornisce a chi lo desidera generi alimentari a prezzi controllati[108]. Istituzioni, anche queste, molto simili a quelle presenti in valle Imperina.

Questo processo di sviluppo viene interrotto, nel 1860, da un incidente di gravi proporzioni: l'inondazione, cioè, che alla fine di ottobre, dopo alcuni giorni di piogge torrenziali, coinvolge l'intera miniera provenendo con ogni probabilità dal sovrastante torrente Pezzea. Ci vorranno tre mesi per il recupero dei piani superiori al livello O'Conor, quasi due anni per quello dei livelli inferiori. Nel frattempo, per non arrestare l'attività dei forni, si spinge avanti l'estrazione ai piani superiori andando verso un potenziale esaurimento degli stessi[109]. In seguito, una volta recuperati i livelli inferiori, si riprendono i lavori anche in questo settore e si scava una nuova galleria (la «Zanchi») in direzione dell'ammasso mineralizzato (1862-1867). La produzione di mercurio rimane fino al 1866 a livelli ragguardevoli, mediamente al di sopra delle 20 tonnellate annue; ma il tenore del minerale tende a declinare, mentre l'estrazione incontra sempre maggiori difficoltà sui fronti dell'aerazione del sotterraneo e dell'eduzione delle acque. Si lavora, in sostanza, a costi crescenti. La Società veneta montanistica, ormai in passivo da anni a causa delle enormi spese sostenute, dal 1866 riduce i lavori e quindi, nel 1869, cede la miniera in affitto a Giovanni Antonio De Manzoni, imprenditore agordino e uno dei soci fondatori della società stessa[110].

La ditta De Manzoni nei primissimi anni della sua gestione spinge a fondo i lavori, giungendo a estrarre a una profondità di 223 metri e oltrepassando, nel 1870, le 31 tonnellate di produzione di mercurio; ma è una coltivazione ormai di rapina, che poco innova e non fa che aggravare le difficoltà preesistenti. Unica nota positiva, nel

108) De Manzoni, *Note sullo stabilimento* cit., pp. 27-28.

109) Tomei, *Miniera di Vallalta* cit., pp. 137-39; De Manzoni, *Note sullo stabilimento* cit., pp. 10-13.

110) De Manzoni, *Note sullo stabilimento* cit., pp. 13-15; E. Oreglia, *Notizie sull'industria mineraria nella Venezia sotto il dominio della Repubblica*. Appendice alla *Rivista del servizio minerario nel 1913*, Roma 1915, pp. 72-73.

1869, l'adozione di un sistema di ventilazione mediante compressione idraulica dell'aria. A partire dal 1872 il prodotto annuo cala rapidamente fino a ridursi a poche migliaia di chilogrammi di mercurio, mentre diminuiscono in proporzione anche i lavoranti occupati nell'impresa[111]. Nel 1878 i lavori d'estrazione sono sospesi. Fallito il De Manzoni, la miniera torna nel 1879 alla Società veneta montanistica che la abbandona definitivamente. Tentativi di riattivarla da parte di altre imprese, ma senza seguito, si avranno nel primo Novecento e poi, da ultimo, tra 1958 e 1963.

3. *Monte Avanza*

Se le vicende di Vallalta sono solo l'ennesima conferma di quella aleatorietà che costituisce da sempre uno dei caratteri distintivi dell'industria mineraria[112], il vero incauto investimento, da parte della Società veneta montanistica, è senza dubbio quello effettuato a monte Avanza nella prima metà degli anni Sessanta. Il giacimento cuproargentifero in questione, situato in Carnia in comune di Forni Avoltri, forse conosciuto già nel XIV secolo, era stato oggetto di qualche coltivazione tra XV e XVI secolo, poi, di nuovo, intorno alla metà del Seicento, infine, dopo un lungo silenzio, era stato riscoperto nel 1813[113]. Ma un programma di ricerca in grande stile inizia solo nel 1857, quando la Società montanistica, sulla base prima di prospezioni e poi di analisi mineralogiche estremamente favorevoli effettuate dal Bauer, da Franz Foetterle e da altri esperti dell'Istituto geologico di Vienna, intraprende nella zona una intensa attività impiegando nei lavori fino a 400 uomini. Il minerale di base è costituito da tetraedrite (rame grigio, fahlerz), un solfoantimoniuro di rame contenente anche piccole quantità di argento, mercurio e altri metalli. La posizione geografica del giacimento è assai sfavorevole, trovandosi esso a circa 2000 metri sul livello del mare ed essendo quindi accessibile solo per una parte dell'anno. Il filone ha una potenza mèdia di un metro: ma, come sarà chiaro più avanti, non di un vero filone si tratta, ma di un

111) De Manzoni, *Note sullo stabilimento* cit., pp. 16-17, 18-19; *Notizie statistiche sulla industria mineraria* cit., p. 288; Oreglia, *Notizie sull'industria mineraria* cit., pp. 73-74.

112) Cfr. su questo tema le classiche pagine di L. Einaudi, *La rendita mineraria*, in *Biblioteca dell'economista*, quarta serie diretta da S. Cognetti de Martiis, *Economia del capitale*, Torino 1900, spec. pp. 415-26 e 767-82.

113) Marinoni, *Sui minerali del Friuli*, cit., pp. 90-93.

ammasso irregolare, con dilatamenti e strozzature, disperso in parte in arnioni tra le rocce incassanti[114].

La Società, avuta la concessione nel 1862 e pienamente fiduciosa nell'avvenire della miniera, promuove una serie di investimenti assai costosi: acquisto di terreni e di boschi, costruzione di strade d'accesso e di case per i minatori, oltre che d'un grande stabilimeto metallurgico che sorge tra il 1862 e il 1864 a 1061 metri di quota. Frattanto procedono intensi i lavori d'estrazione: nel 1863, oltre alle antiche gallerie che sono state riprese e ampliate se ne contano altre sei di nuove. Assai interessante dal punto di vista tecnico il procedimento metallurgico, identico a quello che si praticava allora nelle miniere di Schmöllnitz in alta Ungheria (oggi Slovacchia). Il minerale viene innanzitutto cernito a mano, scartando quello che contiene solo calcopirite e galena, e quindi sottoposto a macinazione, lavaggio e arricchimento su tavole oscillanti, il tutto con meccanismi mossi da ruote ad acqua. Ne risulta una polvere impalpabile, contenente un 4-5 per cento di rame e un 0,04 d'argento, che si arrostisce in un forno a riverbero insieme a sale da cucina (cloruro di sodio). Si formano così dei cloruri di rame e d'argento che vanno sciolti in una soluzione acida di cloruri di ferro. Questa soluzione, una volta concentrata, si passa in vasche contenenti granaglie di rame, dove l'argento precipita e si recupera poi mediante amalgamazione, distillazione e rifusione. La soluzione residua, infine, si tratta con rottami di ferro facendo precipitare il rame di cementazione che viene poi convertito in rame rosetta[115].

I due primi trattamenti effettuati nel nuovo stabilimento, come afferma la Società in una memoria di qualche anno appresso, danno «perfettissimo rame ed argento»; ma subito dopo il minerale estratto impoverisce in modo tale da non coprire nemmeno le spese del suo trasporto dalla miniera agli opifici. L'attività di trasformazione viene sospesa nel 1865, mentre quella estrattiva si limita a qualche lavoro di ricerca in direzione del filone principale. Una volta accertata la scarsa qualità del minerale anche ai livelli inferiori, l'impresa è abbandonata nel 1869[116].

114) N. Pellati, *Miniera di Avanza*, in *Statistica del regno d'Italia. Industria mineraria*, cit., p. 146; Marinoni, *Sui minerali del Friuli*, cit., pp. 100-02.

115) *Relazione della Società veneta montanistica* cit., pp. 6-7; Marinoni, *Sui minerali del Friuli*, cit., pp. 102-05.

116) *Relazione della Società veneta montanistica* cit., p. 8; Pellati, *Miniera di Avanza*, cit., pp. 146-47. La miniera di monte Avanza sarà ripresa dopo di allora una sola volta, nell'età dell'autarchia tra 1939 e 1944 (E. Bonetti, *L'evoluzione della produzione e dei centri minerari nel bacino montano del Tagliamento e della Val Canale*, Trieste 1956, p. 19).

Dopo la crisi di Vallalta e il rovescio di monte Avanza, con anni di passivo alle spalle, la Società veneta montanistica si trova evidentemente a mal partito. Essa promuove nel 1866 un aumento di capitale, ma, dopo dodici anni senza utili, il mercato finanziario non risponde che molto parzialmente. Annesso il Veneto al regno d'Italia, la Società si rivolge allora al nuovo governo per chiedere un prestito e riprendere così gli investimenti produttivi, ma senza alcun esito[117]. Negli anni Settanta la Società, con le casse vuote, priva di capitale e ormai screditata presso i suoi stessi soci, dovrà rassegnarsi a vivacchiare sul solo reddito certo che le resti, quello proveniente dall'affitto della miniera del Pulli[118]. Accanto a questa essa apre nella seconda metà degli anni Sessanta una piccola attività che rimarrà la sola ad essere da lei gestita direttamente e durerà fino al 1893: la distillazione, cioè, dello scisto bituminoso che si estrae insieme alla lignite al fine di ricavarne oli greggi e idrocarburi liquidi e gassosi[119].

Monte Pulli

La cessione in affitto ad Alessandro Rossi della miniera di lignite di monte Pulli, avvenuta nel 1859, se da un lato è sintomo dell'interesse ormai prevalente della Società montanistica per le miniere metallifere, dall'altro esprime le scelte energetiche dell'imprenditore tessile scledense, che a partire dal 1848 erano dirette ad integrare in misura crescente l'energia prodotta dalle tradizionali ruote ad acqua con quella derivante dalle macchine a vapore. Anche se il vapore costava allora il triplo dell'energia idraulica, esso permetteva tuttavia di abbattere il numero di addetti in diversi segmenti del processo produttivo. La vicinanza geografica, inoltre, e il conseguente forte risparmio sul costo dei trasporti compensavano le non eccelse capacità calorifiche della lignite rispetto ad altri tipi di combustibili. Nel 1868 l'energia del vapore copre quasi il 60 per cento dell'energia totale consumata nel lanificio di Schio, e nel 1874 raggiunge il 41,5 per

117) *Società veneta montanistica*, Venezia 1866, pp. 4-7; *Relazione della Società veneta montanistica* cit., pp. 8-15.

118) SOCIETÀ VENETA MONTANISTICA, *Ai Signori azionisti per il convocato generale 22 febbraio 1875*, Venezia 1875, pp. 2-3.

119) *Ibid.*, pp. 3-4; FORNASA, *Il colle Panissaco* cit., p. 42; ROSSETTINI, *Le industrie estrattive* cit., p. 38.

cento di quella impiegata nell'insieme degli stabilimenti Rossi a Schio, Pieve e Torrebelvicino[120].

Quella di monte Pulli è la sola fonte durevole di carbon fossile che sia emersa da quell'insieme di preoccupazioni, dibattiti e ricerche sul problema dei combustibili che percorre la regione veneta tra la metà del XVIII e la metà del XIX secolo. È un argomento, questo, sul quale manca a tutt'oggi uno studio documentato e moderno. Il caso ha voluto che monte Pulli si trovi all'interno del distretto alto vicentino, uno dei poli, cioè, della rivoluzione industriale in Italia, e che in questo processo abbia giocato un qualche ruolo. Non si vuol certo dire che la lignite possa aver giocato in alto Vicentino il ruolo che il carbon fossile ha avuto nella Manchester dell'ultimo Sette e del primo Ottocento. Ma solo che, dopo tante ideologie, blocchi storici e protezionismi, un po' più di attenzione alle risorse materiali, e alla materialità delle risorse, non guasta.

Il Rossi, lo si è detto, prende in affitto la miniera di monte Pulli per un quindicennio a partire dal 1859, a pochi anni dall'inizio di uno sfruttamento ordinato e razionale di questa. Ma dalla documentazione in nostro possesso appare evidente – anche se essa non ce ne offre la prova diretta – che alla scadenza del contratto, nel 1873, egli l'abbia rinnovato per un altro decennio. La gestione del Rossi sembra improntata al proposito di fare della miniera non solo una fonte di materia prima – l'energia del vapore – fondamentale per i suoi impianti tessili, ma anche un'impresa efficiente e produttiva di reddito. E questo specie negli anni Settanta, quando la miniera del Pulli appare come la più innovativa a livello regionale. Il primo atto è, nel 1866, lo scavo del pozzo capitale, che dalla metà della galleria Papadopoli sprofonda per 75 metri verso la parte più bassa del giacimento, rendendone possibile lo sfruttamento. Cosicché dai sette strati tra lignite e scisti bituminosi coltivati fino allora si passa gradualmente agli undici strati carboniferi principali oltre ad altri di minore importanza che si lavorano verso il 1880[121].

Negli anni Settanta i trasporti interni si fanno normalmente con vagoncini condotti a mano e scorrenti su binari[122]. L'approfondimento

120) Si vedano per tutto questo le pagine di G.L. Fontana, *Spigolature rossiane: il problema energetico e la lignite di M. Pulli*, in *Paesaggi culturali scledensi*, a cura dell'ASGES, Schio 1980, pp. 17-21; Id., *L'industria laniera scledense da Niccolò Tron ad Alessandro Rossi*, in *Schio e Alessandro Rossi. Imprenditorialità, politica, cultura e paesaggi sociali del secondo Ottocento*, a cura dello stesso Fontana, Roma 1985, pp. 196-97, 209-12.

121) Pellati, *Miniera di Valdagno*, cit., p. 148; Fornasa, *Il colle Panissaco* cit., pp. 41-42.

122) *Notizie statistiche sulla industria mineraria* cit., p. 357.

Fig. 15. La miniera di monte Pulli agli inizi del Novecento. A. FORNASA, *Il colle Panissaco (Pani-sacrum), Valdagno 1904, p. 41.*

dei lavori al di sotto della galleria Papadopoli – la più bassa che comunichi al giorno su terreno piano – propone con urgenza i problemi della eduzione delle acque e del sollevamento del minerale a questo livello. È così che verso il 1874 – non conosciamo la data esatta – fa il suo ingresso a monte Pulli la macchina a vapore[123]. Si tratta di due macchine fisse della potenza di 20 cavalli ciascuna, una per l'eduzione e l'altra per il sollevamento, collocate all'interno della miniera, mentre le caldaie a vapore stanno all'esterno di questa per evitare il surriscaldamento del sotterraneo. A queste si aggiunge un'altra macchina a vapore di minore potenza per la ventilazione interna e altri usi. Un'altra innovazione è costituita, nel 1876, dall'adozione obbligatoria della lampada di sicurezza, dopo che per la prima volta nella

123) Nella sua deposizione del 1872 per l'inchiesta industriale il Rossi annuncia l'intenzione di installare nella miniera le macchine a vapore (FONTANA, *L'industria laniera* cit., p. 211 nota). E dal *Regolamento di servizio del personale di sorveglianza e di lavoro della miniera de' Pulli a Valdagno*, Valdagno 1877, pp. 3-4, 13-14, le macchine risultano già presenti e in funzione nel 1876. Cfr. anche *Notizie statistiche sulla industria mineraria* cit., p. 357, e *Rivista del servizio minerario nel 1884*, p. 275.

storia del monte Pulli si è verificato lo sviluppo di gas infiammabile in una delle gallerie[124].

La produzione aumenta sensibilmente specie a partire dal 1865. Dalle 5772 tonnellate di lignite e 293 di scisti bituminosi estratti in quell'anno si passa nei primi anni Settanta a una produzione media di 15000 tonnellate di lignite e 3000 di scisti. Mentre questi ultimi sono trattati in loco nello stabilimento di distillazione della Società veneta montanistica, la lignite viene utilizzata a Schio, a Piovene e a Valdagno, dove l'impresa Marzotto ne consuma 500 tonnellate. Un certo quantitativo viene venduto anche a Verona, a Bologna e in Lombardia. Le possibilità, tuttavia, di maggiori esiti a distanza sono gravemente limitate sia dall'alto costo dei trasporti ferroviari, sia, nei porti più lontani, dalla concorrenza del carbone inglese[125]. La produzione di lignite, in ogni caso, aumenta ulteriormente fino a raggiungere, verso la fine degli anni Settanta, le 22000 tonnellate annue e toccando, intorno al 1880, il massimo storico delle 23000 tonnellate[126].

Non molto si conosce circa i lavoratori del Pulli durante la gestione Rossi. Si sa per certo che l'occupazione aumenta sensibilmente specie nel primo periodo, dai 121 operai del 1865 ai 223 del 1872; nel 1878 il loro numero ascende a 268, dieci dei quali di età inferiore ai 14 anni[127]. L'assenza nella zona di solide tradizioni minerarie rende poco elastica l'offerta di lavoro e determina, come attesta lo stesso Rossi, qualche difficoltà di reperimento e di rimpiazzo della manodopera. Nei primi anni Settanta il costo del lavoro incide per il 60 per cento sul costo totale della lignite estratta[128], proporzione probabilmente destinata a ridursi di qualche poco dopo l'introduzione delle macchine a vapore. Nel 1876 viene emanato con la firma del Rossi un regolamento di servizio che disciplina in modo dettagliato diritti e doveri delle varie categorie di lavoranti, dai minatori agli armatori, dai cernitori ai carrettieri, dai macchinisti ai fabbri e così via[129].

Negli anni Ottanta, col profilarsi all'orizzonte delle nuove possibilità offerte dall'energia elettrica, l'interesse del Rossi per la miniera

124) *Servizio minerario*, «Annali del Ministero di Agricoltura, Industria e Commercio», 86 (1876), pp. 162-63.

125) FONTANA, *Spigolature rossiane*, cit., pp. 19-20.

126) *Notizie statistiche sulla industria mineraria* cit., p. 97; FORNASA, *Il colle Panissaco* cit., p. 42.

127) PELLATI, *Miniera di Valdagno*, cit., p. 148; MANTESE, *Storia di Valdagno*, cit., p. 357; *Notizie statistiche sulla industria mineraria* cit., p. 355.

128) FONTANA, *L'industria laniera* cit., p. 211 e nota 112.

129) *Regolamento di servizio* cit.

del Pulli va scemando; anche se la sostituzione effettiva di questa all'energia idrica tradizionale e a quella del vapore inizia nei suoi stabilimenti solo nel 1887, con il trasporto dell'elettricità prodotta nella vicina val Leogra[130]. Nel 1884 la miniera, restituita dal Rossi alla Società montanistica, è già passata in affitto alla ditta vicentina dei fratelli Rottigni & C.[131].

Quello della gestione Rottigni è un periodo poco felice per la miniera del Pulli, contrassegnato com'è da una serie di incendi e di allagamenti che ne limitano gravemente la produttività[132]. La miniera, come sappiamo, per la conformazione del terreno era particolarmente esposta all'invasione delle acque, né l'impianto delle macchine a vapore era riuscito a risolvere stabilmente il problema della loro eduzione dai livelli inferiori al piano Papadopoli, nei quali si svolgevano ormai la maggior parte dei lavori. Negli anni successivi si sperimentano diversi tipi di pompe senza peraltro conseguire dei risultati soddisfacenti, finché, nel 1896, dopo un ennesimo allagamento la miniera non viene abbandonata. La produzione di lignite, in costante diminuzione, era stata in quell'anno di poco più che 4800 tonnellate[133].

Nel frattempo si concludeva la parabola della Società veneta montanistica. Nel 1897 essa è liquidata e le sue miniere messe all'asta. Quella del Pulli viene acquistata nello stesso anno da Gerolamo Dalle Ore, imprenditore vicentino imparentato coi Marzotto che nel giro di pochi anni la rimette in piena efficienza dotandola di impianti moderni azionati dall'energia elettrica. Si servirà, all'inizio, dell'energia prodotta dalle centrali idroelettriche della società Marzotto-Rottigni, poi, più avanti, di un proprio impianto costruito in località Monte Spaccata nel comune di Recoaro utilizzando un salto d'acqua di 300 metri[134].

Ripresi immediatamente i lavori di estrazione ai livelli superiori, il Dalle Ore avvia l'installazione di un sistema di elettropompe per l'eduzione dell'acqua da quelli inferiori, sistema che entra in funzione nel corso del 1899. Due anni dopo, nel 1901, è la volta del montacarichi elettrico per il sollevamento del minerale estratto. Nel 1910 si

130) P. BERTOLI, *Meccanizzazione e prodotti*, in *Schio e Alessandro Rossi*, cit., pp. 361-62.

131) *Rivista del servizio minerario nel 1884*, pp. 274-76.

132) FABIANI, *Le risorse del sottosuolo* cit., p. 54.

133) *Rivista del servizio minerario nel 1885*, pp. LXVII, 272; *Rivista del servizio minerario nel 1896*, p. 336.

134) FABIANI, *Le risorse del sottosuolo* cit., p. 54 nota. Sulle attività idroelettriche dei Marzotto tra Otto e Novecento cfr. G. ROVERATO, *Una casa industriale: i Marzotto*, Milano 1986, pp. 46 e 76-77.

colloca un impianto di ventilazione nella galleria Papadopoli, dalla quale l'aria è condotta al piano inclinato di estrazione e da questo distribuita ai diversi cantieri[135]. La produzione di lignite, in netta ripresa rispetto all'ultimo decennio dell'Ottocento, si aggira in media sulle 10300 tonnellate annue nel periodo 1907-1914, toccando nel 1908 un massimo di 14800; negli stessi anni la produzione degli scisti, che evidentemente hanno perso interesse sul mercato, ammonta appena a circa 650 tonnellate annue[136].

Forse anche qui, come in valle Imperina, il passaggio da una gestione paternalistica di tipo ottocentesco alla dura imprenditorialità del primo Novecento si scontra con abitudini e culture del lavoro consolidate da tempo. Nel 1912 scoppia una lunga vertenza che, punteggiata da due scioperi, si chiude l'anno successivo con un aumento salariale di circa il 30 per cento[137]. Dopo una impennata determinata essenzialmente dalle esigenze belliche, la produzione comincia a declinare a partire dal 1920 soprattutto in conseguenza del graduale esaurimento delle ligniti migliori. L'attività cessa definitivamente nel 1958.

Ligniti e torbe

Nel campo dei combustibili fossili le risorse più interessanti sono costituite, durante il XIX secolo, dai giacimenti di lignite a monte Pulli e di litantrace a Cludinico: entrambi, non a caso, acquisiti dalla Società veneta montanistica nella fase più attiva della sua vicenda imprenditoriale. Essi, tuttavia, non esauriscono il panorama dei combustibili fossili nell'area veneta, caratterizzato dalla presenza di parecchie altre formazioni, pressoché tutte a lignite e scisto bituminoso, che in qualche caso erano conosciute e sfruttate su scala locale già durante il secolo XVIII. Ma tutte, sostanzialmente, di scarsa importanza merceologica ed economica, non solo in linea generale ma anche a confronto dei giacimenti del Pulli e di Cludinico. Sono formazioni che risalgono al periodo terziario e che, a parte alcuni piccoli giacimenti frequentati sporadicamente nell'Udinese, si collocano per lo più nelle ultime propaggini dei Lessini vicentini intorno ad Arzignano e nei pressi del capoluogo. È noto in particolare, per la presen-

135) *Rivista del servizio minerario nel 1897*, p. 350; Id. *nel 1898*, pp. 378-80; id. *nel 1901*, p. 460; id. *nel 1910*, pp. 159-60.

136) Fabiani, *Le risorse del sottosuolo* cit., p. 56.

137) Mantese, *Storia di Valdagno*, cit., pp. 411-13.

za di litantrace – cioè di un tipo di carbon fossile più antico della lignite e che è presente in area veneta solo qui e a Cludinico –, il giacimento di Pugnello di Arzignano, sfruttato in modo più o meno continuativo tra il secolo XVIII e il 1875[138]. Altro piccolo giacimento, di lignite scistosa, è quello di monte Calvarina (o Calverina) sempre presso Arzignano, anch'esso già noto in precedenza ma lavorato in modo continuativo a partire dal 1862. Nel 1865, con 22 operai, esso dà una produzione di 250 tonnellate di lignite. L'attività, probabilmente, non va oltre il 1870, anche se verso il 1890 il luogo sarà oggetto di ulteriori ricerche[139].

L'investitura di monte Calvarina era stata ottenuta nel 1862 da una Società vicentina per la ricerca ed escavo dei prodotti minerali, costituitasi nel 1860, il cui statuto ha parecchi punti di contatto con quello della quasi omonima società veneziana. Si legge ad esempio all'articolo 1 che la società ha per fine lo scavo «specialmente del carbon fossile e lignite», oltre che la produzione di «oli minerali e accessori». Nel 1868 la denominazione viene mutata in quella di Società vicentina montanistica industriale. La direzione è allora composta dal conte Giorgio Trissino e da altri tre membri poco noti; vi ha un qualche ruolo anche Alessandro Rossi, visto che egli fa parte insieme ai quattro della delegazione incaricata di occuparsi della approvazione del nuovo statuto[140]. La maggiore impresa della nuova società è quella della estrazione di lignite e scisti a Monteviale, a pochi chilometri da Vicenza, e della loro successiva distillazione per ottenerne oli combustibili da illuminazione e altri usi. L'investitura a Monteviale data al 1864, dopo di che la società costruisce, nel corso del 1865, dei forni di distillazione nei pressi della miniera e un più complesso stabilimento alla periferia di Vicenza che produce anche paraffina e acido picrico. La lignite bituminosa estratta, che è di bassa qualità, non viene usata come combustibile ma è avviata tutta alle lavorazioni successive. Nel 1865, con 36 minatori, se ne estraggono 600 tonnellate, mentre i forni di Monteviale e lo stabilimento di Vicenza, che trattano anche le ligniti prodotte a monte Calvarina, occu-

138) Cfr. in generale MOLON, *Sugli scisti bituminosi* cit., pp. 43-70, e per le singole zone MARINONI, *Sui minerali del Friuli*, cit., pp. 81, 168-77; FABIANI, *Le risorse del sottosuolo* cit., pp. 47-48, 50-51; ROSSETTINI, *Le industrie estrattive* cit., p. 39.

139) MOLON, *Sugli scisti bituminosi* cit., pp. 53-54; N. PELLATI, *Miniera di Calverina*, in *Statistica del regno d'Italia. Industria mineraria*, cit., p. 149; ROSSETTINI, *Le industrie estrattive* cit., pp. 37, 40.

140) *Statuto della Società vicentina montanistica industriale*, Vicenza 1869, pp. 3, 7; *Regolamento interno di servizio della Società vicentina montanistica industriale*, Vicenza 1868, p. 3.

pano rispettivamente, nel 1868, 16 e 19 uomini. Sembra, tuttavia, che questa attività di trasformazione non risponda alle aspettative e che venga chiusa nel 1869[141]. La Società vicentina montanistica scompare d'ora in avanti dalla scena; ma nei giacimenti di Monteviale si riprende da altri la coltivazione a partire dal 1880, coltivazione che, con un ritmo saltuario, irregolare, spesso stagionale, è condotta ora in un punto ora in un altro fino ai primi decenni del Novecento[142].

Per amor di completezza, infine, è opportuno accennare sia pur brevemente all'utilizzazione della torba, il più giovane dei combustibili fossili che risale, come è noto, all'età quaternaria. Le torbiere venete, che sono presenti nelle province di Verona, Vicenza, Belluno e Udine, hanno un'estensione esigua e un'importanza strettamente locale. Verso il 1880 esse producono annualmente 60000 metri cubi di combustibile e danno lavoro stagionale a circa 320 persone[143]. La maggior parte di esse si trova sparsa in varie località dell'Udinese ed è stata soggetta a una utilizzazione diffusa fin dal secolo XVIII. Il distretto più importante, sotto il profilo sia quantitativo che qualitativo, è quello di Fagagna, dove la torba è stata estratta in modo sistematico già a partire dal 1769, sotto l'impulso del proprietario Fabio Asquini, per essere destinata alla produzione di mattoni e calce viva, e dove l'attività prosegue tuttora intensa ad opera dei discendenti dello stesso Asquini[144]. Verso il 1890 sono in funzione nell'Udinese sette bacini torbiferi, coltivati tutti con modalità artigianali piuttosto che industriali. Vi lavorano nei due mesi estivi circa 135 uomini e la produzione, che si aggira sulle 8000 tonnellate l'anno, è utilizzata nell'ambito domestico, nella fabbricazione di laterizi e calce, in qualche filanda a vapore[145].

Nel Bellunese, oltre ai depositi presso Sedico e Belluno che, come abbiamo visto, nella seconda metà del secolo forniscono combustibile agli stabilimenti di valle Imperina, è da ricordare una torbiera

141) MOLON, *Sugli scisti bituminosi* cit., pp. 64-65; N. PELLATI, *Miniera di Monteviale*, in *Statistica del regno d'Italia. Industria mineraria*, cit., pp. 148-49; *Regolamento interno di servizio* cit., pp. 8-16, 23; ROSSETTINI, *Le industrie estrattive* cit., pp. 37-38. Il Rossettini attribuisce erroneamente alla Società veneta montanistica, anziché alla vicentina, l'impresa di Monteviale.

142) FABIANI, *Le risorse del sottosuolo* cit., pp. 57-59; ROSSETTINI, *Le industrie estrattive* cit., p. 40.

143) *Notizie statistiche sulla industria mineraria* cit., p. 219.

144) MARINONI, *Sui minerali del Friuli*, cit., pp. 178-89. E per i precedenti settecenteschi L. MORASSI, *Un nobile imprenditore nel Friuli del Settecento. Mattoni e calcina alla «Nuova Olanda»*, «Quaderni storici», 18 (1983), pp. 81-103.

145) N. PARMEGGIANI, *Gli stadi dello sviluppo industriale della provincia di Udine. Ricognizione storica dal primo Ottocento ad oggi*, Udine 1966, p. 61.

a sud del lago di Misurina della quale si servono tra il 1868 e il 1876 gli opifici dell'Argentiera di Auronzo[146]. La sola torbiera in area veneta nella quale sia possibile ravvisare uno sfruttamento a carattere industriale è quella della Fontega in comune di Arcugnano (Vicenza), nell'ultimo ventennio del secolo. L'estrazione è effettuata da una società che si è costituita appositamente a questo scopo nel 1883 e la produzione oscilla, nel periodo di attività, tra le 1500 e le 3800 tonnellate annue occupando in media 160 uomini durante i mesi estivi. La torbiera è provvista di una diga di difesa dalle acque del Bacchiglione, oltre la quale una batteria di pompe azionate da macchina a vapore prosciuga il bacino quando necessario. L'attività, pressoché continua nel corso di vent'anni, cessa definitivamente, per esaurimento del deposito, nel 1903[147].

Nel distretto di Schio

Nella zona mineraria «storica» dell'alto Vicentino, tra Schio e Recoaro, dopo il clamoroso *exploit* piombo-argentifero di cui essa era stata teatro tra il 1480 e il 1530 non si era più svolta alcuna attività estrattiva di qualche importanza. I tentativi di riattivazione condotti a più riprese nel distretto di Schio, anche con l'impiego di notevoli mezzi, tra 1670 e 1750, nella speranza soprattutto di ritrovare le antiche vene argentifere, si erano chiusi senza esito. Una breve ed effimera ripresa di lavori si ha intorno al 1810, negli anni del regno d'Italia napoleonico, poi più nulla per tutto il periodo austriaco e oltre. Almeno per quanto riguarda i minerali metalliferi.

L'unica attività estrattiva che sopravvive senza interruzioni è quella del caolino sul piccolo altopiano del Tretto appena al di sopra di Schio. È un'attività che, già in corso almeno dal secolo XV, continua anche dopo il declino della produzione argentifera – della quale il Tretto era stato il massimo centro –, svolgendosi negli stessi terreni e utilizzando in parte le stesse antiche gallerie che erano state scavate in funzione di quella. Un'occupazione tutta di proprietari e di lavoranti locali, che trovano in essa una integrazione significativa del reddito proveniente dalle attività agricole e silvo-pastorali proprie della zona prealpina. La «terra bianca del Tretto» – così è chiamata in età moderna – è peraltro prodotto di un certo pregio, materia prima es-

146) O. Brentari, *Guida storico-alpina del Cadore*, Bassano 1886, p. 139.

147) Rossettini, *Le industrie estrattive* cit., pp. 39, 41-42.

senziale per la fabbricazione di porcellane e maioliche e avente un proprio mercato anche internazionale.

Le modalità di scavo e di trattamento del caolino mantengono un carattere tradizionale per tutto il secolo XIX. Il materiale si trova a una certa profondità e pertanto l'estrazione avviene non a cielo aperto ma nel sottosuolo, a mezzo gallerie trasversali che si addentrano nel pendìo per 100-300 metri circa; si scava solo nel periodo invernale, da novembre a marzo, perché le gallerie cieche e prive di ventilazione non permettono di lavorare nelle stagioni più calde. L'elaborazione successiva del caolino si fa nelle cosiddette «botteghe», recinti che comprendono un certo numero di tini per la decantazione. Innanzitutto si lascia il materiale per un lungo periodo all'aria aperta dove si disaggrega, quindi si tratta nei tini con acqua corrente travasandolo dall'uno all'altro una quindicina di volte e decantandolo per gradi fino alla definitiva purificazione, trattamento che nell'insieme dura circa tre mesi. Infine lo si confeziona in pani che si pongono ad asciugare sotto le apposite tettoie dette «casoni» fino alla completa essiccazione. Verso il 1880 vi sono al Tretto 45 cave detenute in proprietà da 13 privati, e vi lavorano complessivamente circa 300 uomini tra novembre e marzo. Una parte di questi, circa 180, sono occupati anche nei restanti mesi dell'anno nel lavaggio e nel trattamento del caolino. Tutto il ciclo produttivo, come appare evidente dalle modalità sopra descritte, si svolge esclusivamente mediante il lavoro manuale. La produzione si aggira allora intorno alle 4000 tonnellate annue[148].

Verso la fine del secolo gli inconvenienti della frammentazione produttiva, il peso dei costi del lavoro e l'aumento della concorrenza interna ed esterna cominciano a spingere verso una concentrazione delle imprese, che nel 1905 sono già ridotte a 22. Nel 1906 le maggiori di queste si uniscono in un consorzio che entro pochi anni si evolve nella Società anonima caolino Panciera & C., costituitasi nel 1908 allo scopo di promuovere criteri unitari nello scavo, nel trattamento della materia prima e nella commercializzazione del prodotto. Nel 1909 la nuova società costruisce un primo impianto di lavaggio e pressatura meccanica a Santorso, a valle del Tretto, azionato da turbina idraulica. Localizzazione resa probabilmente necessaria dall'assenza sul piccolo altopiano di corsi d'acqua di sufficiente portata. Non a caso il secondo impianto della società, azionato da motori elettrici, sarà costruito dopo la guerra a Pozzani di Sotto nei pressi delle

148) *Notizie statistiche sulla industria mineraria* cit., pp. 248-50.

cave[149]. Per qualche decennio, tuttavia, continuano a sussistere al Tretto delle piccole imprese che applicano i metodi tradizionali. La produzione è consistente anche a livello nazionale, specie nel primo Novecento. Nel 1909 il prodotto del distretto vicentino – che si deve nella quasi totalità al contributo del Tretto – ammonta a 4000 tonnellate di caolino, oltre il 48 per cento della produzione italiana in quell'anno.

Verso la fine del secolo XIX riprende nell'area mineraria storica dell'alto Vicentino una fitta ricerca di piriti, materia prima di base per la produzione dell'acido solforico nell'ambito della nascente industria chimica. Primeggia tra tutti la figura di Magno Magni, l'imprenditore vicentino proprietario di uno stabilimento del genere fin dal 1884 e che abbiamo già incontrato prima come affittuario e quindi come titolare delle miniere di valle Imperina nell'ultimo decennio del secolo. Le sue ricerche approdano nell'inviduazione di un deposito di pirite sfruttabile nel monte Naro, presso Torrebelvicino, deposito che diviene produttivo a partire dal 1899. La miniera, poi denominata «Montauro», passa nel 1906 alla Società piriti scledensi, creazione dello stesso Magni, e da questa viene ceduta nel 1909 alla Società anonima miniere piriti che l'anno seguente è assorbita dalla Montecatini. Il giacimento, pur lavorato in modo più o meno continuativo dal 1899 al 1912, non si è dimostrato particolarmente ricco. Il periodo migliore è costituito dagli anni 1904-1907, quando la «Montauro» produce intorno alle 4600 tonnellate annue di pirite impiegando in media 65 operai[150]. La miniera, inattiva durante la guerra, sarà abbandonata definitivamente nel 1922.

La montagna e le miniere

Se nell'arco prealpino che circonda Vicenza le risorse del sottosuolo – modeste, come abbiamo visto, per quel che riguarda i minerali metalliferi, più rilevanti per altri materiali – vengono presto coinvolte nel processo di valorizzazione e di sviluppo che ne fa una delle aree più dinamiche del paese, nella vera e propria montagna alpina,

149) Fabiani, *Le risorse del sottosuolo* cit., pp. 108-12; Rossettini, *Le industrie estrattive* cit., pp. 88-92; G.L. Fontana, *I Panciera e la «terra bianca del Tretto»*, in Id., *Mercanti, pionieri e capitani d'industria. Imprenditori e imprese nel Vicentino tra '700 e '900*, Vicenza 1990, pp. 327-30, 338-39.

150) Fabiani, *Le risorse del sottosuolo* cit., pp. 33-35; Rossettini, *Le industrie estrattive* cit., pp. 20-24, 29-30.

all'opposto, si giunge durante il secolo XIX al capolinea di un lungo processo di crisi che affonda le sue radici assai lontano, forse nello stesso Cinquecento. Ci riferiamo qui soprattutto alla montagna bellunese, dove il fenomeno è più evidente e in ogni caso è stato maggiormente studiato, benché il discorso sia in gran parte valido anche per la cadorina e la carnica. All'aprirsi del secolo XIX, e alla vigilia di un incremento demografico senza precedenti, la montagna veneta si trova impoverita da un drenaggio secolare di risorse in direzione delle città, della pianura e naturalmente di Venezia: soprattutto di legname, ma anche seppure in minor misura di minerali e di altre materie prime[151]. Mentre i processi di sviluppo che queste attività hanno indubbiamente innescato in certi casi – il traffico del legname lungo il Piave, i centri minerari di Agordo e di Auronzo – non hanno compensato che molto parzialmente le perdite in termini di risorse naturali e di equilibri ambientali. Spicca in particolare l'impoverimento dei boschi, al quale, è vero, hanno contribuito i comportamenti un po' di tutti, dalla conquista di nuovi terreni da coltivare al pascolo sregolato degli animali, dall'armatura delle miniere all'uso del legno come combustibile nella metallurgia e nella piccola meccanica rurale, ma dove l'acquisizione del legname da parte dei cittadini ha rivestito molto spesso il carattere della rapina. Così, del resto, è stato anche nelle miniere di valle Imperina, oggetto per secoli di una coltivazione di rapina fino ai grandi crolli del Settecento. D'altro lato, solo una piccola parte del prodotto di queste risorse è stato reinvestito in loco, e solo in quelle direzioni che risultassero strettamente funzionali alla perpetuazione del loro sfruttamento. E così lo stato delle infrastrutture, a cominciare dalle strade, dai ponti, dalle vie di comunicazione in genere, è rimasto nell'insieme a un livello estremamente basso, costituendo un limite severo ad ogni forma di crescita economica. Nel contempo, l'impoverimento secolare dei boschi ha determinato un progressivo degrado ambientale, un dissesto idrogeologico che si è tradotto in una serie crescente di alluvioni fino a quelle, disastrose per l'economia montana, della seconda metà del secolo XIX.

In questo quadro, dove con l'introduzione del mais l'apporto del settore agroalimentare è giunto al suo tetto mentre molte attività non agricole tradizionalmente integrative del settore primario – tessili,

151) Cfr. su questi temi gli importanti saggi di A. Lazzarini, *Crisi della montagna bellunese e cause dell'emigrazione*, in *Emigrazione. Memorie e realtà*, a cura di C. Grandi, Trento 1990, pp. 189-215, e *Degrado ambientale e isolamento economico: elementi di crisi della montagna bellunese nell'Ottocento*, in *La montagna veneta in età contemporanea. Storia e ambiente, uomini e risorse*, a cura di A. Lazzarini e F. Vendramini, Roma 1991, pp. 47-68.

miniere e metallurgia, piccola meccanica – arretrano insensibilmente a partire dal secolo XVII[152], è destinato a nascere e ad accentuarsi il fenomeno dell'emigrazione temporanea, una forma di mobilità del lavoro sul territorio comune a tutto l'arco alpino in età moderna. Poco documentato – anche se indubbiamente esistente – per i secoli precedenti, il fenomeno è già molto rilevante nella prima metà dell'Ottocento, quando secondo le fonti esso interessa in media circa un terzo della popolazione, presumibilmente la maschile in età lavorativa[153]. Meno accentuata è l'emigrazione nei centri del Bellunese coinvolti direttamente o indirettamente nell'attività di valle Imperina – Riva, Agordo, Tisèr –, alla quale si aggiunge dopo la metà del secolo, anche se soltanto per pochi anni, il «miracolo» di Vallalta.

Non mancano, nel corso del secolo XIX, le voci in favore di un rilancio dell'industria mineraria e metallurgica nelle Alpi venete quale strumento per risollevare le sorti dell'economia montana e porre un freno all'emigrazione, la quale, scrive il pioniere in questa materia, è «prodigiosamente aumentata in questi ultimi tempi». Si tratta del bellunese Tomaso Antonio Catullo, docente di storia naturale prima nella sua città natale e più tardi all'università di Padova, che dà alle stampe nel 1815 un opuscolo destinato a fare storia, e non solo nel senso che costituirà, d'ora in poi, un punto di riferimento per coloro che a quel rilancio si richiamano e credono[154]. Riprendiamo in mano, dice il Catullo, mettendo a profitto «le cognizioni dei mineralogisti», le risorse minerarie delle nostre montagne, i filoni metalliferi lasciati «sepolti sotterra» per mancanza d'iniziativa, per «indolenza» o per «litigi»: il ferro di Colle S. Lucia e di Goima, il mercurio di Vallalta, il piombo argentifero del Giau, del Comelico e di Zoldo, e così via per i vari centri grandi e piccoli che hanno punteggiato la storia mineraria veneta nei secoli dell'età medievale e moderna.

152) Per una sintesi recente (non per nostra scelta priva di note) si rinvia a R. Vergani, *L'eredità dei secoli XIII-XVIII*, in *Opere nel tempo. Le tradizioni dell'industria e dell'artigianato tra i monti della provincia di Belluno*, a cura di S. De Vecchi, s. l. 1991, pp. 41-49.

153) Lazzarini, *Crisi della montagna* cit., 203-04.

154) Ma anche nel senso che ci sarà qualcuno che, incautamente, lo usa come fonte per fare la storia mineraria dei secoli che precedono. Creando così o quanto meno amplificando, specie per quel che riguarda la val di Zoldo, il mito di una passata riccchezza mineraria che sarà duro a morire nelle subculture della provincia bellunese. Cfr. T.A. Catullo, *Sulla necessità di promuovere lo scavo delle miniere nel dipartimento Piave*, Belluno 1815, spec. pp. 6-7. Ne abbiamo già discusso in R. Vergani, *Per la storia delle miniere e della metallurgia in val di Zoldo*, in *Dai monti alla laguna. Produzione artigianale e artistica del Bellunese per la cantieristica veneziana*, a cura di G. Caniato e M. Dal Borgo, Venezia 1988, pp. 51-52.

È un messaggio che non resta inascoltato, se solo si pensi alle iniziative della Società veneta montanistica nel campo delle miniere metallifere dopo il 1850. Benché, bisogna aggiungere, non si abbia alcun indizio circa un rapporto diretto o esplicito tra le indicazioni del Catullo e l'azione di questa. Come abbiamo visto, le ricerche della Società hanno per oggetto diverse mineralizzazioni già note o già coltivate nel passato minerario veneto prima di puntare sulle due imprese di Vallalta e del monte Avanza. Così essa conduce alcune indagini per saggiare la presenza del piombo, eventualmente argentifero, in val di Frella presso Agordo, tra Dont e Sottorogno nella valle di Zoldo, in val del Lovo e in valle Inferna tra Zoldo e Cadore. Ricerche che non portano ad alcuna vera attivazione o riattivazione, ma sufficienti tuttavia a fissare nella tradizione orale della val di Zoldo il ricordo dei lavori ivi compiuti nell'ultimo decennio della dominazione austriaca[155].

Nel 1862, ancora, viene presentato a Belluno il progetto di una Società anonima per la ricerca, escavo e manifattura dei minerali nella provincia di Belluno, sottoscritto oltre che dal Catullo e da Giovanni Antonio De Manzoni da un gruppo rappresentativo del notabilato tradizionale della città. Il grosso dell'opuscolo è costituito da un intervento del tecnico agordino Antonio Sommariva, nel quale si esprime «vera fiducia» nella possibilità di riprendere e sfruttare, alla luce dei progressi tecnici compiuti nel settore estrattivo e metallurgico e potendo disporre di capitali adeguati, i «sepolti tesori» che si celano tuttora nel sottosuolo delle Alpi venete[156]. La proposta, tuttavia, non avrà alcun seguito; né, probabilmente, alcuno riterrà opportuno ripresentarla dopo che, a partire dal 1860, i primi rovesci della Società veneta montanistica cominciano a far riflettere sull'eccessivo ottimismo di certe analisi. Ciò non impedisce peraltro a quest'ultima di evocare ancora nel 1867, nella speranza di avere un prestito pubblico che risollevi le sue sorti, le «ricchezze che giacciono sepolte nel seno della terra»[157]. Queste ricchezze, in realtà, erano state sopravvalutate. Se si prescinde dai tre giacimenti di valle Imperina, dell'Argentiera di Auronzo e di Colle S. Lucia – coltivato quest'ultimo per l'estrazione del ferro tra la metà del XII secolo e la metà del XVIII – si trattò per il

155) L. Tomè et al., *Notizie di Vallalta* cit., pp. 17-18; G. Alvisi, *Belluno e la sua provincia*, in *Grande illustrazione del Lombardo-Veneto*, per cura di C. Cantù, II, Milano 1858, pp. 712-13. Cfr. anche Vergani, *Per la storia delle miniere* cit., pp. 57-58.

156) *Proposta di fondazione di una Società Anonima per la ricerca, escavo e manifattura dei minerali nella provincia di Belluno*, Belluno 1862, p. 3 e *passim*.

157) *Relazione della Società veneta montanistica* cit., p. 9.

resto, come si legge in un bilancio di parecchi anni fa ma tuttora valido per questi aspetti, di modestissime concentrazioni a solfuri misti, condannate a uno sfruttamento precario e discontinuo, sostanzialmente privo, sotto il profilo economico, di un vero avvenire[158].

Merita un cenno, a proposito del rapporto tra la montagna e l'attività mineraria, quel fenomeno composito che è costituito dall'alpinismo, anche se il tema, forse, più che alla storia della scienza e della tecnica attiene alla storia della mentalità, del costume e dello sport. È ben noto come nell'alpinismo classico, da Horace-Bénédict de Saussure a Quintino Sella, l'atteggiamento ludico e la passione sportiva si siano coniugati in modo indissolubile con la curiosità scientifica verso tutti gli aspetti dell'ambiente montano, a cominciare da quelli geologici[159]. E se è vero che per qualche gentiluomo dell'Ottocento, come si è scritto con un pizzico di malizia, questa era solo «la dignitosa copertura scientifica», di fronte a se stessi e agli altri, di «quella loro strana smania» di andar per monti[160], è altrettanto vero che molte autentiche vocazioni di geografi e geologi, petrografi e mineralogisti sono nate (e nascono) sui sentieri e sulle rocce delle Alpi.

Nelle Alpi venete questa sinergia, particolarmente diffusa e documentabile tra Otto e Novecento, trova dei precedenti significativi già nella prima metà del secolo. Tomaso Antonio Catullo, ad esempio, non solo esplora i monti di Zoldo per studiarne la geologia e la mineralogia, ma tenta nel 1815 anche la salita al Pelmo al fine, come scrive egli stesso, di «contemplare dalla maggior altezza del Cadorino le altre minori montagne». E Wilhelm Fuchs, direttore del sotterraneo delle miniere di valle Imperina negli anni Quaranta, pubblica nel 1844 una descrizione geologica delle Alpi venete che attesta da parte sua non solo una frequentazione assidua e diretta di quei monti, ma forse anche una sua prima ascensione alla vetta del Pelmo[161]. Nella seconda metà del secolo il luogo privilegiato di questa sinergia si dimostra essere l'Agordino, sede della miniera più importante e longeva della regione. Nel 1856 l'agordino Giovanni Antonio De Manzo-

158) A. CUCAGNA, *Le industrie minerarie, metallurgiche e meccaniche del Cadore, Zoldano e Agordino durante i secoli passati. Saggio di geografia storica*, Trieste 1961, pp. 34-35. Il giudizio è probabilmente estensibile a tutto il paese se è vero che l'Italia, come diceva con espressione icastica Quintino Sella, è «ricchissima di miniere povere». Citato da M. ABRATE, *L'uso del carbon fossile nella siderurgia italiana (1861-1913)*, «Archivio economico dell'unificazione italiana», s. 1, 13 (1965), p. 10.

159) Cfr. in generale C.-E. ENGEL, *Storia dell'alpinismo*. In appendice M. MILA, *Cento anni di alpinismo italiano*, Torino 1965.

160) MILA, *Cento anni* cit., p. 252.

161) G. ANGELINI, *Pelmo d'altri tempi*, Belluno 1987, pp. 48-59. La citazione del Catullo a p. 50.

ni, uno dei soci fondatori della Società veneta montanistica e più tardi affittuario della miniera di Vallalta, è nel gruppo dei primi salitori della Marmolada. L'incontro con Quintino Sella nel 1866 – quando l'uomo politico piemontese, già fondatore nel 1863 del Club alpino italiano, è presente nel Veneto appena liberato in qualità di commissario straordinario – è decisivo per l'avvio e il successo di due iniziative importanti, la Scuola mineraria istituita nel 1867 e la Sezione agordina del Club alpino italiano, la prima nel Veneto, che verrà aperta ufficialmente nel 1868. Tra i soci fondatori di quest'ultima sono presenti, oltre al De Manzoni, il direttore della miniera di Vallalta Luigi Tomè e tutto lo stato maggiore delle miniere di valle Imperina, a cominciare dall'ingegnere piemontese Nicolò Pellati, amico personale di Quintino Sella, direttore delle stesse miniere e presidente della Sezione fino al 1871. Nel 1870 fanno il loro ingresso nella Sezione altri soci tra i quali Antonio Sommariva di Rivamonte, ingegnere del Corpo delle miniere, in quel periodo a Mongiana in Calabria quale direttore del locale stabilimento metallurgico. In seguito la Sezione sarà presieduta tra gli altri dal De Manzoni, dal Sommariva e da Martino Gnech, anch'egli di Rivamonte, dirigente delle miniere di valle Imperina, collaboratore dell'inchiesta Jacini per l'Agordino e uno dei primi salitori del monte Agnèr nel 1875[162].

La piccola siderurgia tradizionale

Nei secoli del tardo Medioevo e della prima età moderna, com'è noto, il territorio veneto era stato oggetto di un'estrazione diffusa del ferro da numerosi giacimenti dislocati nelle aree alpine e prealpine. Si trattò, con la sola eccezione di quello di Colle S. Lucia nel Livinallongo – peraltro situato ai confini col Tirolo e acquisito da quest'ultimo dopo la guerra di Cambrai –, di giacimenti di potenza modesta e coltivati in modo discontinuo, ma sufficienti a far nascere e ad alimentare per secoli centri e aree di lavorazione del metallo i quali, rivolti per lo più al soddisfacimento dei bisogni locali, ebbero in qualche caso anche un più ampio mercato regionale o interregionale. Ci riferiamo soprattutto all'alto Vicentino, al Bellunese-Cadore e a talune località del Friuli e della Carnia, dove hanno preso piede in periodi diversi delle specializzazioni produttive che vanno dagli at-

162) F. TAMIS, *I pionieri*, in *La Sezione Agordina 1868-1968*, a cura della SEZIONE AGORDINA DEL C.A.I., Bologna 1968, pp. 19-54.

trezzi agricoli e artigianali ai chiodi di ogni genere, dalle lame alle forbici, dalle chiavi agli oggetti di uso domestico.

Nei secoli XVII e XVIII le fonti locali di ferro si vanno inaridendo per una serie di fattori quali l'esaurimento dei giacimenti, il costo crescente del combustibile per la riduzione dei minerali, la concorrenza del metallo austriaco. Scompaiono uno ad uno i forni di fusione, ma sopravvive un sostrato di fucine di lavorazione le quali, a partire dal secolo XVIII, cominciano a ricorrere in misura crescente al riciclaggio di rottami di ferro. Sarà questa, durante l'Ottocento, la risorsa pressoché unica alla quale esse attingono per conservare la propria specializzazione produttiva e tentarne, in qualche caso, un problematico rilancio. Il recupero dei rottami si svolge in due fasi: la prima, la «bollitura», consiste nel portarli ben impaccati al calor bianco in un forno che può essere anche del tipo più semplice, a basso fuoco (la tradizionale «fucina»), affinché essi si saldino l'un l'altro; la seconda nel trattare il blocco così ottenuto al martello o al maglio, quest'ultimo di regola azionato da ruota idraulica, in modo da compattarlo e depurarlo delle scorie[163]. In seguito, con l'ulteriore intervento del maglio e degli strumenti specifici del lavoro fabbrile, si perviene ai semilavorati e infine ai prodotti finiti.

Nell'alto Vicentino le prime notizie documentate sull'estrazione e la lavorazione del ferro risalgono al secolo XIII. Poco si sa dei secoli XVIII e XIX, nei quali quanto rimane della piccola siderurgia tradizionale sembra concentrarsi prevalentemente nel centro di Posina, situato nella valle omonima tributaria dell'alta val d'Astico, e più precisamente nella frazione di esso denominata non a caso Fusine. All'inizio dell'Ottocento, oltre a «parecchie» fucine che producono chiodi di vario genere sono qui in funzione tre magli da ferro, che negli anni Sessanta diventano cinque[164]. Verso il 1890 – sono dati di una pubblicazione ufficiale – si contano a Posina 29 officine provviste di altrettanti «motori idraulici» e specializzate nella produzione di chiodi e bullette, nelle quali lavorano nell'insieme 91 uomini[165]. Nulla di-

163) Cfr. il manuale Hoepli di E. Garuffa, *Siderurgia moderna*, Milano 1920, pp. 543-45, 781-84, 801-11.

164) Si veda nell'ordine G. Maccà, *Storia del territorio vicentino*, XI, parte II, Caldogno 1814, p. 89, e A. Amati, *Dizionario corografico dell'Italia*, VI, Milano s. d. [ma 1868], p. 548.

165) *Notizie sulle condizioni industriali della provincia di Vicenza*, a cura del Ministero di Agricoltura, Industria e Commercio, «Annali di statistica», s. 4, 4 (1892), pp. 23-24. Ma soltanto una parte di questi «motori» avrà azionato dei veri e propri magli, mentre il resto, presumibilmente, serve alla ventilazione delle fucine. Uno scrittore del tempo, forse riferendosi alle più consistenti, parla di sole 16-20 officine nell'insieme di Posina. G. Pasqualigo, *Posina e il suo territorio nei rapporti fisio-medico-storico-statistici*, Vicenza 1885, p. 25.

cono le nostre fonti circa la provenienza della materia prima. Ma in quegli anni, come attesta uno scrittore del tempo, l'industria comincia a perdere terreno di fronte alla concorrenza dei chiodi fatti a macchina[166].

Un'altra concentrazione interessante è quella che s'incontra a Maniago in Friuli. Qui la siderurgia è nata nel XV secolo sfruttando con ogni probabilità il minerale estratto nel vicino monte Fara e si è specializzata nel corso del Settecento nella produzione di lame, coltelli e forbici. Nasce nello stesso secolo la differenziazione tra i «fabbri da grosso», che lavorano al maglio al di fuori del centro abitato e preparano le lame semilavorate, e i «fabbri da fino» che confezionano il prodotto finito nelle botteghe del paese[167]. Verso il 1890 vi sono a Maniago otto officine con maglio idraulico che fabbricano, oltre ai semilavorati destinati ai coltellinai, attrezzi agricoli e artigianali utilizzando ferro in gran parte importato dall'Austria. Ma il grosso fatto è costituito dalle botteghe da fabbro urbane, che impiegano oltre 500 uomini e producono annualmente quasi 256000 pezzi tra coltelli e forbici d'ogni genere[168]. Nel 1887 i coltellinai si uniscono in una società cooperativa al fine di meglio organizzare la fabbricazione e la commercializzazione dei loro prodotti. A partire dal 1907, con l'ingresso anche di capitale tedesco, l'attività si meccanizza e si riorganizza su basi industriali, mentre i magli ad acqua, dopo il 1920, cederanno gradualmente il passo all'energia elettrica[169].

Nel Bellunese-Cadore, già area siderurgica di notevole rilievo con le 900 tonnellate di ferro prodotte annualmente nella seconda metà del Cinquecento, l'ultimo altoforno si era spento definivamente verso il 1750 a Dont di Zoldo, villaggio situato poco a monte del centro di Forno. Mentre le specializzazioni di Alleghe, in Agordino, nella produzione di posate, coltelli e forbici e di Cibiana di Cadore nella fabbricazione di chiavi sono ridotte, nel corso dell'Ottocento, a ben poca cosa[170], quella della media valle di Zoldo nel campo dei chiodi e bullette continua a mantenere una certa vitalità. Nata ancora agli esordi della siderurgia bellunese, essa è rimasta a galla dopo la

166) M. Dalla Via, *Comunità di confine nella Val Posina: la terra, la gente. Spunti di storia*, Vicenza 1993, p. 151.

167) B. Malattia, *Fabbri e coltellinai*, in *Maniago. Pieve, feudo e comune*, [Maniago] 1981, pp. 459-64.

168) *Notizie sulle condizioni industriali della provincia di Udine*, a cura del Ministero di Agricoltura, Industria e Commercio, «Annali di statistica», s. 4, 44 (1890), pp. 43, 44-45.

169) Malattia, *Fabbri e coltellinai*, cit., pp. 471-80.

170) Volpe, *La provincia di Belluno*, cit., pp. 125, 126.

metà del Settecento volgendosi in modo crescente all'utilizzo dei rottami di ferro allora in commercio. Il Catullo, nel suo scritto del 1815, la dà piuttosto in crisi, ma ciò non toglie che l'inchiesta napoleonica del 1807 rilevi l'attività nella valle di oltre 150 chiodaioli[171].

Un quadro più ricco della situazione, nel quale convivono luci e ombre, ci viene offerto da una descrizione del 1871. Vi sono allora nella val di Zoldo sei «fusine grosse», ovvero ferriere per il trattamento dei rottami, ciascuna provvista di un grosso maglio ad acqua, e una trentina di officine meccaniche che producono quasi tutte chiodi e bullette, in maggioranza dotate anch'esse di maglio idraulico. Gli occupati sono circa 150, il prodotto annuo pari a 210 tonnellate di ferro. Gli elementi di debolezza sono costituiti dal prezzo crescente delle materie prime, dalle difficoltà di trasporto in direzione della pianura, dalla concorrenza di altre produzioni nazionali e straniere più aggiornate[172]. Nel 1873 si costituisce la Società industriale zoldana per le manifatture in ferro, società cooperativa con l'apporto di capitali fisici, liquidi e lavoro quasi tutti locali, per sorreggere e rilanciare la produzione della valle. Il suo patrimonio comprende cinque ferriere o forni, uno da bollitura e quattro da affinamento, oltre a nove officine con 54 fornelli da fabbro e ai magazzini del carbone. Più tardi, negli anni Ottanta, essa si dota anche di un laminatoio e di un tornio i quali, come i magli in suo possesso, sono tutti azionati dall'energia idraulica. I lavoranti fissi sono circa 300 all'inizio, ma si sono già ridotti a 236 verso il 1890[173]. La Società non ha fortuna e, sia a seguito delle rovinose alluvioni del 1882 e 1890 che distruggono una parte dei suoi capitali fissi, sia soprattutto a causa della concorrenza dei chiodi a macchina, va incontro al fallimento che è dichiarato formalmente nel 1892. Le cinque ferriere di Zoldo, tre a Forno e due a Dont, insieme alle fucine da esse dipendenti occupano ormai meno di un centinaio di uomini nel 1893[174]. Il declino continua, lento ma inarrestabile, nei decenni che seguono, fino alla definitiva scomparsa delle ultime «fusine» negli anni Cinquanta del nostro secolo[175].

171) Cfr. nell'ordine Catullo, *Sulla necessità di promuovere lo scavo* cit., p. 6, e A. Frumento, *Il regno d'Italia napoleonico. Siderurgia, combustibili, armamenti ed economia 1805-1814*, Milano 1991, pp. 220-21.

172) Volpe, *La provincia di Belluno* cit., pp.126-28.

173) R. Volpe, *La vallata di Zoldo. Escursione alpina*, Belluno 1884, pp. 28-38; *Notizie sulle condizioni industriali della provincia di Belluno*, cit., p. 21.

174) *Rivista del servizio minerario nel 1893*, pp. 275-76.

175) A. Balestra, *Cenni topografici e storici della Vallata Zoldana*, Vicenza 1927, p. 109; G. Angelini, *Le «fusine» in Zoldo*, «Rivista bellunese», 2 (1975), pp. 147-48. Il pregio maggiore di

Sono, nell'insieme, vicende minori, ma che purtuttavia hanno avuto un ruolo non secondario nella vita economica e sociale di talune comunità alpine e prealpine. Nella maggior parte dei casi, come a Posina e a Zoldo, queste realtà scompaiono senza lasciar traccia se non nella tradizione e nella memoria collettiva, andando a confluire nel più generale processo di crisi della montagna durante i secoli XIX e XX; altre, è il caso di Maniago, riescono a rinnovarsi e a mantenere una propria identità e un proprio ruolo economico, seppur limitato, anche nel contesto della realtà industriale.

La siderurgia urbana

Scarsissime le nostre informazioni sul numero e la distribuzione delle attività siderurgiche e collegate durante la prima metà del secolo scorso. I dati statistici raccolti da Alberto Errera ci danno, per le otto province venete, un totale di 338 «fabbriche e manifatture di ferro e acciaio» nel 1817-18 e di 442 nel 1827[176]. Sono dati chiaramente sommari, disomogenei e poco attendibili, dove sono collocati alla rinfusa impianti di una qualche consistenza e l'ultima bottega di paese. Difficile pensare, in ogni caso, che il livello tecnico della siderurgia urbana sia allora sensibilmente superiore a quello che abbiamo incontrato in area alpina e prealpina. Del resto, impianti di tipo tradizionale sono largamente presenti almeno fino al primo Novecento anche nelle aree urbane: com'è il caso, per fare un solo esempio, della ferriera Bertoli ad Udine, che verso il 1890 si avvale di rottami di ferro e possiede quattro forni di bollitura e cinque magli il tutto azionato dall'energia idraulica[177].

Dopo la metà del secolo fanno la loro apparizione le prime fonderie che utilizzano l'energia del vapore: la prima a Mestre nel 1851, la seconda a Venezia nel 1852 (la Neville & C.), la terza a Padova nel 1856 (la Benech-Rocchetti). Mentre di quella di Mestre si perdono le tracce, le altre due appaiono verso il 1870 come le maggiori del Veneto accanto alla fonderia Giacomelli di Treviso[178]. A parte quest'ul-

quest'ultimo articolo è costituito dalla descrizione – unica nel suo genere – di struttura, tecniche e lessico di una fucina zoldana da chiodi, ancora in funzione nella prima metà del Novecento, sulla base della conoscenza diretta e della tradizione orale (ivi, pp. 48-54).

176) ERRERA, *Storia e statistica* cit., pp. 101-08, 114-15.

177) *Notizie sulle condizioni industriali della provincia di Udine*, cit., pp. 42-43.

178) ERRERA, *Storia e statistica* cit., pp. 152-53, 385-402; A. ERRERA, *Tabelle statistiche e documenti per la storia statistica delle industrie venete*, Venezia 1870, pp. 76-83.

tima, che è ancora alimentata da energie tradizionali, le altre due presentano caratteristiche tecniche ed economiche largamente comuni. Innanzitutto sono impianti di seconda fusione che usano ghisa acquistata sul mercato oltre a coke e carbon fossile prevalentemente di importazione; in secondo luogo sono immediatamente integrati con le attrezzature e l'attività propriamente meccaniche; in terzo luogo hanno una produzione esclusivamente in ghisa e in ferro – oggetti in ghisa stampata, strumenti e macchine agricole, caldaie e altre attrezzature industriali, tettoie, ponti e strutture in ferro, etc. –; usano, infine, l'energia della macchina a vapore per la ventilazione forzata dei forni, per il funzionamento dei magli ed eventualmente anche di altra strumentazione meccanica[179]. È degno di rilievo il fatto che, in linea generale, l'aggiornamento tecnico in questo settore sembri pervenire nel Veneto per il tramite di rapporti commerciali e imprenditoriali con l'area piemontese-ligure piuttosto che con quella dell'Impero[180].

Dopo il 1880 l'uso della macchina a vapore nelle fonderie e officine meccaniche diventa abbastanza comune, almeno al di sopra di una certa dimensione, e si diffonde anche al di fuori dei capoluoghi di provincia. E così lo ritroviamo non solo a Verona, che in precedenza ne era priva, ma anche a Schio, dove la fonderia-stabilimento di Silvio De Pretto, avviata nel 1884, è provvista nel 1890 di due motori, uno idraulico e uno a vapore[181].

Un salto di qualità si compie in quegli anni con le Ferriere di Udine, impresa fondata nel 1883 da una società di capitalisti italiani e austriaci. L'energia motrice è fornita da quattro macchine a vapore, ma la novità è costituita dal fatto che su cinque forni – due forni di pudellaggio, un bollitore, un forno contese e un cubilotto – i primi tre sono alimentati da generatori di gas e recuperatori di calore secondo il sistema Siemens[182]. Una tecnologia, questa, ideata e collaudata in Inghilterra nel 1861, che permette di elevare sensibilmente la temperatura dell'aria di ventilazione – e di conseguenza la produttività del forno – anche usando combustibili di qualità mediocre[183]. Quest'ulti-

179) Cfr. D. Mazzotta, *E. G. Neville e C. Stabilimento di costruzioni meccaniche e fonderia*, in *Venezia, città industriale. Gli insediamenti produttivi del 19° secolo*. Catalogo della mostra, Venezia 1980, pp. 72-73 e M. Berti, *Ponti in ferro a Padova. La fonderia Benech-Rocchetti 1852-1881*, Abano Terme 1994.

180) Berti, *Ponti in ferro* cit., pp. 99-100.

181) G.L. Fontana, *Impresa, scienza e attività pubbliche. I De Pretto e le origini dell'industria meccanica*, in Id., *Mercanti, pionieri e capitani d'industria* cit., pp. 305-06, 316.

182) *Rivista del servizio minerario nel 1883*, p. 325; Parmeggiani, *Gli stadi dello sviluppo industriale* cit., p. 73.

183) Schubert, *L'industria dell'acciaio*, cit., pp. 63-64.

ma caratteristica, in particolare, ne ha decretato il successo e la relativamente rapida diffusione in Italia ancor prima del 1880, non solo nelle ferriere ma anche nelle vetrerie e in altre fabbricazioni[184]. Le Ferriere di Udine usano non a caso come combustibile lignite austriaca. Le materie prime sono costituite da ghisa di Stiria e, in molto minor misura, da acciaio Bessemer di importazione; i prodotti consistono in ferri di varie forme e dimensioni e in acciaio in barre ottenuto raffinando il Bessemer. Nel 1883 le Ferriere hanno circa 200 addetti e l'anno successivo producono 7330 tonnellate di ferro e 210 di acciaio raffinato[185]. Si tratta, senza dubbio, della prima vera concentrazione capitalistica nell'ambito della siderurgia veneta.

Prima della grande guerra non appaiono nella nostra regione né la conversione diretta ferro-acciaio né alcun tipo di forno elettrico. Là dove l'energia elettrica risulta legata in qualche modo a un'impresa siderurgica si tratta, in realtà, solo della sua applicazione al settore meccanico dell'impresa: come accade ad esempio nelle Fonderie e officine meccaniche di Lonigo verso il 1892 e più tardi, nel 1905, nello stabilimento di Antonio Beltrame a Vicenza[186]. Quanto alla conversione ghisa-acciaio – a parte gli esperimenti, presto rientrati, che si effettuano a Piombino negli anni Sessanta – i venti forni tra Bessemer e Martin che sorgono negli anni Ottanta sono situati tutti nel triangolo industriale e a Terni. E ancora nel 1913 su 78 forni da acciaio che si contano in Italia – 67 Martin, due Bessemer, due Robert, sette elettrici – nessuno ha sede nel Veneto[187]. Per trovarne qualche raro esemplare bisogna aspettare la seconda metà degli anni Venti. Un ritardo tecnico? Non diremmo, se consideriamo da un lato che la siderurgia dell'acciaio, in Italia, nasce in certe aree e non in altre tra Otto e Novecento con il concreto e decisivo appoggio dello stato; dall'altro che, per quanto riguarda i settori «strategici», si andava ormai disegnando abbastanza nettamente una specializzazione della regione veneta nel senso dell'industria idroelettrica e, più avanti, di quella chimica[188].

184) *Notizie statistiche sulla industria mineraria* cit., p. 129.

185) *Rivista del servizio minerario nel 1884*, p. 277.

186) Cfr. nell'ordine *Notizie sulle condizioni industriali della provincia di Vicenza*, cit., pp. 25-26, e G.L. FONTANA, *Antonio Beltrame e le acciaierie e ferriere vicentine*, in ID., *Mercanti, pionieri e capitani d'industria*, cit., pp. 441-42.

187) ABRATE, *L'uso del carbon fossile* cit., pp. 16-17, 20, 26-28, 31.

188) G. ROVERATO, *La terza regione industriale*, in *Storia d'Italia. Le regioni dall'unità a oggi. Il Veneto*, cit., pp. 172-76, 190-96, 198-99.

Giorgio Zanon

SULLA SCOPERTA E L'INDIVIDUAZIONE DEI GHIACCIAI DELLE DOLOMITI ATTRAVERSO LE FONTI CARTOGRAFICHE E BIBLIOGRAFICHE OTTOCENTESCHE

Premessa

La ricorrenza di un secolo di rilievi internazionali sui ghiacciai e, contemporaneamente, di analoghe attività in Italia, ha fornito lo spunto per analizzare il grado delle conoscenze sul fenomeno glaciale nella nostra Regione nell'Ottocento, prima cioè che, a partire dalla fine del secolo, le ricerche di Olinto Marinelli, sulle tracce di Eduard Richter, dessero a queste tematiche l'avvio ad un approccio di carattere più propriamente scientifico. Sino ad allora, infatti, e salvo isolate eccezioni, i ghiacciai veneti erano stati oggetto soltanto di sommarie descrizioni, generalmente nel contesto di resoconti di ascensioni, spesso, per merito di singolari figure di alpinisti-esploratori, come Paul Grohmann; in molti casi, quindi, vera e propria «scoperta», anche tenendo conto dell'incompletezza nella cartografia dell'epoca. La nostra attenzione si è pertanto rivolta soprattutto a quest'ultima, anche per l'interesse dal punto di vista geografico, e glaciologico in particolare, suscitato dal confronto con la situazione attuale. Il secolo scorso, infatti, era stato caratterizzato, benché con un progressivo affievolimento, da quella grande fase di progresso che, nota come «Piccola Età glaciale», aveva interessato il glacialismo alpino dalla fine del Sedicesimo secolo alla metà dell'Ottocento. All'opposto, ai giorni nostri i ghiacciai riflettono gli effetti di una lunghissima fase di ritiro, che si è accentuata fortemente negli ultimi anni, con un'intensità che pone in forse la stessa esistenza dei ghiacciai di montagna; questa possibilità si è fatta ancora più tangibile per i ghiacciai veneti, data, in genere, la loro ridotta consistenza.

Lo sviluppo del fenomeno glaciale nell'area dolomitica senza dubbio non è paragonabile a quello che esso assume in altri settori della catena alpina. Sono infatti assenti gli imponenti complessi glaciali di tipo vallivo o di altopiano che caratterizzano i principali gruppi montuosi del Piemonte, della Valle d'Aosta, della Lombardia, dello stesso Trentino-Alto Adige. La causa principale di tale comportamento risiede nella relativamente modesta altitudine dei rilievi; i ghiacciai sono perciò riscontrabili soltanto in ben definite situazioni di esposizione, di riparo orografico e di incidenza del fenomeno delle valanghe; da queste ultime, infatti, gran parte di essi trae l'alimentazione e quindi la stessa possibilità di esistenza. A queste condizioni si sottrae il solo Ghiacciaio della Marmolada, dove lo sviluppo di vaste aree a scarsa pendenza al di sopra di un limite locale delle nevi persistenti relativamente basso, ha reso possibile il formarsi, sul versante settentrionale del Massiccio, di un apparato glaciale di ragguardevoli dimensioni, con caratteristiche «alpine».

Il significato della presenza di ghiacciai in quest'area, e segnatamente nel territorio veneto, va tuttavia al di là di considerazioni di carattere quantitativo. La loro esistenza deve essere vista infatti come la risposta ad un mosaico di topoclimi e, talora, di microclimi, in stretta interrelazione con un insieme di fattori orografici, morfologici, topografici e strutturali, propri della montagna dolomitica; ciò permette interessanti raffronti con altre aree glacializzate delle Alpi dal punto di vista glaciologico e del condizionamento esercitato dall'ambiente. Le loro variazioni di superficie, di volume e di posizione delle fronti sono il risultato di modificazioni climatico-ambientali nel breve e nel medio periodo; i ghiacciai dolomitici, con la complessità delle loro interrelazioni con le situazioni ambientali, mostrano d'altra parte di reagire con individualità di comportamenti e con meccanismi propri all'impatto dell'attuale contesto climatico. Le conoscenze non soltanto sull'attuale regime glaciale, ma anche sul loro recente passato, possono fornirci essenziali elementi a questo riguardo.

Attuale consistenza e distribuzione dei ghiacciai dolomitici

I ghiacciai italiani hanno la loro base di identificazione sistematica e descrittiva nel «Catasto dei Ghiacciai Italiani», opera realizzata alla fine degli anni Cinquanta come contributo italiano all'Anno Geofisico Internazionale 1957-58, grazie allo sforzo congiunto del Comitato Glaciologico Italiano e del Consiglio Nazionale delle Ricerche. Nel Catasto sono elencati e descritti 838 ghiacciai italiani, oltre a 190 considerati *estinti* nell' ultimo cinquantennio; per la regione dolomitica ne risultano esistenti 35 e 24 estinti. Agli inizi degli anni Ottanta il nostro Paese ha aderito ad una iniziativa internazionale per la creazione di un Catasto mondiale dei ghiacciai («World Glacier Inventory») che è stato recentemente portato a termine, con il riconoscimento, per le Alpi italiane, di circa 1400 tra ghiacciai e *glacionevati*[1], di cui 56 per le Dolomiti (cfr. Prospetto I e Tavola I alle pagg. 345-346). Poiché, tuttavia, negli anni più recenti, almeno 5 di essi si possono ritenere del tutto scomparsi, il loro numero attuale si avvicina alla cinquantina. Essi interessano in massima parte il territorio della Provincia di Belluno e, secondariamente, quello delle Province Autonome di Trento e di Bolzano; dal punto di vista idrografico essi fanno parte dei bacini del Piave, del Brenta, dell'Adige e dei relativi sottobacini. Nell'ambito del bacino del Piave e dei suoi affluenti, 13 unità appartengono a quello del Cordevole, 10 all'Ansiei, 7 al Boite, 3 all'Oten, 3 al Padola, 2 al Maè; nel bacino dell'Adige, 7 ricadono in quello della Rienza-Isarco, 9 in quello dell'Avisio; nel bacino del Brenta, 2 appartengono al Cismón. Un caso particolare è quello rappresentato dal Ghiacciaio della Marmolada, compreso nelle Province di Belluno e di Trento: la porzione che fa parte amministrativamente del territorio veneto, ricade solo parzialmente del bacino nel Cordevole-Piave, non essendoci, com'è noto, corrispondenza sulla superficie glaciale tra il confine amministrativo e lo spartiacque naturale; nel W.G.I., tuttavia, il ghiacciaio viene fatto appartenere interamente al bacino dell'Avisio-Adige. I ghiacciai si suddividono tra le Dolomiti Occidentali e quelle Orientali, con una prevalenza numerica in queste ultime; quanto ad estensione, questa è superiore nelle Occidentali, per la determinante presenza del Ghiacciaio della Marmolada. Nelle Dolomiti Occidentali il fenomeno glaciale è presente, oltre che nel Gruppo della Marmolada, su quelli del Sasso Lungo e del Sella; nelle Dolomiti Orientali, i ghiacciai sono variamente distribuiti nei principali gruppi montuosi delle Dolomiti ampezzane e cadorine, e delle Dolomiti di Sesto: precisamente, su quelli del Civetta, Pelmo, Tofane, Fanis, Cristallo, Croda Rossa, Sorapiss, Antelao, Marmarole, Cadini di Misurina, Popera.

Per gli apparati glaciali qui descritti, verranno utilizzati sia il Catasto dei Ghiacciai Italiani (1959-62), che le schede per il World Glacier Inventory (non pubbl.); in particolare, saranno considerati come *esistenti* quelli elencati nel W.G.I., ma, dato il tema affrontato, saranno presi in esame anche quelli riportati come *estinti* nel Catasto 1959-62[2].

1) Con questo termine si può intendere una massa di nevato (*firn*) e ghiaccio a carattere semipermanente, di forma indefinita, e derivante da sovraccumuli di neve dovuti a cause particolari (valanghe, vento, precipitazioni eccezionali); generalmente è privo di movimento.

2) Dati aggiornati sulla situazione attuale dei ghiacciai dolomitici sono stati forniti da M. Cesco Cancian, G. Perini, A. Taurisano, ai quali va un vivo ringraziamento.

Nella trattazione verrà seguito l'ordine stabilito nel Catasto dei Ghiacciai Italiani, ma esclusivamente per ciò che riguarda i massicci montuosi di appartenenza; nell'ambito di questi verranno presi in considerazione i vari ghiacciai, anche se spettanti a bacini idrografici diversi.

I ghiacciai del Cristallo e della Croda Rossa d'Ampezzo

Il Gruppo del Cristallo annovera oggi 3 apparati glaciali esistenti, di cui il principale prende il nome dal Massiccio stesso. Il *Ghiacciaio del Cristallo* (Fig. 1), il secondo per estensione nelle Dolomiti, dopo quello della Marmolada, occupa il settore occidentale del grande e articolato Circo del Cristallo, che si prolunga poi nella Val Fonda, nel bacino della Rienza-Isarco-Adige. È compreso (n. 937) nel Catasto dei Ghiacciai Italiani (1959-62) e, come ghiacciaio di circo dell'area di 32 ha, nel World Glacier Inventory (non pubbl.). L'odierna cartografia dell'Istituto Geografico Militare 1: 25.000, F12 I SO Lago di Misurina e I NO Tre Cime di Lavaredo, lo riporta con il relativo toponimo, e così pure la Carta Tecnica Regionale del Veneto, 1: 10.000, Sezione 029030 Monte Cristallo. Ad esso contiguo, il *Ghiacciaio di Popena* è situato nella parte orientale dello stesso circo, da cui lo separa una dorsale rocciosa, lembo di una propaggine del Piz Popena, diretta verso N. Anch'esso compreso nel bacino della Rienza, è elencato (n. 936) nel C.d.G.I., mentre nel W.G.I. è riportato come ghiacciaio di circo, con un area di 12 ha. Le tavolette I.G.M. Lago di Misurina e Tre Cime di Lavaredo lo rappresentano privo di toponimo, e così pure la C.T.R. del Veneto, Sez. Monte Cristallo.

Alla testata della Val Prà del Vecio, nel bacino del Boite-Piave, il *Ghiacciaio della Cresta Bianca* prende il nome dal contrafforte roccioso che, dal nodo principale del Cristallo, si spinge verso NO, culminando nel Cristallino d'Ampezzo (3008 m) e nella Cresta Bianca (2932 m). In anni relativamente recenti il ghiacciaio si estendeva, come una fascia di larghezza quasi costante, dalla Forcella Grande (2900 m) all'orlo superiore della Val Fonda; ora, fortemente ridotto e in gran parte ricoperto di detriti, è limitato al settore sottostante al Cristallino. È riportato nel C.d.G.I. (n. 963) e il W.G.I. lo classifica come ghiacciaio di circo, con un'area di 8 ha; è raffigurato, con il toponimo, nella recente cartografia I.G.M. 1: 25.000, F 12 IV NE Croda Rossa e, per piccola parte, nella contigua tavoletta IV SE Cortina d'Ampezzo, oltre che nella C.T.R., Sez. Monte Cristallo.

Una quarta formazione, il *Ghiacciaio del Cristallino*, occupava anticamente un profondo incavo (Val Cristallino) sul versante di NNE del M. Cristallino (2775 m); elencato come estinto (n. 935) nel C.d.G.I.,

Fig. 1. Il Ghiacciaio del Cristallo (foto G. Perini, 1993).

non appare nel W.G.I. e non è rappresentato sia nella cartografia I.G.M. 1: 25.000 Tre Cime di Lavaredo (salvo una fugace comparsa con il ril. 1889, aggiorn. 1932), che nella C.T.R., Sez. Monte Cristallo.

Nel vicino gruppo della Croda Rossa d'Ampezzo (3146 m), nel bacino della Rienza-Isarco-Adige, il *Ghiacciaio della Croda Rossa* occupa il più occidentale dei due valloni che intagliano profondamente il versante Nord-orientale dell'elevazione principale (3146 m). Alimentato quasi esclusivamente dalle valanghe, è attualmente rivestito da una coltre continua di detriti, eccezionalmente abbondanti a causa della particolare erodibilità dei versanti rocciosi che lo racchiudono. Considerato estinto nel C.d.G.I. (n. 937), è elencato nel W.G.I. come apparato di circo di incerta definizione, con un'area di 27 ha. Più probabilmente, è oggi da considerarsi come una formazione del genere dei *rockglaciers* , con ghiaccio interstiziale derivante dalla trasformazione del nevato da valanga, come anche l'analoga forma contenuta nel circo più orientale; non è riportato nella tavoletta I.G.M. Croda Rossa, mentre è riconoscibile nella Ortofotocarta della Provincia Autonoma di Bolzano-Alto Adige, Sezione 01614 Croda Rossa.

La prima rappresentazione del glacialismo del Cristallo, come per altri gruppi dolomitici, è contenuta nell'«Atlas Tyrolensis» di Peter Anich (1774); in esso è raffigurata una formazione glaciale in corrispondenza di un «M. Crystal», toponimo, questo, da porsi in rapporto (Pellegrini, 1953) con la presenza di ghiacciai nella Val Fonda, chiaramente evidenti dall'alta Valle della Rienza. In seguito, una vasta area glacializzata, identificabile nel Ghiacciaio della Cresta Bianca, è rappresentata nella «Carta Topografica del Regno Lombardo-Veneto», 1: 86.500, F. 1 (Fig. 2). Nella successiva «Spezialkarte der Österr. Ungar. Monarchie», 1: 75.000, foglio Toblach-und Cortina d'Ampezzo, e nella«Topographische Detailkarte der Ampezzaner-und Sextener Dolomiten», 1: 50.000, sono delineati con chiarezza il Ghiacciaio della Cresta Bianca e un unico apparato sul versante della Val Fonda. Quest'ultimo è raffigurato anche nella «Karte der Dolomit Alpen», 1:100.000, del von Wiedenmann (1874), mentre non è rappresentato il Cresta Bianca; inoltre, è riportata una formazione glaciale corrispondente all'estinto Ghiacciaio del Cristallino. La vecchia cartografia I.G.M., tavolette Lago di Misurina e Tre Cime di Lavaredo (ril. 1889, correz. 1902) riporta, senza denominazione, il Ghiacciaio del Cristallo, mentre omette il Popena, incluso, invece, senza toponimo, a partire dall'agg. 1924; il Cresta Bianca, a sua volta, appare sotto il toponimo di «Vedretta di Cresta Bianca» nelle citate tavolette I.G.M. Croda Rossa (ril. austr. 1904-05, I.G.M. 1915 e ricogn. 1919) e Monte Cristallo (ora Cortina d'Ampezzo) (levata 1888-89, ricogn. gen. 1910, agg. e var. 1917). Non c'è invece alcuna traccia del Ghiacciaio del Cristallino.

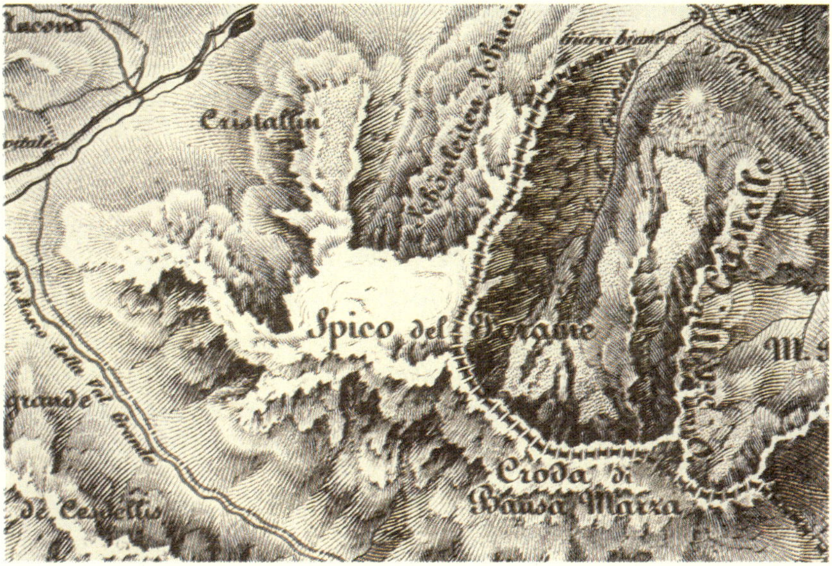

Fig. 2. I ghiacciai del Cristallo nella «Carta del Regno Lombardo-Veneto» (1833).

Il Ghiacciaio della Croda Rossa è raffigurato, privo di toponimo, sia nella «Spezialkarte der Österr. Ungar. Monarchie», foglio Toblach-und Cortina d'Ampezzo, che nella «Topographische Detailkarte der Ampezzaner-und Sextener Dolomiten». La cartografia I.G.M. 1: 25.000 lo riporta senza denominazione in tutte le vecchie edizioni basate sulla levata austriaca 1902-04 (I.G.M. 1915, ricogniz. 1919; ricogn. gen. e ridis. 1924; ricogn. parz. 1932), mentre manca, come si è detto, nelle più recenti, basate sul rilievo 1964.

Le prime notizie sui ghiacciai del Cristallo e, in particolare, su quello principale, risalgono alla seconda metà del secolo scorso; esse provengono da descrizioni di carattere alpinistico e da resoconti di ricognizioni *in loco*, prima, e, successivamente, costituiscono anche l'oggetto di opere di carattere specifico. Tra quanti si sono occupati, nei loro scritti, di questi ghiacciai, vanno ricordati principalmente il Grohmann (1877), che in varie occasioni ha risalito il Ghiacciaio del Cristallo dalla fronte al Passo omonimo, descrivendone la configurazione morfologica e accennando appena agli altri due; l'Eckerth (1891), che ha fatto oggetto il Gruppo del Cristallo di una estesa monografia, comprendente, tra l'altro, una descrizione dei ghiacciai, non priva di elementi scientifici e corredata da una rappresentazione in scala 1: 50.000; infine, il Richter (1888), che ha ripreso sommariamente precedenti valutazioni dell'Eckerth e gli elementi forniti dalla cartografia austriaca. Le prime ricerche a carattere scientifico si debbono tuttavia considerare quelle iniziate su questo Gruppo da Olinto Marinelli nel 1897 (Marinelli, 1899); nel corso di esse saranno verificate, per i tre ghiacciai, le precedenti osservazioni dell'Eckerth, con l'accompagnamento di uno schizzo topografico. I rilievi proseguiranno nel 1899, con un riscontro delle variazioni frontali del Ghiacciaio del Cristallo (Marinelli, 1900). Essi si inseriranno, negli anni successivi, in una più vasta indagine sui ghiacciai dell'area dolomitica, portata avanti dallo stesso Marinelli e dai suoi collaboratori G. Feruglio e A.R. Toniolo (Marinelli 1910).

Per il Ghiacciaio della Croda Rossa, se si eccettuano le sommarie notizie riportate dal Richter (1888), manca invece qualsiasi cenno, anche nella letteratura alpinistica, sino alla descrizione fattane dallo Schultz nel 1905 ed alle ricerche colà effettuate dal Marinelli e dal Toniolo nel 1907 (cfr. Marinelli, 1910).

I ghiacciai del Gruppo di Sella

Il glacialismo nel Gruppo di Sella è rappresentato da un ghiacciaio esistente, oltre che da due estinti. Il primo, il *Ghiacciaio del Sella*, o *del Boè*, anch'esso ormai ridotto ad un insieme eterogeneo di placche di nevato e ghiaccio, è situato a N del Piz Boè (3152 m) e occupa un cornicione roccioso posto alla testata della Val de Mezdì, nel bacino Gadera-Rienza-Adige. È elencato (n. 938) nel C.d.G.I. come ghiacciaio di falda e nel W.G.I. come *glacionevato*, con una superficie di 8 ha. La recente cartografia I.G.M. 1: 25.000, F 11 I SO S. Cristina Valgardena e I SE Corvara in Badia, ne riporta il solo toponimo, non accompagnato da alcuna rappresentazione topografica.

Il C.d.G.I. considera come estinti i *Ghiacciai di Pisciadù* (o *Pissadù*) (n. 939) e *delle Mèsules* (o *di Masores de Murfreid*) (n. 940), ed entrambi non sono compresi nel W.G.I. Il primo di essi occupava anticamente la testata del vallone omonimo, nel bacino del Gadera-Rienza-Adige, mentre il secondo era situato ai piedi del tratto di cresta rocciosa posta a N dell'Altopiano delle Mèsules e compreso tra l'attuale Sass dai Ciamorces (2999 m) e il Sass da Lec (2936 m), nel bacino Rio Gardena-Isarco-Adige. Di essi non c'è traccia nella recente cartografia I.G.M., se non l'evidenza morfologica per il Ghiacciaio delle Mèsules, rappresentata da un vasto ammasso detritico, con probabilità ricoprente ghiaccio morto, presente con certezza almeno sino agli anni Sessanta.

Il Ghiacciaio del Sella è raffigurato, insieme con altre formazioni minori, nella «Spezialkarte der Österr. Ungar. Monarchie», foglio Klausen, e così nella «Karte der Langkofel-und Sellagruppe», 1: 25.000, di L. Aegerter, del 1904; è rappresentato con chiarezza nella tavoletta S. Cristina Valgardena soltanto nell'edizione basata sulla levata austriaca 1904-05, agg. 1924, mentre non lo è in un'edizione di guerra poco precedente a questa (recante la sola indicazione «I.G.M., 1915»). Quanto al Ghiacciaio delle Mèsules, nella vecchia cartografia compare per la prima volta soltanto la parte scoperta di esso nella tavoletta S. Cristina Valgardena, ril. austr. 1904-05, agg. 1924; insieme con il Ghiacciaio di Pisciadù, è invece riportato con molto dettaglio nella carta dell'Aegerter, appena citata.

La presenza di ghiacciai nel Gruppo del Sella è posta in dubbio dal Richter (1888); un «*ghiacciaio di discrete dimensioni*» è citato invece dal Brentari (1895), con riferimento alla testata della Val di Mezdì, mentre il Bindel, nella sua monografia sul Gruppo di Sella (1899), ricorda un «*campo ghiacciato*» corrispondente al Ghiacciaio del Boè, del quale fornisce una bella veduta fotografica, ripresa da F. Benesch dall'allora Bambergerhütte. Specifici e dettagliati rilievi verranno condotti soltanto nel 1906, ad opera del Marinelli, limitati, tuttavia, a quest'ultimo ghiacciaio, con qualche fugace accenno a piccole formazioni glaciali presenti nell'area delle Mèsules e nel Vallone del Pisciadù (Marinelli, 1910).

I ghiacciai del Sasso Lungo

Il Massiccio del Sasso Lungo è interessato da 3 formazioni glaciali, situate sul versante settentrionale, che guarda la Val Gardena. Il *Ghiacciaio del Sasso Lungo* è situato in una conca rocciosa allungata, a S del Sasso Lungo (3179 m), limitata da elevate pareti sui lati meridionale e settentrionale, e sospesa sul Vallone d'Antersass; considerato estinto nel C.d.G.I. (n. 940a), è compreso nel W.G.I. come ghiacciaio di circo, con un' area di 4 ha; è rappresentato, privo di toponimo, nella tavoletta I.G.M. S. Cristina Valgardena (ril. 1960). Il più noto del Gruppo, il *Ghiacciaio di Grohmann*, occupa il settore sinistro del Vallone d'Antersass, a O della Forcella Sasso Lungo, ed è dominato dalle Cinque Dita e dalle varie elevazioni che culminano nel Sasso Levante (3114 m). Elencato come estinto (n. 940b) nel C.d.G.I., nel W.G.I. è considerato come un ghiacciaio di circo, con un'area di 7 ha; è rappresentato, privo di toponimo, nella tavoletta S. Cristina Valgardena. Il *Ghiacciaio del Sasso Piatto* (Fig. 3) è situato alla testata del vallone omonimo, che si apre ad E della cima omoni-

Fig. 3. Il Ghiacciaio del Sasso Piatto (foto G. Perini, 1987).

ma (2853 m), ed è oggi costituito da una formazione irregolare di nevato e ghiaccio alimentata dalle valanghe e parzialmente ricoperta da morene di superficie. Il C.d.G.I. lo considera come estinto (n. 940c), mentre il W.G.I. lo elenca come un glacionevato di 7 ha di area; non è riportato nella tavoletta S. Cristina Valgardena. Le tre formazioni glaciali del Sasso Lungo sono invece chiaramente riconoscibili nella Ortofotocarta provinciale della Provincia Autonoma di Bolzano-Alto Adige, 1: 10.000, Sezione 02805 Il Sasso Lungo.

I ghiacciai del Gruppo del Sasso Lungo sono rappresentati nella «Spezialkarte der Österr. Ungar. Monarchie», foglio Klausen, con notevole imprecisione per ciò che si riferisce, in particolare, alla posizione del Ghiacciaio di Grohmann; tale imprecisione si ripete anche nelle primissime edizioni della tavoletta S. Cristina, dove il ghiacciaio sembrerebbe raffigurato nella Conca del Sasso Piatto, anziché alla testata del Vallone di Antersass («Danter Sasch»), mentre manca il Ghiacciaio del Sasso Lungo. Queste imprecisioni e lacune vengono eliminate nell' edizione basata sulla levata austr. 1904-1905, agg. 1924, e nelle successive.

I ghiacciai del Sasso Lungo sono presenti nella letteratura del secolo scorso per motivi esclusivamente di carattere alpinistico e in maniera molto sommaria (ad es., in Brentari, 1895). Anche il Richter

(1888) accenna soltanto al piccolo Ghiacciaio del Sasso Lungo, desumendone l'esistenza, a quanto sembra, da una veduta panoramica dalla Cima S. Cassiano (Alpi di Sarentino, 2581 m), in direzione della Rascìesa, pubblicata nel 1897 in Zeitschr. des D.u.oe. Alpen-Vereines, XXVIII. Occasionalmente, qualche immagine dei tre ghiacciai, come quelle contenute nella monografia dello Schuster (1896), consente di valutarne, meglio di qualsiasi descrizione, le caratteristiche; è soltanto con il 1906, tuttavia, che le ricerche del Marinelli (1910) e collaboratori forniranno per la prima volta, anche per questi ghiacciai, dati di misura e valutazioni scientifiche.

I ghiacciai del Gruppo della Marmolada

Per il Gruppo della Marmolada, oltre all'omonimo Ghiacciaio, detto *Principale*, è riconosciuta la presenza di una decina di formazioni glaciali minori, la maggior parte delle quali sono oggi da considerarsi praticamente estinte o in condizioni di estrema riduzione. Esse sono situate sia nel territorio della Provincia Autonoma di Trento, nel bacino dell'Avisio-Adige, che in quello della Provincia di Belluno, nel bacino del Cordevole-Piave.

Il *Ghiacciaio Principale della Marmolada* (Fig. 4), il più noto e di gran lunga il più vasto delle Dolomiti, amministrativamente ricade con 164 ha, pari al 64.6 % del totale, nella Provincia di Belluno, e con 92 ha in quella di Trento. Dal punto di vista idrografico appartiene con 213 ha, pari all'81 % del totale, al bacino dell'Avisio-Adige, e per soli 47 ha a quello del Cordevole-Piave (dati dal W.G.I., non pubbl.). Il ghiacciaio si estende sul versante settentrionale del Massiccio come una coltre di non rilevante pendenza, in forma grossolanamente di trapezio, con la base maggiore rivolta verso il basso. La zona di raccolta è delimitata verso S dall'orlo della lunga parete meridionale, che culmina nelle Punte Penìa (3343 m) e Rocca (3310 m); l'alimentazione è prevalentemente diretta e la superficie glaciale è quasi ovunque priva di copertura detritica. Il Sasso delle Undici (2770 m) e il Sasso delle Dodici (2690 m) ne suddividono la zona di ablazione in tre larghe colate, dette rispettivamente Orientale, Centrale ed Occidentale, che a loro volta danno origine ad altrettante fronti distinte.

Il ghiacciaio è compreso nel C.d.G.I. (n. 941) ed il W.G.I. lo elenca come un ghiacciaio di pendio, della superficie complessiva di 260 ha; è rappresentato nelle edizioni recenti (rilievo 1959) della tavoletta I.G.M. F 11 II NE Monte Marmolada, nonché nella C.T.R. del Veneto, Sezione 028150 La Marmolada.

Fig. 4. Il Ghiacciaio della Marmolada (foto G. Perini, 1992).

Il *Ghiacciaio Occidentale*, o *del Vernèl*, da considerarsi, nella sua parte superiore, come il proseguimento verso NO della cappa di ghiaccio sommitale della Marmolada, si continua in un vallone ad E del Gran Vernèl (3210 m). È compreso nel C.d.G.I. (n. 942) ed il W.G.I. lo considera come un apparato di forma incerta, con un'area di 38 ha; è rappresentato nella tavoletta Monte Marmolada e nella C.T.R., Sez. La Marmolada. I cosiddetti *Ghiacciai Orientali del Vernèl*, sono in realtà costituiti da un insieme di placche di nevato e ghiaccio, originate dalle valanghe, poste sul versante orientale della cresta compresa tra il Gran Vernèl e la Roda de Mulón (2882 m). La formazione è inserita nel C.d.G.I. (n. 942a), mentre il W.G.I. la considera un glacionevato di 5 ha di area; è raffigurata nella tavoletta I.G.M. Monte Marmolada. I *Ghiacciai Settentrionale Inferiore* e *Settentrionale Superiore del Vernèl*, elencati come due distinti apparati nel C.d.G.I. (nn. 943 e 944), sono considerati nel W.G.I. come un'unica entità, costituita dalle varie placche ghiacciate da valanga, disseminate sul versante settentrionale del Gran Vernèl, per un'area complessiva di 12 ha; sono rappresentati nelle recenti edizioni delle tavolette I.G.M. Monte Marmolada e F 11 II NO Canazei.

Situata entro un profondo circo aperto verso O, tra le Cime Ombretta (3011 m) ed il Sasso Vernale (3058 m), nel bacino dell'Avisio-Adige, la *Vedretta Vernale* non costituisce più, da tempo, una massa unitaria, bensì un insieme di segmenti distinti. È compresa nel C.d.G.I. (n. 945) e il W.G.I. la riporta come un apparato di circo, con un'area di 15 ha; è presente con tale toponimo nella tavoletta Monte Marmolada. Il *Ghiacciaio di Cima Cadina* era situato in un circo posto a N delle Cime Cadine (2885), nell'alta Val Contrìn (bacino Avisio-Adige); considerato estinto (n. 945a) nel C.d.G.I., non è compreso nel W.G.I. e non è rappresentato nell'odierna cartografia I.G.M. 1: 25.000, F 11 II SO Passo di Vallès. Posto sul versante settentrionale dell'omonima Cima (3010 m), nell'alta Val Contrìn, il *Ghiacciaio della Cima dell'Uomo*, già considerato estinto (n. 946) nel C.d.G.I., è descritto nel W.G.I. come un glacionevato di 7 ha di area, in gran parte ricoperto di detrito e tale da farlo considerare come una formazione del tipo dei *rockglaciers*; è riportato con il toponimo nella tavoletta I.G.M. Passo di Vallès.

Isolate placche di ghiaccio e nevato presenti nel fondo di un circo che si sviluppa a SO del Sasso di Valfredda (3009 m), nel bacino Cordevole-Piave, rappresentano a loro volta ciò che resta del *Ghiacciaio Meridionale di Cima Ombrettola*; considerato estinto (n. 953a) nel C.d.G.I., non è compreso nel W.G.I. e non è rappresentato nella recente cartografia I.G.M. 1: 25.000 F 11 II SE Forno di Canale. Il *Ghiacciaio di Ombrettola* occupa parte della testata del vallone omonimo, che confluisce da destra nella media Valle Ombretta (bacino del Cordevole-Piave). Formato oggi da due corpi distinti di prevalente origine da valanga, è considerato estinto (n. 954) nel C.d.G.I. ed è incluso nel W.G.I. come ghiacciaio di circo, con una superficie di 13.5 ha; non è riportato nelle recenti edizioni della tavoletta I.G.M. F 11 II SE Forno di Canale.

Ancora alla testata della Val Ombrettola, in un circo posto a N del M.te La Banca (2875 m), è presente una formazione costituita da un insieme di placche di nevato e ghiaccio; non compresa nel C.d.G.I., è inserita nel W.G.I. come un glacionevato dell'area complessiva di 6 ha; non è raffigurato nella tavoletta Forno di Canale. Va infine ricordato come nel C.d.G.I. venga elencato come estinto (n. 955) un *Ghiacciaio dell'Antermoia* che, non compreso nel W.G.I. e nelle recenti edizioni della tavoletta Monte Marmolada, ma segnalato nella cartografia degli inizi del secolo, occupava il vallone omonimo, posto ad E della cresta che congiunge il Pizzo Serauta (3035 m) alla Punta Serauta (2962 m), nel bacino del Cordevole-Piave.

La prima raffigurazione dei ghiacciai nella regione della Marmolada è quella contenuta nell'«Atlas Tyrolensis» (1774) (Fig. 5). In esso è rappresentato il Ghiacciaio Principale, probabilmente prossimo alla sua massima estensione storica, sotto la denominazione di «Marmolata Vedretta»; inoltre, una fascia glacializzata continua occupa

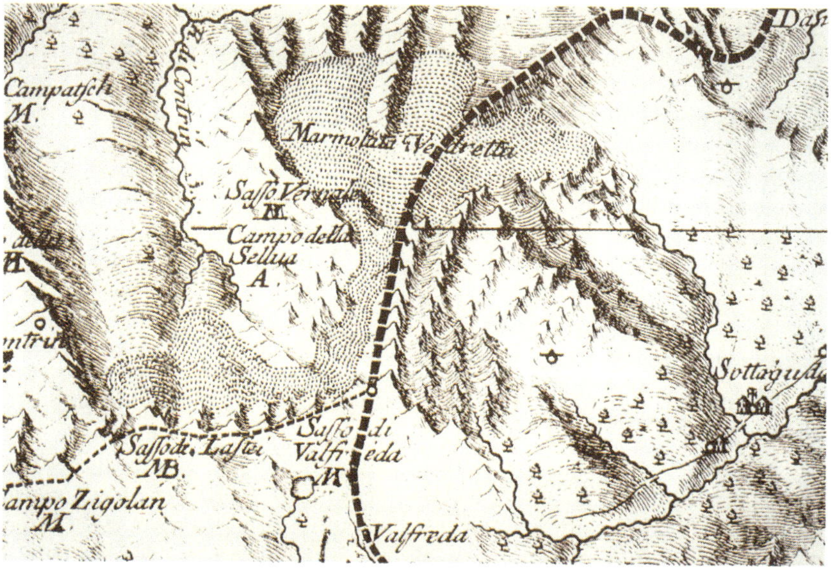

Fig. 5. Il Ghiacciaio della Marmolada nell'«Atlas Tyrolensis», di P. Anich (1774).

l'intera testata della Val Contrìn, comprendendo anche l'attuale Vedretta Vernale, e mostrando addirittura di formare un corpo unico con lo stesso Ghiacciaio della Marmolada.

Piuttosto approssimativa, anche per la mancanza di punti di riferimento, è la rappresentazione del Ghiacciaio della Marmolada che appare nella «Carta Topografica del Regno Lombardo-Veneto», F. 2, sotto il generico toponimo di «Marmolade»; ad essa si aggiunge, con la denominazione di «Vernale», l'attuale Vedretta omonima. Nella «Spezialkarte der Österr. Ungar. Monarchie», foglio Pieve di Livinallongo-und Longarone, sono contenuti, privi di toponimo, gli stessi ghiacciai, quello Occidentale, oltre ad una formazione minore posta nel vallone di Antermoia; nella «Karte der Dolomit Alpen», del von Wiedenmann (Fig. 6) sono riportate una «Vedretta Marmolade» e una «Vedretta Vernale», oltre al Ghiacciaio Occidentale, privo di toponimo. Quanto alla vecchia cartografia I.G.M. 1: 25.000, nella tavoletta Monte Marmolada (levata 1888, correz. 1894), è rappresentata la sola porzione veneta del Ghiacciaio della Marmolada ("Vedrette della Marmolada"), la citata formazione glaciale nel vallone d'Antermoia. Nella tavoletta Passo di Vallès (ril. 1888, ricogniz. 1910 e 1919) sono raffigurati i Ghiacciai della Cima dell'Uomo e di Cima Cadina; nella tavoletta Forno di Canale (levata 1888, correz. 1902) è riconoscibile il solo Ghiacciaio di Ombrettola.

Fig. 6. I Ghiacciai della Marmolada nella «Karte der Dolomit Alpen», di P. Ritter von Wiedenmann (1874).

La ragguardevole estensione del Ghiacciaio della Marmolada, la situazione geografica, oltre alla relativa facilità di accessi ed alle attrattive dell'ambiente naturale, hanno dato, sino dal secolo scorso, grande notorietà a quest'area. Le prime osservazioni sul ghiacciaio si intrecciano, nella quasi totalità dei casi, con i resoconti di ascensioni alpinistiche, delle quali la letteratura, per la regione della Marmolada, è ricchissima. Ci si limiterà a ricordare soltanto alcuni tra i contributi più significativi ai fini delle conoscenze sul ghiacciaio, rimandando per il resto all'esauriente bibliografia in Marinelli (1910) e in Rossi (1968).

Il Ghiacciaio della Marmolada è menzionato come «marmolata Vedretta» in Hacquet (1785), che ne descrive l'ambiente orografico da un non precisato punto di osservazione; notizie sul ghiacciaio si hanno successivamente a proposito di una salita effettuata nel 1802 da Don Terza, di Pieve di Livinallongo, che in quella occasione vi perse la vita. Come riportato al riguardo nel Libro del Clero della Parrocchia di Livinallongo (Rossi, 1968), «(...) *ivit ad montem excelsum valde, Marmolata dictum, qui nive glacieque perpetuo riget* (...) *lapsus probabilius et sepultus in fissuris glaciei, quarum multae et apertae et tectae et profundissimae inveniri possunt.*» La cronaca sommaria di tale ascensione e della sua poco felice conclusione, può tuttavia essere considerata un'efficace descrizione del ghiacciaio e delle sue caratteristiche morfologiche; ad essa si può aggiungere la vivida immagine di una seraccata nei pressi della Forcella Serauta, fornita dal vicentino Don P. Mugna nel corso di un probabilmente riuscito tentativo di ascensione alla Punta Rocca nel 1856 (cfr. Rossi, 1968). Notizie di maggiore dettaglio e precisione sui ghiacciai della Marmolada e del Vernèl provengono dal Grohmann (1877), che percorse la lingua orientale in occasione della salita alla Punta Rocca, effettuata nel 1862 assieme alla guida P. Pellegrini di Rocca Pietore, e alla Punta Penìa nel settembre 1864, con le guide ampezzane Angelo e Fulgenzio Dimai. L'Edwards (1872), a sua volta, forse trascinata dall'entusiasmo, paragona il ramo orientale del Ghiacciaio della Marmolada addirittura al Ghiacciaio Inferiore di Grindelwald. Più precisi elementi di conoscenza vengono infine dal Richter (1888), il quale riporta una veduta e un profilo longitudinale del Ghiacciaio della Marmolada, unitamente ad alcuni parametri morfometrici. Con il 1902 hanno inizio i sistematici studi del Marinelli e collaboratori (Marinelli, 1910) che avrebbero dato stimolo ed avvio a ricerche succedutesi su questa area sino ai giorni nostri (Zanon, 1990).

I ghiacciai delle Pale di S. Martino

Il Gruppo delle Pale di S. Martino è interessato da 9 formazioni glaciali di varia entità e importanza, distribuite tra i territori della Provincia Autonoma di Trento (bacino Avisio-Adige) e della Regione Veneto (bacini del Cordevole-Piave e del Cismón-Brenta). Secondo il C.d.G.I., soltanto 2 di essi sono esistenti, mentre i restanti 5 sono considerati estinti; altre 4 formazioni minori, del genere dei glacionevati, non comprese nel C.d.G.I., sono invece inserite nel W.G.I.

Il *Ghiacciaio del Travignolo* è il secondo per estensione, dopo quello della Fradusta; si sviluppa, con esposizione N, in un ripido vallone che ha inizio al Passo del Travignolo (2925 m) ed è racchiuso tra il Cimon della Pala (3184 m) e la Cima Vezzana (3192 m), nel bacino dell' Avisio-Adige. Ha un'antica notorietà nel Gruppo, sia per l'osservabilità dall'alta Valle del Travignolo, che per motivi di carattere alpinistico. Alimentato in parte da valanghe, è caratterizzato da pendenze notevoli e parziale copertura detritica, mentre il tratto inferiore della zona di ablazione è suddiviso in due lobi da un caratteristico isolotto roccioso. È riportato nel C.d.G.I. (n. 947), mentre il W.G.I. lo elenca come ghiacciaio di circo, con un'estensione di 28 ha; la recente cartografia I.G.M. 1: 25.000 F 22 I NO S. Martino di Castrozza (ril. 1959) lo rappresenta con il relativo toponimo.

Ancora sul settore occidentale del Gruppo, nel bacino dell'Avisio-Adige, sono presenti due formazioni minori, non comprese nel C.d.G.I., ma inserite come glacionevati nel W.G.I.: la prima di esse, con un'area di 3.5 ha, è posta ai piedi delle pareti che, dal versante occidentale della C.ma di Focobón (3054 m), si spingono sino al Campanile di Val Grande (2932 m); la seconda, con un'area di 11 ha, è situata entro un ripido vallone che si diparte dalla C.ma dei Bureloni in direzione SO. Entrambe non sono rappresentate nella recenti edizioni delle tavolette S. Martino di Castrozza e F 22 I NE Garès.

Il *Ghiacciaio della Pala* (Fig. 7), oggi in realtà una placca di ghiaccio e nevato di limitata estensione, occupa una conca posta sul lato settentrionale della Pala di S. Martino (2982 m), nel bacino del Cismón-Brenta. Ha una certa notorietà per la situazione geografica, che lo rende visibile dai dintorni di S. Martino di Castrozza, e perché posto lungo la via normale di salita alla Pala. Il C.d.G.I. lo considera estinto (n. 948), mentre nel W.G.I. è classificato come ghiacciaio di circo, con un'area di 7 ha; non è rappresentato nelle edizioni recenti della tavoletta S. Martino di Castrozza. Il *Ghiacciaio del Marmór*, pure considerato come estinto nel C.d.G.I. (n. 949), non è compreso nel W.G.I. e non è rappresentato nelle recenti edizioni (ril. 1959) della tavoletta Garès. Ciò che ne resta, una placca di ghiaccio di modeste dimensioni ma di discreto spessore, occupa il fondo di un profondo vallone che si apre a N della Cima del Coro (2670 m), nell'alta Val d'Angheràz (bacino del Cordevole-Piave). Il più esteso e caratteristico apparato glaciale del Gruppo, il *Ghiacciaio della Fradusta* (Fig. 8), si allarga sull'Altopiano delle Pale, appena a N della Cima omonima (2939 m), nel bacino del Cordevole-Piave. Mostra una superficie poco inclinata, con scarsa copertura detritica; il lungo perimetro frontale termina oggi in un laghetto di circa 2 ha di superficie, con una falesia di ghiaccio di una decina di m di altezza. Nel C.d.G.I. è descritto come un ghiacciaio di altopiano (n. 950), mentre il W.G.I. lo considera di tipologia incerta, valutandone un'area di 43 ha; è rappresentato con il toponimo nelle edizioni recenti della tavoletta Garès, ma con un'estensione molto maggiore rispetto alla realtà. Il *Ghiacciaio di Val Strutt*, attualmente una formazione di incerta classificazione, consistente in un insieme di placche di nevato e ghiaccio, residuo di valanghe, è situato alla testata del vallone omonimo, che si apre tra la C.ma Vezzana e la C.ma dei Bureloni (3130 m), e che sbocca con un gradino sul fianco sinistro della Val delle Comelle (alta Val di Garès), nel bacino del Cordevole-Piave. Considerato estinto (n. 951) nel C.d.G.I., è compreso nel W.G.I. come ghiacciaio di circo, con un'area di 11 ha; la tavoletta Garès lo rappresenta con il toponimo e con un'estensione molto maggiore rispetto all'attuale. Pure indicato come estinto (n. 952) nel C.d.G.I., il

Fig. 7. Il Ghiacciaio della Pala in un disegno di J. Frischauf (1884).

Fig. 8. Il Ghiacciaio della Fradusta (foto A. Taurisano, 1995).

Ghiacciaio delle Ziroccole è considerato dal W.G.I. un ghiacciaio di circo di 5 ha di area. Situato alla testata della Val Grande, vallone tributario in destra della Val delle Comelle, mantiene tuttora una struttura abbastanza regolare e una superficie in gran parte scoperta; è raffigurato con il toponimo nelle edizioni recenti della tavoletta Garès.

Il *Ghiacciaio di Focobón*, anch'esso classificato come estinto nel C.d.G.I. (n. 953), ma compreso nel W.G.I. come ghiacciaio di pendio, con un'area di 10 ha, è oggi costituito da isolate masse di nevato e ghiaccio, originate dalle valanghe, che occupano la testata dell'ampio vallone del Focobón, tributario in destra dell'alta Valle del Biois, nel bacino del Cordevole-Piave; è riportato con questa denominazione nelle edizioni più recenti della tavoletta Garès.

Come già si è accennato, sul settore orientale del Gruppo (bacino del Cordevole-Piave), sono compresi nel W.G.I. altri due glacionevati, entrambi costituiti da irregolari placche di nevato e ghiaccio. Il primo, con un'area di 8 ha, è posto alla testata della Val dei Cantoni che, dal Passo del Travignolo, si apre a NE del Cimon della Pala; il secondo, con un'area di 9 ha, è situato sul settore superiore della Val delle Galline, ampio vallone che si diparte sotto la C.ma della Vezzana, in direzione SE, parallelamente alla Val dei Cantoni, e si immette da sinistra nella Val delle Comelle; dei due glacionevati non c'è traccia nella tavoletta Garès.

La prima documentazione cartografica della presenza di ghiacciai nel Gruppo delle Pale è probabilmente quella contenuta nell'«Atlas Tyrolensis» (1774), con la raffigurazione di una formazione glaciale situata tra le cime designate come «Pala» e «Vezzana», e corrispondente al Ghiacciaio del Travignolo. Nel secolo scorso, il fenomeno glaciale nel Gruppo è rappresentato in modo estremamente incerto nella «Carta Topografica del Regno Lombardo Veneto», F. 2, anche per quanto riguarda i due principali Ghiacciai della Fradusta e del Travignolo. Nella «Spezialkarte der Österr. Ungar. Monarchie», fogli Bozen-und Fleimsthale Pieve di Livinallongo-und Longarone, sono chiaramente raffigurati i Ghiacciai della Fradusta (con il toponimo), del Travignolo, del Focobón, di Val Strutt, della Pala, oltre al glacionevato situato alla testata del vallone ad O della C.ma dei Bureloni, riconosciuto dal W.G.I.; all'incirca le stesse formazioni glaciali sono successivamente rappresentate nella «Topographische Detailkarte der Palagruppe», 1: 50.000, edita sul finire dell'Ottocento. Infine, nella tavoletta Garès (levata 1888, correz. 1902) sono riportati, con i toponimi, i Ghiacciai della Fradusta, del Focobón (con la denominazione di «Fiocobon»); privi di questi, i Ghiacciai di Val Strutt, Val delle Galline e Val dei Cantoni, oltre ad una formazione glaciale contenuta in un circo che si apre verso NE tra le C.me Fradusta e Manstorna. Vale la pena di ricordare come nella stessa tavoletta (lev. 1888, ricogn. gen. 1910, agg. e var. 1917) sia riportato, senza toponimo, il Ghiacciaio del Marmór, ma non il Focobón, oltre alla formazione appena citata; nella tavoletta Paneveggio (ora S. Martino di Castrozza), levata austr. 1905-06, è presente, privo di toponimo, il Ghiacciaio del Travignolo.

I ghiacciai delle Pale sono scarsamente trattati sia nella letteratura alpinistica che in quella scientifica del secolo scorso. Qualche cenno se ne ha nell'Edwards (1872) e nell'Euringer (1884); il Ghiacciaio del Travignolo è descritto dal Freshfield (1875) in occasione della salita alla Vezzana il 5 settembre 1872; egli così lo definisce: «(...) *the only icestream in this group which makes a determined effort to descend into the valley*». Lo stesso Travignolo, i Ghiacciai della Fradusta e della Pala, sono menzionati dal Brentari in vari scritti, ma soprattutto nella sua Guida del Trentino (1895). Maggiori particolari su questi stessi ghiacciai si ritrovano in D'Anna (cfr. Marinelli, 1910), mentre per gli altri apparati minori, soprattutto quelli del settore occidentale del Gruppo, notizie più precise si hanno soltanto in Radio-Radiis (1903), precedendo di poco le ricerche del Marinelli e collaboratori, che sarebbero qui iniziate nel 1904. Le informazioni più dettagliate dal punto di vista scientifico sui tre principali ghiacciai delle Pale restano, comunque, quelle del Richter (1888), che ha potuto avvalersi di rilievi austriaci eseguiti nel 1875 e riveduti nel 1888 (Marinelli, 1910).

I ghiacciai del Civetta

Il Gruppo del Civetta è oggi caratterizzato da alcuni apparati glaciali di modesta entità, da considerarsi dei glacionevati. Il *Ghiacciaio del Cristallo* (Fig. 9), placca di ghiaccio e nevato a notevole inclinazione, incastonata a metà altezza della grande parete Nord-occidentale del Monte, si collega geneticamente con il *Ghiacciaio di Val Zuita*, falda ghiacciata da valanga, posta al piede della stessa parete. Queste due formazioni, appartenenti al bacino del Cordevole-Piave, sono elencate separatamente nel C.d.G.I. (rispettivamente con i nn. 956 e 957), mentre costituiscono una sola unità nel W.G.I., classificata come un glacionevato dell'area di 7 ha; di essi non c'è traccia nelle recenti edizioni (ril. 1961) della cartografia I.G.M. 1: 25.000 F 12 III SO Cencenighe Agordino, mentre la C.T.R. del Veneto, Sez. 046010 Monte Civetta, lo riporta con il toponimo di «Cristallo».

Il più esteso del Gruppo è da considerarsi il *Ghiacciaio dei Cantoni* (o *Ghiacciaio De Gasperi*, o «El Giassèr»): appartenente al bacino del Cordevole-Piave, esso occupa il fondo superiore del vallone che, sotto il nome di Val dei Cantoni, si spinge da S verso l'interno del Massiccio, ed è alimentato prevalentemente dalle valanghe. È incluso nel C.d.G.I. (n. 958), mentre il W.G.I. lo elenca come ghiacciaio di circo, con un'area di 8 ha; la tavoletta I.G.M. Cencenighe Agordino (ril. 1961) lo rappresenta con la prima delle sue varie denominazioni e la C.T.R., Sez. Monte Civetta, lo riporta come «Giazèr». In un circo situato sul versante orientale del Gruppo, compreso tra la Punta Civetta (2920 m) e la Torre di Valgrande (2715 m), nel bacino del Maè-Piave, è invece contenuto il *Ghiacciaio Orientale*, un piccolo apparato con l'aspetto di una falda nevosa a forte pendenza, che si articola verso l'alto in alcuni canaloni, percorso abituale delle valanghe che lo alimentano. È riportato nel C.d.G.I. (n. 960), mentre il W.G.I. lo elenca come ghiacciaio di circo, con un'area di 4 ha; non trova rappresentazione in alcuna edizione della tavoletta Cencenighe Agordino.

Il *Ghiacciaio della Moiazza* (Fig. 10), sorta di glacionevato quasi completamente ricoperto di morena, occupa parte di un circo inciso sul versante Nord-occidentale dell'omonimo sottogruppo del Civetta, nel bacino del Cordevole-Piave. È compreso nel C.d.G.I (n. 959) e il W.G.I. lo riporta come un glacionevato di 3 ha di area. Anch'esso non è raffigurato nelle varie edizioni della tavoletta Cencenighe Agordino; l'unica, indiretta traccia della sua presenza è costituita dal

Fig. 9. Il «Cristallo» del Civetta (foto Centro Sperimentale Valanghe e Difesa Idrogeologica, Arabba, 1986).

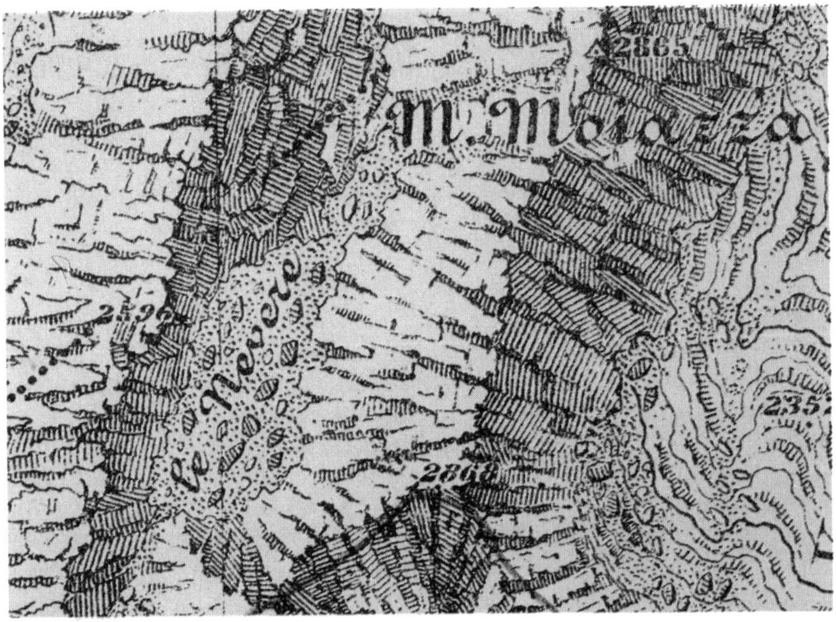

Fig. 10. Le «Nevere» della Moiazza, nella Carta Topografica d'Italia, I.G.M., 1:25.000, ril. 1888.

significativo toponimo «Le Nevére» in corrispondenza del fondo del circo che lo ospita.

Del glacialismo del Civetta la cartografia del secolo scorso riporta unicamente il Ghiacciaio dei Cantoni nella «Spezialkarte der Österr. Ungar. Monarchie», foglio Pieve di Livinallongo-und Longarone, mentre non c'è traccia delle altre formazioni del Gruppo. Un'ulteriore rappresentazione è contenuta in vecchie edizioni (ril. 1888, ricogn. gen. 1910, agg. e var. 1917) della tavoletta Cencenighe Agordino, sotto il toponimo di «Giazzere». A questo ghiacciaio accenna quasi sicuramente il Gilbert (1869), mentre non è preso in considerazione dal Richter (1888). Lo stesso vale, salvo qualche eccezione, per la vecchia letteratura alpinistica sino agli inizi del nostro secolo, con i primi, infruttuosi approcci del Marinelli (1906), seguiti dai dettagliati rilievi del 1907 (Marinelli, 1910). Il ghiacciaio non è menzionato dal Richter (1888) e neppure nella vecchia letteratura alpinistica sino ai primi del nostro secolo, in coincidenza con l'inizio di dettagliati rilievi da parte del Marinelli e collaboratori nel 1907 (Marinelli, 1910).

Del Ghiacciaio del Cristallo (Fig. 9), in passato conosciuto anche con il nome locale di «Cristallo della Civetta», da «cristallo», con antico significato di «ghiacciaio» (Pellegrini, 1953), fa cenno il Grohmann (1877); esso è stato toccato per la prima volta nel 1885 da A.G.S. Phillimore e J.S. Raynor durante la prima salita lungo la parete Nord-occidentale ed essi ne parlano come di un vero e proprio ghiacciaio (cfr. Marinelli, 1910). Non trovano invece alcun riscontro nella cartografia e nella letteratura del secolo scorso le due restanti formazioni glaciali del Civetta, il Ghiacciaio Orientale e quello della Moiazza.

I ghiacciai del Pelmo

Il Massiccio del Pelmo era contraddistinto sino a qualche tempo fa dalla presenza di due apparati glaciali, situati in condizioni ambientali completamente differenti. Il *Ghiacciaio di Val d'Arcia*, l'unico oggi esistente, è posto alla base delle pareti Nord-occidentali, che si affacciano verso la Val Fiorentina (bacino del Cordevole-Piave), con l'aspetto di una gigantesca falda, in gran parte nevosa, alimentata dalle valanghe. Nella parte superiore si prolunga sino a metà altezza di un ripidissimo canalone che termina sulla forcella tra Pelmo e Pelmetto («La Fisura»); alla base è accompagnato da un imponente arco detritico, del genere delle *morene di nevato*, o *pseudomorene*, in evidente rapporto con il particolare tipo di alimentazione. È riportato (n. 961) nel C.d.G.I. e nel W.G.I è classificato come un glacionevato di 18 ha di area; è costantemente raffigurato in tutte le edizioni della tavoletta I.G.M. F 12 III NE Monte Pelmo, sotto la denominazione di «Nevaio di Val d'Arcia», in genere con dimensioni alquanto maggiori rispetto alla realtà effettiva; è rappresentato con questo toponimo anche nella C.T.R. del Veneto, Sez. 029040 Monte Pelmo.

Il *Ghiacciaio del Pelmo*, oggi praticamente scomparso, era il più noto dei due, in quanto situato in vicinanza della via comune di salita al Monte e visibile sia dalla Val Zoldana che dalla Valle del Boite; sino a pochi anni fa era ancora costituito da placche isolate di ghiaccio e nevato, che occupavano un settore del grande e regolare circo sommitale, aperto verso la Val Zoldana (bacino del Maè-Piave). Compreso nel C.d.G.I. (n. 962), nel W.G.I. è descritto come un glacionevato dell'area di 7 ha; nelle edizioni più recenti (ril.1961) delle tavolette I.G.M. Monte Pelmo e F 12 III SE Forno di Zoldo, è rappresentato privo di toponimo e con dimensioni più che doppie rispetto alla realtà; è raffigurato, pure senza toponimo e con le medesime caratteristiche, nella C.T.R., Sez. Monte Pelmo.

Dei due ghiacciai del Pelmo, nella «Carta Topografica del Regno Lombardo-Veneto», F. 2, è riconoscibile con maggior chiarezza il Ghiacciaio di Val d'Arcia. Le due formazioni sono poi ben rappresentate nella «Spezialkarte der Österr. Ungar. Monarchie», foglio Pieve di Livinallongo- und Longarone; imprecisa è invece la raffigurazione del Val d'Arcia, contenuta nella «Karte der Dolomit Alpen,» del von Wiedenmann, mentre non è rappresentato quello del Pelmo. I due ghiacciai sono riportati, il primo soltanto con il toponimo, nelle prime edizioni (ril. 1888, correz. 1902) della tavoletta I.G.M. Monte Pelmo, ampliata verso S, a comprendere interamente l'area occupata dal Ghiacciaio del Pelmo.

Per il Ghiacciaio di Val d'Arcia non si hanno praticamente notizie anteriori al nostro secolo, vale a dire prima delle osservazioni del Marinelli, qui iniziate nel 1909 (Marinelli, 1910); il Ghiacciaio del Pelmo, invece, data la sua posizione geografica e le attrattive alpinistiche del Massiccio, trova ampio spazio nella letteratura di montagna del secolo scorso. È infatti citato dal Grohmann (1877) che, nella sua salita del 1863, si imbattè «*con sorpresa*» nel ghiacciaio. È ricordato dal Freshfield, che ne dà una descrizione suggestiva, paragonandone il bacino alla cavità occupata da una laguna in un atollo del Pacifico, e da altri, come il Pitacco e il Purtscheller (cfr. Marinelli, 1910), mentre non viene nemmeno menzionato dal Richter (1888).

I ghiacciai delle Tofane e di Fanis

Il Gruppo delle Tofane è interessato da alcune formazioni glaciali, da considerarsi oggi come dei glacionevati. Il *Ghiacciaio Meridionale* occupa parte della testata dell'ampio vallone di Ra Valles che si apre tra il versante orientale delle Tofane di Mezzo (3244 m) e di Dentro (3238 m), e la serie di elevazioni secondarie, note come «Tondi di Cianderau», nel bacino del Boite-Piave. È costituito da un insieme di placche di ghiaccio e nevato, di cui la copertura detritica nasconde una probabile continuità; è considerato estinto nel C.d.G.I. (n. 962a), mentre è compreso nel W.G.I. come un glacionevato di 3.5 ha di area. Rappresentato senza alcuna denominazione nelle vecchie edizioni della tavoletta I.G.M. F 12 IV SO Le Tofane (levata austr. 1903), manca in quelle più recenti (ril. 1954) ed è invece raffigurato nella C.T.R. del Veneto, Sez. 029050 Passo Falzarego.

Il *Ghiacciaio Orientale* è un tipico apparato di valanga che si sviluppa alla base del ripido canalone che separa la Tofana di Mezzo dalla Tofana di Dentro, nella parte medio-alta del vallone di Ra Valles. Il C.d.G.I. lo annovera come estinto (n. 962b), mentre il W.G.I. lo considera un glacionevato con un'area di 5 ha. È riportato, privo di denominazione, anche nelle edizioni più recenti della tavoletta Le Tofane, e così nella C.T.R. del Veneto, Sez. 029010 Tofana di Mezzo.

Il *Ghiacciaio Occidentale* è situato in un circo poco incavato, aperto sul versante delle Tofane di Mezzo e di Dentro, che si affaccia sulla Val Travenanzes, nel bacino del Boite-Piave. È elencato nel C.d.G.I. (n. 962c) e nel W.G.I. è riportato come ghiacciaio di circo, con un'area di 6 ha; è presente, privo di toponimo, in tutte le edizioni della tavoletta Le Tofane nonché, sotto la denominazione di «I Giàze de Tofane», nella C.T.R., Sez. Tofana di Mezzo.

Sul versante settentrionale della Tofana di Dentro, in una regione detta localmente di «Po Tofana», entro due profondi valloni tra essi quasi paralleli, ma soprattutto sul più occidentale dei due, si formano e persistono, talora da un anno all'altro, notevoli accumuli di nevato da valanga. Questi non sono compresi nel C.d.G.I. e nel W.G.I. vengono considerati come un unico glacionevato (di «Po Tofana») di 5 ha di area; riportato in maniera difforme nelle passate edizioni della tavoletta Le Tofane, è assente dalle più recenti (ril. 1954) e così pure dalla C.T.R., Sez. Tofana di Mezzo). Al glacialismo del Gruppo delle Tofane spetta anche il *Ghiacciaio di Fanis*, piccola formazione dell'omonimo sottogruppo, oggi in gran parte smembrata e ricoperta di detrito, situata alla testata di un vallone (Cadin di Fanis) sospeso sul versante sinistro dell'alta Val Travenanzes. Il ghiacciaio è compreso nel C.d.G.I. (n. 962d) e nel W.G.I. è riportato come un glacionevato, con un'area di 6.5 ha. Nelle recenti edizioni della tavoletta Le Tofane la sua posizione è spostata erroneamente di circa 2 km più a N, in un vallone che si apre, a NE del M. Casale (2894 m), sulla media Val Travenanzes; tale errore viene mantenuto anche nella C.T.R., Sez. Tofana di Mezzo.

Un primo accenno alla presenza di ghiacciai sulle Tofane viene fatto già dall'Hacquet (1785), con riferimento ad un non meglio precisato, piccolo ghiacciaio, osservabile presumibilmente dall'alta Val Costeana. Le tre principali formazioni glaciali del Gruppo, oltre a quelle esistenti nell'area di «Po Tofana» ed eccettuato il Ghiacciaio di Fanis, sono raffigurate nella «Spezialkarte der Österr. Ungar. Monarchie», foglio Toblach-und Cortina d'Ampezzo; pressocché analoga è la rappresentazione contenuta nella «Topographische Detailkarte der Ampezzaner-und Sextener Dolomiten» (Fig. 11), mentre nella citata «Karte der Dolomit Alpen» compaiono soltanto i tre ghiacciai principali. In vecchie edizioni della tavoletta Le Tofane, basate sui rilievi austriaci 1903 (I.G.M. 1915, ricogn. 1917), oltre a questi, sono presenti anche due consistenti formazioni glaciali nei due valloni di «Po Tofana»; un ghiacciaio privo di denominazione, è rappresentato alla testata di un vallone posto a N del M. Cavallo (2912 m) (oggi Grava del Vallon Bianco), mentre in altra edizione (agg. 1932) della stessa tavoletta una piccola formazione glaciale è riportata in un contiguo

Fig. 11. I ghiacciai delle Tofane nella «Topographische Detailkarte der Ampezzaner-und Sextener Dolomiten».

circo situato a N del M. Castello, denominato «Vallone del Fosso», che si sviluppa nella contigua tavoletta I.G.M. F. 12 IV NO Alpe di Fanes.

Il Grohmann (1877) enumera, per le Tofane, la presenza di 5 ghiacciai, tra i quali è identificabile soltanto l'Occidentale, ghiacciaio «*sul lato di Travenanzes*», percorso in occasione della prima salita alla Tofana di Mezzo, nel 1863. Il Richter (1888) accenna al Ghiacciaio Meridionale come ad una sorta di nevaio, e così pure per l'Orientale e per l'Occidentale, menzionando inoltre un altro nevaio nell'area di «Po Tofana». Soltanto nel 1898, da parte del Von Glanvell, nella sua Guida delle Dolomiti, si hanno le prime notizie sul Ghiacciaio di Fanis, ritardo spiegabile con la sua posizione remota e con i difficili accessi. Una precisa descrizione della situazione geografica e delle sue caratteristiche viene fatta successivamente dal Von Saar (1899), cui seguono ulteriori elementi di conoscenza, dovuti ancora al Von Glanvell (1904), ed, infine, nel 1908, l'inizio dei dettagliati rilievi ad opera del Marinelli (1910).

I ghiacciai dell'Antelao

Il Massiccio cadorino dell'Antelao presenta attualmente due notevoli ghiacciai, entrambi situati sul suo versante settentrionale, oltre a due formazioni secondarie. Il *Ghiacciaio Superiore*, od *Orientale*, si sviluppa entro un vallone, sottostante alla cima più orientale dell'Antelao (Cima Fanton, 3134 m), alla testata della Val Antelao, nel bacino dell'Oten-Piave. Presenta una superficie subpianeggiante nella parte mediana e si prolunga verso l'alto in una serie di falde nevose che si collegano a loro volta con alcuni ripidi canaloni, percorso abituale delle valanghe; verso i 2600 m di quota esso transfluisce parzialmente in direzione della Val d'Oten, nel bacino del Ghiacciaio Inferiore, mentre la massa principale si spinge verso la Val Antelao. Il ghiacciaio è compreso nel C.d.G.I. (n. 966) e il W.G.I. lo riporta come un apparato di circo, con un'area di 37 ha; è rappresentato, privo di toponimo, nella tavoletta I.G.M. F.12 II NO Monte Antelao e, come «Ghiacciaio dell'Antelao Superiore», nella C.T.R. del Veneto, Sez. 029120 Monte Antelao.

Il *Ghiacciaio Inferiore*, od *Occidentale* (Fig. 12), si estende alla testata della Val d'Oten, nel bacino del Piave; anch'esso scarsamente inclinato nella parte mediana e inferiore, in quella superiore prosegue in un caratteristico canalone, profondamente incuneato nella massa dell'Antelao, mentre la fronte presenta un perimetro di notevole lunghezza; uno sperone roccioso che, dalla cima principale, si spinge

Fig. 12. Il Ghiacciaio Inferiore dell'Antelao (foto G. Perini, 1992).

verso N, lo separa dal Superiore. Elencato nel C.d.G.I. (n. 967), il W.G.I. lo classifica come ghiacciaio di circo, con un'area di 20 ha; è riportato, privo di toponimo, nella recenti edizioni (ril. 1961) della tavoletta Monte Antelao, mentre è denominato «Ghiacciaio dell'Antelao Inferiore» nella C.T.R., Sez. Monte Antelao.

Ai due ghiacciai principali vanno aggiunti il *Ghiacciaio di Ciampestrini* (o *Ciampestrin*), un piccolo apparato alimentato da valanghe, situato alla testata della Val Antelao, nel bacino dell'Oten-Piave, e il *Ghiacciaio di Val Salvella*, altra formazione posta alla base della parete Nord-occidentale, verso la Valle del Boite. Il primo è riportato dal C.d.G.I. (n. 964) privo di denominazione, mentre il W.G.I. lo elenca come glacionevato, con un'area di 3.5 ha; il secondo non è compreso nel Cd.G.I. e nel W.G.I è considerato come un glacionevato, di 6 ha di area; di essi, nelle recenti edizioni della tavoletta I.G.M. Monte Antelao è riportato, senza toponimo, soltanto il secondo. Va ricordato da ultimo che un *Ghiacciaio Orientale Destro*, il quale, in base alle vecchie edizioni (levata 1888, sino all'agg. 1938) della tavoletta Monte Antelao, occupava un circo aperto sul versante sinistro dell'alta Val Antelao, è indicato come estinto (n. 965) nel C.d.G.I. e non è compreso nel W.G.I.

La «Carta Topografica del Regno Lombardo-Veneto», F.2, riporta con relativa chiarezza i Ghiacciai Orientale e Occidentale, mentre è incerta la presenza di una vasta area glacializzata, alla testata del vallone di Ciampestrin. Nella «Spezialkarte der Österr. Ungar. Monarchie», foglio Pieve di Livinallongo-und Longarone, sono rappresentati, sotto l'unica denominazione di «Ghiacciaio dell'Antelao», il Superiore e l'Inferiore; inoltre, sono presenti due formazioni glaciali minori, l'una situata al di sotto della fronte di Val d'Oten, che si spinge sino ad una quota di poco meno di 2000 m, l'altra identificabile con l'Orientale Destro. Nella «Karte der Dolomit Alpen» (Fig. 13), del von Wiedenmann, un toponimo «Piana di Ghiaccio perpetuo» corrisponde al Ghiacciaio Superiore, mentre alla testata del vallone di Ciampestrin, un'estesa formazione dovrebbe identificarsi con l'omonimo Ghiacciaio. Anche nella vecchia cartografia I.G.M. 1: 25.000 Monte Antelao (lev. 1888, correz. 1902) sono riportati, sotto l'unica denominazione di «Ghiacciaio dell'Antelao», il Superiore e l'Inferiore, ed è distinguibile la citata formazione posta al di sotto della fronte di quest'ultimo; indizio di questa potrebbe essere il toponimo «Le Giasère», inserito ad un'altitudine tra 2100 e 2200 m, al di sotto della fronte di Val d'Oten, soltanto nelle recenti edizioni della tavoletta Monte Antelao. La tavoletta appena citata riporta inoltre il Ghiacciaio Orientale Destro, nell'alta Val Antelao, e qualche isolata placca di difficile interpretazione, mentre il Ciampestrin viene rappresentato come una formazione coperta di detrito, sul genere dei *rockglaciers*.

Le prime indicazioni circa l'esistenza del fenomeno glaciale sull'Antelao provengono, come riporta il Marinelli (1905), da G. Filiasi, nel 1796: «(...) *una (ghiacciaja perpetua) ne esiste per quanto raccontasi, sulla montagna detta Antelau, che occupa alcune miglia di paese, e un picciol mare sembra gelato, che tuona, e scoppia aprendosi talora* (...)»; il Ciani (1856), ancora con riferimento all'Antelao, così scrive: «(...) *il ghiaccio perpetuo, onde incappellasi, empie di cupo rumoreggiamento le valli sottoposte*». G. Marinelli, in una sua nota (1878), accompagnata da uno schizzo alla scala 1: 50.000, ricavato dalle carte austriache e dalla carta del von Wiedenmann, afferma che (l'Antelao) «(...) *è fornito di notevole ghiacciajo a tramontana*» (...) e, più avanti, accenna, con evidente riferimento al Superiore, al «(...) *grande ghiacciaio che, ripidissimo, scende verso val d'Antelao*». D'altra parte, la posizione remota e il fatto che la via normale di salita all'Antelao si svolgesse su altro versante, hanno contribuito al fatto che, sino alla fine del secolo scorso, gli stessi due ghiacciai principali fossero, in genere, alquanto trascurati nella pur ricca letteratura alpinistica (cfr. Marinelli, 1910); anche il Grohmann (1877) non ne fa cenno nel descrivere la sua prima ascensione nel 1863. La generale incertezza circa l'ubicazione e la consistenza del fenomeno dipendeva anche dalle imprecisioni della cartografia

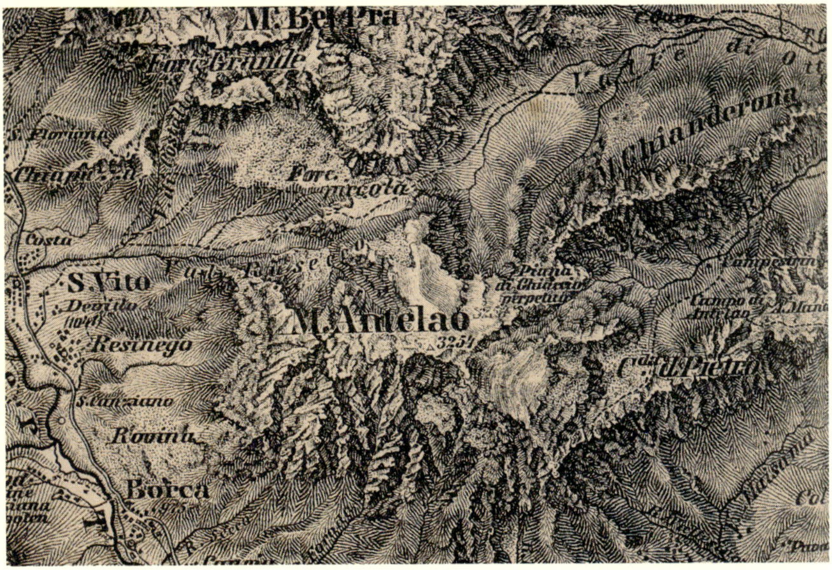

Fig. 13. I ghiacciai dell'Antelao nella «Karte der Dolomit Alpen», di P. Ritter von Wiedenmann (1874).

dell'epoca, tanto che il Richter (1888) addirittura esclude la presenza di veri ghiacciai; pure con le successive ricerche, iniziate dal Marinelli e collaboratori a partire dal 1897 (Marinelli, 1899 e 1900) e proseguite sino al 1903, non verranno chiariti del tutto i principali dubbi sul glacialismo dell'Antelao (Marinelli, 1910). Nella vecchia letteratura manca invece qualsiasi cenno sui minori Ghiacciai di Ciampestrin e di Val Salvella.

I ghiacciai delle Marmarole

La lunga catena longitudinale delle Marmarole presenta, per ragioni strutturali, un'accentuata dissimetria nei suoi versanti: ripido e scosceso quello meridionale, quello settentrionale mostra invece pendenze generalmente modeste, accompagnate da circhi e valloni che incidono il corpo montuoso sino allo spartiacque principale. Queste ultime condizioni, unitamente all'esposizione, favoriscono un notevole sviluppo del fenomeno glaciale sul versante rivolto a N, nonostante la relativamente modesta altimetria.

I ghiacciai attualmente esistenti sono 5, tutti appartenenti al bacino dell'Ansiei-Piave. Il più orientale del Gruppo, il *Ghiacciaio delle*

Selle, si sviluppa in un circo compreso tra le due Cime Est (2851 m) e Ovest Le Selle (2828 m). Nel C.d.G.I. è considerato estinto (n. 968) e sostituito da un semplice nevaio; il W.G.I. lo elenca come un glacionevato alimentato da valanghe, con un'area di 4 ha; non è rappresentato nelle recenti edizioni (ril. 1961) della cartografia I.G.M. 1: 25.000 F 12 I SE Auronzo di Cadore e nella C.T.R. del Veneto, Sez. 030050 Cimon del Froppa. Il *Ghiacciaio di Fuori del Froppa*, da considerarsi come il più notevole delle Marmarole, occupa il fondo di un vallone che si addentra da NO verso il Cimon del Froppa (2932 m); la C.ma Ovest Le Selle lo separa dal precedente, mentre ad O uno sperone roccioso, culminante nella C.ma Arduini (2688 m), lo divide dal Ghiacciaio di Dentro. La superficie mostra scarsa pendenza – data la generale inclinazione a franapoggio degli strati rocciosi – ed è abbondantemente ricoperta di detriti; molto sviluppate sono le morene terminali, con carattere di *pseudomorene*, o *morene di nevato*. Il ghiacciaio è elencato (n. 969) nel C.d.G.I. ed è incluso nel W.G.I. come ghiacciaio di circo, con un'area di 17 ha; è rappresentato, privo di denominazione, nelle varie edizioni della tavoletta I.G.M. Auronzo di Cadore e nella C.T.R., Sez. Cimon del Froppa. Contiguo al precedente, il *Ghiacciaio di Dentro del Froppa* si estende in una conca aperta a NO ed a O, dominata a NE dall'alta parete del Cimon del Froppa; a causa delle condizioni di minore riparo orografico, esso ha molto risentito della tendenza al ritiro degli ultimi decenni e si presenta oggi privo di una struttura unitaria. È elencato (n. 970) nel C.d.G.I, mentre nel W.G.I. è riportato come un glacionevato, con un'area di 5 ha; era raffigurato, senza toponimo, nelle passate edizioni della tavoletta Auronzo di Cadore, mentre è assente in quelle basate sull'ultimo rilievo (1961). Alla testata del ramo occidentale dell'omonimo Vallone è situato il *Ghiacciaio di Fuori delle Meduce*; la massima elevazione del bacino è rappresentata dalla Pala delle Meduce (2864 m), ad E, mentre a S si sviluppa la linea di cresta principale, sui 2800 m di altitudine. È alimentato quasi esclusivamente dalle valanghe, ciò che ne spiega l'imponente apparato *pseudomorenico* di epoca storica che lo recinge a valle. Compreso (n. 971) nel C.d.G.I., il W.G.I. lo riporta come ghiacciaio di vallone, dell'estensione di 10 ha; non è rappresentato nelle edizioni più recenti (ril.1961) della tavoletta I.G.M. F 12 I SO Lago di Misurina e nella C.T.R. del Veneto, Sez. 029080 Pala delle Meduce. La testata del ramo occidentale del vallone è invece occupata dal *Ghiacciaio di Dentro delle Meduce*, racchiuso da tre parti da grandi pareti a picco, che favoriscono l'alimentazione indiretta per valanghe; ne è conseguenza anche qui l'edificio *pseudomorenico*, che ne attesta lo sviluppo nel secolo scorso. È compreso nel C.d.G.I. (n. 972) e nel W.G.I., che lo classifica come ghiacciaio di circo, con un'area di 5 ha; non è riportato nella tavoletta Lago di Misurina e nella C.T.R., Sez. Pala delle Meduce.

Infine, va ricordato come nel vicino Gruppo dei Cadini di Misurina, nel bacino dell'Ansiei-Piave, sia presente una piccola formazione glaciale, non elencata nel C.d.G.I., ma inserita nel W.G.I. come un glacionevato di 6 ha di area. Essa occupa un circo situato a NE del Cadin di San Lucano (2839 m), dalla significativa denominazione di «Cadin del Nevaio»; nella tavoletta Lago di Misurina (ril. 1889, correz. 1902) è raffigurata sotto il toponimo di «Ghiacciajo di S. Lucano»; in edizioni successive (agg. 1938) come «Nevaio di S. Lucano», mentre ne è assente ogni traccia in quelle più recenti, basate sul rilievo 1961, nonché nella C.T.R. del Veneto, Sez. 029040 Cima Cadin di S. Lucano.

Aree glacializzate sulle Marmarole sono raffigurate già nella «Carta Topografica del Regno Lombardo-Veneto», F.1, corrispondenti ai Ghiacciai di Dentro e di Fuori delle Meduce, e, con probabilità, a quelli del Froppa. La «Spezialkarte der Österr. Ungar. Monarchie», fogli Toblach-und Cortina d'Ampezzo, e Sillian-und ST. di Cadore, riporta il Ghiacciaio di Dentro delle Meduce, sdoppiato alla testata del vallone omonimo, il Ghiacciaio di Fuori delle Meduce, i due del Froppa, oltre al S. Lucano; gli stessi ghiacciai, ad eccezione del Di Dentro del Froppa sono rappresentati nella «Topographische Detailkarte der Ampezzaner-und Sextener Dolomiten» (Fig. 14). La «Karte der Dolomit Alpen», del von Wiedenmann, fornisce a sua volta una buona rappresentazione delle varie formazioni glaciali del Froppa e delle Meduce, oltre che di alcune altre minori come quella delle Selle, ma omette il S. Lucano. Infine, nelle tavolette I.G.M. Lago di Misurina (ril. 1889, correz. 1902) e Auronzo di Cadore (ril. 1889; ricogn. gen. 1910; agg. e var. 1917) sono rispettivamente raffigurati i due ghiacciai delle Meduce e quelli del Froppa.

Dei ghiacciai delle Marmarole, il più conosciuto sino dalla metà del secolo scorso è il Ghiacciaio di Fuori del Froppa, oltre che per essere il più importante, anche perché situato lungo la via comune di salita al Cimon del Froppa. Nella vecchia letteratura alpinistica è menzionato in genere come «Ghiacciaio delle Marmarole», ma più di una volta con vistosi errori nelle dimensioni (Marinelli, 1910). Quanto agli altri ghiacciai, una maggiore notorietà, anche dal punto di vista non alpinistico, è assunta dal Ghiacciaio di Dentro del Froppa, forse per il fatto di essere visibile dall'antico Ricovero Tiziano. È citato genericamente, assieme agli altri del Gruppo, dal Grohmann (1877) e dal Richter (1888); molto sommarie sono invece le notizie e le indicazioni che si hanno, nel secolo scorso, per i ghiacciai delle Meduce, sino all'inizio dei dettagliati rilievi svolti anche qui dal Ma-

Fig. 14. I ghiacciai delle Marmarole nella «Topographische Detailkarte der Ampezzaner-und Sextener Dolomiten».

rinelli a partire dal 1903 (Marinelli, 1910). Ripetutamente citata, ma esclusivamente dalla letteratura alpinistica, che la considera generalmente un semplice nevaio, è, nell'Ottocento, la formazione glaciale del Cadin di S. Lucano; essa è stata visitata nel 1899 anche dal Marinelli (1900), che ne ricavò un sommario schizzo a grande scala, confermandone il carattere di nevaio semipermanente

I ghiacciai del Sorapiss

Il Gruppo del Sorapiss è interessato da 5 apparati glaciali: i tre principali, che prendono nome dal Massiccio, occupano parte dell'articolato circo che si apre verso N e sono tributari del bacino dell'Ansiei-Piave. Ad E, il *Ghiacciaio Orientale* si sviluppa con continuità, come una larga falda di nevato e di ghiaccio, ai piedi del versante principale, ed è in massima parte alimentato dalle valanghe. Il C.d.G.I. lo riporta (n. 973) come ghiacciaio di falda, mentre il W.G.I. lo elenca come apparato di tipo incerto, con un'area di 22 ha; è raffigurato con il relativo toponimo nelle edizioni più recenti (ril. 1961) della tavoletta I.G.M. Lago di Misurina e nella C.T.R del Veneto, Sez. 029070 Croda Marcora. Contiguo a questo è il *Ghiacciaio Centrale*, apparato da valanga, pure classificato dal C.d.G.I. come ghiacciaio di falda (n. 974) e riportato dal W.G.I. come ghiacciaio di circo, con un'area di 15 ha; è rappresentato, con il toponimo, sia nella tavoletta Lago di Misurina, che nella C.T.R., Sez. Croda Marcora. Il più importante del Gruppo, il *Ghiacciaio Occidentale* (Fig. 15), è situato entro un profondo vallone incuneato entro il nodo centrale del Sorapiss; alimentato sia dalle valanghe che dalle precipitazioni nevose, mostra caratteri tipici di un vero e proprio ghiacciaio, compresa la presenza di un'imponente cascata di ghiaccio. È inserito (n. 975) nel C.d.G.I., mentre il W.G.I. lo elenca come ghiacciaio di circo, con un'area di 22 ha; è raffigurato, con la relativa denominazione, nelle edizioni recenti della tavoletta Lago di Misurina e nella C.T.R, Sez. Croda Marcora.

Un quarto, il *Ghiacciaio della Fopa de Mattia*, occupa parte di un elevato pianoro roccioso, affacciato verso la Valle del Boite, addossato alla Fopa de Mattia, da cui il suo toponimo. È considerato come estinto (n. 363a) dal C.d.G.I., mentre il W.G.I. lo annovera come un ghiacciaio di circo, di 3 ha di area; nessuna traccia di rappresentazione se ne ha nella tavoletta Lago di Misurina e nella C.T.R., Sez. Croda Marcora. Va infine ricordato come nel W.G.I. sia ancora elencato un glacionevato di 5 ha di superficie, addossato al tratto terminale del Ghiacciaio Occidentale, alla base del versante settentrionale dello Zurlón, nel bacino dell'Ansiei-Piave.

Le notizie storiche riguardanti i principali ghiacciai del Sorapiss sono relativamente numerose, data la loro facile accessibilità dall'alta Valle dell'Ansiei e la posizione geografica, che li rende largamente visibili da Nord. Una loro rappresentazione è già contenuta nell'«Atlas Tyrolensis» (1774), dove è presente un'unica formazione, della superficie di una quarantina di ha, comprendente gli attuali Ghiacciai Orientale e Centrale. Il glacialismo del Gruppo è rappresentato in maniera alquanto imprecisa nella «Carta Topografica del Regno Lombardo-Veneto», F.1 (Fig. 16), nella quale appare ricoperta dal ghiaccio la testata della Val Sorapiss («Val di sopra Pitz») Una vasta area in corrispondenza ai soli Ghiacciai Centrale e Orientale – allora costituenti un unico complesso – è raffigurata sia nella «Spezialkarte der Österr. Ungar.Monarchie», foglio Toblach-und Cortina d'Ampezzo, sia nella «Topographische Detailkarte der Ampezzaner-und Sextener Dolomiten». Una rappresentazione più precisa dei tre ghiacciai principali è contenuta invece, sotto l'unica denominazione di «Sorapiss Ferner», nella «Karte der Dolomit Alpen», del von Wiedenmann, con un' estensione molto più ridotta rispetto alle precedenti; i ghiacciai sono poi raffigurati nella tavoletta Lago di Misurina sino dal rilievo del 1889, levate austr. 1903-04, mentre manca invece qualsiasi traccia di rappresentazione del Ghiacciaio della Fopa de Mattia.

Fig. 15. Il Ghiacciaio Occidentale del Sorapiss (foto G. Perini, 1991).

Fig. 16. I ghiacciai del Sorapiss nella «Carta del Regno Lombardo-Veneto» (1833).

I dati storici sui ghiacciai del Sorapiss risultano in genere alquanto imprecisi, almeno rispetto alla loro configurazione attuale. Il più ricordato nella letteratura alpinistica è indubbiamente quello Occidentale, anche per le sue particolari caratteristiche; il Grohmann (1877) lo cita in vari suoi scritti già dal 1865, e così il Purtscheller e lo Zsigmondy (cfr. Marinelli, 1910). Il Richter (1888) distingue un Ghiacciaio Orientale da uno Occidentale, considerando quest'ultimo un ghiacciaio di vallone, mentre il primo era visto come una lunga fascia ai piedi delle pareti rocciose, da cui si dipartivano due piccole lingue; tali caratteristiche, del resto, ben si accordano con le vecchie rappresentazioni cartografiche di cui si è detto in precedenza. Infine, il Marinelli, sulla base delle osservazioni condotte nel 1897 e 1899 (Marinelli, 1899 e 1900) e proseguite dal 1901 al 1909 (Marinelli, 1910) oltre all'Occidentale, considera come distinti l'Orientale e il Centrale, benché ne riconosca una loro parziale congiunzione nella zona di alimentazione. Quanto al Ghiacciaio della Fopa, alla sua esistenza non accenna neppure il Grohmann (1877), nonostante che la prima ascensione al Sorapiss del 16 settembre1864, si sia svolta appunto passando per l'omonimo Pian, del resto parzialmente innevato, data la stagione avanzata. Il primo ed unico cenno che ne viene fatto nel secolo scorso, è pertanto, probabilmente, quello del De Falkner, nel 1892 (cfr. Marinelli, 1910).

I ghiacciai del Popera

Il gruppo montuoso, noto come Dolomiti di Sesto e culminante nella Croda Rossa di Sesto (2965 m), nella Cima Undici (3092 m) e nel Monte Popera (3046 m), è oggi caratterizzato da 5 formazioni glaciali; di esse, 3 ricadono nel territorio della Regione Veneto, nel bacino del Padola-Piave; le restanti 2 sono comprese nella Provincia Autonoma di Bolzano, nel bacino Drava-Danubio.

Il *Ghiacciaio Basso di Popera* occupa un ampio circo aperto sul fianco destro del Vallon Popera, dominato dal versante orientale e Nord-orientale del M.te Popera. È prevalentemente alimentato dalle valanghe, alla cui azione vanno attribuiti sia l'abbondante coltre detritica superficiale che l'esteso arco *pseudomorenico* frontale – del tutto sproporzionato alle condizioni attuali del ghiacciaio – che ne indica lo sviluppo nella «Piccola Età glaciale». Il C.d.G.I. lo elenca con il n. 976 e il W.G.I. lo riporta come ghiacciaio di circo, con un'estensione di 5 ha; non è raffigurato in alcuna edizione della cartografia I.G.M. 1: 25.000, F 12 I NE Monte Popera, mentre è presente, senza toponimo, nella C.T.R. del Veneto, Sez. 017130 Croda dei Toni, o Cima Dodici.

Un caratteristico apparato glaciale, che occupa un profondo vallone racchiuso tra la C.ma Undici e il M.te Popera, è costituito dal *Ghiacciaio Pensile* (Fig. 17). Rivolto verso il Vallon Popera, si affaccia a questo con una fronte che, sino ad un recente passato, era sospesa su di un gradino roccioso verticale, da cui il toponimo; alla base di quest'ultimo è tutt'ora presente un nevaio a carattere semipermanente, derivante dall'accumulo di neve da valanga. Riportato (n. 977) nel C.d.G.I., è classificato nel W.G.I. come ghiacciaio di circo, con un'area di 7 ha, comprendente anche la formazione sottostante; viene raffigurato, con il toponimo, nelle edizioni più recenti (ril. 1960) della tavoletta I.G.M. Monte Popera e nella C.T.R., Sez. Croda dei Toni, o Cima Dodici. Il più notevole del Gruppo, il *Ghiacciaio Alto*, si estende alla testata del Vallon Popera, a ridosso del versante Nord-orientale della C.ma Undici; nella parte superiore, l'alta Forcella Rivetti lo divide dal bacino del Ghiacciaio Pensile. Dopo un tratto a forte pendenza, percorso abituale delle valanghe, e una volta raggiunto il Vallon Popera, il corpo glaciale si allarga a ventaglio e il detrito che lo ricopre, assieme ai residui delle valanghe, rendono difficile l'identificazione del suo contorno inferiore, delimitato da un ben sviluppato arco morenico frontale. È elencato (n. 987) nel C.d.G.I. e il W.G.I. lo riporta come ghiacciaio di circo, dell'estensione di 11 ha; è rappresentato con la denominazione di «Ghiacciaio di Sopra» nelle edizioni più recenti (ril. 1960) della tavoletta Monte Popera, nonché nella C.T.R.,

Fig. 17. Il Ghiacciaio Pensile, nel Gruppo del Popera (foto G. Perini, 1983).

Sez. Croda dei Toni. Il *Ghiacciaio Occidentale* occupa invece il settore superiore del contiguo vallone, detto «Busa di Dentro», che incide profondamente il versante occidentale del M.te Popera, sospeso sull'alta Val Fiscalina, nel bacino della Drava-Danubio. È elencato nel C.d.G.I. come ghiacciaio di circo (n. 987) ed è compreso nel W.G.I. con un'area di 10 ha; è raffigurato senza toponimo nelle recenti edizioni (ril. 1960) della tavoletta I.G.M. Monte Popera. Oggi del tutto scomparso, il *Ghiacciaio della Busa di Fuori* era a sua volta contenuto nell'omonimo vallone che si apre nella parete occidentale della Cresta Zsigmondy (2998 m), sul versante destro dell'alta Val Fiscalina. Il C.d.G.I. lo classifica come un ghiacciaio di vallone, estinto (n. 986), mentre non risulta essere compreso nel W.G.I.; non è rappresentato nelle edizioni recenti della tavoletta Monte Popera.

Il glacialismo del M.te Popera è raffigurato in maniera piuttosto vaga nella «Carta Topografica del Regno Lombardo-Veneto», F. 1, che riporta con probabilità il solo Ghiacciaio Alto. Quest'ultimo compare chiaramente nella «Spezialkarte der Österr. Ungar. Monarchie», foglio Sillian-und ST. Stefano di Cadore, insieme con quello presumibilmente situato alla base del Pensile, oltre ad una formazione presente sul fianco sinistro dell'alto Vallon Popera. Nella «Topographische Detailkarte der Ampezzaner-und Sextener Dolomiten» sono invece rappresentati i Ghiacciai Alto, Pensile (forse il solo glacionevato alla base) e della Busa di Fuori, oltre alla formazione prima ricordata. Infine, le prime edizioni della tavoletta Monte Popera (ril. 1889, correz. 1902) mostrano con evidenza il Ghiacciaio Alto, il glacionevato alla base del Pensile e, solo parzialmente, il Basso, oltre ad altre formazioni minori nel Vallon Popera, compresa quella sul versante sinistro. La stessa tavoletta, con l'edizione basata sul rilievo 1889, levata austr. 1903-04, e successivi aggiornamenti, riporterà chiaramente il Ghiacciaio Occidentale nella Busa di Dentro («Buco di dentro»), oltre ad una formazione glaciale presente nel vallone che, dal Passo della Sentinella, si diparte verso NNO.

I ghiacciai delle Dolomiti di Sesto sono ricordati per la prima volta dall'Holzmann (1874, cfr. Marinelli, 1910), quindi dal Grohmann (1877); soltanto nel 1888 e 1889, tuttavia, vengono identificati e descritti dal Diener (1889), che dà una vivida immagine del Ghiacciaio Pensile, descrivendolo come un ghiacciaio di canalone che si rompe in «*selvaggi seracchi*» sopra una parete di 150 m, al di sotto del quale, per effetto delle cadute di ghiaccio, si forma un ghiacciaio secondario. Questo ghiacciaio, che, insieme all'Alto, non è ricordato dal Richter (1888), è citato, per le sue caratteristiche del tutto particolari, da altri studiosi, per i quali si rimanda alla bibliografia del Marinelli (1910), che, a partire dal 1900, farà oggetto di dettagliate ricerche e controlli anche i ghiacciai del Popera.

BIBLIOGRAFIA

K. Bindel, *Die Sellagruppe*, «Zeitschrift des Deutschen und Österreichischen Alpen-Vereines», XXX (1899), pp. 359-400.

O. Brentari, *Guida del Trentino.* (Trentino Orientale), Bassano 1895.

G. Ciani, *Storia del popolo cadorino* (ediz. postuma a cura di E. De Candido), Treviso 1940.

Consiglio Nazionale delle Ricerche – Comitato Glaciologico Italiano, *Catasto dei Ghiacciai Italiani*, 4 (Ghiacciai delle Tre Venezie e dell'Appennino), Varese 1962.

C. Diener, *Firn-und Gletscherbildungen in den Sextener Dolomiten*, «Mitteilungen d. Geographisches Gesellschaft in Wien» (1889), pp. 515-518.

W. Eckerth, *Die Gebirgsgruppe des Monte Cristallo*, Prag 1891. Trad. ital. di P. Berti De Nat, revis. e note di C. Berti, con il titolo: «Il Gruppo del Monte Cristallo», Cortina 1989.

A.B. Edwards, *Untrodden Peaks and Unfrequented Valleys - A Midsummer Ramble among Dolomites*, London 1890. Trad. ital. di A.L. Samoggia, con il titolo: «Cime inviolate e valli sconosciute - Vagabondaggi di mezza estate nelle Dolomiti – 1872», Bologna 1991.

G. Euringer, *Die Pala-Gruppe* (*Gruppe von Primör*), «Zeitschrift des Deutschen und Österreichischen Alpenvereins», XV (1884), pp. 275-337.

D.W. Freshfield, *Italian Alps. Sketches in the Mountains of Ticino, Lombardy, The Trentino, and Venetia*, London 1875. Trad. ital. dei Capp. VII-XXII di U.

STROBELE, con il titolo: *Le Alpi italiane. Schizzi delle montagne del Trentino*, CAI-SAT, Trento 1971.

V.W. (VON) GLANVELL, *Dolomitführer*, Wien 1898.

V.W. (VON) GLANVELL, *Aus Fanis-Tofanagruppe*, «Zeischrift des Deutschen und Österreichischen Alpenvereins»,XXXV (1904), pp. 338-380.

P. GROHMANN, *Wanderungen in den Dolomiten*, Wien 1877. Trad. di G. e T. SAMMARCHI, con il titolo: «La scoperta delle Dolomiti, 1862», Bologna 1982.

B. HACQUET, *Physikalisch Politische Reise aus Dinarischen durch die Julischen, Carnischen, Rätischen in die Norischen Alpen, in Jahre 1781 und 1783 unternommen*, I°, Leipzig 1785.

IAHS (ICSI) - UNEP - UNESCO, *World Glacier Inventory*, Schede dei ghiacciai delle Tre Venezie (non pubbl.).

G. MARINELLI, *Sull'altezza del Monte Antelao (Alpi del Cadore)*, «Memorie della Società Geografica Italiana», I (1878), pp. 237-257.

O. MARINELLI, *Studi glaciologici e lacustri nei gruppi dell'Antelao, Sorapiss, Cristallo*. Studi orografici nelle Alpi Orientali (Serie 1897), V-Alpi Cadorine, e VI-Appendice, « Memorie Società Geografica Italiana», VIII, P. II (1898), pp. 419-447.

O. MARINELLI, *Riscontri nei ghiacciai dell'Antelao, del Sorapiss e del Cristallo*. Studi orografici nelle Alpi Orientali (Serie 1899), XI-Alpi Cadorine., «Bollettino della Società Geografica Italiana», IX, X, XI, (1900), pp. 78-88.

O. MARINELLI, *Due vecchie indicazioni sopra i ghiacciai dell'Antelao*, «In Alto». Cronaca della Società Alpina Friulana, luglio 1905.

O. MARINELLI, *Attorno alla Civetta*, «In Alto». Cronaca bimestrale della Società Alpina Friulana, 5 (1906), pp. 53-56.

O. MARINELLI, *I ghiacciai delle Alpi Venete*, «Memorie Geografiche», Suppl. Riv. Geogr. Ital., 4, II (1910), pp. 3-289.

G. (VON) MERZBACH, *Der Cimon della Pala*, «Zeitschrift des Deutschen und Österreichischen Alpenvereins»,VIII (1877), pp. 106-113.

M. PANTALEO, *Bibliografia analitica dei ghiacciai italiani nelle pubblicazioni del C.G.I.*, «Suppl. Bollettino del Comitato Glaciologico Italiano», serie seconda, 21 (1973).

G.B. PELLEGRINI, *Atlante Toponomastico della Venezia Tridentina – Commento al foglio 12 «Cortina d'Ampezzo»*, «Archivio per l'Alto Adige», XLVII (1953), pp. 5-36.

A. (VON) RADIO-RADIIS, *Der Nordzug der Palagruppe*, «Zeitschrift des Deutschen und Österreichischen Alpen-Vereines», XXXIV (1903), pp. 367-412.

E. RICHTER, *Die Gletscher der Ostalpen*, Stuttgart 1888.

P. ROSSI, *Marmolada*, Bologna 1968.

O. SCHUSTER, *Die Langkofelgruppe*, «Zeitschrift des Deutschen und Österreichischen Alpen-Vereines», XXVII (1896), pp. 278-319.

F. SECCHIERI, *Relazione conclusiva e normazione per la lettura delle schede del Catasto dei Ghiacciai della Regione Veneto*, Rovigo 1984 (non pubbl.).

P. VALENTINI, *Il Catasto dei Ghiacciai della Provincia di Bolzano*, «Geografia Fisica e Dinamica Quaternaria», 8 (1985), pp. 182-195.

B. WAGNER, *Der Monte Antelao*, «Zeitschrift des Deutschen und Österreichischen Alpenvereins, VII (1877), pp. 106-113.

T. WUNDT, *Wanderungen in den Ampezzaner Dolomiten*, Berlin 1895. Trad. italiana di P. DE NAT BERTI, con il titolo: «Sulle Dolomiti d'Ampezzo (1887-1893)», Cortina 1996.

G. ZANON, *I ghiacciai del Veneto*, Treviso 1990.

RIFERIMENTI CARTOGRAFICI

Peter Anich, Atlas Tyrolensis, (a cura di M. Edlinger). Tyrolia-Verlag, Innsbruck-Wien; Athesia-Verlag, Bozen 1986.

Carta Topografica d'Italia, 1: 25.000, tavolette varie. Istituto Geografico Militare, Firenze, prima edizione e successive.

Carta Topografica del Regno Lombardo-Veneto costrutta sopra misure astronomiche-trigonometriche ed incisa a Milano nell'Istituto Geografico Militare dell'I.R. Stato Maggiore Generale Austriaco, 1: 86.400, F. 1 e 2, Vienna 1833.

Karte der Dolomit Alpen von Enneberg, Höllenstein, Sexten, Buchenstein & Ampezzo, 1: 100.000, (a cura di P. Ritter von Wiedenmann), «Zeitschrift des Deutschen und Österreichischen Alpenvereins», V (1874).

Karte der Langkofel-und Sellagruppe, 1: 25.000, (a cura di L. Aegerter), «Zeitschrift des Deutschen und Österreichischen Alpenvereins», XXXV (1904).

Karte der Marmolata Gruppe, 1: 25.000, (a cura di L. Aegerter), «Zeitschrift des Deutschen und Österreichischen Alpenvereins», XXXVI (1905).

Ortophotokarte der Provinz-Ortofotocarta provinciale, 1: 10.000, sezioni varie. Autonome Provinz Bozen-Südtirol-Provincia Autonoma di Bolzano-Alto Adige, 1988.

Spezialkarte der Österreichisch-Ungarischen Monarchie, 1: 75.000, fogli Bozen-und Fleimsthal, Pieve di Livinallongo-und Longarone, Cortina-und Toblach, Sillian-und ST. Stefano. K.u.K. Milit. Geogr. Institut, Wien, 1869.

Topographische Detailkarte der Ampezzaner und Sextener Dolomiten, 1: 50.000. K.u.K. Milit. Geogr. Institut, Wien, senza data.

Topographische Detailkarte der Palagruppe, 1: 50.000, K.u.K. Milit. Geogr. Institut, Wien, senza data.

CRISTALLO e CRODA ROSSA

1 Cristallo
2 Popena
3 Cresta Bianca
4 Croda Rossa

SELLA e SASSOLUNGO

5 Boè
6 Sasso Lungo
7 Grohmann
8 Sasso Piatto

MARMOLADA

9 Principale
10 Occidentale
11 Or.le del Vernèl
12 Sett. Inf. e Sup. del Vernèl
13 Vernale
14 Cima dell'Uomo
15 Ombrettola
16 Glacionevato

PALE di S. MARTINO

17 Travignolo
18 Glacionevato
19 Glacionevato
20 Pala
21 Fradusta
22 Val Strutt
23 Ziroccole
24 Focobón
25 Val dei Cantoni
26 Val delle Galline

CIVETTA

27 Cristallo
28 Cantoni
29 Orientale
30 Moiazza

PELMO

31 Val d'Arcia
32 Pelmo

TOFANE

33 Meridionale
34 Orientale
35 Occidentale
36 Po Tofana
37 Fanis

ANTELAO

38 Superiore
39 Inferiore
40 Ciampestrin
41 Val Salvella

MARMAROLE e CADINI

42 Selle
43 Di Fuori del Froppa
44 Di Dentro del Froppa
45 Di Fuori delle Meduce
46 Di Dentro delle Meduce
47 S. Lucano

SORAPISS

48 Orientale
49 Centrale
50 Occidentale
51 Glacionevato
52 Fopa de Mattia

POPERA

53 Basso
54 Pensile
55 Alto
56 Occidentale

Prospetto I - I ghiacciai delle Dolomiti e relativi gruppi montuosi di appatenenza.

Tavola I - Attuale distribuzione dei ghiacciai nei gruppi montuosi delle Dolomiti (i numeri d'ordine corrispondono a quelli riportati nel prospetto della pagina precedente).

INDICE DEI NOMI

Aberdeen, 156, 196
Abrate M., 295n, 302n
Abruzzo, 41n, 228
Accordi Bruno, 52n, 71n, 73n, 79n, 80n, 130n
Acerbi Enrico, 139
Acerbi Giuseppe, 67
Achard Franz Karl, 109
Acquapendente, 30
Adam R.J., 158
Adams Frank D., 52n
Adams I.H., 158
Adige (fiume), 104, 106, 183, 305, 306, 307, 310, 313, 314, 315, 318, 319
Adriatico (mare), 96, 120
Aegerter L., 311, 344
Agnano (Lago di), 35
Agnèr (monte), 296
Agno (valle dell'), 77-78, 110n, 111, 116, 120, 124, 131
Agordo, 19, 102, 201-230, 231, 236n, 238n, 239, 246n, 248n, 249, 250, 252, 253n, 255n, 259n, 273, 292, 293, 294
Agrigento, 125
Agro Romano, 123
Aiarnola (monte), 265
Aimi A., 135n
Albania, 226
Albano, 32, 41n, 123
Alberti Annibale, 231n, 265n
Albrizzi Giuseppe, 176, 177, 178, 179, 181, 182
Aldrovandi Ulisse, 52n
Alfort, 127n
Alippi Cappelletti Maurizia, 65n, 112n
Alleghe, 298
Alpe di Fanes, 330
Alpi di Sarentino, 313
Alpi, 38, 56-57, 69, 72, 75, 76, 142, 183, 228, 263n, 293, 294-295, 303, 305
Altichieri L., 61n
Alto Adige, 304, 308, 312
Alvisi G., 294n
Aly Mohammed, 67
Amati A., 297n
Ambrosi Francesco, 86
Amburgo, 182
America Meridionale, 152, 197
America Settentrionale, 192
Amoretti Carlo, 136-137, 142
Ancona, 76
Anderson Charles, 190, 191, 193
Anderson James, 153, 161, 174, 193, 196
Anderson William, 153, 155, 156-157, 158, 164-165, 172, 173, 189, 194
Angelini Bernardino, 98, 99
Angelini G., 295n, 299n
Angerer Baldassarre Tommaso, 266-267
Anghreràz (valle d'), 319
Anglesey, 154
Anich Peter, 308, 316, 344
Ansiei (fiume), 305, 333, 335, 336, 337
Ansiei (valle dell'), 265, 337
Antelao (monte), 305, 330-333, 343
Antelao (valle), 330, 331
Antermoia (ghiacciaio dell'), 315
Antermoia (vallone), 316
Antersass (vallone), 311, 312
Antolini P., 91, 94

Aosta (valle d'), 204, 304
Aosta, 204
Appennini, 29, 38, 41n, 69, 72, 123, 127n, 138, 342
Appin, 158, 160
Apuane (Alpi), 226
Arabba, 324
Archinto Carlo, 135n
Arcugnano, 289
Ardnamurchan, 155
Arduino Giovanni, 23, 45, 52, 53n, 54-57, 58n, 63, 96, 109, 110n, 111, 112-113, 121
Arduino Pietro, 113
Argaur, 160S
Argentario, 41n
Argentiera, 231, 265-269, 289, 294
Argentina, 264
Arnaldi Girolamo, 51n, 110n
Arno (fiume), 71
Arsiero, 80
Arzignano, 55, 184, 286, 287
Ashmore Fionna, 193
Asmara, 226
Aspes Alessandra, 107
Asquini Fabio, 288
Assynt, 163
Astico (valle dell'), 297
Audouin Jean-Victor, 127n
Auronzo di Cadore, 231, 232, 262-269, 289, 292, 294, 334, 335
Austria, 73, 75, 77-78, 147, 248, 252, 254-257, 298
Avanza (monte), 273, 279-281, 294
Avanzi Riccardo, 98
Avisio (fiume), 47n, 129n, 305, 313, 314, 315, 318, 319
Ayrshire, 161

Bacchiglione, 59n, 62, 117n, 289
Bacon Francis, 166
Badia (valle), 88
Bailey E.D., 192, 194
Baird Robert, 165, 166, 170
Bakewell, 174, 179, 195
Baldo (monte), 96
Balestra A., 299n
Ballachulish, 158, 164
Balladoro Arrigo, 98
Ballard Jan, 193
Balsamo Crivelli Giuseppe, 138-139, 141, 143-147, 148
Bamboli (monte), 102
Banks Joseph, 161, 175, 194, 197
Banks R.E.R., 197
Barbarano, 80, 272
Barbarisi G., 136n
Barbieri Franco, 54n, 111n
Bardi (conte), 41n
Baretta Giulio, 98
Barettoni Girolamo, 57, 58n, 74, 75
Barigazzo, 29
Baroldi Luigi, 90, 92
Barrigton Daines, 162, 194
Barsanti Giulio, 49n
Baseggio Giovan Battista, 58n
Bassani Francesco, 59n, 70n, 74n, 79
Bassano, 24, 28, 36, 49, 50, 58, 65n, 66n, 73, 74n, 79
Basso di Popera (ghiacciaio), 340
Bath, 158
Bauer Giuseppe (Joseph), 238n, 240, 271n, 273, 275, 279
Bayle Claude-Émile, 20
Becagli Vieri, 49n
Beccaria Cesare, 51, 135n
Becher Johann Joachim, 23
Beckinsale R.P., 46n
Beggiato Francesco Secondo, 79
Bell A.S., 189, 194
Belluno, 15, 201, 205, 229, 246n, 248n, 250n, 255n, 259n, 260, 261n, 263, 267n, 269n, 288, 293n, 294, 298n, 299n, 305, 313
Beltrame Antonio, 302
Ben Nevis, 159
Benech-Rocchetti (fonderia), 300, 301n
Benesch F., 311
Bengala, 104
Bennett Susan, 176, 193
Bentivegna G., 71n
Berengo Marino, 64n, 270n
Bergamo, 143n, 144n, 204, 208
Bergman Torbern, 23
Beri C., 344
Berlino, 202
Berna, 136
Bernard G.B., 86
Bernardello A., 269n
Bersaglio B., 260n
Berti C., 342
Berti Giampiero, 28n, 49n, 65, 66, 67, 117n, 132n
Berti M., 301n
Berti De Nat P., 342
Bertoli (ferriera), 300
Bertoli P., 285

Bertolio S., 240n
Bertrand-Geslin Charles, 60n, 127, 130, 131
Besagno, 144n
Besano, 79
Bessemer Henry, 234, 302
Bianchi Giovanni, 119n
Bianco (monte), 61
Bibolini Aldo, 220, 224, 229
Bick David E., 154, 193, 194
Bigaglia Pietro, 270
Bindel K., 311, 342
Bindoff S.T., 187, 194
Bineves, 163
Biois (valle del), 321
Birenbaut Arthur, 233n
Birmingham, 165
Bizzocchi Roberto, 67n
Black Joseph, 160
Blackburn, 165
Blair Gowrie, 163
Blumenbach Johann Friedrich, 13
Boccalaro G., 269n
Boè Piz, 310
Bohem Laetitia, 109n, 136n
Boite (fiume), 305, 306, 327, 328
Boite (valle del), 326, 331, 337
Bolca, 73, 86, 96-97, 102-104, 106, 107, 110, 115, 128, 131, 140
Bologna Sebastiano, 59n
Bologna, 65, 123, 137, 202, 284
Bolsena, 30, 34, 41n
Bolzano, 305, 308, 312, 340, 343, 344
Bonacossa Alessandro, 212, 217
Bonaparte Napoleone, 64, 97, 103, 137-139, 202, 238
Bonetti E., 280n
Boninsegna Luigi, 93
Bonnet Charles, 67
Bonomi L., 94
Bordogna, 85
Bordoni, 115
Borgo Valsugana, 86, 90
Born Ignatz von, 114n
Borneo, 104
Boro di Priabona, 102
Borromeo del Grillo Clelia, 135n
Borromeo Vitaliano, 139-141, 142
Bossi Luigi, 118n
Botteri Ottaviani Marina, 93
Boud Roy, 193
Boulton Matthew, 197, 233
Bourdier F., 126n
Bower Anna Catherina, 194
Bozza Vincenzo, 96-97, 103-105
Braga Giampietro, 91
Brambilla Elena, 64n
Brasile, 116, 197
Breislak Scipione, 26-27, 29-31, 35, 36n, 40n, 41, 44-45, 46n, 47, 50, 60n, 64, 66, 69, 72, 73, 117, 122, 123, 130, 131, 140, 142
Brenta (canale di), 79
Brenta (fiume), 305, 318, 319
Brentari O., 79n, 209, 229, 248n, 255n, 289n, 311, 312, 322, 342
Brentonico, 144n
Bresadola G., 90
Brescia, 66, 143n
Bressan Antonio, 226
Brianza, 102
Briaschi, 202
Briggs H., 169, 194
Brocchi Giambattista, 11, 15, 16, 22, 23-50, 58n, 61, 64-67, 72, 73, 117, 124, 131, 132n, 138
Brochant de Villiers André-Jean-François-Marie, 118n
Brongniart Alexandre, 12-14, 16, 18-19, 127-128, 130n
Brora, 156-159, 170
Brotto A., 58n
Brown John, 189
Broxburn, 165
Bruce A., 192, 194
Bruck (plenipotenziario), 76
Brugnatelli Luigi, 39n
Bruguière Jean Guillaume, 12
Bryden D.J., 159, 194
Buch Leopold von, 12, 19, 29, 36, 37n, 40, 130, 132, 140
Buckland William, 14, 192
Buffon Georges-Louis Leclerc comte de, 23n
Burgio Enzo, 71n
Buri Alessandro, 96
Burke J.G., 120n, 127n
Burkhardt Richard W., 126n
Burns Robert, 162
Bury Richard de, 52n
Bury, 182
Busa di Dentro (vallone), 341, 342
Busa di Fuori (ghiacciaio della), 341, 342
Busati A., 74n
Busnardo Giuseppe, 61, 73
Butcher Norman, 193
Buxton, 178

Caberlon M.B., 74n
Cadin di Fanis (vallone), 328
Cadin di San Lucano (monte), 335, 336
Cadini di Misurina, 305, 335
Cadoppi G., 65n
Cadore, 231, 263, 269n, 289n, 294, 295n, 298, 343
Caithness, 156
Calabria, 59, 296
Calderini R., 78n
Caldiero, 102
Caltanissetta, 204, 208, 222, 227
Calvarina (monte), 287
Calzolari Francesco, 95, 107
Cambrai, 296
Cambridge (Massachusetts), 84
Camerata Giuseppe, 189
Cameron A.D., 159, 194
Camonica (valle), 204
Campania, 29, 33, 40-41, 59, 140
Campanile di Val Grande (monte), 319
Campbell John (Earl of Breadalbane), 177
Campi Flegrei, 32
Campidoglio, 30
Campoformio, 65
Canale (valle), 280n
Canarie (isole), 71
Canavari M., 70n
Canazei, 314
Canestrini Giovanni, 92
Caneve L., 232n, 277n
Caniato G., 293n
Canossa Ottavio di, 96, 99
Cant R.G., 163
Cantoni (ghiacciaio dei), 323
Cantoni (valle dei), 321, 322, 323
Cantù Cesare, 141n, 294n
Capellini Giovanni, 70n
Caperle Augusto, 105, 107
Capo Circeo, 41n
Capo di Bove, 31, 39n, 40, 41n, 42n
Capo Miseno, 45
Cappi Bentivegna F., 59n, 60n
Capra Carlo, 64n
Carbonin, 267
Cardiganshire, 154
Carinzia, 102, 238n
Carlops, 155
Carnia, 272, 279, 296
Carniola, 277
Carozzi Albert V., 43n, 48n, 190, 197
Carpani Giuseppe, 67
Carrara, 204, 208, 227
Carso, 79
Casale (monte), 328
Casamicciola, 36n
Casati Gabrio, 202, 204
Caserta, 33
Castel del Cucco, 102
Castelgomberto, 102, 111, 112, 114, 115n, 116, 118, 119, 121n, 122n, 125, 126n, 128, 133
Castelli Salvatore, 99
Castellini Luigi, 109-134
Castello (monte), 330
Castelnedolo, 102
Castelvecchio, 102
Castiglioni Luigi, 142
Castion, 88
Catania, 44n, 125n
Caterina II di Russia, 172, 190, 195, 197
Cattaneo Carlo, 144, 146
Cattaro, 180
Catullo Tommaso Antonio, 12-22, 57, 64, 65n, 68, 104, 111n, 112-114, 115n, 116n, 119, 120n, 131, 133-134, 244n, 249n, 255, 293-295, 299
Cavalese, 84
Cavalletto Alberto, 77n
Cavallo (monte), 328
Cencenighe Agordino, 323, 325
Cerato Giuseppe, 103-104
Cerboli (isola di), 226
Cesalpino Andrea, 49-50
Cesco Cancian M., 305n
Cesco E., 230
Cesena, 228
Cessi Roberto, 231n, 265n
Chadwick R., 233n, 243n, 254n, 259n
Challinor John, 131n, 152, 192, 194
Charpentier Johann Friedrich Wilhelm, 114n
Chiampo (Valle del), 55n, 102
Chiaramonte Umberto, 201, 214-215, 229
Chiavon, 79, 102, 103
Chicago, 228
Chiesi G., 269n
Childe V.G., 162, 194
Chisholme C., 172, 194
Ciampestrin (vallone di), 332
Ciampestrini (ghiacciaio), 331, 333
Ciancio Luca, 23-50, 55n, 56n, 65n, 67n, 110n, 114n, 117n, 193
Ciani G., 332, 342
Cibiana di Cadore, 298
Cibrario Luigi, 202

Ciclopi (Isole dei), 44n
Cicogna Emanuele Antonio, 176, 181, 194
Cile, 254
Cima Arduini (monte), 334
Cima Cadina (ghiacciaio di), 315, 316
Cima dei Bureloni (monte), 319
Cima del Coro (monte), 319
Cima dell'Uomo (ghiacciaio della), 315, 316
Cima di Focobón (monte), 319
Cima di Vallès (monte), 315
Cima Est Le Selle (monte), 334
Cima Fanton (monte), 330
Cima Fradusta (monte), 319, 322
Cima Manstorna (monte), 322
Cima Ombretta (monte), 314
Cima Ovest Le Selle (monte), 334
Cima S. Cassiano (monte), 313
Cima Undici (monte), 340
Cima Vezzana (monte), 318, 319, 321, 322
Cime Cadine (monte), 315
Cimini (monti), 41n
Cimon del Froppa (monte), 334, 335
Cimon della Pala (monte), 318, 321, 343
Cimone, 88
Cina, 104
Cinque Dita (monte), 311
Cipolla Carlo Maria, 248n
Cipolla Carlo, 105
Ciriacono Salvatore, 52n
Cismòn (fiume), 305, 318, 319
Civetta (monte), 305, 323-326, 343
Civillina (monte), 77, 102
Claut S., 241
Clementi Giuseppe, 105
Clerk-Maxwell George, 156, 159, 160, 196
Cludinico, 272, 286, 287
Cocchi Igino, 70
Cognetti de Martiis, S., 279n
Col di Lana, 226
Colalè Michele, 229
Colle S. Lucia, 205, 293, 294, 296
Colognato Maria, 100
Combie Campbell, 158
Comelico, 263, 293
Comelle (valle delle), 319, 321
Como (lago di), 144n
Conci C., 94
Conci Cesare, 141n
Concina Ennio, 263n
Conedera Raimondo, 228, 230
Configliachi Luigi, 26n, 117n
Confortini Danilo, 91
Consalvi Ercole, 49n
Contarini Giovanni Battista, 217
Contrin (valle), 315, 316
Conybeare William Daniel, 13
Cordevole (fiume), 204, 236, 255, 261, 305, 313, 315, 318, 319, 321, 323, 326
Cordier Pierre-Louis-Antoine, 60, 127, 131
Cornalia Emilio, 145, 148, 149
Corniani degli Algarotti Marco Antonio, 46n, 61n, 64, 230, 236n, 237, 242n, 244n, 248n, 250, 253n, 254n, 255, 265n
Corsi Pietro, 24n, 61n, 126n, 127n, 128n, 131n
Cortesi Giuseppe, 137
Cortina d'Ampezzo, 306, 308, 309, 328, 335, 337, 343, 344
Corvara in Badia, 310
Costeana (valle), 328
Cotterell M., 153, 171, 194
Cotton M.A., 162, 194
Cox L.R., 171, 194
Cracco Paolo, 103
Craig Gordon Y., 190, 194
Craig Patrick, 159, 160, 161, 162
Cramond W., 159, 194
Cresta Bianca (ghiacciaio della), 306, 308
Cresta Bianca (monte), 306
Cresta Zsigmondy (monte), 341
Crichton Pat, 193
Cristallino (ghiacciaio del), 306, 308
Cristallino (valle del), 306
Cristallino d'Ampezzo (monte), 306
Cristallo (ghiacciaio del), 323, 325
Cristallo (monte), 305, 306-310, 342, 343
Croazia, 102
Croda dei Toni o Cima Dodici (monte), 340, 341
Croda Marcora, 336, 337
Croda Rossa d'Ampezzo (ghiacciaio della), 308
Croda Rossa d'Ampezzo (monte), 305, 306-310
Croda Rossa di Sesto (monte), 340
Cromarty, 156, 158
Crosara, 115n
Cross A.G., 190, 194
Cucagna Alessandro, 295n
Cummyng James, 157, 166
Cummyng Mrs., 157

Cunliffe B., 162, 194
Cunynghame William Augustus, 165, 166, 174, 198
Curioni Giulio, 142-144, 148
Curtatone, 69-70, 72
Cuvier Georges, 13, 46n, 57, 61, 126n, 131n
Cwmsymlog, 154
Cwmystwyth, 154

D'Anna, 322
D'Aubuisson des Voisins Jean François, 196
Da Campo Benedetto, 98-100
Da Rio Nicolò, 19, 57, 58n, 68, 236n, 238n, 255n
Daccò Gian Luigi, 149n
Dal Borgo M., 293n
Dal Lago Domenico, 77-78
Dal Nero Vittorio, 106, 107
Dal Piaz Giorgio, 53, 54, 60, 63, 64n, 80, 113n, 130n, 132, 133n
Dal Savio A., 75n
Dalla Cà A., 59n
Dalla Torre, 183, 184
Dalla Via M., 298n
Dall'Acqua Giuseppe, 97
Dalle Ore Gerolamo, 285
Dalmazia, 54-55, 102, 152, 183
Danckelman Adolf A.F., 190
Danubio (fiume), 340, 341
Darenfawr, 154
Darmano D., 180, 194
Darwin Charles, 67, 98, 126n
Dashkova (principessa), 190, 195
Daumas Maurice, 233n
Davies Walter, 152, 153, 154, 159, 172, 173, 174, 175, 182, 183, 185, 187, 188, 194
Dawson W.R., 176, 194
De Betta Edoardo, 98, 99, 105
De Candido E., 342
De Cobelli Giovanni, 90
De Cristoforis Giuseppe, 139-142, 144-145
De Falkner, 339
De Filippi Filippo, 145
De Grada R., 135n, 136n
De Hubert Luigi, 212, 217
De Luc Jean-André, 40, 43, 46, 48, 52n, 172, 194
De Maddalena A., 136n
De Manzoni Giovanni Antonio, 209, 274, 275n, 277n, 278-279, 294, 295-296
De Mattheis Giuseppe, 40n
De Michele Vincenzo, 135n
De Pretto Olinto, 79-80
De Pretto Silvio, 301
De Rubeis Carlo, 186, 195
De Santis Riccardo, 122n. 124n
De Seta, 222
De Stefani Stefano, 98
De Taxis Vincenzo Ferdinando, 85, 116
De Tipaldo Emilio, 58n, 61n, 111n, 116n
De Vecchi S., 293n
De Visiani Roberto, 74n, 100-101
De Zigno Achille, 53n, 57, 68, 73
Dean Dennis D., 52n, 172, 191, 195
Decima Riccardo, 228
Decima, 275
Del Din (fratelli), 207
Della Valle Claudio, 70
Dellantonio Elio, 93
Delleathich, 158
Dembsher Giuseppe, 63n
Dentro del Froppa (ghiacciaio di), 334, 335
Dentro delle Meduce (ghiacciaio di), 334, 335
Derby, 174, 178
Derbyshire, 154, 174, 178, 179, 190, 196
Derosas R., 270n
Desenzano, 89
Desmarest Anselme-Gaétan, 127
Desmarest Nicolas, 57, 127n
Di Franco S., 71n
Di Stefano G., 71n
Dickinson H.W., 159, 195
Diener C., 342
Dimai Angelo, 318
Dimai Fulgenzio, 318
Dobbiaco, 267
Dodecaneso, 226
Dolomieu Déodat de, 29, 40, 58, 62
Dolomiti, 91, 303-344
Donà D., 61n
Donegani Guido, 262
Donisi Jacopo, 96
Dont, 294, 298, 299
Dorset, 174, 175
Doskey John S., 37n
Dover, 181
Drava (fiume), 340, 341
Dresda, 190
Duckham B.F., 192, 195

Dufrénoy Ours-Pierre-Armand Petit, 147n
Dundas Henry, 180
Dundonald, 161
Dunlop Jean, 169, 195
Dunrobin, 155, 156
Duntarf, 161
Durante Pasa M.V., 107

East Lothian, 158, 170
East Tullos, 196
Eckerth W., 309-310, 342
Edinburgo, 153, 155, 156, 157, 160, 162, 163, 164, 165, 168, 174, 177, 189, 191, 192, 193, 194, 195, 197, 198
Edlinger M., 344
Edwards A.B., 318, 322, 342
Egitto, 67, 223, 228
Egna, 183
Einaudi Luigi, 279n
Elba (isola d'), 226, 227
Elgin, 158
Elie de Beaumont Jean-BaptisteArmand-Louis Léonce, 147n
Ellenberger François, 24n, 46n, 121n, 161, 195
Emerson Roger, 162, 193, 195
Emo Alvise, 176
Engel C. E., 295n
Engelhardt Dietrich von, 142n
Englishtown, 157
Epomeo, 36n
Ercolano, 32
Eritrea, 226
Errera Alberto, 254n, 300
Erskine David Stuart (11th Earl of Buchan), 154, 163, 164, 165, 166, 169, 170, 173, 174, 189, 191, 192, 194, 196
Esino, 149
Euganei (Colli), 19, 36n, 63, 161, 184
Euringer G., 322, 342
Eyles Joan M., 162, 195
Eyles Victor A., 162, 195

Fabbiani G., 232n, 264n, 265n, 268n
Fabbroni Giovanni, 175, 195
Fabiani Ramiro, 80, 270n, 271n, 285n, 286n, 287n, 288n, 291n
Facchini Francesco, 61n
Facen J., 249n
Fagagna, 288
Falcade, 249
Falzarego (passo), 327
Fanis (ghiacciaio di), 305, 327-330
Fara (monte), 298
Farey John, 157-158, 175, 191, 195
Fassa (Valle di), 25-27, 41, 66, 86, 89, 91, 138
Faujas de Saint-Fond Barthélemy, 45, 55, 57, 131
Favaro, 99
Favretti Antonio, 225
Feltre, 229, 245, 248n, 255n
Ferber Johann Jacob, 29, 114n
Ferdinando I, 143
Ferguson J., 154
Ferney, 57
Ferrara, 91, 202
Ferraresi Alessandra, 137n
Ferrazzi Giuseppe Jacopo, 67n
Feruglio G., 310
Festari Girolamo, 56-57, 111
Fiandre, 175, 179
Fiemme (valle di), 63, 91, 130
Figueiroa Silvia F., 197
Filangieri Gaetano, 51
Filiasi G., 332
Filippine, 104
Finavon, 162
Findlen Paula, 109n
Finotti Franco, 91, 93
Fiorentina (valle), 326
Firenza V., 135n, 136n
Firenze, 29, 50n, 71, 75, 193, 204, 227
Fiscalina (valle), 341
Fleming John, 192, 195
Flindall Roger, 193
Focobón (ghiacciaio di), 321, 322
Foetterle Franz, 279
Folie K., 243
Follador Umberto, 204, 224, 229
Fonda (valle), 306, 308
Fontana Giovanni Luigi, 54, 59n, 60n, 75n, 112n, 113, 282n, 283n, 284n, 291n, 301n, 302n
Fontanive Giusto, 217
Fontega, 289
Fopa de Mattia (ghiacciaio della), 337, 339
Foresti Lodovico, 70
Fornasa A., 271n, 281n, 282n, 283, 284n
Fornasini Carlo, 119n
Forni Avoltri, 279
Forno di Canale, 315, 316
Forno di Zoldo, 298, 299, 326
Forres, 158
Fort Augustus, 160
Fort William, 158, 159, 163

Forth (fiume), 161
Forti Achille, 106, 107
Fortis Alberto, 23-24, 40-41, 45, 49, 51, 53n, 54-58, 63, 65, 104, 107, 110n, 114, 115n
Fossen L., 230
Fossen Pietro, 226
Fracastoro Girolamo, 95
Fradusta (ghiacciaio della), 318-320, 322
Francani L., 26n
Francia, 59, 73, 103, 115n, 126, 128, 129, 133n, 151, 161, 176, 178, 179, 195, 199, 226, 228, 233
Francou C., 137n
Franzina Emilio, 260n, 262n
Frattocchie, 41n
Freiberg, 121n, 122n, 151, 190, 195, 208
Frella (valle di), 294
Freshfield D.W., 322, 327, 342
Frischauf J., 320
Friuli, 56-57, 231, 232n, 272n, 287n, 288n, 296, 298
Frumento Armando, 299n
Fryer Joseph Harrison, 197
Fuchs Theodor, 78
Fuchs Wilhelm, 295
Fuori del Froppa (ghiacciaio di), 334, 335
Fuori delle Meduce (ghiacciaio di), 334, 334
Fusina Giorgio, 229, 230
Fusine, 297

Gabet Enrico, 218-219, 229
Gadera (fiume), 310
Gaidon Antonio, 58, 66
Galles, 152-154, 173, 183, 194, 198, 243n, 259n
Galline (valle delle), 321, 322
Galloway, 197
Gar T., 74n
Garbini Adriano, 98
Garda (lago di), 143n
Gardena (valle), 311
Garès, 205, 319, 321
Garfagnana, 228
Garibaldi Giuseppe, 71
Garuffa E., 297n
Gaspari G., 135n
Gatto, 224
Gaudry Albert Jean, 79
Gazley J.C., 179
Gazola Andrea, 96, 103-105
Gazola Giovambattista, 96-97, 103-105
Gazola Giuseppe, 96, 103-105
Gazola Luigi, 96, 103-105
Gellner E., 263n
Gemmellaro Carlo, 71
Gemmellaro Gaetano Giorgio, 71
Generali Dario, 135n, 136n
Gennari L., 26n, 70n, 117n
Genova, 75
Genovesi Antonio, 51
Geoffroy Saint-Hilaire Étienne, 126, 127n
Germania, 73, 102, 133n, 151, 175, 178, 179, 182, 183
Gernrode, 208
Giacomelli (fonderia), 300
Giamaica, 104
Giarrizzo Giuseppe, 55n
Giau, 293
Gibbs F.W., 232n, 246n, 266n, 277n
Gibbs V., 158, 195
Gibin Cinzio, 65n, 187, 195
Gibson A.J.S., 155, 198
Giffoni, 79
Giglia Gaetano, 124n
Giglio (Isola del), 41n
Gilbert, 325
Gille Bertrand, 233n, 235n
Gillispie Charles C., 26n, 120n
Gilmerton, 163, 164, 165, 166, 169, 173, 198
Giorgio III, 172, 196
Giormani Virgilio, 151, 161, 176, 182, 185, 187, 193, 195
Giovo (monte), 88
Girolami G., 230
Gismondi Carlo Giuseppe, 40n
Giua Lollini C., 266, 277n
Giua M., 266n, 277n
Giuffré U., 230
Giuliari Bartolomeo, 97
Giulini A., 135n
Giuseppe II, 136, 138-139
Glanvell Victor Wolf von, 330, 343
Glasgow, 194
Glenmorgan, 153
Glenroy, 159, 163, 194
Gnech Martino, 212, 222, 225, 252, 258, 296
Gohau Gabriel, 46n
Goima, 293
Goiran Agostino, 98, 99, 105
Golspie, 156
Goodwin A., 178, 195
Gorizia, 269n

Gosaldo, 226, 277
Gottschalk C.G., 190, 195
Gough R., 160, 195, 198
Gran Bretagna, 151
Grande (valle), 321
Grandi C., 292n
Grant Robert, 168
Grava del Vallon Bianco, 328
Gravelle, 102
Graydon George, 110n
Graz, 208
Grecia, 73, 226, 228
Greene Mott T., 121n
Grenville William Wyndham, 180-181
Grezzana, 102
Grigna, 265-266
Grindelwald (ghiacciaio di), 318
Griselini Grancesco, 51, 53, 57, 114n
Gritti (famiglia), 184
Grohmann (ghiacciaio di), 311, 312
Grohmann Paul, 303, 309, 318, 326, 327, 330, 332, 335, 339, 342, 343
Grola, 77
Gross N.T., 248n, 254n
Gualandris Angelo, 207, 230
Gualtieri Niccolò, 119
Guazzo V., 252n
Guernieri A., 263, 267n
Guidotti Guido, 107
Guinea, 104
Gullino Giuseppe, 233n
Guntau Martin, 121n
Gwernescob, 153

Hacquet Belsazar, 317, 328, 343
Haddington, 153
Haidinger Wilhelm, 147-148
Hallam Anthony, 52n, 121n
Hamsen, 226
Hardman J., 172, 195
Harz, 208
Haton Napoléon, 238n, 239, 240n, 242n, 243n, 244n, 248n, 249n, 252, 253n, 255n, 256n
Hauer Franz, 147
Haüy René-Just, 120, 122, 126, 128n
Hendel C.W., 176, 195
Herries Davies Gordon, 153, 192, 194
Highlands, 162, 164, 168-170, 190, 193, 197, 198
Hill Jane, 193
Hoefer, 125n
Hoepli (editore), 240n
Hoernes H., 255n
Hollister-Short Graham J., 233n
Holzhauser Matteo, 90
Holzmann, 342
Hont I., 197
Hooykaas Rejeer, 120n
Hopetoun, 193
Hornblower Jonathan, 197
Huggett Richard J., 192, 195
Humboldt Alexander von, 62, 63, 70
Hume David, 176, 195
Hunter R., 172, 196
Hutton James, 35, 46, 47n, 48, 50, 52, 154, 156, 162, 164, 170-172, 191, 194, 195, 196
Hyde H.M., 190, 195

Idria, 277
Iglesias, 204, 208, 222
Ignatieff M., 197
Illinois, 190
Im Hof U., 136n
Imperina (monte), 208
Imperina (torrente), 236, 255, 260
Imperina (valle), 204-209, 214, 219, 220, 225, 228, 229, 230, 231, 232, 234, 235-262, 275, 277, 278, 286, 288, 291, 292, 293, 294, 295, 296
Induno, 149
Inferna (valle), 294
Inghilterra, 59, 73, 161, 164, 172, 173-174, 176, 178, 180-181, 184, 186, 189, 196, 233, 234, 259n, 301n
Innocenti Enrico, 89
Innsbruck, 84
Inverness, 156, 159, 160, 161, 198
Ippolito Felice, 70n
Irlanda, 186
Isarco (fiume), 305, 306, 308, 310
Ischia (Isola), 36-37
Islanda, 161
Islay (isola di), 155
Istria, 184, 269n
Iversen Audrey N., 43n

Jacini Stefano, 252, 296
Jameson Robert, 190, 191, 196
Jan Giorgio, 140-141, 142, 144-145
Jardine Nicolas, 109n
Jedburgh, 176
Jenkins R., 159, 195
Jones Jean, 154, 162, 193, 196
Jugoslavia, 226

Keele, 193
Kerry, 152, 153, 185, 194
Kew, 193
Kinedore, 163
Kirkhall, 157
Kirkhill, 165, 166
Kirwan Richard, 161, 172, 175, 185, 196
Klausen, 311, 312
Knight John, 48
Knockfarril, 159, 160, 162
Kosseir, 223, 228
Kulichin V., 160, 189-190, 196

La Banca (monte), 315
La Marmora Alberto, 68
Lacaita C.G., 143
Laing Dorothy, 193
Laing Gilbert, 190
Lamarck Jean Baptiste Pierre Antoine de Monet de, 12, 24, 61, 67, 96, 126n, 187
Lamb J.G., 154
Lampertico Fedele, 74
Lampredi Urbano, 70
Lanaro Silvio, 72, 260n
Landris, 255
Lanzinger Michele, 93
Larber Giovanni, 58
Latreille Pierre-André, 126, 127n
Laudan Rachel, 23n, 121n
Laurent Goulven, 126n, 128n
Laveder G., 230
Lavezari Orazio, 177, 181, 182
Lazari Vincenzo, 76n
Lazio, 33, 41
Lazzarini A., 292n, 293n
Le Torneur S., 127n
Leadhills, 155
Lecco, 71, 148
Leeds, 193
Leffe, 102, 143n
Leibniz Gottfried Wilhelm, 67
Lenotti Giuseppe, 99
Leogra (valle), 285
Leonhard Karl Cäsar von, 41n
Lesina (isola di), 79
Leske Nathanael Gottfried, 109, 110n
Lessini (monti), 286
Levico, 89
Libberton, 153
Liebner Leopoldo, 84
Liegi, 266
Ligonto, 266
Liguria, 61, 62
Limoni Luigi, 103
Linlithgow, 174
Linneo (Linné Carl von), 96, 122
Liotta G., 71
Lioy Paolo, 77n, 78n
Lipari, 227
Liva G., 136n
Livinallongo, 296
Livingstone, 165, 166
Llangunog, 154
Loch Ness, 156
Loira, 61
Lombardia, 59, 71, 102, 117, 135-149, 284, 304, 342
Londra, 136, 176, 177-183, 186, 188, 191, 192, 193, 197
Longarone, 316, 322, 325, 327, 332, 344
Longman (editore), 190
Longmire J.B., 197
Longo Alfonso, 135n
Lonigo, 78, 302
Lopes Margaret, 197
Loss Renato, 88
Lotti Bernardino, 226
Lotze Maurizio, 107
Lovo (valle del), 294
Lucas Jean-André-Henri, 125-127, 131
Lucca, 68, 75, 226
Lugano (lago di), 140
Lugli Adalgisa, 109n
Luigi XVI, 172, 195
Lürzer Franz, 208
Lusiana, 58n
Luxor, 96
Lyell Charles, 12, 47, 52n, 67, 98, 192, 196

Maccà Gaetano (Girolamo), 297n
Maccagni Carlo, 109n, 124n
Maclure William, 37n
Madagascar, 104
Maè (fiume), 305, 323, 326
Maffei Antonio, 103
Maffei Scipione, 96, 103, 107
Maggiolo Attilio, 176, 196
Magnani Liliana, 118n
Magni Magno, 259-262, 291
Magrè, 102
Malacarne Claro Giuseppe, 138
Malacca, 104
Malattia B., 298n
Malcapine I., 172, 196
Malfer Floreste, 98

Malo, 102
Manchester, 282
Mancuso F., 263n
Manganotti Antonio, 98, 105
Maniago, 298, 300
Manin Daniele, 76
Mantese Giovanni, 59n, 271n, 284n, 286n
Mantova, 207
Manzatti Leonardo, 97
Maraschini (o Maraschin) Pietro, 15-16, 55, 56n, 57, 58-60, 63, 74, 75, 109-134
Marcadella G., 59n
Marchetto P., 78n
Marchioro Ignazio, 80n
Maria Luisa d'Asburgo-Lorena, 141
Maria Teresa d'Asburgo, 136, 138-139
Marinelli G., 332, 343
Marinelli Olinto, 303, 310, 311, 313, 317, 318, 322, 323, 325, 326, 327, 330, 332, 333, 335, 336, 339, 342, 343
Marino Giuseppe Carlo, 68, 69
Marinoni C., 272n, 279n, 280n, 287n, 288n
Mario (monte), 30
Marmarole (catena delle), 305, 333-336
Marmolada (monte e ghiacciaio della), 296, 304, 305, 313-318, 343, 344
Marmór (ghiacciaio del), 319, 322
Marocco, 104
Marostica, 58
Marsala, 71
Marshall Rosalind, 193
Marsiglia, 70, 71
Martin Émile, 234, 302
Martin Pierre, 234, 302
Martinati Pierpaolo, 98
Marucci N., 70n
Marzari Lorenzo, 169, 173, 176, 177, 178, 179, 180, 183, 184, 185, 186, 188, 189
Marzari Pencati Giuseppe, 36, 37n, 46n, 47, 54n, 56n, 60-66, 73, 75, 112n, 116, 117, 124, 129-132
Marzotto (impresa), 284, 285
Massa Marittima, 204, 208
Massalongo Abramo, 98, 100-103, 104, 105, 107
Massalongo Bortolo, 100, 103
Massalongo Caro, 98, 105
Massalongo Orseolo, 98, 105
Mastini Antonio, 111
Matlock, 174, 175, 179
Mawe John, 190, 196, 197
May Peter, 193
Mayer, 99
Mazzotta D., 301n
Mazzucchi Leo, 88
Mazzuoli Lucio, 212, 217, 229, 259n
McKenzie George, 198
Mediterraneo (mare), 97
Mella (dipartimento del), 66
Melmore S., 192, 196
Menaggio, 144n
Menegazzi Luigi, 98, 99
Meneghini Giuseppe, 53, 56, 63, 64, 70, 113n, 128n, 131n
Meneguzzo Giovanni, 77-78
Meriggi Marco, 137n
Merzbach G. von. 343
Meschinelli Luigi, 78n, 79
Messina, 125, 126n
Mestre, 300
Mèsules (ghiacciaio delle), 310, 311
Metaxà Luigi, 40n
Metternich Clemens Wenzel Lothar Furst von, 74
Meuder Heinrich, 190, 196
Mezdì (valle di), 310, 311
Mezzacasa Manuela, 133n
Micheli Pier Antonio, 50n
Michelina, 102
Middlesex, 182
Midlothian, 153
Mietto P., 77n
Mila M., 295n
Milanesi Marica, 147n
Milano, 25, 28, 64, 65n, 66, 68, 69, 70, 71, 75, 117, 122, 123, 125, 126n, 135-149, 176, 202, 227, 260, 269, 270
Millar James, 153, 154, 155, 156, 191, 196, 198
Mincio (fiume), 231
Minelli A., 74n
Mioni A., 263n
Mis (valle del), 273, 277
Misurina (lago di), 267, 289, 306, 308, 334, 335, 336, 337
Mitchison Rosalind, 193
Modena, 71
Mohs Friedrich, 208
Moiazza (ghiacciaio della), 323, 325, 326
Molinari F., 139
Molla Losito V., 136n
Molon Francesco, 61n, 77, 272n, 287n, 288n
Monaghan Nigel T., 110n
Mondaino, 102

Monetti Luigi, 229
Mongiana, 296
Monks Hill, 196
Montagnana, 228
Monte Colle, 102
Monte Spaccata, 285
Montebelluna, 220
Montecatini (società), 261-262, 291
Montecchio Maggiore, 102, 124
Montesquieu Charles-Louis de Secondat, 51
Monteviale, 287-288
Montgomeryshire, 152, 153, 194
Monti Enrico, 264
Monticelli Teodoro, 34n, 40n, 124
Monticolo Attilio, 211, 227
Monzoni (gruppo dei), 89
Morandini Valentino, 88
Morandotti A., 135n
Morassi L., 288n
Moray, 163
Mordini, 71
Morello Nicoletta, 11-22, 25, 52n, 68-69, 112n, 121n, 124n
Moreni Giulio Cesare, 96, 105
Moretti Attilio, 225, 227, 230
Moretti Ettore, 213, 227
Mori Giorgio, 175, 196
Morlang (don), 86
Moro Anton Lazzaro, 43, 52, 53, 54n
Morosini Jacopo, 58n
Moscardo Lodovico, 95, 107
Mosé, 48
Mossa F., 230
Mossner E.C., 162, 196
Motterle Tullio, 55n, 114n
Mottura A.F., 224
Mugna P., 230, 240n, 253n, 256n, 275n, 277n, 318
Mühlbach, 243n
Mullett C.F., 174, 196
Murray John, 191
Muzzolone, 102
Mylius Enrico, 143

Nairn, 158
Nani Giacomo, 184, 206
Napoli, 29, 32, 55, 56, 75, 79, 122n, 124-125, 140, 201
Nardo D., 74n
Naro (monte), 291
Nazzaro Antonio, 124n
Negri Arturo, 77
Neill Patrick, 153, 154, 155, 158, 165, 174, 187, 188, 196
Nemi (Lago di), 31
Nencini (famiglia), 50n
Neumayr Melchior, 79
Neville & C. (fonderia), 300
Neville E.G., 301n
Newbyth, 166, 170
Newcomen Thomas, 233
Newgate, 181
Newhall, 155
Nicolis Enrico, 98, 99, 105, 107
Nieuwenkamp W., 130n
Nogarole, 102
Nola, 69
Nosotti Stefania, 148n
Noto (Val di), 40n, 44
Nottingham, 193
Novale, 77, 102
Nuova Zelanda, 104

Oeningen, 102
Oexle Federico, 270
Ogilvy James, 159
Olanda, 73, 154-155, 178, 195
Oliero (fiume), 74n
Olivi Giambattista, 107
Olivi Giuseppe, 187, 195
Olmi Giuseppe, 109n
Omalius d'Halloy Jean Baptiste Julien d', 12
Omboni Giovanni, 57, 145, 147, 148
Ombretta (valle), 315
Ombrettola (ghiacciaio di), 315, 316
Ombrettola (valle), 315
Ontario, 193
Orbigny Alcide Charles Victor Dessalines d', 20-21
Oreglia E., 278n, 279n
Orlandi M., 232n, 262n
Orta (lago di), 140
Ospovat Alexander M., 121n
Oten (fiume), 305, 330, 331
Oten (valle d'), 330, 332

Pacifico (oceano), 327
Padana (valle), 204
Padola (fiume), 305, 340
Padova, 15, 16, 53, 59, 60, 61, 65, 73, 75, 79, 80, 100, 104, 110n, 112, 113, 114, 117, 133n, 185, 193, 195, 207, 220, 227, 232, 247, 293, 300, 301n
Paesi Bassi, 233

Paganin Luigi, 212
Paganini, 218
Pagano Mario, 70
Pala (ghiacciaio della), 319, 320
Pala delle Meduce (monte), 334, 335
Pala di S. Martino (monte), 319
Pale di S. Martino (gruppo delle), 318-323, 344
Palermo, 71, 80, 125, 202
Pancaldi Giuliano, 65n, 66, 67n, 68, 142n
Panciera (società), 290
Paneveggio, 248, 322
Panissaco (colle), 271n, 281n, 282n, 283, 284n
Pantaleo M., 343
Pantanelli Dante, 71
Papadopoli Spiridione, 270
Pareto Luigi, 68
Parigi, 55, 60n, 61, 65, 70, 76, 97, 102, 110n, 120n, 122n, 125n, 126-129, 131, 132n, 137, 138, 139, 140, 176, 180, 202
Parma, 141
Parmeggiani N., 288n
Parolini Alberto, 73-74
Pasini Lodovico, 53, 54n, 56, 59n, 61n, 62, 63, 64, 68, 74-77, 112n, 116n, 117n
Pasini Valentino, 59n, 75
Pasqualigo G., 297n
Passarin M., 59n
Pasta Renato, 49n, 193
Pastello (monte), 102
Pastore Stocchi Manlio, 51n, 110n
Pasubio, 228
Pavia, 71, 137, 138, 142
Pedandola A., 230
Pellati Nicolò, 210, 212, 217, 229, 253n, 254n, 256n, 257, 266n, 273n, 280n, 282n, 284n, 287n, 288n, 296
Pellegrini G.B., 308, 326, 343
Pellegrini Gaetano, 98
Pellegrini Giobatta, 115n, 116n
Pellegrini M.C., 230
Pellegrini P., 318
Pellegrinon Bepi, 249
Pelmetto (monte), 326
Pelmo (ghiacciaio del), 326
Pelmo (monte), 295, 305, 326-327
Peloritani (monti), 226
Penicuik, 155, 160
Pennant Thomas, 159, 160, 196
Perini Agostino, 85, 94, 105
Perini G., 305n, 307, 312, 314, 331, 338, 341
Perini Gaetano, 98
Pernigotti, 102
Persico (golfo), 104
Perth, 158
Perthshire, 156, 177
Pertusati Luca, 135n
Pertusola (società), 269
Pesciara, 103
Pezzea (torrente), 278
Pfaundler Aloisio de, 116
Philadelphia, 193
Phillimore A.G.S., 326
Phillips Martin, 193
Piacenza, 78
Pian da Barco, 231, 265, 266
Piano del Gallo, 37
Piave (fiume), 204, 229, 250, 260, 292, 293n, 305, 306, 313, 315, 318, 319, 321, 323, 326, 327, 328, 330, 331, 333, 335, 336, 337, 340
Piccoli Giuliano, 133n
Piemonte, 43n, 100, 304
Pieriboni A., 111n
Pieropan abate, 114n
Pieve di Livinallongo, 316, 317, 322, 325, 327, 332, 344
Pieve, 282
Piggott S., 162, 196
Pilla Leopoldo, 68, 70, 72, 113n, 118n, 122n, 125n
Pilla Nicola, 40n
Pincio, 30
Pini Ermenegildo, 29, 137, 138, 146
Pinkerton John, 190, 196
Piombino, 302
Piovene, 284
Pirona Giulio Andrea, 74n, 75, 76
Pisa, 53, 70, 75
Pisani Alvise, 176, 177, 178, 179, 181, 182
Pisani Giorgio, 180
Pischel Antonio, 90
Pisciadù (ghiacciaio del), 310, 311
Pitacco, 327
Piz Popena (monte), 306
Pizzamiglio Gilberto, 55n
Pizzo Serauta (monte), 315
Playfair John, 156, 191, 196
Poli Domenico, 115n
Pollini Ciro, 98, 99
Polo Marco, 76

Pomian Krzysztof, 110n
Pompei, 32
Ponzi Giuseppe, 71
Popena (ghiacciaio di), 306, 308
Popera (monte), 305, 340-342
Popera (vallone), 340, 341-342
Porro Carlo, 139, 142, 145
Porta Giovanni Bonaventura, 116
Porter Roy, 151, 171-172, 192, 196
Portici, 45
Portsoy, 163
Posina, 297-298, 300
Postale (monte), 103
Pozzani di Sotto, 290
Pozzuoli, 46n
Prà del Vecio (valle), 306
Pranzo, 92
Predazzo, 63, 86, 90, 91, 93, 130, 131n
Predoi (Prettau), 243n
Preto Paolo, 51-80, 111n, 113, 115n, 116n, 175, 193, 196
Prévost Constant, 19-20
Prevost M., 130n
Priabona, 102
Primiero, 229, 248n, 249n, 263
Prina B., 137n
Probati, 211
Promina (monte), 102
Provana di Collegno Giacinto, 68
Prussia, 102
Przystomovski Rodolfo, 116n
Puglia, 227
Pugnello di Arzignano, 287
Pulli (monte), 232, 234, 271-273, 275, 281-286
Punta Civetta (monte), 323
Punta Penìa (monte), 313, 318
Punta Rocca (monte), 313, 318
Punta Serauta (monte), 315
Puppi Lionello, 58n
Purtscheller, 327, 339
Puttin L., 76n
Puy de Dôme, 61

Querini Angelo, 57
Quondam Amedeo, 136n

Ra Valles (vallone), 327
Radicofani, 30
Radio-Radiis A. von, 322, 343
Ragusa, 69
Rai, 255
Raibl, 227, 238n
Raimondi Ezio, 109n, 136n
Raimondi, 99
Ralston I., 162, 196
Ramsay A., 168, 197
Ramsay Marion, 193
Ranieri d'Austria, 120, 122n
Rascièsa, 313
Raspe Rudolph Eric, 43
Rattemberg, 266
Raynor J.S., 326
Reali Giuseppe, 270
Reato E., 59n
Reck, 184
Recoaro, 56, 102, 118, 285, 289
Redondi Pietro, 49n
Renier Stefano Andrea, 59, 65
Reno (fiume), 71
Riccabona (dott.), 86
Riccioli Giuseppe, 40n
Richard, 88
Richter Eduard, 303, 309, 310, 311, 312, 318, 322, 325, 327, 330, 333, 335, 339, 342, 343
Ricotti, 202
Riddell Robert, 162, 197
Rienza (fiume), 305, 306, 308, 310
Rienza (valle della), 308
Rigault de Langrais G., 117n
Rigon F., 65n
Rigoni (famiglia), 103
Rio di Pusteria, 243n
Rio Gardena (fiume), 310
Ritson J.A., 232n
Riva (Rivamonte Agordino), 204, 207, 208, 212, 225, 226, 228, 230, 231, 250-253, 257-258, 260, 262, 293, 296
Riva del Garda, 90, 92-93
Rivagna, 77
Rivetti (forcella), 340
Robert (forno), 302
Robiati Ambrogio, 146-149
Robinson E., 196
Rocca Pietore, 318
Rocchetti Giuseppe, 105
Roda de Mulón, 314
Rodano (fiume), 61, 62
Rodolico Francesco, 29n
Roger Jacques, 23n, 127n
Roma, 28-32, 39n, 40n, 41, 44n, 56, 69, 70, 71, 80, 124, 138, 202
Romagna, 102
Romagnano, 102, 104, 107
Romanelli Gian Domenico, 58n

Romano R., 231n
Romitorio, 32
Roncà (Valle di), 45n, 102, 128, 131
Ronchi Graziano, 229
Ronciglione, 30
Ronconi Gian Battista, 111n, 112n
Ronconi Ignazio, 96
Ross I.S., 162, 196
Rossettini Giacomo, 272n, 281n, 287n, 288n, 289n, 291n
Rossi (barone), 80
Rossi Alessandro, 59n, 60n, 273, 281-285, 287
Rossi P., 317, 318, 343
Rossi Paolo, 136n
Rosso (mar), 104, 226
Rosson A., 230
Rosson V., 230
Ross-shire, 159, 160
Rotari Sebastiano, 96
Rotelli E, 136n
Rothes, 163
Rottigni (fratelli), 285
Rotzo, 102
Rousseau Jean Jacques, 51, 59
Rovello Alberto, 212
Roverato G., 285n, 302n
Rovereto, 88, 90-93, 193
Rovida C., 137n, 146n
Rovigo, 269n
Roxburghshire, 176
Roy William, 155
Rudwick Martin J.S., 109n, 128n
Ruggieri G., 71n
Rumor Sebastiano, 57n, 58n, 59n, 60n, 62n, 74n, 75n, 77, 79, 111n, 116n, 118n
Rusiana (monte), 265
Russia, 152, 172-173, 186, 190, 197
Russo Vincenzo, 70
Rusticiano di Pisa, 76n

S. Cassiano, 86
S. Colombano, 149
S. Cristina Valgardena, 310, 311, 312
S. Giovanni Ilarione, 34
S. Lucano (valle di), 205
S. Martino di Castrozza, 318, 319, 322
S. Pietro di Arzignano, 114
S. Pietroburgo, 172, 190
S. Stefano di Cadore, 335, 341, 344
Saar Ferdinand von, 330
Saccardo M., 59n
Sagor, 264, 267-268
Sagui Cornelio Leone, 228, 230
Salcedo, 57n, 102
Sammarchi T., 343
Samoggia A.L., 342
Sanchez Gomez J., 233n
Sangonini, 102
Sani Giacomo, 116
Santomaso Loris, 201-230, 251
Santorini (Isola di), 26, 43
Santorso, 54n, 112n, 290
Sappada, 263
Sardagna, 88
Sardegna, 79
Sass da Lec (monte), 310
Sass dai Ciamorces (monte), 310
Sasso delle Dodici (monte), 313
Sasso delle Undici (monte), 313
Sasso di Valfredda (monte), 315
Sasso Levante (monte), 311
Sasso Lungo (ghiacciaio del), 311
Sasso Lungo (monte), 305, 311, 312
Sasso Piatto (ghiacciaio del), 311-312
Sasso Vernale (monte), 314
Sassonia, 107, 115n, 122n, 190, 196
Sassuolo, 29
Saussure Horace Bénedict de, 52n, 62, 295
Savi D., 78n
Savi Paolo, 68
Scaccia Girolamo, 40n
Scaglia Giovanni Battista, 217
Scala, 34
Schemnitz, 139
Scherillo Antonio, 122n
Schio, 54n, 57, 59, 74-76, 80, 111, 112n, 113, 117, 118, 119, 120n, 185, 233n, 273, 281, 282, 284, 285n, 289-291, 301
Schlotheim Ernst Friedrich, 12
Schmöllnitz, 280
Schneer Cecil J., 120n
Schubert H.R., 232n, 233n, 235n, 301n
Schultz, 310
Schuster O., 313, 343
Schwaz, 265
Schwinger Giacomo, 212, 217
Scopoli Giovanni, 99
Scortegagna Francesco Orazio, 78
Scozia, 153-170, 173-174, 177, 186, 189, 190, 191, 192, 193, 194, 196, 197, 198
Scutelli (don), 85
Sebastiani Francesco Antonio, 41n
Secchieri F., 343
Secco Andrea, 79

Secord James, 109n
Sedico, 255, 288
Séguier François, 96
Sella (gruppo di), 305, 310-311
Sella o Boè (ghiacciaio del), 310, 311
Sella Quintino, 77, 202, 203, 209, 295, 295n, 296
Sellari Vincenzo, 115n
Selle (ghiacciaio delle), 333-334, 335
Seneca Federico, 233n
Senegal, 104
Senigallia, 102
Senoner A., 147n
Senoner Gaetano, 115
Sentinella (passo della), 342
Serbaro, 102, 104
Sesino Pasquale, 78n
Settala Manfredo, 135n
Sette Comuni (Altipiano dei), 58n, 64, 102
Shapin Steven, 162, 197
Sheppard F.H.W., 183, 197
Sicilia, 40n, 44n, 59n, 71, 123, 124-126, 129, 227
Siemens Frederick, 234, 301
Siena, 30
Sigor-Trifail (Zagorje-Trbovlje), 267
Sillian, 335, 341, 344
Silver Hills, 155
Sinclair John, 177, 197
Sinclar George, 166, 169, 194
Singer Charles, 232n
Sismonda Angelo, 68
Slesia, 102
Slovacchia, 233n, 280
Slovenia, 267
Smailes H., 189, 197
Smellie W., 161, 163, 189, 197
Smith A.M., 156, 164, 197
Smith Adam, 162, 196
Smith D., 194, 197
Smith William, 13, 164, 171, 194
Snowdonia, 154
Soave, 106
Socin Costantino, 92
Sommariva Antonio, 209-210, 212, 213, 217, 229, 246, 256n, 258-259, 294, 296
Sontag Susan, 49n
Soppelsa Maria Luisa, 52n
Sorapiss (gruppo del), 305, 336-339, 343
Soratte (monte), 41n
Sorbini Lorenzo, 95-107, 110n
Soresina, 143n
Sormani Moretti Luigi, 106
Sottochiusa, 262
Sottorogno, 294
Soulavie Jean-Louis Giraud, 13
Sourdeau Augusto, 86, 89
Spallanzani Lazzaro, 29, 109n
Spallanzani Maria Franca, 109n
Spary Emma C., 109n
Spilimbergo, 115n
Squarzina Federico, 232n, 254n, 268n
Staffa (isola di), 161
Staffordshire, 175
Stahl Georg Ernst, 23
Stati Uniti d'America, 142
Stefanini G., 70n
Stevenson R.B.K., 162, 163, 197
Stiria, 267, 302
Stobhall, 156
Stoppani Antonio, 53, 56, 63, 64, 66, 67n, 71-73, 147n, 148-149
Strafforello G., 269n
Strange John, 23, 45, 58
Stratherig, 158
Strathpeffar, 159, 160
Strobele U., 342
Strontian, 155
Sud Africa, 104
Suess Eduard, 79
Suffolkshire, 182
Sutherland Elizabeth, 158
Sutherland William, 158
Sutherland, 156-158, 164, 170, 195
Svizzera, 57
Swansea, 259n

Tabor (monte), 36n
Tagliaferri Amelio, 59n
Tagliamento (fiume), 280n
Taibon, 227, 228
Tait D., 192, 194
Tamanini L., 94
Tamigi (fiume), 194
Tamis Ferdinando, 225, 230, 296
Taramelli Torquato, 70n, 259n, 267n, 268n
Tarantasia, 61
Targioni Tozzetti Giovanni, 29, 50n
Taton René, 127
Taurisano A., 305n, 321
Taymouth, 177
Tazzer Emilio, 222
Tazzer Fedele, 226, 230
Tebe, 96

Teich M., 196
Terza (don), 317
Tessarolo P., 58n
Testa Francesco, 116
Testa, 224
Thiene, 79
Thomas A., 127n
Thompson E.P., 253n
Thorneycroft W., 162, 194
Ticino, 342
Tignale, 143n
Tinelli Carlo, 148
Tiozzo Pier Giorgio, 65n
Tirolo, 25, 47n, 59, 61, 62, 63, 84, 116, 129, 130n, 175, 178, 179, 183, 184, 243n, 248, 265, 266, 296
Tisèr, 208, 277, 293
Tissi Enrico, 226
Tissi Eugenio, 226, 229
Toblach, 328, 335, 337, 344
Tofana di Mezzo (monte), 327, 328
Tofana di Dentro (monte), 327, 328
Tofane (gruppo delle), 305, 327-330
Toffoli Bartolomeo, 207
Tolfa (allumiere di), 37
Tomasi Gino, 81-94, 116n
Tomè (o Tomei) Luigi, 271n, 272n, 273n, 275, 276, 278n, 294n, 296
Tomkeieff Sergei I., 190, 197
Tommaselli Giuseppe, 161, 184-185
Tondi Matteo, 122, 124-125
Tonini Carlo, 99, 105
Toniolo A.R., 310
Torcellan Gianfranco, 55n
Tor-down, 160
Torino, 75, 77n, 100, 145, 202, 220
Torre Valgrande (monte), 323
Torrebelvicino, 282, 291
Torrens Hugh, 151-199
Toscana, 36n, 49n, 54, 56, 59, 89, 102, 123, 175, 196
Toso P., 259n
Trabonella, 227
Traniello F., 72n
Travenanzes (valle), 328, 330
Travignolo (ghiacciaio del), 318, 322
Travignolo (valle del), 318
Tre Cime di Lavaredo, 306, 308
Trebbia (fiume), 71
Trecco (abate), 114n
Tredgold Thomas, 192, 197
Tregnago, 102
Trembley J., 48n
Trener G.B., 82, 84-85, 90, 94
Trentino, 80, 81-94, 130-132, 304, 322, 342, 343
Trento, 82-94, 116n, 305, 313, 318
Tresche di Roana, 57
Trettenero Domenico, 60n, 118-119, 125n, 126n, 128n, 130, 131
Tretto (altopiano del), 289-291
Treves de Bonfili Giacomo, 270
Treves o Treve (signora), 161, 185, 187
Trevisan V., 145
Treviso, 249, 260, 269n, 300
Trieste, 249, 269n
Trifail, 268
Tripeta, 36n
Trissino (famiglia), 114
Trissino Giorgio, 287
Trivelli Giorgio, 118n
Tron Niccolò, 282n
Trotti Ludovico, 144n
Tucci Ugo, 231n
Tunbridge F.A., 46n
Turri, 99
Tytler Alexander Fraser, 162, 197

Udine, 161, 185, 269n, 288, 298n, 300, 301-302
Ungheria, 76, 280
Unterweger Giovanni Battista, 249
Urbino, 69

Vaccari Ezio, 23n, 52n, 54, 109-134, 193
Val d'Arcia (ghiacciaio di), 326, 327
Val Salvella (ghiacciaio di), 331, 333
Val Strutt (ghiacciaio di), 319, 322
Val Zuita (ghiacciaio di), 323
Valdagno, 56-57, 77-78, 80, 102, 111n, 234, 271, 273n, 284, 286n
Valdarno, 29, 36n
Valentini P., 343
Vallada, 226
Vallalta, 205, 215, 228, 323n, 271n, 272n, 273-279, 281, 293, 294, 295
Valle Giovanni, 181
Vallenzasca G., 253n
Vallisneri Antonio (senior), 43, 52
Valnigra, 85
Valsugana, 86
Varenna, 144n
Vedesott Pina, 88
Vegroni, 102
Velletri, 123
Velo Veronese, 102, 103, 104

Vendramini F., 292n
Venezia, 54, 63n, 75, 76, 96, 110n, 123, 143, 177, 180-181, 183-187, 192, 193, 195, 196, 207, 220, 229, 250n, 269, 270, 292, 300, 301n
Venturi Franco, 55n, 176, 197
Verga E., 135n
Vergani Raffaello, 64n, 65n, 193, 229, 230, 231-302
Vernèl (ghiacciaio del), 314, 318
Vernèl Gran (monte), 314
Verona, 76, 89, 95-107, 110n, 111n, 112, 113, 120n, 173, 180, 187, 188, 189, 193, 270, 284, 288, 301
Verri Alessandro, 135n, 142
Verri Pietro, 135n, 142
Versailles, 183
Vesuvio, 32-34, 43n, 45, 124
Vialli Vittorio, 88
Viani Eva, 55n
Vicenza, 53, 54, 59, 60-61, 65, 76, 77-80, 97, 110n, 111n, 112n, 114, 116n, 117, 120n, 132n, 218, 227, 270n, 287, 288, 289, 291. 297n, 302
Viebig, 92
Vienna, 79, 86, 140, 142, 147, 202, 208, 209, 279
Villa Antonio, 141-142
Villa Giovanni Battista, 141-142
Visconti Agnese, 65n, 135-149
Viterbo, 40n
Volpe R., 242n, 254n, 255n, 266n, 267n, 298n, 299n
Volta Giovanni Serafino, 97, 107
Voltaire François Marie Arouet de, 51, 57, 59
Voralberg, 84

Wagner B., 343
Walch Johann Ernst Immanuel, 13
Wallerius Johann Gottschalk, 23
Wanlockhead, 155
Ward Dederick C., 190, 197
Waterford, 156
Watson John, 180, 188
Watson White, 174, 179
Watt James, 159, 160, 165, 194, 195, 196, 233
Wawn A., 191, 198
Wedgwood (famiglia), 175
Weeg, 153
Weeks M.E., 155, 198
Welsperg (famiglia), 248
Werner Abraham Gottlob, 12-13, 16-18, 24-25, 27, 41, 45-46, 47n, 52, 61, 66, 121n, 122n, 125n, 130n, 190, 193
West Calder, 164, 165
West Linton, 155
West Lothian, 161, 164, 165
West Thomas, 161, 198
Whittington G., 155, 198
Wiedenmann P. Ritter von, 308, 316, 317, 327, 332, 333, 335, 337, 344
Wilkins C., 154, 198
Williams Edward, 153, 154
Williams Elizabeth, 153, 156
Williams John, 151-199
Williams Margaret, 188, 189
Williams Mark Anthony, 152
Wills V., 156, 158, 199
Wilson W.E., 109n
Withers Charles, 155, 193
Worsley Richard, 180, 181, 187
Wundt T., 343
Wyse Jackson Patrick, 110n

Yarmouth, 182
Yemen, 226
York, 174, 178
Yorkshire, 162, 177, 196
Young Arthur, 179, 195, 199
Young R., 196

Zaccagna Domenico, 226
Zanchi Melchiorre, 207, 256
Zanchi Niccolò, 207
Zanella Giacomo, 77n
Zanon Giorgio, 303-346
Zanzibar, 104
Zaro (monte), 36
Zenetti, 99
Zenobio Alvise, 169, 172-189, 194
Ziroccole (ghiacciaio delle), 321
Zironda Renato, 59n, 112n
Zittel Karl, 54, 79, 192, 199
Zoldo (valle di), 293-294, 298-299, 326
Zoldo, 229, 231, 248n, 273, 293-294, 295, 298, 300
Zoppega (monte), 102
Zoppetti V., 243n
Zoppi Giuseppe, 212, 217, 224
Zovencedo, 102, 272
Zsigmondy, 339,
Zuccanti (valle dei), 118
Zucchelli Francesco, 270
Zurlón (monte), 337

INDICE DEI MANOSCRITTI E DEI DOCUMENTI D'ARCHIVIO

AGORDO

ARCHIVIO DELL'ASSOCIAZIONE PERITI INDUSTRIALI MINERARI

Documenti vari a stampa e manoscritti p. 225, 229

ARCHIVIO COMUNALE

Ruolo maestro del personale stabile dei salariati settimanali e lavoranti semplili addetti al servizio delle I.R. Miniere di Rame in Agordo... p. 252n

BASSANO

BIBLIOTECA COMUNALE

ms. 31.A.20 p. 28n-37n, 66n

Epistolario Brocchi,

366-378 p. 45n
500-52 p. 46n

Epistolario Remondini,

p. 217 p. 58n

BELLUNO

BIBLIOTECA CIVICA

Stampe, 5 p. 250n

EDINBURGO

EDINBURGH UNIVERSITY LIBRARY

La.II 82/4 p. 157

National Library of Scotland

mss. 996 p. 154, 161, 165, 170, 173, 192
mss. 1810 p. 165, 166, 170, 191

National Museum of Scotland

Society of Antiquaries of Scotland, Letters p. 163, 164, 169

Scottish Record Office

E 727/41 p. 158
E 727/45/6 p. 156
E 727/46/1 p. 156
E 728/46/28 p. 158, 159
E 727/46/44 p. 160
E 728/42 p. 157
E 730/27 p. 158
E 730/28 p. 156
E 730/46 p. 158
E 769/132 p. 157
E 777/138 p. 156
GD 18/5071 p. 160

Commissioners for the Forfeited Annexed Estates

mss. 1/53/1/4 p. 159

KEW – LONDRA

Public Record Office

FO 81/9 p. 180
FO 81/10 p. 180, 181

MILANO

Archivio di Stato

Istruzione Pubblica,

b. 95 p. 138n

Autografi,

b. 110 p. 139n

Studi,

b. 43 p. 139n, 141n

Archivio del Museo Civico di Storia Naturale

1840,

b. 3 p. 146n

1863-64,

b. 17 p. 147n

BIBLIOTECA DEL MUSEO CIVICO DI STORIA NATURALE

Fondo Giorgio Jan,

b. 2 p. 141n
b. 10 p. 141n

Fondo Giuseppe de Cristoforis,

b. 2 p. 141n
b. 3 p. 141n

Fondo Antonio e Giovanni Battista Villa p. 141n

Fondo Carlo Porro p. 142n

PADOVA

ARCHIVIO DEL DISTRETTO MINERARIO

Vall'Imperina,

b. 1 p. 262n
b. 2 p. 240n, 261n

SCHIO

BIBLIOTECA COMUNALE

Manoscritti Maraschin
Manoscritti Dalla Ca', col. XIII, pp. 174-187 p. 59n

Manoscritti Maddalena
Archivio senatore A.Rossi
carte Maraschin, buste 48 e 100 p. 59n

Fondo Pasini Salasco
L. Pasini, Indice dei libri, opuscoli... p. 75n

VENEZIA

ARCHIVIO DI STATO

Deputati alle Miniere,

Relazioni, b. 1765-90 p. 250n

Suppliche e notifiche dal 1786 al 1796 p. 178

Inquisitori di Stato,

b. 156 p. 177
b. 444, Dispacci p. 177
b. 1244, fasc. 230 p. 181, 182
b. 1248, fasc. II-III p. 169, 173, 176-181, 183-186, 189

Magistrato Camerale, 1798-1803,

b. 258, fasc. 258 p. 236n

Biblioteca del Museo Civico Correr

ms. PD, 547/c/52 p. 61n
ms. PD, 261, b. II, fasc. VIII-X p. 176-179, 181, 182

VERONA

Biblioteca Civica

Fondo G. Arduino,

b. 761 p. 112n, 115n, 116n, 118n-129n, 132n
b. 762 p. 112n, 114n, 115n, 120n,133n

VICENZA

Biblioteca Bertoliana

ms. 2780 (20.11.18) p. 58n
ms. 2104 (23.10.10) p. 58n
ms. 2103 (23.10.9) p. 58n
ms. S.C. 28 (7), pp. 1-20 p. 61n